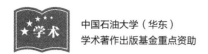

中国石油大学（华东）
学术著作出版基金重点资助

疏松砂岩油气藏化学防砂理论与技术

THEORY AND TECHNOLOGY OF CHEMICAL SAND CONTROL IN UNCONSOLIDATED SANDSTONE OIL AND GAS RESERVOIRS

齐 宁 著

中国石油大学出版社
CHINA UNIVERSITY OF PETROLEUM PRESS

图书在版编目(CIP)数据

疏松砂岩油气藏化学防砂理论与技术/齐宁著. —
东营:中国石油大学出版社,2018.5
ISBN 978-7-5636-5192-4

Ⅰ. ①疏… Ⅱ. ①齐… Ⅲ. ①砂岩油气藏—油井防砂
Ⅳ. ①TE358

中国版本图书馆 CIP 数据核字(2018)第 154821 号

书　　名: 疏松砂岩油气藏化学防砂理论与技术
作　　者: 齐　宁

责任编辑: 高颖(电话　0532—86983568)
封面设计: 悟本设计

出 版 者: 中国石油大学出版社
(地址:山东省青岛市黄岛区长江西路 66 号　邮编:266580)
网　　址: http://www.uppbook.com.cn
电子邮箱: shiyoujiaoyu@126.com
排 版 者: 青岛汇英栋梁文化传媒有限公司
印 刷 者: 青岛国彩印刷有限公司
发 行 者: 中国石油大学出版社(电话　0532—86981531,86983437)
开　　本: 185 mm×260 mm
印　　张: 19.25
字　　数: 480 千
版 印 次: 2018 年 5 月第 1 版　2018 年 5 月第 1 次印刷
书　　号: ISBN 978-7-5636-5192-4
定　　价: 105.00 元

序

该书汇集了齐宁博士多年来在油田开发化学防砂领域精心研究的科研成果，涵盖了采油工程中多方面的内容，诸如防砂、压裂、储层保护等，主要研究了疏松砂岩油气藏开采过程中的出砂与防砂问题。

该书具有如下特点：

一、防砂理论的创新性

该书所介绍的纤维复合防砂技术是针对疏松砂岩油气藏防细粉砂而提出的一项新技术，是建立在“解、稳、固、防、增、保”新的防砂理论基础之上的，具有增产及防止地层出砂的双重效果。在纤维复合防砂研究成果的基础上，衍生出了纤维复合滤砂管防砂技术、疏松砂岩油藏高含水期纤维防砂控水一体化技术、抑水支撑剂防砂技术。纤维复合防砂技术就是将储层改造、储层保护、无筛管化学防砂等技术有机组合而形成的复合型防砂技术，这正体现了技术发展的基本规律。

二、防砂技术的系统性

该书将化学防砂技术的发展依据三条主线进行阐述，不仅从全新的视角审视了整个化学防砂技术的演变轨迹，也将分散的化学防砂技术梳理成了一个整体，有助于读者更深入地把握化学防砂技术的发展脉络。该书内容从疏松砂岩油气藏的地质特征与开发特点到防砂技术的发展演变，从传统的防砂方法到新型的纤维复合防砂技术，从出砂预测及出砂规律研究到防砂方法的选择，从纤维复合体的配方研究到防砂工艺设计，涉及防砂、压裂、储层保护等相关内容，各部分自成体系又相互紧密关联。

三、防砂工艺的实用性

书中介绍的防砂、冲砂技术均来源于科研课题，是为解决油田实际生产问题而提出的，已在生产中取得了良好的应用效果，这种从生产中来，经过研究再回到生产中加以检验的研究方法，不仅促进了生产的发展，也提高了科研水平，开阔了科研视野。

相信该书的出版，对从事油气井防砂的科研技术人员会有所裨益，同时也有助于提高高校相关专业师生们的教学与科研的水平与能力。

前　言

油气井出砂是疏松砂岩油气藏开采的主要矛盾，为了改善这类油气藏的开发效果，防砂技术也在不断发展。化学防砂发展至今，方法越来越多，工艺也日趋完善。近年来防砂的技术发展趋势概括为：① 防砂与储层保护相结合，在防砂的过程中首先要考虑保护储层。② 防砂与储层改造相结合，防砂的同时要考虑到防砂后油气井的产能，不能将砂防住了，油气也不出了，应在防砂的同时尽可能降低对产能的影响或不影响产能，甚至增加油井产能，如结合端部脱砂压裂技术，可实现防砂增产的目的。③ 向无筛管防砂技术发展，以节省成本、方便修井和重复防砂作业。④ 细粉砂处理技术，通过预处理使易动微粒变大，以提高其运移启动生产压差，防止运移微粒对充填体堵塞。总之，防砂技术是从单一型向复合型发展，并由传统的防砂和尽量降低对产能的影响转变为防砂与增加产能相结合。

本书主要总结了作者近年来在疏松砂岩油气藏化学防砂领域的一些研究成果，包括国家自然科学基金（青年）项目“纳米 SiO_2 改性纤维树脂防砂体的力学性能及破坏机理研究”、中国石油化工股份有限公司科技项目“纤维复合无筛管防砂技术”“稠油热采井纤维防砂技术”“水驱油田高含水期控水防砂一体化技术研究”和“纤维复合滤砂管的研究与应用”的研究成果，油田技术服务项目的成果，以及齐宁、周福建博士论文的研究成果。

全书分为上、下两篇，共十一章。上篇主要阐述疏松砂岩油气藏化学防砂原理与设计方法，内容涉及疏松砂岩油气藏化学防砂的国内外技术研究现状与进展，油井、气井、水井的出砂机理及影响因素的差异分析，传统化学防砂工艺及其原理介绍，化学防砂井的产能预测与评价，以及化学防砂工艺设计理论与方法。下篇主要介绍化学防砂工艺新进展，重点介绍纤维复合防砂等新兴技术以及化学防砂工艺的发展前景与展望。

本书的特点是：应用系统工程原理，以油井生产系统为对象，从油层—井筒—井下防砂工具于系统出发，辩证发展地看待油井生产子系统，以防砂技术的发展趋势为主线，阐述化学防砂的基本原理、工艺技术和计算方法。

参与本书研究工作的还有中国石油大学（华东）的曲占庆教授、李宾飞副教授、李松岩副教授、周童讲师，卡尔加里大学的 Shengnan Chen 教授，中国石油化工股份有限公司胜利油田分公司孤岛采油厂高成元高级工程师，江苏油田分公司试采一厂朱苏青高级工程师。感谢张琪教授、张贵才教授、李明忠教授和葛际江教授对本书研究工作的指导。还有许多其他参与和关心本书的同志，特别是初稿完成后张琪教授亲自主审全书，提出了许多宝贵意见，作者诸多研究生也为本书的出版付出了辛勤的劳动，在此一并表示衷心、真诚的感谢。

本书的出版得到了中国石油大学(华东)学术著作出版基金的资助，在多方面的支持下得以顺利出版，在此也感谢学校发展规划处领导的关心和支持。

疏松砂岩油气藏化学防砂领域范围广、内容多，本书仅介绍了作者近年来的研究成果，还有很多他人的成果没能涉及。由于作者水平和经验有限，书中不足之处在所难免，恳请读者批评指正。

目　录

◈ 上篇 ◈

◈ 下篇 ◈

上　篇

第一章

绪　论

我国疏松砂岩油气藏分布范围广、储量大，产量占有重要的地位，油气井出砂是这类油气藏开采的主要矛盾。一些注水开发的砂岩油气藏在开发初期油气井并不出砂，但随着含水上升，油气井开始出砂，并越来越严重，制约着油气井的正常生产。油气井出砂会引起砂埋油气层或井筒砂堵，造成油气井停产，使地面和井下设备严重磨蚀、砂卡，严重时还会引起井壁坍塌进而损坏套管，这些问题使得后续的冲砂检泵、地面清罐等维修工作量剧增，既提高了采油采气生产成本，又增加了油气田开采难度。

一、出砂地层的分类及特征

根据地层砂胶结强度的大小可以将出砂地层分成三种类型。

1. 流砂地层

流砂是指没有胶结的地层砂，即地层中没有有效的胶结物。流砂地层的聚集依靠很小的流体附着力和周围环境圈闭的压实力。这种地层极易坍塌，使钻具难以顺利通过，根本无法采用裸眼砾石充填完井方法。油气井完井以后，一旦开井投产便立即出砂并连续不断地出砂，甚至会延续几十年。尽管累积出砂量越来越大，但套管周围不会出现地层亏空，只是地层越来越疏松。这种地层的出砂规律是产出液含砂量相对稳定，基本上是一个常数。

流砂地层难以取芯，需研制特殊工具在钻井过程中获取岩样。此外，只能依靠井底捞砂或冲出砂来获得砂样。此类地层在砾石充填作业中，经常发生地层吐砂现象，造成油、气层砂埋，筛管下不到井底、炮眼砂堵、砾石与地层砂互混，甚至地层砂通过筛管缝隙进入筛管内腔卡住冲管造成事故。因此，必须采取特殊的工艺措施来预防这些现象的发生。如使用空心桥塞作井底，这种桥塞也叫沉砂封隔器，以便地层吐出的砂子沉入井底口袋；还可以使用密度较大的工作液并加入适量的稠化剂来阻止地层吐砂；也可以选用高密度挤压砾石充填工艺技术，以便高密度砂浆在炮眼中形成段塞流，把炮眼中的地层砂推出炮眼，在套管周围形成密实的充填区，有利于油气井的正常生产。

2. 部分胶结地层

这种地层含有胶结物数量少，胶结力弱，地层强度低。用常规取芯工具可以取得岩芯，但岩芯非常容易破碎，采取相应的技术措施稳定地层，可以进行裸眼砾石充填完井。如控制钻井液性能，防止地层坍塌，或在钻井液中加入适量的暂堵剂，防止失水过多而引起地层膨胀造成垮塌。

投产以后，地层砂会在炮眼附近剥落，逐渐发展形成洞穴。这些剥落的地层砂小团块进入井筒极易填满井底口袋，堵塞油管，掩埋油、气层。经过对原油含砂量的检测，发现这类地层的出砂规律是产出液含砂量变化较大，甚至每天都不一样，时多时少。

随着产层压力递减，作用在承载骨架砂粒上的负荷逐渐增加，出砂情况会日趋严重。如果不及早加以控制，那么产层附近的泥岩、页岩夹层也会因空穴加大而剥落，从而造成近井区域泥岩、页岩和砂岩三种剥落物互混，渗透率降低，产量下降。任其发展，有可能造成地层坍塌，盖层下沉，套管损坏，油气井报废的严重后果。

3. 脆性砂地层

脆性砂地层也称易碎砂地层，有较多的胶结物，是中等胶结强度的砂岩。这种地层很容易取芯。从取出的岩芯分析，似乎地层有足够的强度不会出砂。但地层流体产出时，却能在地层面上把地层砂粒冲刷下来。脆性砂地层的出砂规律是开始投产时出砂几天或几周，忽然出砂量大减，几乎是无砂产出，此时产量有可能会上升，但到一定程度后有可能重新出砂。这种规律是因为在出砂过程中套管外部地层冲蚀空穴突然增大，过流面积成倍增加，使地层流体的流速大幅度下降，致使出砂量明显下降。随着油井条件变化，又会形成新的出砂环境而开始出砂。当单位过流面积上的流体速度达到一定数值时，又会出现地层砂大块垮塌，过流面积倍增而停止出砂，进入另一个周期。周而复始任其发展，洞穴越来越大，到一定的程度就有可能形成灾难性的地层坍塌，使油气井套管变形而报废。

此类地层的裸眼砾石充填完井成功率很高。由于裸眼井筒直径大，过流面积大，地层流体流速低，对地层层面的冲蚀力较小。同理，在套管内砾石充填完井时，大直径高密度射孔技术将减少流体对地层层面的冲蚀，有利于油气井防砂。

二、疏松砂岩油气藏防砂技术现状及化学防砂技术前景

近年来，我国经济高速发展，能源的供求矛盾日益突出。为了满足经济发展的需求，各大油气田加大了开发力度。采取大排量强提液措施后近井地带压降增大，会导致油气井暴性水淹。尤其是在泥质含量较高的疏松粉细砂岩油气藏，油气井含水上升后，储层颗粒间原始毛细管力下降，地层强度降低，细粉砂大量产出；另外，含水上升也会导致胶结物被水溶解，特别是黏土矿物，如蒙脱石等，遇水后膨胀、分散，大大降低了地层骨架强度和地层渗透率，使得油气井产能受到极大伤害。

在加大常规油气藏开采力度的同时，也在加大那些出砂严重、防砂难度大、过去难以正常开采的稠油和超稠油油藏的开采力度。这些油藏通常采用注蒸汽（蒸汽吞吐、蒸汽驱）开采。一方面，稠油的高黏度本身就加重出砂；另一方面，蒸汽对岩石颗粒的胶结物产生的溶蚀作用会降低岩石的胶结强度；此外，蒸汽中的气体有着高的线流速度，对岩石颗粒的拉伸破坏作用要高于液体，蒸汽的冲刷作用对岩石产生了巨大的、持续的拉伸破坏；同时，注蒸汽时的高压差会对岩石造成剪切破坏，使近井地带的岩石发生形变。上述种种影响将会加重出砂。

对于低温粉细砂岩油气藏的开发，由于化学防砂技术对温度敏感，低温下胶结强度极低，不能形成有效的挡砂屏障，防砂效果极差，因此常下入机械管具或采用筛管加砾石充填

等技术进行防砂,但防细粉砂效果并不理想。

目前国内外油气井防砂主要采用管内绕丝筛管砾石充填,其次是预充填绕丝筛管、树脂胶结、涂层预包砂充填等工艺技术。对于疏松砂岩油气藏,目前主要采用绕丝筛管砾石充填、双层预充填绕丝筛管防砂工艺,它们对于砂粒粒度中值相对较粗、分选性较好的地层,防砂效果比较理想;对于砂粒粒径较细的地层,树脂砂浆人工井壁化学防砂工艺取得了不同程度的防砂效果。然而传统的防砂技术,如目前常用的砾石充填防砂工艺,为了保证防砂效果,通常与砾石充填筛管配合使用,即使是压裂充填防砂工艺,也需与砾石充填筛管配合使用,才能达到较好的防砂效果,这样就增加了流体流入井筒的附加阻力,影响了防砂后的油气井产能,降低了经济效益。此外,传统防砂技术对储层也有一定的损害。

目前随着油气田开采的不断进行,油气层的地质状况越来越恶劣,使得砂害日益加重,正因为如此,也迫使防砂方法有了迅速的发展。国内外各油气田依据本油气田的地质特征,提出并使用了各种新型的防砂工艺与技术,如整体烧结金属纤维筛管防砂技术、金属纤维防砂管防砂技术、酸化砾石充填复合防砂技术、压裂砾石充填复合防砂技术等。从以上技术可以看出,国外防砂正从传统的单一防砂技术向新型的复合防砂技术发展,这是防砂技术的第一个发展趋势。单一的防砂技术并不能很好地适用于各种出砂地层,而复合防砂技术集机械与化学防砂技术优点于一体,可以与端部脱砂压裂工艺结合使用,具有增产与防止地层出砂的双重效果,弥补了传统防砂技术的缺陷。这正展示了防砂技术的第二个发展趋势——由传统的防止出砂和尽量降低对产能的影响转变为防砂与增加产能相结合。

出砂严重时易引起井壁坍塌而损坏套管,致使套变井、套损井大量出现。对于套变井防砂,机械防砂管具因其无法下入到预定的位置而导致防砂效果较差,而化学防砂因其防砂的同时无须在井筒留有工具,尤其适合于套变井防砂。这也说明了防砂技术的第三个发展趋势——从井筒留有防砂管具向无筛管防砂转变。

尽管机械防砂的应用推广程度要高于化学防砂,但化学防砂因其独特的性能,在防砂技术市场中仍占有较大的比重。化学防砂既是适用于套变井防砂的专有技术,也可以与端部脱砂压裂工艺结合使用,以达到增产与防砂的双重效果,这正与防砂技术的三个发展趋势相吻合。

油、气井防砂方法很多,最终要以防砂后的经济效果来选择和评价。有的油井出砂量不大,可以采取防止井底积砂法带砂采油。如选用管式泵抽油、小直径油管、循环注液或气举来加速井筒中液流上升速度,从而把地层砂带出井筒。这些方法并不能把地层砂限制在地层内部,因此严格来讲不能算作防砂方法,只是一类采油技术。

根据防砂原理,防砂方法大致可以分成砂拱防砂、机械防砂、化学防砂和热力焦化防砂四大类。化学防砂在20世纪60年代开始研究应用,很快形成规模,发展了酚醛树脂溶液地下合成、水带干灰砂等多种工艺,成为当时的主要防砂方法。随着油田深入开发,20世纪70年代开始了机械防砂的研究,首先研制成功了环氧树脂滤砂管并广泛应用,取得了良好效果。进入20世纪80年代,在学习国外技术的基础上,又研究发展了以金属绕丝筛管砾石充填为主导的机械防砂技术。该技术具有强度高、适应性强、防砂成功率高等优点,得到了迅猛发展,目前各相关技术基本配套,成为重要的防砂手段,展示了广阔的发展前景。

化学防砂在疏松砂岩油气藏的开发过程中占据着举足轻重的地位。化学防砂发展至今,方法越来越丰富,工艺也日趋完善。化学防砂大致可分三类:第一类是树脂胶结地层砂。

既可以用成品树脂注入地层，也可以在地层中合成树脂来胶结地层砂。第二类是人工井壁。人工井壁种类很多，如预涂层砾石、树脂砂浆、水带干灰砂、水泥砂浆、乳化水泥、树脂核桃壳等。这些人工井壁材料都要通过管柱泵送到产层，并挤入套管以外的空穴中去，形成密实充填，使地层恢复或部分恢复原始应力。待这些充填材料凝固，形成具有一定强度的挡砂屏障后，再把井筒中多余的充填物钻铣掉，使油、气井具备开井生产条件。第三类是其他化学固砂法。这一类方法制约条件较多，使用不广泛，主要有以下几种：焊接玻璃固砂法、氢氧化钙固砂法、四氯化硅固砂法、水泥-碳酸钙混合液固砂法、聚乙烯固砂法和氧化有机化合物固砂法。

化学防砂由于对地层渗透率有一定的伤害作用，且成功率不如机械防砂，尤其是不适用于多油层长井段防砂，同时还存在化学剂有效期短、老化失效的现象，成本相对较高，应用程度不如机械防砂广泛。

但化学防砂也有着机械防砂无法比拟的优势，例如化学防砂适用于防细粉砂以及高泥质含量储层和渗透率相对均匀的薄层段，还适用于双层完井作业中的上部地层防砂，尤其适用于无法下入机械防砂管具的套变井防砂，防砂施工后井底不留工具，便于后续措施的开展。并且随着化学防砂工艺技术的不断发展，化学防砂不断突破自身的技术壁垒，日益在多油层长井段防砂领域大放异彩。2007 年 11 月 13 日，中国石油大学(华东)在单家寺油田一口稠油热采井(SJ56-8-18 井)上首次采用纤维复合防砂技术，取得了优异的防砂效果，目前该井防砂后已进入第四个注汽周期，截至 2011 年底已累计生产了 1 508 d，仍未见出砂现象。而该井泥质含量为 14.036%，射孔厚度高达 17.8 m，已远远超过化学防砂的传统适用界限(小于 3 m)。目前，中国石油大学(华东)已将这种以化学防砂为核心的纤维复合防砂技术应用到了油水井、注聚井、稠油热采井、套变井、大排量强提液井等复杂条件下的防细粉砂作业，取得了良好的防砂效果。

目前，各主要疏松砂岩油田都已进入高含水期开发，油田为了稳产，提液强度日趋增大，地层因出砂亏空严重，套变井逐年增多，单一的井筒内挡砂工艺已很难满足这些井的防砂需求，必须把防砂当成一个系统工程来对待，许多油田先后实施了"疏通液流通道，远稳近固，建立了多级挡砂屏障"的复合防砂治本措施，即在稳定地层骨架基础上的防砂措施。这项措施的实施，不仅延长了出砂井的寿命，也降低了年套损报废井的数量，大大提高了疏松砂岩油田的经济运行质量和效益。

笔者认为，任何一项技术都不是"包治百病"的，都有其自身的适用范围与技术界限，化学防砂、机械防砂、复合防砂等各项防砂技术缺一不可，互为补充。随着石油工作者们对于化学防砂理论和技术的不断创新，势必会使化学防砂工艺技术体系越来越完善，也必将会迎来化学防砂日渐广阔的应用前景和蓬勃发展的一个又一个春天。

参考文献

[1] 万仁溥，罗英俊. 采油技术手册(第七分册 防砂技术). 北京：石油工业出版社，1991.
[2] 齐宁. 疏松砂岩油藏防砂增产一体化技术研究. 东营：中国石油大学(华东)，2007.

第二章

疏松砂岩油气藏出砂机理及其因素分析

油气井出砂通常是近井地带的岩层结构遭受破坏引起的，其中，弱固结或中等胶结砂岩油气层的出砂现象较为严重。由于这类岩石胶结性差，强度低，一般在较大的生产压差下井底周围地层容易发生破坏而出砂。油气井出砂与油藏深度、压力、流速、地层胶结状况、压缩率和自然渗透率、流体种类和相态（油、气、水的情况）、地层性质等有直接的关系。从力学角度分析，油气层出砂可分为剪切破坏和拉伸破坏。前者是炮孔周围应力作用的结果，与过低的井底压力和过大的生产压差有关；后者则是开采过程中流体作用于炮孔周围地层颗粒上的拖曳力所致，与过高的开采速度或过大的流体速度有关。二者相互作用，相互影响。除上述两个机理外，还有微粒运移出砂机理，包括地层中黏土颗粒的运移，因为这会导致井底周围储层渗透率的降低，从而增大流体的拖曳力，并可能诱发固相颗粒的产出。

影响地层出砂的因素大体划分为两大类，即地质因素和开采因素。第一类因素是指储层地质条件和油藏流体性质（包括构造应力、沉积相、岩石颗粒大小及形状、岩矿组成、胶结物及胶结程度、流体类型及性质等），这是先天形成的，当然在开发过程中出于生产条件的改变会对岩石和流体产生不同程度的影响，从而改善或恶化出砂程度；第二类因素主要是指开采过程中所采取的各种措施对出砂可能带来的影响，它们很多可以人为控制，包括油层压力和生产压差、液流速度、多相流动及相对渗透率、毛细管作用、弹孔及地层损害、含水变化、完井方式、生产作业及射孔工艺条件等。通过寻找这些因素与出砂之间的内在关系，可以有目的地创造良好的生产条件来避免或减缓出砂。

对油井来说，入井流体黏度较气体大得多，对油层微粒的冲刷作用大，但流体流速较气井低。对疏松砂岩气藏而言，气井的高流速是这类气藏出砂的主要因素，油井出砂主要是黏滞拖曳力，而气井出砂主要是产出气与砂粒碰撞发生动量交换，携带砂子运移出砂，因此气体的密度是很关键的参数。此外，含水上升对出砂也有较大的影响。

国内疏松砂岩油藏主要以孤岛等油田为典型代表，疏松砂岩气藏主要以青海涩北气田为典型代表。本章就以孤岛油田和涩北气田为例，在对其储层出砂机理与出砂影响因素调研分析的前提下，使用物理模型和数学方法研究影响两类典型油田出砂的因素及其规律。

第一节 疏松砂岩油藏油井出砂因素分析

孤岛油田位于济阳坳陷沾化凹陷东部孤岛潜山构造带上，是一个以披覆背斜构造为主的复式油气田，埋藏深度 1 120～1 350 m，含油面积 85.2 km^2，地质储量 38 578×10^4 t。孤岛油田主要目的层自下而上为新生界古近系的沙河街组、东营组，新近系的馆陶组、明化镇组油气层，主力含油层系为馆陶组上段油层。馆陶组上段储层厚，物性好，埋藏浅，压实较差，胶结疏松，粒度中值及渗透率总的变化趋势是自上而下增大。平均粒度中值为 0.117～0.201 mm，平均孔隙度为 32%～35%，平均渗透率为(1 264～3 370)×10^{-3} μm^2，平均含油饱和度为 60%～69%。

一、地质因素

1. 构造应力的影响

由岩石力学理论可知，在疏松砂岩地层中只要完成钻井，井壁附近就总是存在一个塑性变形地带，在一定条件下塑性带处于稳定状态。但在断层附近或构造部位，原构造应力很大，已经局部破坏了原有的内部骨架(已产生局部天然节理和微裂隙)，这些部位是地层强度最弱的部位，也是最易出砂的部位和出砂最严重的地区。断层附近或构造顶部区域是出砂最剧烈的区域，而远离断层和构造低部位区域出砂程度相对缓和，在胜利、中原及其他油田发现了相似的规律。

2. 颗粒胶结性质的影响

颗粒胶结程度是影响出砂的主要因素，胶结性能是否良好又和地层埋深、胶结物种类及数量、胶结方式、颗粒尺寸及形状密切相关。表示胶结程度的物理量是地层岩石强度。一般来说，地层埋藏越深，压实作用越强，地层岩石强度越高，反之亦然，这就是浅层油气藏易出砂的原因之一。

关于胶结物，主要是看其种类。钙质胶结为主的砂岩较致密，地层强度高，而以泥质胶结为主的砂岩较疏松，强度较低(并且泥质胶结物性能不稳定，易受外界条件干扰而破坏胶结)。胶结方式中以孔隙式胶结性能最好，其他如孔隙-接触式、接触式的胶结强度较低。颗粒的大小、形状及分选性也影响胶结强度，细的分选差而带有棱角的颗粒其胶结较好(其他条件相同时)，反之，粗的分选好的圆颗粒则表现为弱胶结。

孤岛油田主力含油层系为第三系中新统馆陶组上段油层，为一套河流相砂体沉积，具有时代新、埋藏浅、成岩性差的特点。储层具有渗透率高、胶结疏松、非均质性强、强亲水的特点。砂岩为长石砂岩或岩屑长石砂岩，矿物成熟度低。颗粒磨圆度以次棱角状为主，其次为次圆状。胶结物以泥质为主，泥质含量为 9%～12%。砂岩粒度中值为 0.117～0.201 mm，平均为 0.136 mm，分选系数为 1.56～1.71。主要胶结类型为接触式、孔隙-接触式和接触-孔隙式，其地质特征决定了油层易出砂的特性。

3. 流体性质的影响

孤岛油田地面原油相对密度为 0.935～0.990，平均为 0.962 5，地面黏度为 250～5 700 mPa·s，平均为 2 195 mPa·s，地下原油相对密度为 0.871～0.925，地下黏度为 20～

130 mPa·s，平均为65 mPa·s，饱和压力为 7.2～11.5 MPa，地饱压差为 1.5～3.0 MPa，Ng^{1+2}地层水总矿化度为2 797 mg/L，氯离子含量为 1 500 mg/L，水型为 $NaHCO_3$ 型。由此可见原油性质较差，为高密度、低含蜡、低凝固点的沥青基石油，生产时施加在岩石颗粒上的拖曳力大，易造成出砂。

二、开采因素

开采因素主要包括地层压降及生产压差对出砂的影响、流速对出砂的影响、含水上升或注水对出砂的影响、地层伤害的影响等，这将在气井出砂因素分析中加以详细对比阐述。这里仅重点说明影响油井出砂的完井因素。完井几何形状因素包括井眼尺寸、井斜、射孔条件(方位、相位角、布孔格式和孔密、孔径等)，它们与油层相连，组成了油流通道，对出砂势必产生一定的影响。

首先，井眼尺寸对出砂不会产生太大的影响，因井径的变化不会使油流阻力发生根本的变化。

1. 射孔孔道充填物的影响

弹孔孔道充填物渗透率是决定弹孔压降的关键因素，其渗透率高则压降就小，弹孔畅通无阻则阻力最小。

地层经过射孔后，由于枪弹碎片、碎屑、地层微粒不可能完全从弹孔中清除，对弹孔总有局部堵塞，会增加流动阻力。而弹孔压降是生产压差的最主要的组成部分(约占 80%)，因而采取一切有效措施来消除弹孔堵塞是十分必要的，如弹孔清洗工艺、反冲洗工艺、负压射孔工艺等。只有弹孔畅通，才有利于减缓出砂(假如油井不采取防砂措施)。如果采取防砂措施，疏通弹孔也同样重要，因为可以向弹孔内挤入渗透率极高的充填材料，甚至为地层内预充填提供更多的空间和畅通的流道。

2. 射孔参数的影响

弹孔流道面积直接影响弹孔压降，对每个弹孔而言就是要提高孔径，而对整个井段而言就是要增加孔密。增大孔径、提高孔密的综合效果是提高有效流动面积，从而降低流动阻力，也降低流速，即在其他条件不变时降低生产压差，有利于减缓出砂。即使要采取防砂措施，高孔密、大孔径射孔也有利于减少因防砂而带来的产量损失。但是射孔密度过大可能会导致套管破裂和砂岩油层结构遭到破坏。

井斜的影响：当井斜角小于 45°时，仍可把它当作垂直井，不会对出砂产生重大影响；当井斜角大于 45°时(高倾角斜井，甚至水平井)，由于与油层段接触面积大大增加，在保持相同产量的条件下，出砂减缓。

射孔相位角的影响：研究表明 90°时最好，软件优化计算发现此时产能比最高，这是由于地层流线以井轴为中心，相对对称，减少了流线的弯曲和收缩，阻力最低，有利于减少出砂。另外，螺旋布孔格式的目的是减少因射孔带来的套管强度下降。对于高倾角斜井和水平井，为减缓出砂，要求在－90°～＋90°相位角范围内射孔，可减少套管上方油层出砂的可能性。

弹孔穿透深度的影响：只需要突破钻井液伤害半径即可，因为疏松砂岩地层为高渗透层，没有深穿透的必要，而且过分追求孔深还会增加射孔成本费用。

三、其他因素

目前国内各大主力油田随着油田滚动扩边和深入挖潜的进行，如孤岛油田南区东扩边

区 Ng^3 和 Ng^{1+2} 及垦东 32 块 Ng^5 和 Ng^6 等区块，油藏品位越来越低，油井出砂越来越严重，主要是粉细砂颗粒及黏土矿物运移膨胀；同时，在聚合物区，聚合物溶液向油井推进过程中，其更强的携砂能力进一步加剧了油层出砂。

第二节 疏松砂岩油藏注水井出砂因素分析

注水井出砂是困扰疏松砂岩油田注水问题的主要因素之一，在注水过程中频繁关、停、洗井等都有可能导致地层出砂。出砂会导致砂卡管柱无法起出，造成大修甚至报废。以中原油田为例，仅 2012 年就有 220 口注水井出砂，占所有出砂井的 31%。

通过从地层、工艺技术及生产运行管理等方面的分析，找出了注水井返吐出砂的主要原因，主要有以下几个方面。

一、地质因素

以赵 108 断块为例来分析地质因素对水井出砂的影响。

华北地区是我国中强构造应力区，在不同深度处岩层的岩性、产状和力学性质存在较大差别，使得在同一区域应力场作用下具有不同的应力值。尤其是在断层附近或构造部位，中强的构造应力局部破坏了原有的内部骨架，使这些部位的地层强度相对较弱，是易出砂的部位。

赵 108 断块位于晋州市凹陷赵县西塌陷背斜核部，受两条北东向断层夹持，是以构造控制为主的岩性构造油藏。主要含油层系为 Es_{2+3}，埋深为 1 622.8～1 796 m，含油面积为 1.4 km^2，石油地质储量为 300.17×10^4 t。储层平均孔隙度为 25%，平均有效渗透率为 424×10^{-3} μm^2，主要沉积类型为水下分流河道和河口砂坝沉积，油层横向分布稳定，三口井以上的油层连通率为 92%，平均单井油层厚度为 15.9 m，储层非均质性严重。目前该断块仅打开Ⅱ和Ⅲ油组，Ⅰ油组作为后备层待挖潜。动用的地质储量约为整个油藏地质储量的 91.1%，注采关系完善。

赵 108 断块储层胶结类型为孔隙式胶结，胶结物以泥质—高岭石胶结为主。地层颗粒分选性普遍较差，主要是以次圆—次棱角状为主的砾质不等粒砂岩。注水过程中，由于胶结物被水溶解，特别是一些黏土矿物，如蒙脱石等遇水后膨胀、分散，大大降低了地层强度。高岭石在水作用下易分散，并在液流作用下运移堵塞地层孔道，注水对地层的冲刷作用导致地层强度降低。这也是疏松砂岩油藏水井出砂的主要原因之一。

通过表 2-1 中历次作业情况统计可知，注水井的出砂还是较为严重的，特别是赵 41-18 井，平均半年一次冲砂作业，基本上是砂埋油层，累计出砂 12 m^3，大大增加了作业工作量，严重影响了注水井的正常生产。

表 2-1 赵 108 断块水井历次作业情况统计表

井 号	井段/m	统计时间	作业内容	次 数	累积出砂量/m^3	其他措施
赵 41-18	1 732.0～1 796.0	2002-07—2007-04	冲 砂	13	12	调 剖
赵 41-6x	1 678.5～1 715.0	1999-03—2007-04	冲 砂	11	8.5	调 剖
赵 41-1	1 721.4～1 827.4	1997-07—2007-04	冲 砂	6	3.4	调 剖

二、开采因素

1. 工艺技术原因

双河油田有返吐出砂注水井 116 口，在洗井、测试、穿孔以及作业等工作制度不稳定时，地层聚合物、调剖剂、砂、油等进入井筒，影响水井的正常注水，大部分井需进行修井处理，而且导致测试困难，影响测试工艺一次成功率。由于返吐出砂造成的维护作业次数每年达 78 井次，占维护性作业总井次的 48%，测试工艺一次成功率仅为 86.5%。通过技术人员分析发现，井下管柱不适应、井口单流阀单流效果差和水量调节技术落后是造成部分水井出砂的主要原因。

2. 生产运行管理原因

通过跟踪观察发现，对疏松油层频繁的开关井、负压射孔和冲砂也会造成油层激动而诱发大量出砂，主要表现在邻井作业或生产制度不稳定带来的压力波动导致对应水井地层砂返吐以及注水制度不稳定导致水井出砂。

从上述分析可以寻找到相应的治理对策，即出砂量少的井可采用作业冲砂等简单的防砂措施维持正常注水，出砂严重的井可实施化学固砂，水井防砂重点是加强日常管理，保持平稳注水，预防地层出砂。具体如下：① 出砂水井实行定期强制监管制度，及时发现，及时处理，防止水井长期不动管柱导致卡落事故。② 完善注水管柱设计，对出砂较严重的注水井，一方面采取化学固砂措施，另一方面完善注水管柱设计，将尾管设计在合理的深度内。③ 强化、细化注水井的日常管理制度，洗井、放压等要保持平稳操作，预防油层出砂，同时做到定期软探砂面，加强水井监测。

第三节　疏松砂岩气藏出砂因素分析

国内疏松砂岩气藏主要以青海涩北气田为典型代表。涩北气田探明储量为 $3\ 000\times10^8\ m^3$，占我国探明储量的 10%左右。涩北气田的储层主要为第四系粉砂岩和泥质粉砂岩，欠压实、成岩性差、胶结疏松，具有三高（高黏土、高泥质、高矿化度）一强（敏感性强）、出砂严重等特点，大部分井只能靠控制压差生产，3/4 的井产量只能限制在 $5.0\times10^4\ m^3/d$ 以内，大大地限制了气井产能的发挥。

另外，涩北气田储层气水关系复杂，气水层间互，存在边水和底水，在开发中后期产水严重，产水将加重出砂。涩北气田试采和开发资料显示，该气田属于高产气田，但储层成岩性差，胶结疏松，产量稍大就会引起气井出砂。

一、涩北气藏地质特征

影响储层出砂的地质因素主要包括储层类型、颗粒胶结性质、流体及水层情况和储层敏感性等因素。

1. 储层类型

涩北气藏储层为第四系湖相气藏，为第四系下更新统涩北组（Q_{1+2}），地层厚度在

1 700 m左右，为一套湖相暗色的砂泥岩地层，既为生气层，又为储气层。岩性主要为灰色、深灰色泥岩和粉砂岩，泥质粉砂岩次之，呈不等厚间互，夹有细砂岩和钙质泥岩，因此岩石强度低，地层容易出砂。

2. 颗粒胶结性质

涩北气藏地层主要以泥质胶结为主，低胶结强度是涩北气藏地层出砂的主要内因。

3. 流体性质

涩北气藏储层含气饱和度越高，则胶结较好；含气饱和度低，则胶结程度下降，易造成出砂。

4. 储层敏感性

涩北气田的敏感性矿物主要有：黏土矿物，包括蒙脱石、伊利石、高岭石、绿泥石；非黏土矿物，包括石英、长石、方解石、白云石、碳酸岩。储层是泥质细粉砂岩，泥质含量为 40%～60%，黏土矿物主要为伊利石(45%～67%)、绿泥石(18%～29%)、高岭石(12%～17%)，其次为伊/蒙混层(0%～14%，混层比为 10%)，还有 1%左右的少量蒙脱石。储层敏感性矿物分析表明，储层具有强的水敏、盐敏、酸敏损害。地层水矿化度为$(15\sim17)\times10^4$ mg/L，因此，储层具有强碱敏性。

储层具有良好的物性，渗透率平均为 $104.9\times10^{-3}\ \mu m^2$，孔隙度平均为 30.6%，因此可以预测储层具有强的应力敏感性。储层欠压实、成岩性差、胶结疏松，储层砂粒为细粉砂，砂粒度为 0.04～0.07 mm，粒径小于 0.01 mm 的占 24%，具有大量微粒，因此储层具有强速敏损害。孔隙度和渗透率都很高，一旦发生敏感性损害，微粒运移后就会导致气井出砂。

在气藏开发过程中，各种作业引起储层损害，表现为储层渗透率降低。储层损害引起出砂主要是外因所致，而外因又是通过储层内因(储层的强敏感性)起作用的。

储层损害主要分以下几方面：① 在钻井、完井、试油、修井等过程中外来入井液对储层的侵入，导致储层渗透率降低，如储层的水敏、盐敏、碱敏、酸敏等损害；② 外来作业液中的固相颗粒的侵入，导致储层渗透率降低；③ 在生产过程中，生产压差不合适，导致储层渗透率降低，如压敏损害；④ 在生产过程中，气体的流速过大，气体的冲刷力增大，引起渗透率降低，如速敏；⑤ 在生产过程中，地层水的锥进与冲刷，引起储层细粉颗粒运移，导致渗透率降低。

上述储层损害同时导致储层出砂，其一，储层各种损害导致储层的渗透率降低，因此在维持相同产量生产时，其生产压差将增大，超过其临界生产压差，将导致储层出砂严重；其二，储层渗透率降低，部分孔喉变小，甚至有的孔喉被堵塞，使能够流经孔喉的气体流速增大，气体的冲刷力增大，超过储层岩石的临界出砂流速，引起出砂；其三，外来流体的侵入，导致储层渗透率降低的同时，储层岩石的原始胶结状态遭到破坏，降低了岩石强度，使其临界流速和临界出砂压差同时降低，导致严重出砂。表 2-2 中给出了储层损害与气藏储层出砂的相关性分析。

表 2-2　气藏(敏感性)损害与出砂的相关性分析

损害类型	损害原因	渗透率变化	岩石强度变化	出砂原因
水　敏	黏土矿物的水化分散、细粉颗粒的运移	降　低	破坏原始胶结，降低岩石的胶结强度	降低了储层的临界流速和临界压差，产生大量的细粉颗粒
盐　敏	盐度降低，导致黏土矿物的水化分散、细粉颗粒的运移	降　低	降低岩石的胶结强度	降低了储层的临界流速和临界压差，产生大量的细粉颗粒
碱　敏	pH 值增大，导致黏土矿物的水化分散、细粉颗粒的运移	降　低	黏土矿物的水化分散，导致胶结强度降低	降低了储层的临界流速和临界压差
酸　敏	储层绿泥石含量高，与酸反应生成沉淀	降　低	—	导致流速增大
压　敏	压差增大，导致胶结疏松岩石部分孔隙闭合	降　低	增　大	导致流速增大
速　敏	高流速的冲刷，细粉颗粒的运移	降　低	—	导致流速增大
无机垢堵塞	外来流体与地层水不配伍，导致无机盐沉淀	降　低	—	导致流速增大
外来固相侵入	外来流体固相颗粒的侵入，堵塞部分孔隙	降　低	—	导致流速增大
地层水锥进	地层水锥进，导致细粉颗粒运移	降　低	胶结强度降低	降低了储层的临界流速和临界压差

二、影响出砂的开采因素

气井开发因素是出砂因素中的外因，在气井开采中由人为控制，不恰当的开采速度及开采制度的突然变化，落后的开采技术，低质量和频繁的修井作业，不良的作业和不科学的生产管理等造成气井出砂，这些都可以避免。

1. 地层压降及生产压差对出砂的影响

气藏压力下降对地层出砂的影响：① 压降过大使岩石颗粒的负荷加大，造成岩石的剪切破坏，导致地层大量出砂；② 气藏压力的下降将伴随边底水（或注入水）的侵入，导致气相渗透率急剧下降，不得不放大生产压差来维持产量，势必导致出砂加剧。

2. 流速对出砂的影响

对于疏松砂岩易出砂的地层，都存在不同程度速敏，当气层内流体流速低于临界流速时，也会产生微粒的运移，它们会在炮眼入口处形成“砂桥”，阻止出砂。但是随流速增加，砂桥尺寸增大，稳定程度降低，当达到临界流速时，砂桥被破坏，砂粒就流入井筒，开始出砂。如果流速再进一步增加，则其出砂加剧。

3. 含水上升对出砂的影响

涩北气藏储层为底水、边水气藏，还有层间水，如图 2-1 所示，因此涩北气田的开发总伴随水的问题，又导致气井出砂加重，产气量降低，目前已经有不少井出水严重，水淹气层。

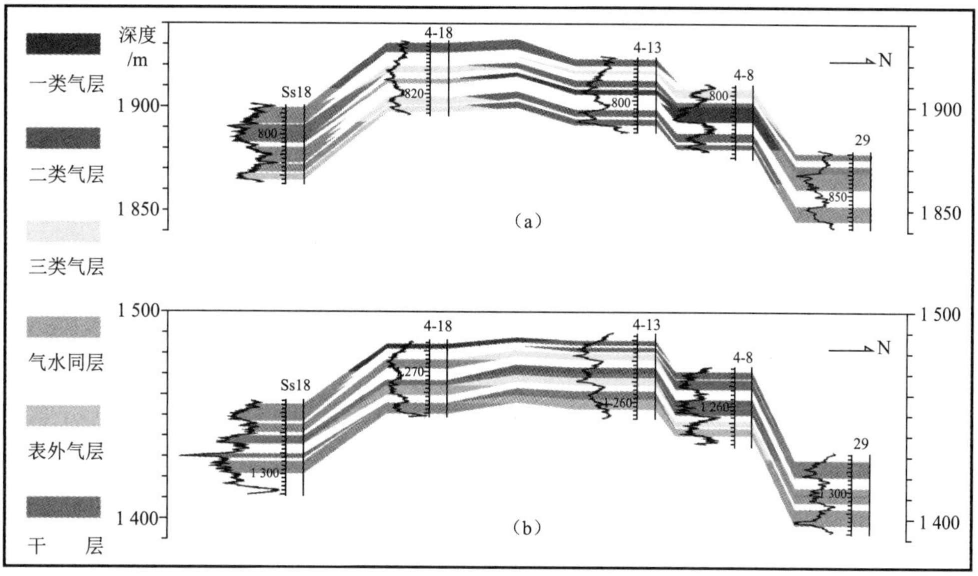

图 2-1 涩北北 1 号气田气水关系

4. 完井因素的影响

完井因素包括井眼尺寸、井斜、射孔条件(方位、相位角、布孔格式和孔密、孔径等)等，这与油井出砂的影响因素基本相同。

第四节 出砂影响因素灰色关联分析方法

一、灰色关联分析

数理统计中的回归分析、方差分析、主成分分析等都是用来进行系统分析的方法。这些方法都有下述不足之处：

(1) 要求有大量数据，数据量少则难以找出统计规律；

(2) 要求样本服从某个典型的概率分布，要求各因素数据与系统特征数据之间呈线性关系且各因素之间彼此无关，但这种要求往往难以满足；

(3) 计算量大，一般需借助计算机；

(4) 可能出现量化结果与定性分析结果不符的现象，导致系统的关系和规律遭到歪曲和颠倒。

出砂的影响因素多种多样，采用试验的方法也难以囊括所有信息，这就出现了数据少、信息不完全与不确定的问题，致使难以了解系统的边界，难以判断系统与环境的相互影响，难以确定因子间的数量关系，难以分清系统的主要因子和次要因子，这类问题在数学上称之为灰色系统，是概率统计与模糊数学所不能解决的。灰色系统着重研究“小样本、贫信息不确定”问题，并依据信息覆盖，通过序列生成寻求现实规律，也就是“少数据建模”，以研究“外延明确、内涵不明确”的对象。在灰色系统中分析诸多因素的主次(影响程度的大小)常借助于灰色关联分析。灰色关联分析的目的就是对信息不完全与“少数据不确定”的系统作因子间的量化、序化，将“灰”白化。

二、出砂因素实验分析

采用涩北气藏具有代表性的储层岩芯，研究岩芯渗透率、压差、气体流速以及地层出水后对出砂的影响及其影响规律，实验流程图如图 2-2 所示。

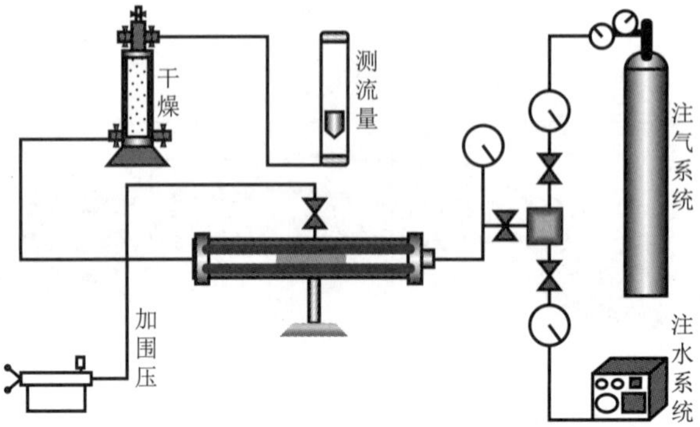

图 2-2　出砂规律实验研究流程图

实验方法如下：

(1) 根据储层资料分析及研究实验的目的，选取不同渗透率的岩芯；

(2) 确定不同的注入气体的流量或注入压差；

(3) 同时注水、注气，模拟气层产水、产气；

(4) 称重岩芯，确定出砂量；

(5) 改变气/水流量、注入压差、岩芯渗透率，研究不同影响因素下的出砂情况。

表 2-3 是涩北岩芯出砂实验数据。

表 2-3　涩北岩芯出砂实验

序号	岩芯号	渗透率 ω_2 /($10^{-3}\mu m^2$)	压差 ω_3 /MPa	水量 ω_4 /($mL\cdot min^{-1}$)	气量 ω_5 /($L\cdot min^{-1}$)	含水饱和度 ω_6 /%	单位质量出砂 ω_1 /($g\cdot g^{-1}$)	单位体积出砂 ω_0 /($g\cdot cm^{-3}$)
		K_a	Δp	Q_l	Q_g	S	W	V
1	2Y-219	706.42	0.5	0	10	49.85	0.008 7	0.016 5
2	2Y-216	745.80	0.9	0	20	48.88	0.008 9	0.016 9
3	2Y-212	500.99	1.0	0	30	47.59	0.011 3	0.021 5
4	2Y-212 *	500.99	1.0	0	30	47.59	0.011 3	0.021 5
5	2Y-209	639.39	1.5	0	30	60.40	0.010 2	0.019 1
6	2Y-204	632.07	2.0	0	38	54.96	0.012 4	0.023 4
7	2Y-210	739.08	2.2	0	48	44.45	0.012 2	0.022 9
8	2Y-217	830.768	2.44	0	60	49.39	0.014 3	0.026 9
9	2Y-246	527.55	0.77	0.01	30	52.51	0.011 9	0.023 7

续表

序号	岩芯号	渗透率 ω_2 /($10^{-3}\mu m^2$)	压差 ω_3 /MPa	水量 ω_4 /($mL \cdot min^{-1}$)	气量 ω_5 /($L \cdot min^{-1}$)	含水饱和度 ω_6 /%	单位质量出砂 ω_1 /($g \cdot g^{-1}$)	单位体积出砂 ω_0 /($g \cdot cm^{-3}$)
		K_a	Δp	Q_l	Q_g	S	W	V
10	2Y-247	519.18	0.8	0.03	30	52.04	0.013 6	0.027 3
11	2Y-214	604.416	1.25	0.03	30	51.83	0.006 4	0.012 2
12	2Y-222	531.07	1.93	0.04	30	52.37	0.007 2	0.014 0
13	2Y-220	768.17	0.67	0.05	30	49.58	0.018 0	0.033 8
14	2Y-241	546.01	0.82	0.05	30	50.06	0.015 6	0.030 5
15	2Y-2177	795.04	0.85	0.05	20	51.33	0.003 1	0.005 84
16	2Y-241	546.01	0.85	0.05	30	50.06	0.015 6	0.030 5
17	* 2Y-233	948.19	0.85	0.05	30	48.34	0.007 3	0.014 1
18	2Y-203	342.185	0.96	0.05	30	52.37	0.010 3	0.019 7
19	2Y-2166	825.64	1.77	0.05	60	48.27	0.008 8	0.016 5
20	2Y-213	625.08	1.85	0.05	30	54.26	0.014 8	0.027 8
21	2Y-208	717.89	2.1	0.05	10	55.08	0.010 9	0.020 6
22	2Y-242	229.36	2.1	0.05	30	48.45	0.008 8	0.017 4
23	2Y-231	670.562	2.15	0.05	20	49.51	0.014 8	0.028 8
24	2Y-218	585.73	2.32	0.05	30	47.15	0.008 0	0.015 3
25	2Y-301	119.34	2.45	0.05	30	51.97	0.008 4	0.017 3
26	* 2Y-221	173.78	2.45	0.05	30	48.76	0.012 6	0.024 2
27	2Y-205	655.09	2.5	0.05	38	56.10	0.016 7	0.031 7
28	2Y-206	749.26	3.8	0.05	48	48.34	0.023 3	0.043 7
29	2Y-230	782.149	4.6	0.05	60	54.38	0.027 7	0.053 4
30	2Y-136	729.87	0.86	0.07	30	49.37	0.019 3	0.037 2
31	2Y-211	578.13	2.5	0.07	30	49.92	0.010 2	0.019 3
32	2Y-238	603.12	0.97	0.09	30	49.81	0.021 9	0.042 3
33	2Y-223	618.1	2.38	0.09	30	47.22	0.012 7	0.024 3

注：* 表示同一取芯不同岩样的两次实验结果。

三、出砂实验数据的灰色关联分析

1. 出砂影响空间 $@_{\mathrm{INU}}$

如表 2-2 所示，ω_0 代表单位体积出砂，ω_1 代表单位质量出砂，ω_2 代表实验用涩北气田岩芯渗透率，ω_3 代表岩芯两端压差，ω_4 代表泵入水量，ω_5 代表通入气量，ω_6 代表岩芯含水饱和度。

影响空间 $@_{\mathrm{INU}}$ 为：

$$@_{\mathrm{INU}}=\{\omega_i \mid i\in I=\{1,2,3,4,5,6\}\}$$
$$\omega_1=(0.0087,0.0089,0.0113,\cdots,0.0219,0.0127)$$
$$\omega_2=(706.42,745.8,500.99,\cdots,603.12,618.1)$$
$$\omega_3=(0.5,0.9,1,\cdots,0.97,2.38)$$
$$\omega_4=(0,0,0,\cdots,0.09,0.09)$$
$$\omega_5=(10,20,30,\cdots,30,30)$$
$$\omega_6=(49.85,48.88,47.59,\cdots,49.81,47.22)\}$$

2. 出砂影响空间$@_{\mathrm{INU}}$分析

$@_{\mathrm{INU}}$中 ω_i 有量纲；

$@_{\mathrm{INU}}$中 ω_i 不可比，数量级相差较大；

$@_{\mathrm{INU}}$中 ω_i 极性非一致，其中 $\omega_1,\omega_2,\omega_3,\omega_4,\omega_5$ 为极大值极性，ω_6 极性不确定。

3. 灰关联因子空间$@_{\mathrm{GRF}}$

一般情况下，原始变量序列具有不同的量纲或数量级，为了保证分析结果的可靠性，需要对变量序列作数值变换，进行无量纲化，一般采用初值化 INIT。

$$x_1=\mathrm{INIT}\ \omega_1$$
$$\omega_1=(\omega_1(1),\omega_1(2),\omega_1(3),\cdots,\omega_1(32),\omega_1(33))$$
$$=(0.008\,7,0.008\,9,0.011\,3,\cdots,0.021\,9,0.012\,7)$$
$$\bar{\omega}_i=\frac{1}{n}\sum_{j=1}^{n}\omega_i(j),n=1,2,3,\cdots,32,33$$
$$\bar{\omega}_1=\frac{1}{n}\sum_{j=1}^{n}\omega_1(j),n=1,2,3,\cdots,32,33$$
$$=\frac{1}{33}(0.008\,7+0.008\,9+0.011\,3+\cdots+0.021\,9+0.012\,7)=0.012\,6$$
$$x_1=(x_1(1),x_1(2),x_1(3),\cdots,x_1(32),x_1(33))$$
$$=(\omega_1(1)/\bar{\omega}_1,\omega_1(2)/\bar{\omega}_1,\omega_1(3)/\bar{\omega}_1,\cdots,\omega_1(32)/\bar{\omega}_1,\omega_1(33)/\bar{\omega}_1)$$
$$=(0.008\,7/0.012\,6,0.008\,9/0.012\,6,0.011\,3/0.012\,6,\cdots,0.021\,9/0.012\,6,0.012\,7/0.012\,6)$$
$$=(0.688\,2,0.704\,0,0.893\,8,\cdots,1.732\,3,1.004\,6)$$

同理可得：

$$x_2=\mathrm{INIT}\ \omega_2$$
$$=(x_2(1),x_2(2),x_2(3),\cdots,x_2(32),x_2(33))$$
$$=(1.160\,6,1.225\,3,0.823\,1,\cdots,0.990\,9,1.015\,5)$$
$$x_3=\mathrm{INIT}\ \omega_3$$
$$=(x_3(1),x_3(2),x_3(3),\cdots,x_3(32),x_3(33))$$
$$=(0.294\,2,0.529\,5,0.588\,3,\cdots,0.570\,7,1.400\,2)$$
$$x_4=\mathrm{INIT}\ \omega_4$$
$$=(x_4(1),x_4(2),x_4(3),\cdots,x_4(32),x_4(33))$$
$$=(0,0,0,\cdots,2.3203,2.3203)$$
$$x_5=\mathrm{INIT}\ \omega_5$$

$$=(x_5(1),x_5(2),x_5(3),\cdots,x_5(32),x_5(33))$$

$$=(0.3107,0.6215,0.9322,\cdots,0.9322,0.9322)$$

$$x_6=\text{INIT }\omega_6$$

$$=(x_6(1),x_6(2),x_6(3),\cdots,x_6(32),x_6(33))$$

$$=(0.9838,0.9646,0.9392,\cdots,0.9830,0.9319)$$

据此，有灰关联因子空间$@_{GRF}=X$，即

$$X=\{x_i \mid i\in I=\{1,2,3,4,5,6\}\}$$

4. 灰关联差异信息空间 $\boldsymbol{\Delta}_{GR}$

差异信息$\Delta_{0i}(k)$为：

$$\Delta_{0i}(k)=\mid x_0(k)-x_i(k)\mid$$

其中，$x_0(k)=x_1(k)$为单位质量出砂量x_1中的数据；$x_i(k)=x_2(k),x_3(k),x_4(k),x_5(k),x_6(k)$为渗透率、压差、水量、气量、含水饱和度。

以x_1为参考序，x_2,x_3,x_4,x_5,x_6为比较列，有：

$$\Delta_{12}(1)=\mid x_1(1)-x_2(1)\mid=\mid 0.6882-1.1606\mid=0.4724$$

$$\Delta_{12}(2)=\mid x_1(2)-x_2(2)\mid=\mid 0.7040-1.2253\mid=0.5213$$

$$\Delta_{12}(3)=\mid x_1(3)-x_2(3)\mid=\mid 0.8938-0.8231\mid=0.0707$$

$$\vdots$$

$$\Delta_{12}(32)=\mid x_1(32)-x_2(32)\mid=\mid 1.7323-0.9909\mid=0.7414$$

$$\Delta_{12}(33)=\mid x_1(33)-x_2(33)\mid=\mid 1.0046-1.0155\mid=0.0109$$

x_2对x_1的差异序列Δ_{12}为：

$$\Delta_{12}=(\Delta_{12}(1),\Delta_{12}(2),\Delta_{12}(3),\cdots,\Delta_{12}(32),\Delta_{12}(33))$$

$$=(0.4724,0.5213,0.0707,\cdots,0.7414,0.0109)$$

同理有：

$$\Delta_{13}=(\Delta_{13}(1),\Delta_{13}(2),\Delta_{13}(3),\cdots,\Delta_{13}(32),\Delta_{13}(33))$$

$$=(0.3940,0.1745,0.3055,\cdots,1.1616,0.3957)$$

$$\Delta_{14}=(\Delta_{14}(1),\Delta_{14}(2),\Delta_{14}(3),\cdots,\Delta_{14}(32),\Delta_{14}(33))$$

$$=(0.6882,0.7040,0.8938,\cdots,0.5880,1.3158)$$

$$\Delta_{15}=(\Delta_{15}(1),\Delta_{15}(2),\Delta_{15}(3),\cdots,\Delta_{15}(32),\Delta_{15}(33))$$

$$=(0.3774,0.0825,0.0384,\cdots,0.8001,0.0724)$$

$$\Delta_{16}=(\Delta_{16}(1),\Delta_{16}(2),\Delta_{16}(3),\cdots,\Delta_{16}(32),\Delta_{16}(33))$$

$$=(0.2956,0.2606,0.0454,\cdots,0.7493,0.0727)$$

涩北气田出砂影响因素灰关联差异信息见表 2-4。

表 2-4 涩北气田出砂影响因素灰关联差异信息表

	Δ_{12}	Δ_{13}	Δ_{14}	Δ_{15}	Δ_{16}
1	0.472 417	0.393 990	0.688 160	0.377 426	0.295 609
2	0.521 295	0.174 474	0.703 980	0.082 511	0.260 647
3	0.070 741	0.305 477	0.893 818	0.038 386	0.045 352
4	0.070 741	0.305 477	0.893 818	0.038 386	0.045 352

续表

	Δ_{12}	Δ_{13}	Δ_{14}	Δ_{15}	Δ_{16}
5	0.243 645	0.075 701	0.806 809	0.125 395	0.385 161
6	0.057 602	0.195 854	0.980 826	0.199 965	0.103 787
7	0.249 228	0.329 342	0.965 007	0.526 519	0.087 804
8	0.233 755	0.304 436	1.131 114	0.733 292	0.156 422
9	0.074 565	0.488 255	0.683 465	0.009 074	0.094 987
10	0.222 784	0.605 073	0.302 308	0.143 542	0.048 757
11	0.486 762	0.229 192	0.267 204	0.425 970	0.516611
12	0.302 983	0.565 984	0.461 737	0.362 691	0.463 989
13	0.161 754	1.029 592	0.134 718	0.491 577	0.445 339
14	0.336 903	0.751 504	0.055 119	0.301 740	0.246 029
15	1.060 965	0.254 883	1.043 855	0.376 262	0.767 770
16	0.336 903	0.733 854	0.055 119	0.301 74	0.246 029
17	0.980 360	0.077 333	0.711 640	0.354 781	0.376 549
18	0.252 543	0.249 912	0.474 343	0.117 485	0.218 782
19	0.660 374	0.345 292	0.592 991	1.168 336	0.256 519
20	0.143 720	0.082 235	0.118 398	0.238 460	0.099 864
21	0.317 244	0.373 336	0.426 884	0.551 444	0.224 804
22	0.319 255	0.539 444	0.592 991	0.236 133	0.260 071
23	0.068 997	0.094 268	0.118 398	0.549 195	0.193 604
24	0.329 505	0.732 158	0.656 271	0.299 412	0.297 695
25	0.468 367	0.777 003	0.624 631	0.267 773	0.361 176
26	0.711 143	0.444 787	0.292 416	0.064 443	0.034 387
27	0.244 704	0.149 899	0.031 890	0.140 161	0.213 841
28	0.612 045	0.392 688	0.553 943	0.351 479	0.889 034
29	0.906 047	0.515 325	0.901 978	0.326 633	1.117 872
30	0.327 505	1.020 636	0.278 078	0.594 405	0.552 312
31	0.143 001	0.664 042	0.997 878	0.125 395	0.178 342
32	0.741 400	1.161 576	0.588 045	0.800 063	0.749 286
33	0.010 921	0.395 693	1.315 755	0.072 353	0.072 688

环境参数为：

$$\Delta_{1i}(\max)=\max_i \max_j \Delta_{1i}(k)=1.315\ 8$$

$$\Delta_{1i}(\min)=\min_i \min_j \Delta_{1i}(k)=0.009\ 1$$

差异信息集 Δ 为：

$$\Delta=\{\Delta_{1i}(k) \mid i=2,3,4,5,6;k=1,2,3,\cdots,32,33\},$$

$$\Delta_{1i}(\max)\in\Delta,$$

$$\Delta_{1i}(\min)\in\Delta$$

分辨系数 ζ 取为 $\zeta=0.5$。

灰关联差异信息空间为：

$$\Delta_{GR}=(\Delta,\zeta,\Delta_{1i}(\max),\Delta_{1i}(\min))$$

$$\Delta_{GR}=(\Delta,0.5,1.3158,0.0091)$$

5. 灰关联系数 $\gamma(x_1(k),x_i(k))$ 的表达式

由于 $\Delta_{1i}(\max)=1.3158$，$\Delta_{1i}(\min)=0.0091$，$\zeta=0.5$，所以：

$$\gamma(x_0(k),x_i(k))=\frac{\min\limits_i\min\limits_k\Delta_{1i}(k)+\zeta\max\limits_i\max\limits_k\Delta_{1i}(k)}{\Delta_{1i}(k)+\zeta\max\limits_i\max\limits_k\Delta_{1i}(k)}$$

$$=\frac{0.0091+0.5\times1.3158}{\Delta_{1i}(k)+0.5\times1.3158}=\frac{0.667}{\Delta_{1i}(k)+0.6579}$$

6. 灰关联系数及灰关联度 $\gamma(x_1,x_2)$ 的计算

灰关联系数 $\gamma(x_1(k),x_2(k))$ 为：

$$\gamma(x_1(1),x_2(1))=\frac{0.667}{\Delta_{12}(1)+0.6579}=\frac{0.667}{0.4724+0.6579}=0.5901,$$

$$\gamma(x_1(2),x_2(2))=\frac{0.667}{\Delta_{12}(2)+0.6579}=\frac{0.667}{0.5213+0.6579}=0.5656,$$

$$\gamma(x_1(3),x_2(3))=\frac{0.667}{\Delta_{12}(3)+0.6579}=\frac{0.667}{0.0707+0.6579}=0.9155,$$

$$\vdots$$

$$\gamma(x_1(32),x_2(32))=\frac{0.667}{\Delta_{12}(32)+0.6579}=\frac{0.667}{0.7414+0.6579}=0.4767,$$

$$\gamma(x_1(33),x_2(33))=\frac{0.667}{\Delta_{12}(33)+0.6579}=\frac{0.667}{0.0109+0.6579}=0.9973$$

灰关联度 $\gamma(x_1,x_2)$ 为：

$$\gamma(x_1,x_2)=\frac{1}{33}\sum_{k=1}^{33}\gamma(x_1(k),x_2(k))=0.6915$$

7. 灰关联系数及灰关联度 $\gamma(x_1,x_3)$，$\gamma(x_1,x_4)$，$\gamma(x_1,x_5)$，$\gamma(x_1,x_6)$ 的计算

灰关联度 $\gamma(x_1,x_3)$ 为：

$$\gamma(x_1,x_3)=\frac{1}{33}\sum_{k=1}^{33}\gamma(x_1(k),x_3(k))=0.6407$$

灰关联度 $\gamma(x_1,x_4)$ 为：

$$\gamma(x_1,x_4)=\frac{1}{33}\sum_{k=1}^{33}\gamma(x_1(k),x_4(k))=0.5831$$

灰关联度 $\gamma(x_1,x_5)$ 为：

$$\gamma(x_1,x_5)=\frac{1}{33}\sum_{k=1}^{33}\gamma(x_1(k),x_5(k))=0.7151$$

灰关联度 $\gamma(x_1,x_6)$ 为：

$$\gamma(x_1,x_6)=\frac{1}{33}\sum_{k=1}^{33}\gamma(x_1(k),x_6(k))=0.7272$$

8. 灰关联序

由 $\gamma(x_1,x_2)=0.6915$，$\gamma(x_1,x_3)=0.6407$，$\gamma(x_1,x_4)=0.5831$，$\gamma(x_1,x_5)=0.7151$，$\gamma(x_1,x_6)=0.7272$ 可得：

$\gamma(x_1,x_6)$	>	$\gamma(x_1,x_5)$	>	$\gamma(x_1,x_2)$	>	$\gamma(x_1,x_3)$	>	$\gamma(x_1,x_4)$
0.727 2		0.715 1		0.691 5		0.640 7		0.583 1
x_6	>	x_5	>	x_2	>	x_3	>	x_4
含水饱和度	>	气量	>	渗透率	>	压差	>	水量

序关系为：

$$R(6,5,2,3,4)=R(\text{含水饱和度，气量，渗透率，压差，水量})$$

9. 解释

序关系 $R(6,5,2,3,4)$ 表明：含水饱和度对涩北岩芯出砂影响居首位，气量对涩北岩芯出砂影响居第 2 位，渗透率对涩北岩芯出砂影响居第 3 位，压差对涩北岩芯出砂影响居第 4 位，水量对涩北岩芯出砂的影响最小，居第 5 位。

10. 结论

由上述分析可以看出，含水上升导致出砂严重。针对这一问题，首先应先确定水的来源，再根据具体情况采取相应措施进行控水，减小对出砂的影响。

采气速度对涩北出砂影响也较为明显。从这一点可知，在防砂措施之后不应立即放大压差生产，而应严格控制生产速度，例如作业完后需关井一定时间使充填砂体完全固结，强度达到最大，同时生产初期控制产量生产，稳产一定时间后再正常生产，以避免生产制度突然改变所带来的压力激动对填充带造成破坏。

渗透率对涩北岩芯出砂影响居第 3 位，这就要求解除污染，保护储层。防砂技术结合端部脱砂压裂工艺可以提高产能，避免造成储层伤害。

压差对出砂也有一定影响，这就需要合理优化生产制度，尽量减轻人为因素所造成的影响。

参考文献

[1] 万仁溥，罗英俊. 采油技术手册（第七分册　防砂技术）. 北京：石油工业出版社，1991.

[2] 王景森，鲁斌，张振建，等. 赵 108 断块注水井防砂技术研究. 内蒙古石油化工，2009，(14)：87-89.

[3] 何力渊，郭洪涛，张鼎，等. 双河油田注水井返吐出砂综合治理技术. 石油地质与工程，2012，26(4)：120-121.

[4] 周福建，杨贤友，熊春明，等. 青海涩北气田新型防细粉砂技术研究与应用. 石油天然气学报（江汉石油学院学报），2005，27(5)：812-814.

[5] 刘思峰，郭天榜，党耀国，等. 灰色系统理论及其应用. 北京：科学出版社，1991.

[6] 邓聚龙. 灰理论基础. 武汉：华中科技大学出版社，2002.

[7] 齐宁，周福建，高成元，等. 涩北气田出砂影响因素的灰色关联分析，特种油气藏，2010，17(1)：100-104.

第三章

化学防砂工艺及其原理

化学防砂是通过化学药剂的化学反应把地层中的砂砾或填充到地层中的砂石胶结起来，稳定地层结构或形成具有一定强度和渗透率的人工井壁，从而达到防止地层出砂的目的。化学防砂大致可分为三类：人工胶结固砂、人工井壁防砂以及其他化学固砂法。人工胶结地层防砂是向地层注入各类树脂或各种化学固砂剂，直接将地层固结，适用于疏松油层出砂。人造井壁防砂是把具有特殊性能的水泥、树脂、预涂层砾石、水带干灰砂或化学剂挤入井筒周围地层中，这些物质凝固后形成一层既坚固又有一定渗透性和强度的人工井壁，达到防止油层出砂的目的，适用于由出砂导致套管外油层部位坍塌所造成的亏空井防砂。其他化学固砂法有氢氧化钙固砂、四氯化硅固砂、水泥-碳酸钙混合液固砂、聚氯乙烯固砂和氧化有机物固砂法等。

第一节　人工胶结固砂

人工胶结固砂就是用胶结剂将松散的砂与砂的接触点处胶结起来。为了胶结砂层中的砂粒，一般把化学胶结过程分为以下步骤：预处理液的注入、胶结剂的注入、增孔液的注入、胶结剂的固化。

(1) 预处理液的注入。根据砂层需要预处理目的不同，预处理液也不同：① 除砂粒表面的油，预处理液一般用液化石油气、汽油、煤油、柴油等；② 除砂粒表面的水，预处理液一般用乙二醇丁醚；③ 除去影响胶结固化的碳酸盐，预处理液一般用盐酸；④ 改变砂粒表面的润湿性，预处理液一般用活性剂溶液。

(2) 胶结剂的注入。砂层的不均质性使胶结剂更多地沿高渗透层进入砂层，影响防砂效果。为了使胶结剂均匀地注入，在注胶结剂前可先注一段分散剂。由于分散剂可减少高渗透层的渗透率，从而使胶结剂可以比较均匀地分散入砂层。分散剂一般为异丙醇、柴油和乙基纤维素的混合物。当把分散剂注入砂岩时，分散剂将更多地进入高渗透层，引起高渗透层渗透率降低，因此要提高防砂效果需注意分散剂的选择。一种好的胶结剂必须能润湿砂粒表面，在增孔液通过后仍有一定数量残留在砂粒接触处，并在一定条件下固化，将砂粒胶结起来，达到防砂的目的。常用的胶结剂主要有酚醛树脂、脲醛树脂、环氧树脂、硅酸钙、二氧化硅和焦炭。

(3) 增孔液的注入。对砂粒起胶结作用的胶结剂是沾在砂粒接触点处的胶结剂，而在砂粒空隙中的胶结剂在固化后将引起砂层的堵塞，减少胶结后砂层的渗透率，因此要用增孔液将这部分胶结剂推至地层深处。常用的增孔液有煤油、柴油及合成有机试剂等。

(4) 胶结剂的固化。不同的胶结剂有不同的固化方法。胶结剂的固化主要采用化学方法。胶结剂固化后可将砂粒胶结住，达到防砂的目的。目前常用的方法主要有相分离法和后冲洗法。相分离法用的胶结剂是烃类溶剂中比较稀的树脂溶液，它与一种活化剂结合之后，过段时间液态树脂就与溶剂相分离并固化。发生分离后的树脂仍处于液态，被毛管力吸引到颗粒-颗粒间的接触点上(图 3-1)。后冲洗法用的胶结剂是一种高屈服值树脂溶液。把后冲洗液泵入地层中，将胶结剂驱替到只剩下颗粒-颗粒接触点处的残余树脂膜的饱和度，以建立一定的渗透率。后冲洗液用来控制树脂膜的厚度，因此也可控制抗压强度和渗透率。后冲洗液通常是烃类，也可以是水溶液。它可能含有催化剂或增速剂。为提高驱替效果，有些配成黏稠液体。

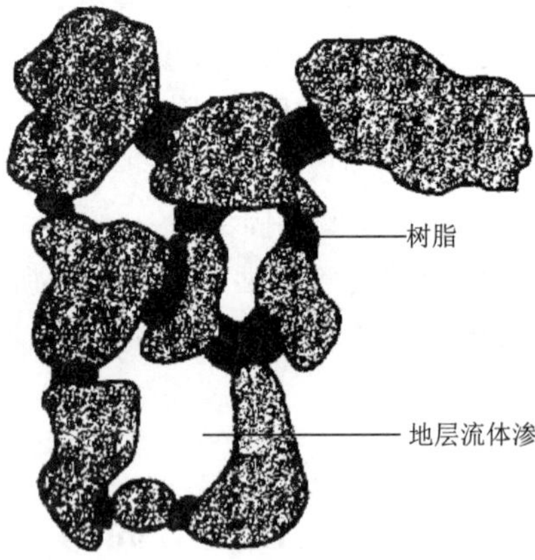

图 3-1　树脂胶结地层砂示意图

目前已使用的人工胶结固砂方法主要有酚醛树脂固砂、乳化脲醛树脂固砂、酚醛溶液地下合成防砂、脲醛树脂固砂等。

常用的胶结剂主要有酚醛树脂、脲醛树脂、环氧树脂、硅酸钙、二氧化硅和焦炭。

一、酚醛树脂固砂

1. *防砂原理*

酚醛树脂固砂主要是以苯酚、甲醛为主料，以碱性物质为催化剂，按比例混合，经加温熬制而成甲阶段树脂(黏度控制在 300 mPa・s 左右)，将此树脂溶液挤入砂岩，以柴油增孔，再挤入盐酸作为固化剂，在地层温度下反应固化，将疏松砂岩胶结牢固，防止油水井出砂。

2. *配方及配制*

主要指甲阶段树脂的配制，其配方为：苯酚(纯度 99％～100％)：甲醛(质量分数38％～40％)：氨水(质量分数 27％)＝100：150：5(质量比)。

配制酚醛树脂溶液：按配方称料，加入反应釜中，加热至沸腾，控制反应所得树脂最终黏度达到 300 mPa·s(20 ℃),迅速冷却脱水得到棕色甲阶段树脂。若黏度超过 500 mPa·s,则用无水乙醇调黏至合格产品。

3. 适用条件及评价

酚醛树脂固砂适用于油井和注水井早期防砂,对地层温度较低的油层也能适用;适用于短井段油层防砂,一般控制在 20 m 以内,井段长时应分段防砂;适用于中、粗砂岩油层防砂。

酚醛树脂固砂胶结后的砂岩抗折强度在 0.8 MPa 左右,渗透率可保持在 50%左右,耐温达 100 ℃,耐水和油等介质,耐盐酸,但不耐土酸侵蚀。

该方法施工较简单,但成本较高;树脂存储期较短,在常温下保存期为 3 个月,在夏季高温季节很容易产生凝胶;长井段施工作业时间长。

4. 现场应用情况

施工质量要求:① 酚醛树脂的黏度不低于 300 mPa·s(20 ℃),不高于 500 mPa·s(20 ℃),若黏度过高,应加入酒精稀释,但其用量不应超过 10%;② 柴油中加入 1%的活性剂,应间接加温至 60 ℃,并充分搅拌形成活性柴油;③ 所用柴油应为 0 号柴油,当地层原油黏度高时,可适量增加柴油用量;④ 在施工中分车泵入树脂和盐酸;⑤ 分层防砂所用封隔器和节流器应直接相连,防止死区过长而积存树脂,甚至卡管柱。

施工工序及参数如下:

(1) 负压射孔,孔密 20/m 以上,孔径大于 10 mm。

(2) 用无固相清洁液洗井,其中加入防膨剂和防乳化剂。

(3) 用小于套管内径 4～6 mm 的通井规通井至油层以下 20 m。

(4) 下防砂施工管柱。若全井一次防砂,用光油管下至油层顶界以上 5～10 m;若分层防砂,下水力压差式封隔器,从下而上逐段防砂,每段控制井段长在 20 m 以内。

(5) 正挤活性柴油,柴油中加入 1%的 FAE 活性剂,以 300 L/min 排量,每米油层挤入柴油 500 L 以上。

(6) 正挤盐酸,盐酸质量分数为 5%～7%,以 300 L/min 排量,每米油层挤入 200 L 以上。

(7) 正挤柴油,以 300 L/min 排量,每米油层挤入柴油 2 m^3 以上。

(8) 正挤酚醛树脂溶液,以 300 L/min 排量,每米油层挤入柴油 200 L 以上。

(9) 正挤增孔剂(柴油),以 300 L/min 排量,每米油层挤入 200 L 以上。

(10) 正挤固化剂(盐酸),盐酸质量分数为 10%～12%,以 300 L/min 排量,用量为树脂量的 2～3 倍。

(11) 正挤顶替液(柴油),以 300 L/min 排量,将盐酸全部挤入地层。

(12) 关井候凝 72 h 以上,压井,探砂面,钻塞至人工井底,下生产管柱投产。

截至 2001 年 1 月,已在冀东油田 G104-5 等区块进行酚醛树脂防砂施工 50 井次,有效 46 井次,措施有效率 92%,平均有效期 500 d,有效期最长超过 1 000 d,累计恢复增油 10×10^4 t,效果显著。

二、乳化脲醛树脂固砂

1. 防砂原理

脲醛树脂固砂因其施工工艺简单、价格低廉而被广泛应用。目前,使用的脲醛树脂还存在一些缺点：树脂固化太快，施工不安全；树脂性能不稳定，造成储存期太短，强度降低。乳化脲醛树脂固砂是在大量实验的基础上，合成一种新的脲醛树脂作为主胶结组分，根据其结构特点在乳化脲醛树脂中引入有机硅，提高其抗压强度、抗折强度及老化性能，开发出成本低廉，单液法施工的乳化脲醛树脂固砂剂。与其他树脂固砂剂相比，乳化脲醛树脂固砂剂具有用量低、固砂时间可控、固结体抗压强度高等特点。采用乳化脲醛树脂固砂剂，其固结体抗压强度可达 3 MPa 以上，渗透率大于 75%，可以满足油田防砂的需要。乳化脲醛树脂固砂剂适应的固化温度为 60 ℃左右，固化时间 24～48 h，耐地层流体浸泡。乳化脲醛树脂固砂剂的固化速度在较大范围内可调，在现场既可用于单层井的固砂，也可用于分层化学防砂，解决了部分长井段、多层井的防砂问题，为分层防砂提供了一套防砂方法。

2. 现场应用情况

乳化脲醛树脂固砂剂适合目前胜坨油田油层条件，已在胜坨油田施工油井 13 口，取得了较好的效果，使 10 口严重出砂的停产井恢复了正常生产。

三、酚醛溶液地下合成防砂

1. 防砂原理

酚醛溶液地下合成防砂是将加有催化剂的苯酚和甲醛按比例配料搅拌均匀，并以柴油增孔。酚醛溶液挤入地层后，在地温条件下逐渐形成树脂并沉积于砂子表面上，固化后把地层砂胶结牢固，而柴油不参加反应成为连续相充满孔隙，使胶结后的砂岩保持良好的渗透性，起到既能提高砂岩的胶结强度防止出砂，又不严重影响砂岩渗透性的作用，使防砂后的油井有一定的产能。

2. 配方及配制

配方 1：苯酚∶甲醛∶氯化亚锡＝1∶2∶0.24(质量比)。

配方 2：苯酚∶甲醛∶氢氧化钡＝ 1∶2∶0.3(质量比)。

按配方比例称料，先将甲醛倒入混合池中，再将苯酚倒入其中，施工前再将氯化亚锡或氢氧化钡均匀地分散于池中，并充分搅拌至均匀。

3. 适用条件及评价

适用于油井先期和早期未出砂前的防砂，油层温度在 60 ℃以上的油井防砂，中、细砂岩防砂，黏土含量较低的油层砂岩防砂。

配方 1 在使用前应进行砂岩胶结试验，达到认可的胶结强度才可使用；配方 2 的适应性较强，防砂段大于 20 m 应分段施工。

该方法所用酚醛溶液黏度低，仅有 3～4 mPa·s(20 ℃)，易于挤入地层，对于先期和早期防砂井有一定的防砂效果；平均有效期可在 2 年左右，成功率在 70%以上。

该方法施工较为简单，技术难度小，且在施工中不需要特殊设备，容易达到施工条件。

胶结后的砂岩，经室内测定，配方 1 的胶结强度(抗折) 在 2 MPa 左右，渗透率保持在 80%左右；配方 2 的胶结强度在 1 MPa 左右，渗透率保持在 50%左右。

现场实践证明，当油层已大量出砂和大量出水后防砂效果极差，不能选用该方法。

4. 现场应用情况

施工质量要求：① 苯酚纯度 98%～100%，甲醛质量分数为 36%～40%，氯化亚锡应有 2 个结晶水($SnCl_2 \cdot 2H_2O$)，氢氧化钡应有 8 个结晶水[$Ba(OH)_2 \cdot 8H_2O$]。② 选用配方 1

时，在夏季气温较高时，酚醛溶液配好后放置时间不能超过 8 h，选用配方 2 时，无论任何季节，酚醛溶液配好后不能超过 0.5 h，以防发生胶凝事故。③ 催化剂加入时，应及时搅拌，以防沉淀在底部。④ 配方 1 在施工时，应分别用车泵入酚醛溶液和盐酸。

施工工序及参数如下：

(1) 配方 1 施工工艺及参数。

① 洗井，探砂面，冲砂至人工井底通井。

② 下施工管柱，全井一次防砂采用光油管，若分层防砂则用水力压差式封隔器。

③ 正挤活性柴油，每米油层用量不少于 500 L。

④ 正挤盐酸，盐酸质量分数为 5%～7%，以 300 L/min 排量，每米油层挤入 200 L 以上。

⑤ 正挤隔离液，用量为 2 m^3 柴油。

⑥ 正挤酚醛溶液，每米油层不少于 200 L，以胶结砂岩。

⑦ 正挤饱和柴油。柴油与酚醛溶液混合，静止分层后，上部柴油为饱和柴油，用量是酚醛溶液的 2～3 倍，用以增孔。

⑧ 正挤柴油顶替至油管鞋。

⑨ 关井候凝 48～72 h。

⑩ 压井，探树脂面，钻树脂塞至人工井底。

⑪ 下入生产管柱投产。

(2) 配方 2 施工工艺及参数。

① 洗井，冲砂，通井至人工井底。

② 下管柱，全井一次防砂采用光油管，若分层防砂则用水力压差封隔器。

③ 正挤活性柴油，每米油层用量不少于 500 L。

④ 正挤酚醛溶液，在酚醛溶液中加入同体积的柴油充分混合，使其乳化，再将混合乳化液挤入地层，每米油层不少于 200 L。

⑤ 正挤顶替柴油，使混合乳化液全部挤入地层。

⑥ 关井候凝 48～72 h。

⑦ 压井，钻树脂塞至人工井底，下入生产管柱投产。

酚醛溶液地下合成防砂工艺自 1986 年在孤东油田投入开发后就得到广泛应用，截至 2002 年 8 月底防砂施工 1 500 多井次，防砂成功率 80%以上，防砂效果明显，在孤东油田初期开发中起到重要作用。该方法是一种有效的先期防砂方法。但防砂液中应用的苯酚和甲醛有强烈的刺激气味和一定的毒害性，对施工人员和环境不利。另外，由于树脂的生成和凝固过程对地层条件的要求较苛刻，该方法不适应高含水时期防砂的要求，1990 年后应用次数很少。

四、脲醛树脂固砂

1. 防砂原理

脲醛树脂固砂是以脲醛树脂为主料，添加一定量的固化剂注入防砂层位，在地层中受到温度和压力的作用，发生聚合反应，黏度逐渐增加，在砂粒的表面沉积，将砂粒胶结在一起，从而在井筒附近形成强度高、韧性大、渗透性较高的挡砂屏障，达到防止地层出砂的目的。

为了使树脂更有效地固结地层，通常在挤注固砂剂之前要对油层进行清洗，清洗溶液为柴油+1%聚氧乙烯烷基醇醚-8(FAE)，每米射孔井段不小于500 L。

2. 配方及配制

现场使用的脲醛树脂固砂剂中，主要组分与配制水的质量比为：尿素∶甲醛∶苯酚∶氯化铵∶水=65∶50∶2∶0.1∶100。

3. 适用条件及评价

(1) 与其他树脂固砂剂相比，乳化脲醛树脂固砂剂具有用量低、固砂时间可控、固结体抗压强度高等特点。

(2) 采用乳化脲醛树脂固砂剂，其固结体抗压强度可达3 MPa以上，渗透率大于75%，可以满足油田油井防砂的需要。

(3) 乳化脲醛树脂固砂剂适应的固化温度为60 ℃左右，固化时间24～48 h，耐地层流体浸泡，适合目前大部分油田的油层条件。

(4) 乳化脲醛树脂固砂剂的固化速度在较大范围内可调，在现场既可用于单层井的固砂，也可用于分层化学防砂，解决了部分长井段、多层井的防砂问题，为分层防砂提供了一套防砂方法。脲醛树脂固砂剂具有价格低、适用于高含水期出砂油井的特点。

4. 现场应用情况

施工质量要求如下：

(1) 将脲素、甲醛、苯酚、氯化铵等按比例配好，地面黏度应小于10 mPa·s，以利于泵入地层。

(2) 为防止脲醛树脂固砂液在酸性条件下加速固化，可先用10%纯碱液调高地层的pH值。

(3) 用与固砂液相同体积的质量分数为6%的盐酸作固化催化剂，用固砂液两倍体积量的原油作增孔剂，喇叭口下在射开层层位上部5～6 m处。

施工工序及参数如下：

(1) 下固砂管柱。

(2) 为防止脲醛树脂固砂液在酸性条件下加速固化，用10%纯碱液调高地层的pH值。

(3) 注入15～30 m^3 黏度10 mPa·s的现配脲醛树脂固砂液。

(4) 用与固砂液相同体积的质量分数为6%的盐酸作固化催化剂，用固砂液两倍体积量的原油作增孔剂。

(5) 正挤顶替柴油，使混合液全部挤入地层。

(6) 上提2～4根油管。

(7) 关井候凝48 h，压井、钻塞至人工井底，下入生产管柱投产。

2009—2011年，应用脲醛树脂固砂剂防砂方法在中原油田采油三厂文明寨区对12口出砂油井进行固砂作业，防砂成功率为84.3%，平均有效天数为286 d。其中，明1-49油井施工前平均日产液10.2 t，日产油1.1 t，含水率89.2%，月开井平均天数10 d左右，2011年4月施工，注入改性脲醛树脂固砂剂33 m^3，平均日产液6.6 t，日产油3.1 t，含水率53.0%，月开井天数能达到30 d，已经正常生产。WC34-11井是稀油生产井，施工前油井出砂严重，不能正常生产。2011年3月进行防砂施工，开井后日产液2.4 t，日产油1.7 t，含水率29.2%，已经正常生产。

五、改性脲醛树脂固砂

1. 防砂原理

以工业甲醛、尿素为主要原料，在不同的反应条件下发生加成、缩聚反应，并通过加入改性剂聚乙烯醇，合成出甲醛含量低、初黏较高、储存稳定性好和固化后脆性小的脲醛树脂，即低毒改性脲醛树脂。然后在该合成树脂中加入一定量的固化剂、增塑剂、速度调节剂等，按照一定的施工工艺注入地层，使其在地层压力、温度等作用下反应并固化，以填塞出砂层位、岩石孔隙裂缝、高渗透层和固结地层中胶结不好的砂粒，从而达到防砂的目的。

2. 合成试剂及方法

甲醛和尿素物质的量比为 1.6∶1；尿素分三批加入（第一批为 70%，第二批为 25%，第三批为 5%）；PVA 的加量为原料总量的 0.8%。

取一定量甲醛置于三口烧瓶，PVA 的加量为原料总量的 0.8%。在增力搅拌器搅拌下用 NaOH 调节 pH 值至 8 左右，升温至 40 ℃下加入第一批尿素（占尿素总量的 70%），继续升温至 60～70 ℃后保温 30 min，调节 pH 值到 4～4.5，再保温 20 min，并调节 pH 值到5.2～5.5 时加入第二批尿素（占尿素总量的 25%），之后再保温 15 min，调节 pH 值为 6.0～6.5 时加入第三批尿素，保温 10 min 后，调节 pH 值为 8～8.5，降温至 40 ℃出料。

3. 适用条件

该树脂能在一定的含水地层使用，如果是矿化度高的地层，则固化时间缩短，但产物的强度会下降，所以对于高含水、高矿化度地层需要泵入前置液顶替地层水。该树脂在油中和水中的溶解度均不大，而在酸中的溶解度也仅为 10%左右，故可用于含水且含酸性气体的油气井防砂，或者作为暂堵剂，用于酸化作业中。

4. 现场使用情况

施工步骤如下：

(1) 冲砂至人工井底，以进出口液水质一致为合格。

(2) 准备活性水，正注洗井，至少循环一周，以进出口液水质一致为合格。

(3) 用内径 4～6 mm 通井规通井到施工层位底部。

(4) 起洗井管柱，换井口，下防砂管柱。

(5) 接地面管线，试压 30 MPa，15 min 不漏不刺为合格。

(6) 施工管线管鞋下至施工层位底部，封隔器下至施工层位顶部，避开套管接箍。

(7) 依次正注前置液、主体液、顶替液、固砂液、顶替液、后置液、顶替液。

(8) 施工注意事项：配液必须当天施工当天配；顶替液应用过滤地层水配制；施工后罐车、设备必须清洗干净；施工时做好施工数据记录。

改性脲醛树脂固砂剂防砂方法在新疆雁木西 6-24 井 Esh 层 1 608.8～1 613.0 m 施工，该工层厚度为 4.2 m，孔隙度 20.9%，渗透率 35.2×10^{-3} μm^2，注水压力 18 MPa，注水量 8 m^3/d。根据该井的地质条件和地层结构吸水剖面测试分析，采用脲醛树脂防砂工艺是适当的，用抑砂剂1.6 t配 38 t 液体泵入地层，防砂半径可达到 1.2～20 m。考虑到地层吸水和有效期两个重要因素，施工时先用前置液酸化，最后用树脂封口。施工结束后，注水量提高至20 m^3/d，油压降至 7 MPa，三个半月后油压升至 18.5 MPa，注水量为 18 m^3/d，出砂量降至原出砂量的 7%。

六、冻胶膜固砂

1. 防砂原理

胶结防砂的最大优点是固砂强度高，但最大缺点是对地层渗透率伤害太大，只适用于渗透率相对较高的地层。中国石油大学（华东）研究的冻胶膜固砂剂是一种酸性固砂剂，能够酸化地层，从而有效降低固砂剂对地层渗透率的伤害。随着酸化的进行，pH 值逐渐升高，在适当的 pH 值下交联剂将稠化剂交联，在砂粒表面形成冻胶膜，实现胶结防砂，增加固砂强度。冻胶膜固砂提出了将酸化与防砂结合的新思路。

2. 配方及室内评价

冻胶膜固砂剂是一种酸性固砂剂，由稠化剂（PAM）、交联剂（GL-6）和酸组成，亦可作为特种酸液酸化地层，提高地层渗透率。固砂剂注入地层后，在近井地带它首先通过稠化剂提高体系的黏度，控制 H^+ 的扩散速度，实现缓速酸化，体系 pH 值逐渐升高。但在酸化过程中，砂粒表面必然产生一个 pH 场，即靠近砂粒表面的 pH 值高，远离砂粒表面的 pH 值低，因此砂粒表面总存在一个合适的 pH 值（pH＝3～6），使交联剂将稠化剂交联形成冻胶膜；而体相固砂剂的 pH 值较低，进一步被推向地层深部，在酸化远井地层过程中，亦可在砂粒表面形成冻胶膜。

固砂剂配方：w(酸)为 5%～15%，其中 HCl ∶ HF＝4 ∶ 1～1(质量比) ∶ 4；w(PAM)为 0.01%～0.1%；w(GL-6)为 0.05%～0.2%(经济条件允许可加大用量)。

七、改性环氧树脂溶液固砂

1. 防砂原理

改性环氧树脂的分子链上含有—NH_2、—OH、环醚基团等极性基团，因此在对甲苯磺酸、苯磺酸以及有机羧酸等有机强酸的催化作用下，能够与砂岩表面的 SiO_2 结合，在 60 ℃以下的温度条件下能够迅速固化，固化时间一般在 3～48 h 之间。

2. 配方及性能

加入偶联剂能够增强树脂与砂岩表面的黏结性，保证固结体的高强度。改性环氧树脂的固结体的固化强度能达到 10 MPa 以上。该固砂体系在固砂的同时还兼具一定的堵水作用。

固砂剂配方为树脂 ∶ 固化剂 ∶ 偶联剂＝100 ∶ 20 ∶ 0.6(质量比)，树脂 ∶ 溶剂＝3 ∶ 2(质量比)。

3. 适用条件

该种防砂方法适用于中低温油藏出砂油水井的固砂作业。

4. 现场使用情况

自 2008 年至统计日期，曙光油田曙三区现场应用改性环氧树脂防砂 14 井次，措施成功率 100%，有效率 100%，井口含砂在 0.03%以下，平均防砂有效期为 285.6 d，最长已经达到 540 d，仍有 9 口井正常生产，已累计增产原油 5 572.47 t。

八、环氧树脂乳液泡沫固砂

环氧树脂乳液泡沫固砂技术是将流动性差、黏稠的环氧树脂乳化成分散性好、黏度低的水乳液，此类乳液已广泛应用于建筑、涂料等领域。同时，为了提高非均质地层或水平井的固砂效果，在乳液研究的基础上进一步将乳液转化为密度低、悬浮性好、适应性强的泡沫，从而克服传统化学固砂剂在注入地层后产生的窜流与重力沉降问题。

1. 防砂原理

高黏稠的环氧树脂在乳化剂作用下可形成具有一定分散性、稳定性的低黏水乳液。将此乳液与一定量的起泡剂和稳定剂混合搅拌可制得较稳定的泡沫，这样乳液就具有泡沫的特性。在注入地层后，泡沫的渗流特性减缓了高渗透层的窜流，使得泡沫在高低渗透层均匀地向前推进。乳液泡沫中的树脂在地层温度下可游离出来，吸附在砂粒接触点处，在固化剂和地层温度作用下固化，将地层砂黏结起来。从乳液分离出的水相则填充于孔隙之中，使固结后的地层保持一定的渗透率。

2. 配方及配制

实验室条件下合成药品有环氧树脂 E-44、α-烯烃磺酸钠(AOS)、氟碳表面活性剂(FS)、固化剂 HT，偶联剂 KH-550，均为工业品；十二烷基苯磺酸钠(ABS)、十二烷基硫酸钠(SDS)、聚氧乙烯失水山梨醇单油酸酯(吐温 80)、聚氧乙烯失水山梨醇硬脂酸酯(吐温 60)、聚氧乙烯失水山梨醇单月桂酸酯(吐温 20)，均为化学纯；乳化剂 SE，为实验室合成的非离子型乳化剂。实验室条件下，采用相反转法合成的环氧树脂乳液粒径小、分散均匀，具有较高的稳定性。

乳液泡沫配方为 m(乳液)(质量分数可变)∶m(起泡剂)∶m(稳定剂) = 100∶0.4∶3，固化剂为一定质量分数的 HT 固化剂。为了提高固结体的强度，在固化剂溶液中加入了1%的偶联剂。不同质量分数的乳液中含有的树脂量不同，制成的泡沫固砂强度也不同。推荐固化剂质量分数为10%。

3. 性能特点

经室内冲砂实验评价，环氧树脂乳液具有以下优点：

(1) 环氧树脂乳液相比溶剂型环氧树脂具有明显的优势，它以水作为分散介质，不含有机溶剂或挥发性有机化合物含量较低，无环境污染，操作性能优越，施工工具可用水直接清洗，操作安全、方便。

(2) 在环氧树脂乳液中加入起泡剂和稳泡剂之后，乳液具有了良好的起泡性能。采用搅拌起泡，起泡体积倍数大于 4，室温下泡沫半衰期大于 29 h。

(3) 将环氧树脂乳液泡沫应用于固砂，所固结岩芯强度高、渗透性好，抗压强度可达 5 MPa。

九、糠醛树脂固砂

1. 固砂原理

糠醛树脂是针对目前防砂工艺在粉细砂岩和高泥质砂岩油藏防砂治理中存在的问题，而研制出的一种新型固砂剂。它能满足井筒不留工具、有效防住砂、防砂后对产能影响小、防砂与储层保护相结合这四点要求，具有在特殊井(套变井、小通径套管、侧钻井、大斜度井和水平井等)先期防砂上的推广价值。糠醛树脂固砂剂具有将化学能转变为机械能的理化效应，在一定滤失条件下能够牢固地固结地层砂(石英砂)，同时固化体具有足够的相渗透率，与以往的固砂剂和稳砂剂相比有着不可比拟的优良性能。其防砂材料为 A，B 两种组分的树脂，两种组分树脂中的隐性固化剂在一定温度下与地层砂固结后本体可收缩。因此，在保证对地层砂牢固结合、有效防止地层出砂的情况下，能保持油层较高的渗透性，建立起挡砂屏障，有效控制地层砂的运移与产出。

2. 技术指标

糠醛树脂技术指标见表 3-1。

表 3-1 糠醛树脂技术指标

项　目	指　标
试剂外观	A 剂:淡蓝色液体 B 剂:棕红色液体
试剂黏度/(mPa·s)	A 剂:50～100 B 剂:200～500
抗压强度/MPa	3～10
固结砂体气测渗透率/μm^2	30～80 渗透率保持值>80%
耐冲刷性能 (1 000 mL/min 的速度)	出砂率小于 0.001%

3. 适用条件

适用条件为:① 固井质量良好的油水井;② 层间差异较小的出砂井，含水相对较高的油井;③ 黏土含量、泥质含量、粉细砂含量较高的出砂井;④ 原油黏度较低、流动拖曳力较小的井;⑤ 防砂有效期较短的油水井;⑥ 出砂井段不宜过长;⑦ 适合于各种类型井应用，如能满足套变井、小通径套管、侧钻井、大斜度井和水平井的特殊作业井的要求。

4. 现场应用情况

施工用量:一般处理半径 0.5～1 m，可根据地层出砂情况进行微调。

施工准备:400 或 700 型水泥车一辆，污水或清水 2 车，搅拌池一个，铁池子一个。

施工步骤:① 光油管带笔尖探冲砂至要求位置，彻底循环干净至出口清洁。② 通井刮管至预定位置。③ 对油层以上套管试压 20 MPa，稳压 5 min 不降为合格。④ 下光油管带笔尖探砂面，无砂完成管柱在油层以上 5～10 m。安装好井口，上全上紧螺栓、顶丝。⑤ 连接好施工车辆及地面管线，走泵试压合格(地面管线试压 25 MPa，3 min 不刺不漏为合格)后开始试挤，求地层吸收指数。当泵压及吸收量达到设计要求时，开始配防砂材料并连续挤完设计的剂量。其最高压力不超过套管和井口装置的额定压力。若施工中压力过高，则停止挤入，返洗井至出口干净，待压关井。⑥ 关井候凝 24 h(根据地层温度定)，下管柱将井筒中树脂塞冲出。按要求进行下步施工。

针对临盘油田盘河区块地层砂粒细、泥质含量偏高，导致油井实施高压充填防砂后大面积堵塞、小井眼防砂措施有效率偏低两方面的问题，成功试验引进糠醛树脂防砂工艺。2010 年初至 2011 年末，临盘油田共试验 22 口井，有效率达 86.3%，累计增油 13 319.1 t。

十、糠醇-脲-甲醛树脂固砂

1. 防砂机理

脲醛树脂改性的糠醇树脂是以单液法施工、固砂性能优良的固砂剂。糠醇低聚物分子中含有强极性基团(如羟甲基、酰氨基等),对砂粒的极性基团有亲和作用,可产生较强的吸附,向砂粒表面迁移并强烈地黏附在砂粒表面上。其特点是活性高,在水中分散性良好。树脂产品外观为棕红色至棕黑色黏性液体,pH 值呈中性。

2. 配方

固砂液的基础配方:树脂 5.0%~8.0%,固化剂潜在酸 2.5%~5.0%,偶联剂 KH-550 0.2%~0.5%。

3. 适用条件

适用条件为:① 该固砂液可以使用的地层温度下限为 60 ℃,上限不高于 90 ℃。② 固结砂抗压强度基本上不受充填石英砂粒径的影响。③ 石英砂中黏土含量对固结砂抗压强度有很大影响,黏土含量越高,抗压强度越低,因此黏土量应严格控制。④ 这种树脂固结的砂体具有较好的耐水、耐油、耐酸、耐碱性能,但不能抗氧化。树脂固砂液对地层造成的堵塞可以用氧化剂解除。⑤ 树脂固砂液用清水配制,若用盐水、油田采出污水配液,则固结砂抗压强度大大降低。

4. 现场应用情况

在胜坨油田油水井和临盘油田油井进行试验,效果良好。

十一、改性呋喃树脂固砂

1. 防砂原理

改性呋喃树脂(化学式简记为 R′—OH)是以糠醛或糠醇为主体研制出的综合树脂,包含糠醛-苯酚树脂、糠醇树脂、糠醛树脂、糠醛-丙酮树脂、糠醇-甲醛树脂以及用酚醛、脲醛、环氧等树脂改性的复合树脂,它们是由线型、网状、体型结构分子组成的高分子化合物,分子中的强极性基如羟甲基、酰胺基等与砂粒的极性基团有亲和作用,可产生物理吸附,并易向砂粒表面迁移并强烈地黏附在砂粒表面上。R′—OH 可脱水缩合形成化学键,反应示意式如下:

$$R'—OH + 砂粒—\underset{|}{\overset{|}{Si}}—OH \longrightarrow 砂粒—\underset{|}{\overset{|}{Si}}—OR' + H_2O$$

在改性呋喃树脂固化过程中,采用强酸性固化剂如盐酸、硫酸、磷酸等,使其发生低温快速缩合反应,从而将砂粒黏合在一起。随着聚合反应的进行,树脂黏度上升,线型、网状的分子结构变成体型的大分子,使其强度不断增大;另外,固化剂中少量低分子化合物的存在,占据了固结物的部分空间,从而保证了固结物具有一定的渗透性。

2. 配方及配制

以改性呋喃树脂为主要成分,添加适量固化剂及偶联剂,使之在短时间内固化形成高强度固结体。其配方为:树脂∶固化剂∶偶联剂= 100∶15∶5(质量比)。

3. 适用条件及评价

适用于中浅层油藏的油水井防砂。

改性呋喃树脂固砂剂在 50～70 ℃下固化速度快，固化时间可调，固化强度高；具有较强的抗酸、碱、盐和原油的能力；如果适当加入偶联剂，则可进一步提高固结强度和耐久性。

4. 现场应用情况

施工质量要求：以 8%盐水或煤油扩孔，可使其渗透率损害降低至 16%～28%以下，固结体抗压强度达 10～36 MPa。为了保证固砂质量，固砂剂配制好后应放置 3～6 h 再挤入地层。扩孔液体积为固砂剂的 15～25 倍。

施工工序及参数如下：

(1) 压井，冲砂，通井至人工井底。

(2) 下光油管至气层顶界以上 3～5 m。

(3) 连接车辆地面管线，注水试压合格。

(4) 正挤酸化前置液，排量 300～500 L/min，液返至套管出口，关套管闸门。

(2) 正挤酸化液，排量 200～300 L/min。

(6) 正挤顶替液，将酸液徐徐顶入地层。

(7) 关井反应 4～6 h 后，排酸放喷。

(8) 用压井液反洗井。

(9) 注入配好的固砂剂，排量 300～500 L/min。

(10) 用煤油或盐水顶替扩孔，排量 300～500 L/min。

(11) 关井候凝 2 d，压井、探砂石、冲钻至人工井底，排残液后开井投产。

根据青海油田储层性质及储集层类型研制了新型的改性呋喃树脂。在固砂工艺上，优化设计出了多级闭合酸酸化固砂、压裂固砂、直接注树脂固砂三种工艺。为了确保达到防砂保产的效果，在涩 24 井和涩 26 井施工工艺上采用了多级闭合酸酸化固砂工艺，在出砂最严重的涩深 15 井上采用了直接注树脂固砂工艺，对 633 水井进行了直接注树脂固砂，对 745 水井和 643 水井进行了压裂固砂，解决了该油田长期以来未攻克的难题。

第二节　人工井壁防砂

人工井壁防砂方法通常是指从地面将具有特定性能的胶结剂和一定粒径的颗粒物质（支撑剂）按比例混合均匀，用液体携至井下并挤入出砂部位，在井温及固化剂作用下，凝固后在套管外形成具有一定强度和渗透性的壁面，可阻止油层砂粒流入井内而又不影响油井生产的工艺措施。

人工井壁防砂在应用前先要在室内对地层岩芯或砂样进行胶固防砂实验，并对胶固后的岩芯渗透率、抗压(或拉拆)强度等进行测试和评价，从而确定化学剂的配方和用量。

人工井壁防砂适用于油井已经大量出砂的情况，目的是在砂层的亏空处做一个由固结颗粒材料所组成的有足够渗透率的防砂屏障，形成密实充填，使地层恢复或部分恢复原始应力，从而使油气井具备开井生产条件。

人工井壁防砂的前提条件要求固井质量好、不能有套管外窜槽现象、射孔炮眼畅通，适用于渗透率相对均匀的薄层段地层防砂，而层内差异大的厚层化学防砂施工由于注入剂不均和重力作用易造成固结不均，影响防砂效果。

人工井壁防砂的优点是井筒内不留下任何机械设备，防砂一旦失效，容易进行补救措施，它对粉细砂岩防砂尤为有效，对未严重出砂的地层和低含水油井成功率较高，并可用于异常高压井层防砂；缺点是对地层渗透率有一定伤害，特别是重复施工时，注入剂存在老化现象，使其有效期有限，成功率不如机械防砂。

图 3-2 给出了人工井壁示意图。此类方法适用油井已大量出砂，井壁形成洞穴的油水井防砂。

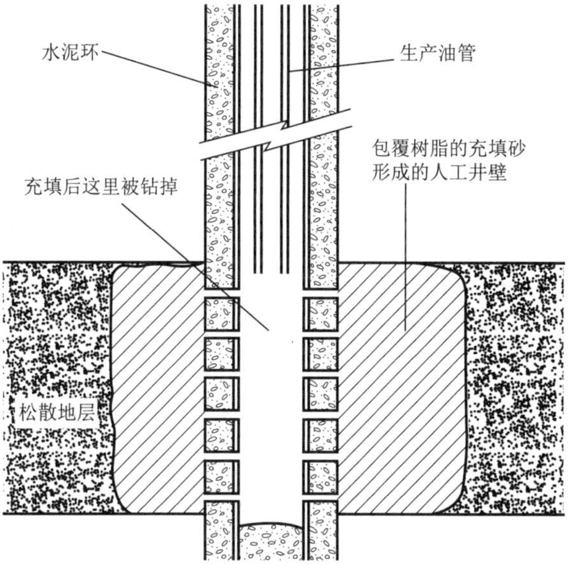

图 3-2 人工井壁示意图

人工井壁种类很多，按照胶结剂类型可以分为六种，分别是水泥砂浆人工井壁、水带干灰砂人工井壁、柴油乳化水泥浆井壁、树脂核桃壳人工井壁、树脂砂浆人工井壁、预涂层砾石人工井壁。

各种人工井壁防砂适用情况及其优、缺点见表 3-2。

表 3-2 各种人工井壁防砂适用情况

方 法	适用情况	优 点	缺 点
水泥砂浆人工井壁	出砂油井、低压油井、浅井(1 000 m 左右)、薄油层油井、油井后期防砂	防砂后渗透率高、成本低、施工简单	用油量大、胶结后抗折强度低、有效期短
水带干灰砂人工井壁	处于后期的低压油、水井，已出砂的油水井，多油层、高含水油井，油水井后期防砂	成本低、工艺简单，兼有堵水作用	对于单层防砂堵塞较严重，影响产量
柴油乳化水泥浆井壁	浅井、地层出砂量小于 500 L/m 的井、油层井段在 15 m 以内的油水井、油水井早期防砂	成本低、施工简单、具有一定的防砂效果	现场配制劳动强度大、堵塞较严重、应用上有局限性
树脂核桃壳人工井壁	出砂量较少的油井、射孔井段小于 20 m 的全井防砂、油水井早期防砂	强度大、渗透率高	原材料来源困难、成本较高

续表

方　法	适用情况	优　点	缺　点
树脂砂浆人工井壁	吸收能力强的油水井、油层井段在 20 m 以内的油水井、油水井后期防砂	不受井深限制	施工复杂、劳动量大
预涂层砾石人工井壁	出砂量大于 50 L/m 的油水井、油层温度高于 60 ℃的油水井、射孔井段 20 m 以内的油水井、吸收能力强的油水井	施工简单、成功率高、渗透性好、抗折强度和抗压强度大	

一、水泥砂浆人工井壁

1. 防砂原理

水泥砂浆人工井壁是以水泥为胶结剂，以石英砂为支撑剂，按比例混合均匀，拌以适量的水，用油携至井下，挤入套管外，堆积于出砂部位，凝固后形成具有一定强度和渗透性的人工井壁，防止油层出砂。

水泥砂浆的配方是水泥∶水∶石英砂＝1∶0.5∶4(质量比)。

2. 适用条件及评价

这种人工井壁适用于已出砂油井、低压油井、浅井(井深在 1 000 m 左右)、薄油层油井(油层井段小于 20 m)的防砂；适用于套管基本完好的后期出砂油水井防砂；适用于油层含水大于 85％，单井日产液量大于 70 m^3 的油井防砂；适用于日注水量大于 100 m^3，注入压力小于 7 MPa 的注水井防砂；适用于光油管全井防砂，每次防砂层段小于 20 m。

胶结后的抗折强度小于 1 MPa，渗透率较高；施工中用油量较多，原材料来源广、价格低、施工简单；对高含水油井有防砂、堵水双重作用，但堵水较严重；有效期较短，一般在一年左右。

3. 施工质量要求

(1) 选用合格油井水泥，不过期，无结块。

(2) 石英砂的粒度范围应以地层砂粒度中值的 4～8 倍为准，且无杂草、泥土。

(3) 在砂浆中所用的水以淡水为佳。

(4) 携砂液所用油的黏度应在 20 mPa・s(50 ℃)以下。

(5) 砂浆拌合后，应在初凝前携至井下，否则影响胶结强度。

4. 施工工序及参数

(1) 压井，探砂面，冲砂至人工井底。

(2) 光油管完成至油层顶界以上 10 m 左右。

(3) 接施工车辆地面管线，清水试压。

(4) 正循环至返出口见液，关套管闸门。

(5) 正挤携砂液求地层吸收能力，当泵压稳定、排量达到 500 L/min 时，可开始加入已拌合好的水泥砂浆，在正常情况下将设计量一次加完。

(6) 正挤顶替液至砂浆全部挤入地层。

(7) 关井候凝 48 h 以上。

(8) 压井，探砂面，钻塞至人工井底。

(9) 下入生产管柱投产。

5. 高渗透水泥防砂

高渗透水泥防砂技术是一种全新的化学防砂技术，其基本原理是在水泥中加入适量的可油溶或高温可溶的增渗剂和促渗剂，配制成能满足注水泥或挤水泥施工条件的水泥浆，并泵入施工地层，待水泥浆凝固后，对水泥石进行热油处理或是高温蒸汽处理，使水泥石潜在孔隙相互连通，渗透率大大提高。

在掺入各种水泥外加剂后，可使水泥浆的渗透率在 0.1～0.9 μm^2 之间连续可调，抗压强度为 6～8 MPa。该技术可极大加强地层岩石的胶结程度，保护出砂地带的井壁，有效阻止砂粒运移。

二、水带干灰砂人工井壁

1. 防砂原理

水带干灰砂人工井壁防砂是以水泥为胶结剂，以石英砂为支撑剂，按比例在地面拌合均匀，用水携至井下，挤入套管外，堆积于出砂层位，凝固后形成具有一定强度和渗透性的人工井壁。

配方：

(1) 干灰砂配方为油井水泥∶石英砂＝1∶(2～2.5)(质量比)。

(2) 携砂液配方为油田污水∶活性剂＝100∶0.05(质量比)。

2. 适用条件及评价

这种方法适用于处于后期的低压油水井、已出砂的油水井、多油层油井、高含水油井及水井后期防砂以及防砂井段在 50 m 以内的油水井的防砂；适用于各种地层砂尺寸地层，渗透性好、套管完井、地层亏空较大的油水井后期防砂。

原材料来源广、成本低、工艺简单，具有一定的防砂效果，兼有堵水作用。对于单层防砂，因堵塞较严重，产量下降约 50%。

3. 施工质量要求

(1) 选用合格油井水泥，不过期，无结块。

(2) 石英砂的粒度范围应以地层砂粒度中值的 4～8 倍为准(石英砂经过筛选，粒度符合要求，一般选用 0.4～0.8 mm 石英砂)，且无杂草、泥土。

(3) 携砂液用淡水，且需备足，其中可加入 0.05%的三乙醇胺和 0.05%的 FAE(聚氧乙烯 18 醇醚)活性剂以增加胶结强度，从开始循环至最后顶替都用同一种液体。

(4) 施工中排量不能低于 500 L/min，且排量要求稳定。

(5) 为了防止砂卡，在施工过程中一律采用光油管施工。

4. 施工工序及参数

(1) 压井，探砂面，冲砂至人工井底。

(2) 光油管完成至油层顶界以上 10 m 左右。

(3) 接施工车辆地面管线，清水试压。

(4) 正循环至返出口见液，关套管闸门。

(5) 正挤携砂液，调整泵压和排量，计算地层吸液能力，当泵压稳定，排量达到500 L/min 以上时，确认地层吸液能力符合要求。

(6) 将加砂比控制在(5～10)∶100之间，若排量在1 000 L/min以上，加砂比可提高到(10～15)∶100。若加砂过程中出现泵压上升，排量下降，应根据情况停止加砂。一般当泵压上升值为稳定值的50%时，应立即停止加砂。

(7) 正挤顶替液，使携带干灰砂的液体全部挤入地层。

(8) 关井候凝72 h以上。

(9) 探砂面，钻塞至人工井底，下入生产管柱投产或投注。

5. *应用情况*

水带干灰砂防砂工艺主要应用于多油层、已出砂油层的后期油井防砂。尤其适用于注水井防砂。该防砂工艺自进入现场以来，在孤岛油田应用1 157井次，防砂成功率在70%以上，平均有效期334 d，平均采液强度4.3 m^3/d，有效缓解了高含水期出砂油田防砂的矛盾，并且具有一定的堵水效果。

6. *应用实例*

孤东油田水带干灰砂人工井壁。

(1) 选井条件。

① 套管基本完好，直径139.7 mm套管通径大于116 mm，直径177.8 mm套管通径大于140 mm。

② 后期出砂油水井。

③ 油层含水>85%，单井日产液量>70 m^3/d的油井。

④ 日注水量>100 m^3/d，注入压力<7 MPa的注水井。

⑤ 光油管全井防砂，每次防砂层段<20 m。

⑥ 油层渗透率≥2.0 μm^2。

(2) 设计方法。

① 配方：水泥∶石英砂＝1∶1.4～1.5(质量比)；携砂液中清水∶氯化钙＝100∶0.6(质量比)。

② 用量：干水泥砂用量为油井累积出砂量的1～3倍，以填饱地层为准。

③ 候凝：55 ℃下3 d。

(3) 应用情况及效果。

水带干灰砂人工井壁防砂是开发中后期油田高含水油层的一种有效防砂方法。自1986年在孤东油田投入应用，截至2002年7月底累计应用2 000多井次，防砂成功率在75%～80%之间。虽然该方法对油层有明显的堵塞，但由于费用低，在防砂的同时有堵水效果，在孤东油田的应用仍长盛不衰。

三、柴油乳化水泥浆井壁

1. *防砂原理*

以活性水配制水泥浆，按比例加入柴油充分搅拌形成柴油水泥浆乳化液，泵入井内挤入出砂层位，水泥凝固后形成人工井壁。由于柴油为连续相，凝固后的水泥具有一定的渗透性，使液流能顺利地通过人工井壁进入井筒，达到防砂的目的。

柴油乳化水泥浆的配方(质量比)如下：

水泥(油井水泥)	100
水溶液(2070 活性剂 0.2%)	60
氯化钙	1～2
三乙醇胺	0.05
柴油	60～80

2. 适用条件及评价

该方法适用于浅井，地层出砂量小于 500 L/m 的井，油层井段在 15 m 以内的油、水井和油、水井早期的防砂。

原材料来源广、成本低、施工简单，但现场配制劳动强度较大；具有一定的防砂效果，但堵塞较严重；水泥浆每次配制不应大于 4 m^3，在应用上有局限性。

3. 施工质量要求

(1) 选用合格油井水泥，不过期，无结块。

(2) 水溶液中应加入活性剂、氯化钙、三乙醇胺，并使其溶解混合均匀。

(3) 水泥浆配制好后再加入柴油，剧烈搅拌到乳化为止，并在 1.5 h 内挤入地层。

4. 施工工序及参数

(1) 压井，探砂面，冲砂至人工井底。

(2) 彻底洗井，至进出口基本一致。

(3) 光油管完成至油层顶界以上 10 m 左右。

(4) 正循环至套管返出口见液。

(5) 正替柴油 2 m^3。

(6) 正替柴油乳化水泥浆，每米油层不少于 200 L(水泥浆)；排量应控制在 500 L/min 以内。

(7) 正挤柴油(隔离液)2 m^3。

(8) 正挤顶替液(可以用清水)，其用量不应出油管鞋，但应将水泥浆全部挤入地层。

(9) 关井候凝 72 h 以上。

(10) 探砂面，钻塞至人工井底，下入生产管柱投产或投注。

四、树脂核桃壳人工井壁

1. 防砂原理

该方法系以酚醛树脂为胶结剂，以粉碎成一定颗粒的核桃壳为支撑剂，将它们按一定比例拌合均匀，使每个核桃壳颗粒表面都涂覆一层树脂，并加入少量柴油浸润，然后用油或活性水携至井下，挤入射孔层段套管外堆积于出砂层位，在固化剂的作用下经一定反应时间后使树脂固结，形成具有一定强度和渗透性的人工井壁，防止油井出砂。

配方为酚醛树脂∶核桃壳=1∶1.5(质量比)。

配制树脂核桃壳：按配方比例称料，将树脂与核桃壳充分拌合均匀，使每个核桃壳表面都涂覆一层树脂，然后倒入少量柴油浸润即可。

2. 适用条件及评价

适用于油、水井早期防砂，射孔井段在 20 m 以下的全井防砂，出砂量较少的油井防砂。

该方法胶结后的人工井壁渗透率较高，强度较大，具有较好的防砂效果，但原材料来源困难。

3. 施工质量要求

(1) 酚醛树脂的黏度控制在 1 000～2 000 mPa·s(20 ℃)，不能过低或过高，以保证较好的拌合而又不影响黏附能力。

(2) 以油为携砂液时其黏度控制在 20 mPa·s(50 ℃)，不宜过高；以水为携砂液时，在水中加入 0.1%的 ABS 或 AS 活性剂，并应提高黏度至 20 mPa·s(20 ℃)。

(3) 核桃壳的粒度应以地层砂粒度中值的 4～8 倍为宜，核桃壳中无软皮、杂质。

(4) 核桃壳的用量应为出砂量的 0.5 倍以上。

4. 施工工序及参数

(1) 压井，探砂面，冲砂至人工井底。

(2) 光油管下至油层顶部以上 5～10 m 左右。

(3) 接施工车辆地面管线，清水试压。

(4) 正顶轻质原油，将井内压井液全部替出，使井筒内充满油。

(5) 正替携砂液至油管鞋，继续正挤携砂液，计算地层吸液能力，当泵压稳定，排量达到 500 L/min左右时，确认已经满足加树脂核桃壳的要求。

(6) 加树脂核桃壳。携砂比控制在(5～10)∶100，在正常情况下将设计量加完；若泵压上升值超过稳定值 30%～50%，则应停止加“砂”。

(7) 正顶顶替液(同携砂液)，使树脂核桃壳全部进入射孔炮眼内。

(8) 正挤固化剂(盐酸)。盐酸质量分数为 10%～12%，用量为树脂核桃壳量的 2～3 倍。

(9) 关井候凝 48 h 以上。

(10) 压井，探砂面，钻塞至人工井底，下生产管柱投产。

五、树脂砂浆人工井壁

1. 防砂原理

树脂砂浆人工井壁是以树脂为胶结剂，以石英砂为支撑剂，将它们按比例混合均匀，使石英砂表面涂覆一层均匀的树脂薄膜，并加入少量的柴油浸润，然后用油携至井下挤入套管外出砂层位，凝固后形成具有一定强度和渗透性的人工井壁，防止油气层出砂的方法。

配方：树脂∶石英砂＝1∶4(质量比)。

配制树脂砂浆：按配方比例称料，将树脂与石英砂充分拌合均匀，使每个石英砂表面都涂覆一层均匀的树脂薄膜，然后倒入少量柴油浸润即可。

2. 适用条件及评价

适用于油、水井后期防砂，射孔井段在 20 m 以下的全井防砂，吸收能力较高的油、水井防砂；适应的地层温度必须高于 60 ℃，不能满足低温油藏防砂需求。酚醛树脂涂覆砂在 60 ℃条件下胶结后抗压强度可达到 4.2 MPa 以上，而在 45 ℃条件下其胶结后抗压强度不到 1.9 MPa，不能满足防砂需要。该工艺适应性较强，不受井深限制；由于在施工中现场搅拌工作量较大，在加入携砂液的过程中分散较困难。

树脂砂浆人工井壁砂粒靠树脂胶结，存在老化现象，有效期不如机械防砂长。该方法的适用条件如下：适用于单油层或夹薄层的双层油层防砂，油层厚度在 10 m 以内；适用于温度较高且吸收能力较大的油层防砂；适用于各种地层砂尺寸的地层防砂，垂向渗透率高；适用于出砂严重、地层亏空大，产能高的井防砂；适用于套管损坏的情况；适用于油层温度大于55 ℃，油层吸收能力大于500 L/min的常规开采井防砂；适用于光油管全井防砂，每次防砂井段小于20 m。

3. 施工质量要求

(1) 酚醛树脂为胶结剂，其黏度应控制在1000～2 000 mPa·s(20 ℃)范围内。

(2) 固化剂为盐酸，质量分数为10%～12%。

(3) 石英砂应清洁、干燥，粒度范围为地层砂粒度中值的4～8倍。

(4) 在施工中井筒内应充满油。

(5) 携砂油的黏度应控制在20 mPa·s(50 ℃)以内。

(6) 树脂和石英砂拌合均匀，树脂涂覆均匀。

4. 施工工序及参数

(1) 下光油管至油层顶界以上5～10 m冲砂，将井筒清洗干净。

(2) 正挤携砂液至泵压稳定，排量达500 L/min后开始加树脂砂浆，携砂比控制在10∶100(体积比)。通常应将砂浆加完，若泵压上升值达到稳定值的30%，则应停止加砂。

(3) 正挤顶替液，使砂浆全部进入地层，但不要过量。

(4) 正挤固化剂，用量为砂浆量的2～3倍。

(5) 关井候凝48 h以上。

(6) 压井，探砂面，冲砂或钻塞至人工井底，下入生产管柱投产。

5. 现场使用情况

蒸汽吞吐开采的疏松砂岩稠油油藏地层大量出砂常导致油井停产。胜利油田孤岛采油厂2002年开始进行硼改性酚醛树脂高温涂覆砂防砂技术现场试验和推广应用，截至统计日期已累计施工128井次，施工成功率达到98.6%。施工油井平均注汽温度305 ℃，平均注汽质量流量13.5 t/h，平均防砂有效期298 d，累计产油46.3×10^4 t，取得了良好的开发效果和经济效益。

六、预涂层砾石人工井壁

1. 防砂原理

在石英砂表面通过物理化学方法均匀涂覆一层树脂，于常温下干固，制成不黏连的稳定颗粒。将这种预涂层砾石用携砂液送至油井出砂部位，挤入套管外，填入炮眼和地层的亏空位置，在一定的条件下(挤入固化剂和受温度的作用)砾石表面的树脂软化黏连并固结，形成均匀、有良好渗透性和强度的人工井壁，以防止油气层出砂。

配方(质量比)：

石英砂	100
环氧树脂(牌号601)	5
丙酮	5.5
偶联剂(KH-550)	0.2

配制：将环氧树脂溶解于丙酮中，加入偶联剂混合均匀后，将配制好的溶液洒入石英砂中搅拌均匀，使石英砂表面涂覆一薄层树脂，待丙酮挥发干固后，分散过筛即可。

2. 预涂层砾石质量标准

(1) 强度应达到表 3-3 所规定的指标。

表 3-3 预涂层砾石胶结强度

石英砂粒度/mm	抗折强度/MPa	抗压强度/MPa	固化条件
0.3～0.6	≥2.3	≥5.2	60 ℃,72 h
0.4～0.8	≥2.5	≥5.0	60 ℃,72 h

(2) 常温下为自然松散状,无结块。

(3) 涂膜均匀,涂覆率大于 90%。

(4) 涂层膜厚度要求:

石英砂粒度为 0.3～0.6 mm 时,涂层膜厚度≤0.1 mm;

石英砂粒度为 0.4～0.8 mm 时,涂层膜厚度≤0.2 mm。

(5) 粒度要求:

石英砂粒度为 0.3～0.6 mm 时,涂膜后粒度≤0.8 mm;

石英砂粒度为 0.4～0.8 mm 时,涂膜后粒度≤1.0 mm。

3. 适用条件及评价

适用于出砂量大于 50 L/m 的油水井防砂,油层温度大于 60 ℃的油井防砂,射孔井段在 20 m 以内的油水井防砂,油层吸收能力较大的油水井防砂;主要应用于蒸汽吞吐或蒸汽驱油井防砂,也可以用于其他高温(100 ℃以上)油层的油水井防砂。

施工简单,易于掌握,预涂层砾石成品制造容易。胶结后的砾石抗压强度在 5 MPa 左右,抗折强度大于 2.0 MPa,空气渗透率大于 30 μm^2。该方法适用于吸收能力较大、温度高于60 ℃的油层防砂,渗透率可保持原始值的 90%以上。该方法具有较高的成功率,一般可达 95%,是目前较好的一种化学防砂方法,与绕丝(割缝)筛管充填复合防砂是孤岛油田热采井防砂的主导工艺。

4. 施工质量要求

(1) 携砂液使用质量分数为 4%的三乙醇胺水溶液。在配制携砂液时,三乙醇胺的浓度宜高不宜低,所用的水要洁净无杂物。若用砂量较多,携砂液可用清洁的水先携带部分砾石,剩余的砾石可考虑用质量分数为 4%的三乙醇胺水溶液携带,但其液量必须保证充满砾石的孔隙,否则固结将受到影响。

(2) 环氧树脂的软化点应在 64～76 ℃,因此要选用牌号 601 的商品。

(3) 石英砂酸洗掉表面杂质,以提高胶结强度。

(4) 预涂层砾石应储存于气温低于 25 ℃的环境中,以防止温度过高造成黏连。

5. 施工工序及参数

(1) 压井,冲砂,通井至人工井底。

(2) 下光油管至油层顶界以上 5～10 m,并试压合格。

(3) 连接地面管线,清水试压 25 MPa,5 min 不刺不漏。

(4) 正替携砂液至套管出口返水,关套管闸门。

(5) 正挤携砂液,调整泵压排量,当泵压稳定,排量达 500 L/min 以上时,开始加预涂层砾石,携砂比控制在(5～15):100(体积比)范围内,在正常情况下将预涂层砾石加完。若泵压超过稳定值的 50%，应立即停止加砂。携砂液为清水时，携砂比不得大于 15%。当泵压上升 5～8 MPa 时，停止加砂。

(6) 正挤顶替液至预涂层砾石全部挤入地层。

(7) 关井候凝 72 h 以上，压井，探砂面，冲钻至人工井底。

(8) 下入生产管柱投产。

6. 现场应用情况

孤岛油田 1992 年对预涂层砾石人工井壁防砂工艺进行研究，1993 年 7 月进入现场试验，已推广应用 741 井次，其中注气后直接下泵生产 335 井次，有效率 75.9%，平均有效期 187.8 d，防砂效果很好，有效地解决了孤岛油田稠油热采井的防砂难题，目前在孤岛油田已大面积推广应用。

第三节 其他化学固砂方法

目前使用的化学固砂方法较多，本节主要介绍氢氧化钙饱和溶液固砂法、四氯化硅固砂法、聚乙烯固砂法、氧化有机化合物固砂法、焊接玻璃固砂法和高渗透硅酸盐水泥防砂法。

一、氢氧化钙饱和溶液固砂法

1. 防砂原理

将氢氧化钙饱和溶液用于胶结砂岩地层，胶结机理是氢氧化钙的饱和溶液在高于 65 ℃ 的情况下与油层中的黏土矿物(蒙脱石、伊利石等)反应生成铝硅酸钙(一种胶结物)，把砂粒胶结在一起，实现控制出砂。胶结地层能耐高温，适用于蒸汽驱和热水驱油藏固砂作业。由于氢氧化钙的溶解度很低，所以要多次循环注入氢氧化钙饱和溶液才能使胶结地层达到所需的强度。

20 世纪 80 年代初提出了一种改进型的方法，这种方法是向处理地层中注入含有氯化钙和氢氧化钠的氢氧化钙饱和溶液，随着胶结反应的发生，氢氧化钙从溶液中析出，使溶液中氢氧化钙的浓度降低，这时氯化钙和氢氧化钠发生化学反应，又生成新的氢氧化钙，保持氢氧化钙在水溶液中的浓度不变，从而将未固结的地层胶结在一起，形成挡砂屏障。

三氧固砂剂防砂技术也是该方法的改进，其防砂机理为粉状氢氧化钙、碳酸钙、甲基三乙氧基硅烷、二甲基二乙氧基硅烷、分散剂、助乳化剂及其他助剂组成三氧固砂剂，承载于氢氧化钙和碳酸钙上的乙氧基硅烷在高温条件下遇水分解，乙氧基变为硅醇基，硅醇基与砂粒表面的氢氧基(—OH)之间和硅醇基相互之间发生脱水缩合反应，硅醇基与钙化合物之间也会发生某些反应，其结果是砂粒和钙化合物颗粒之间形成网状结构的有机硅大分子，使松散的砂粒胶结在一起。

2. 现场应用

锦州油田于 1996—1997 年使用三氧固砂剂总计施工 98 井次，有效 81 井次，有效率 82.7%。20 世纪 70 年代美国应用以氢氧化钙为主的固结剂固砂，商标为 PFO 和 PFX，用淡水或盐水作为携带液。固结剂与地层中的黏土反应生成一种与水泥类似的硅酸钙等化合物，使疏松砂粒胶结在一起，但这种固砂体抗压强度不大。

二、四氯化硅固砂法

四氯化硅可以用来固结疏松砂岩油藏。它是利用四氯化硅注入地层中后和地层中的水发生化学反应，生成无定形的二氧化硅。生成的二氧化硅可以将地层砂粒胶结在一起，达到固砂的目的。这一机理可用化学方程式表示为：

$$SiCl_4 + 2H_2O \longrightarrow SiO_2 + 4HCl\uparrow$$

从上式可以看出，用四氯化硅固砂，地层中一定要有水。地层含水饱和度越高，防砂效果越好，而渗透率损失不大。为了提高胶结地层的抗压强度可以采取预处理和后处理的方法，还可以在胶结剂中加入适量的中和剂，把生成的氯化氢中和掉以提高胶结强度。

用四氯化硅固砂工艺简单，只需通过一般的注入工艺就能达到目的，并且该方法成本低廉，主要用于气井防砂。

三、聚乙烯固砂法

1. *防砂原理*

聚乙烯是二烯烃或三烯烃发生聚合反应的产物。聚乙烯固砂有两种工艺：一是用聚丁二烯经稀释剂稀释后加入催化剂通过化学反应胶结疏松砂岩，使用的催化剂有锆盐、钴盐及锌盐；二是利用聚丁二烯热聚合反应固砂。

2. *现场应用*

阿塞拜疆地区应用聚乙烯固砂，试验 10 口井，有效井 70%，并取得了增油效果。

四、氧化有机化合物固砂法

1. *防砂原理*

采用含不饱和烯烃的有机化合物，在氧化聚合反应过程中氧原子把双键打开，在各分子之间形成氧桥，从而使有机物生成网状的聚合物，将疏松砂岩有效地胶结在一起。这种方法一般包括以下两个连续步骤：

(1) 一种或两种以上的能起聚合反应的有机物质与催化剂混合，将混合物注入地层中，在地层温度下与氧化气体接触发生氧化聚合反应，生成固态物质胶结砂粒，而基本上不降低地层的渗透性能。

(2) 注入足够的氧化气体，使已注入的有机物质充分固化。使用的地层温度为 150～250 ℃。

2. *现场应用*

美国加州 South Belrige 油田利用有机物氧化聚合反应固砂，于 1985 年 4 月开井，1986 年未发现出砂。罗马尼亚 Suplacu de Banau 油田、Balaria 油田和法国 Chaleaurenard 油田利用有机物氧化聚合反应固砂，也获得了满意的防砂效果。

五、焊接玻璃固砂法

1. *防砂原理*

焊接玻璃固砂法是 1984 年国外研究成功的一种新的防砂方法。焊接玻璃是玻璃工厂的一种粒状玻璃产品，商品名称为 Pyroceram No. 95，在电子工业中用于黏接和密封真空仪器中的玻璃和金属件，因此称为焊接玻璃，其成分为氧化铝、氧化锌、氧化硼和二氧化硅。这种玻璃能适应不同材料升温时的不同膨胀，于 390 ℃熔化，在 440 ℃以上加温 1 h 后由玻璃状态转变为黏结的结晶结构，形成的晶体内在强度高，能耐 649 ℃的高温，不受大部分化学剂的腐蚀。粉末状的焊接玻璃可溶解在水、氢氧化钠和硅酸钠溶液中，因此可配制成溶液，挤入疏松的多孔介质中，使其均匀地分散在多孔介质的空隙中，再用高温处理，使焊接玻璃由玻璃状态转变成结晶结构，并将疏松的砂粒固结在一起，形成坚固的人工井壁。目前的技术已能使焊接玻璃在地层中转变成结晶结构。

2. 固砂工艺

焊接玻璃固砂工艺为：① 射单孔完井。② 注入热空气在井眼附近进行有限的前向火烧。③ 停止加热注入空气。④ 同时注入适量的焊接玻璃溶液和空气。⑤ 重新注入加热空气，直到焊接玻璃转变成结晶结构。为了使焊接玻璃溶液能均匀地分散在整个孔隙介质的空隙中，必须保证地层中每个颗粒是干净的，并且基本上是干的。这可采用注加热空气进行前向火烧的方法来达到。在井中下入一个专门的井下燃烧器，用丙烷作燃料，用自燃液点燃。同时注入焊接玻璃和不加热的空气，可使溶液均匀地润湿每个颗粒。最后注热空气，需细致掌握分段温度，使温度逐渐上升，首先蒸发焊接玻璃溶液中的水分，然后使其熔化，最后转变成结晶结构。

3. 工艺特点

焊接玻璃固砂的优点是固砂体的抗压强度高，经得起高速液流的冲刷；能耐 649 ℃高温；除氢氟酸和强碱外，能耐其他化学剂的腐蚀；特别是能提高固砂区的渗透率和孔隙度，因固砂前进行前向火烧，使砂层中的黏土永久脱水，提高了原始渗透率和孔隙度。适用于进行蒸汽驱油田的固砂和黏土含量高的疏松砂层固砂。其缺点是施工周期长，一般为 5～7 个昼夜；对于厚砂层需进行多次处理；处理井所用的固井水泥是耐高温的矾土水泥，其他水泥是否适用尚需进一步研究。另外在作业时应特别注意清洗，避免油气混合引起爆炸。

4. 现场应用

焊接玻璃固砂集中应用于美国加利福尼亚州的弗罗特凡尔油田，已有 28 口井投入施工，20 口井获得成功。

六、高渗透硅酸盐水泥防砂法

1. 防砂原理

该方法是在高渗透硅酸盐防砂体系中通过控制水泥浆的稠化时间，避免在套变井防砂过程中的留塞问题，同时极大地加强地层岩石的胶结程度。该方法稠化时间可调，可保护出砂地层的井壁，能有效阻止套变井的砂粒运移。通过调节硅酸盐水泥颗粒的尺寸和增渗剂的性能等，满足硅酸盐防砂体对油、水的渗透能力要求。

2. 特点

高渗透硅酸盐水泥防砂体系是在水泥中加入增渗剂、分散剂、缓凝剂、石英砂等材料。有效地增加地层岩石的胶结强度，并且在出砂地带的井壁附近形成高渗透机械阻挡带，能有效地阻止砂粒向井筒的运移。目前，注水泥或者挤水泥施工技术完善，水泥浆性能调整手段已经成熟，为高渗透硅酸盐水泥防砂体系的运用创造了有利条件。

该方法的主要特点是渗透率高、凝固时间长并可调。这种方法可以同时达到增强井壁稳定和防砂目的，而且形成的水泥石显现出水湿特性，其油相渗透率大大高于水相渗透率，有利于油井控水采油。

3. 组成

为了确定石英砂、增渗剂、微硅的最佳质量比，中国石油大学(华东)通过改变各组分的质量进行正交试验，优选出四种配方，再进行渗透率、抗压强度的测定(见表 3-4)。从表 3-4 可知，配方 4 无论是渗透率指标还是抗压强度指标都优于其他 3 种配方，因此选择配方 4 的质量比，即 G 级油井水泥∶石英砂∶增渗剂∶微硅＝100∶90∶25∶5。

表 3-4 优选配方的渗透率和抗压强度

配 方	组分质量/g			渗透率/μm^2	抗压强度/MPa
	石英砂	增渗剂	微 硅		
1	80	40	4	0.58	8.10
2	80	40	10	0.70	8.25
3	180	50	4	0.86	8.50
4	180	50	10	0.90	9.02

为保证水泥浆的综合性能，需要加入各种处理剂，会影响水泥浆的混拌性能。FS 是一种油井水泥分散剂，能够改善水泥浆混合配浆的性能，保证水泥浆具有良好的流动度。流动度是水泥浆在地面混拌难易程度的重要指标，以此来确定分散剂 FS 的最佳质量分数。试验表明，分散剂 FS 的质量分数为 0.5%即可。

通过试验，得到渗透性水泥浆体系的配方，即 G 级油井水泥∶石英砂∶增渗剂∶微硅∶分散剂 FS＝100∶90∶25∶5∶0.5(质量比)。

4. 水灰比

对一个水泥浆配方来说，采用高水灰比，浆体的流动性和水泥石的渗透率都将发生变化(见表 3-5)。当抗压强度维持在 8～9 MPa 时，水灰比为 0.6 的浆体在其他方面都优于水灰比为 0.5 的浆体。因此，选用水灰比为 0.6 的浆体，不但能更好地满足注水泥施工对水泥浆性能的要求，而且能取得更好的渗透效果。

表 3-5 水灰比对流动度、抗压强度和渗透率的影响

水灰比	流动度/cm	抗压强度/MPa	渗透率/μm^2
0.5	22.9	8.89	0.81
0.6	24.5	8.05	0.89

候凝时间和热处理时间以 70 ℃的井底温度为例来确定合适的候凝时间。由表 3-6 可以看出，随着候凝时间的延长，水泥石强度在最初增加得较快，当达到 72 h 后，其强度的增加趋向于平缓。所以，该水泥浆体系的候凝时间确定为 72 h 比较合适。

表 3-6 候凝时间对水泥抗压强度的影响

候凝时间/h	24	48	72	96
抗压强度/MPa	6.25	8.17	8.82	8.96

在恒温(70 ℃)水浴条件下对水泥石进行热处理，水泥石渗透率随热处理时间的不同而改变。在热处理 2 h 后，水泥石的渗透率基本保持不变，因此热处理时间应不低于 2 h。这

是因为水泥石中含有的增渗剂绝大多数溶解并从其中流出需要一定的时间。

5. 耐腐蚀性

将制好的水泥石浸泡在模拟地层环境的流体中，经过一定时间后测其渗透率和抗压强度的变化来评价水泥石的耐腐蚀性。

经过柴油、饱和盐水、5%NaOH 的浸泡后，水泥石在抗压强度、渗透率方面无太大变化，所以该体系能够耐碱、油、高矿化度水的侵蚀。但在 5%HCl 溶液中，水泥石被严重侵蚀，表面呈酥软状态，这是因为水泥石水化产物 $Ca(OH)_2$、水化硅酸钙、水化铝酸钙等碱性物质与酸进行反应而溶蚀。因此，该水泥体系还可用酸溶解处理进行第 2 次、第 3 次等注水泥施工，以适应不同的需要。

参考文献

[1] 袁志平，黄志宇，张太亮，等. 乳化柴油高渗透水泥防砂的研究. 钻采工艺，2008，31(5)：118-120.

[2] 黄文民. 人工井壁防治细粉砂技术研究. 特种油气藏，2003，10(6)：65-66.

[3] 胡玉辉，丁志聪，胡国林，等. 耐高温的硼改性酚醛树脂涂敷砂. 油田化学，2006，23(1)：9-11.

[4] 顾宏伟. 辽河稠油油藏防砂方法的筛选研究及其应用. 石油天然气学报(江汉石油学院学报)，2005，27(2)：401-403.

[5] 柯耀斌，杨旭，赵建华. 化学防砂技术的综述. 化学工程与装备，2009(12)：141-142.

[6] 郑伟林，黄煦，王文凯. 孤东油田化学防砂. 油田化学，2002，19(3)：287-291.

[7] 李春东，项卫东，王京博. 大井段多油层防砂工艺的优化. 特种油气藏，2002，9(增)：62-63.

[8] PRATYUSH SINGH，RON VAN PETEGEM. A novel chemical sand and fines control using zeta potential altering chemistry and placement technique. Doha：International Petroleum Technology Conference，2014.

[9] WASNIK A，METE S，GHOSH B，et al. Application of resin system for sand consolidation，mud-loss control，and channel repairing. Calgary：SPE/PS-CIM/CHOA International Thermal Operations and Heavy Oil Symposium，2005.

[10] PRATYUSH SINGH，KERN SMITH，BHARATH RAO，et al. An advanced placement approach for chemical sand and fines control using zeta potential altering chemistry. Houston：Offshore Technology Conference，2014.

[11] 陈应淋，严锦根，黄煦，等. 低温油层涂敷砂防砂工艺研究与应用. 江汉石油学院学报，2001，23(3)：42-43.

[12] MAHARDHINI，ANTUS，ABIDIY，et al. Chemical sand consolidation as a failed gravel pack sand-control remediation on Handil Field Indonesia. Budapest：SPE European Formation Damage Conference and Exhibition，2015.

[13] LOMBARD MICHAEL S，SCOTT GREGORY D，SWANSON GLENN S. Resin coated prepacked sand control liner. California：Society of Petroleum Engineers，2003.

◆◆◆ 第四章

化学防砂井产能预测与评价

化学防砂技术在防砂的同时也可能对油气井产能造成影响，且各种化学防砂方法的影响程度不尽相同，因此在做好防砂工作的同时，还要准确了解防砂后的产能以及经济效益，选择技术可行且经济效益最好的防砂方案。防砂井的产能预测与评价对于合理地选择和设计防砂方案、选择防砂后的举升方式及生产参数的调整，进而充分发挥油气井经济潜力具有重要意义。

对于防砂井，在近井地带尤其是射孔炮眼内流体流速较高，紊流流动造成的压力损失不可忽略。本章以达西定律和 Forchheimer 压力梯度方程为基础，在达西流动和非达西流动、单相和油水两相情况下，计算从油藏到井筒各流动区域的压降，计算相应的各种表皮系数(包括射孔表皮、地层伤害表皮、射孔压实带表皮(新井)、树脂涂覆砂充填炮眼表皮等)，建立垂直井防砂产能预测基本模型。

第一节　高压充填防砂井产能预测

防砂措施通常是在井筒附近形成附加流动区域或改变流动区域的性质如渗透率等，以增加油气入井的阻力，从而对油气井产能造成影响。各种防砂方法在井筒附近形成的附加阻力区域各不相同。以树脂涂覆砂管外高压充填防砂为例，形成了从供给边缘至管外充填带(其中可分为从供给边缘至污染半径、从过渡带半径到污染半径及过渡带三个区域)的平面径向流，射孔孔眼附近充填带的球面向心流，以及通过射孔孔眼的单向流三个流动区域。在常规套管射孔井产能预测的基础上，附加考虑这些区域的流动压降和表皮系数，可建立防砂油井的产能预测模型。在近井地带尤其是炮眼内，流体流速较高，紊流流动造成的压力损失已不可忽略。

下面以树脂涂覆砂管外高压充填防砂为例，研究不同区域的压降计算方法。

树脂涂覆砂管外高压充填防砂井的总压降为上述各流动区域压降之和，即

$$p_e - p_w = (p_e - p_d) + (p_d - p_{tz}) + (p_{tz} - p_{sp}) + (p_{sp} - p_p) + (p_p - p_w) \tag{4-1}$$

式中　p_e——地层供给边缘压力，Pa；

p_w——井底流压，Pa；

p_d——污染带外边缘压力，Pa；

p_{tz}——过渡带外边缘压力，Pa；

p_{sp}——炮眼外树脂涂覆砂充填层外边缘压力，Pa；

p_p——射孔孔眼前端压力，Pa。

一、防砂井流动区域及流动压降计算

1. 充填射孔炮眼压降

假设射孔炮眼形状规则，炮眼内填满具有一定渗透性的树脂涂覆砂，则可认为其中的流动为单向流，表观流速为：

$$v=\frac{qB}{h_p\rho_p\pi r_p^2} \tag{4-2}$$

式中　q——油气井流量，m^3/s；

B——原油/天然气体积系数，无因次；

h_p——油气层射开厚度，m；

ρ_p——射孔密度，孔/m；

r_p——射孔炮眼半径，m；

v——炮眼内流体表观流速，m/s。

Forchheimer 方程给出了层流/紊流与压力梯度的关系：

$$\frac{dp}{dl}=\frac{\mu}{K}v+\beta\rho v^2 \tag{4-3}$$

将式(4-2)代入式(4-3)，并从 $l=0\to L_p$ 将方程两端积分，可得到射孔炮眼充填层中的流动压降 Δp_1 为：

$$\Delta p_1=\frac{\mu BL_p}{\pi K_g h_p\rho_p r_p^2}q+\frac{\beta_g\rho B^2L_p}{\pi^2h_p^2\rho_p^2r_p^4}q^2 \tag{4-4}$$

式中　μ——原油/天然气黏度，Pa·s；

K——炮眼内渗透率，m^2；

L_p——射孔炮眼长度，m；

K_g——充填层渗透率，m^2；

β_g——胶结充填层紊流速度系数，m^{-1}；

ρ——原油/天然气密度，kg/m^3；

Δp_1——射孔炮眼中的流动压降，Pa。

2. 树脂涂覆砂充填带的流动压降

在套管射孔树脂涂覆砂充填防砂井中，套管外充填层中的压降是影响树脂涂覆砂充填防砂设计和产能预测的重要参数，其中流体的流动是射孔孔眼附近的球面向心流。

在该区域内，认为充满树脂涂覆砂后任一渗流截面上的流速为：

$$v=\frac{qB}{h_p\rho_p2\pi r^2} \tag{4-5}$$

式中　r——以射孔炮眼为球心的任一球形截面的半径，$r=180/(\rho_p s)$，m；

s——套管射孔相位角，(°)。

由 Forchheimer 方程可知：

$$\frac{\mathrm{d}p}{\mathrm{d}r}=\frac{\mu}{K}v+\beta\rho v^2 \tag{4-6}$$

将式(4-5)代入式(4-6)，并从 $r=r_p\rightarrow(r_{sp}-r_w)$ 将方程两端积分，可得到充填带中的流动压降 Δp_2 为：

$$\Delta p_2=\frac{\mu qB}{2\pi K_g h_p\rho_p}\left(\frac{1}{r_p}-\frac{1}{r_{sp}-r_w}\right)+\frac{\beta_g\rho q^2B^2}{12\pi^2h_p^2\rho_p^2}\left[\frac{1}{r_p^3}-\frac{1}{(r_{sp}-r_w)^3}\right] \tag{4-7}$$

式中 r_{sp}——树脂涂覆砂充填带半径，m；

r_w——防砂井眼半径，m。

3. 过渡带的流动压降

在高压充填过程中，充填入地层的树脂涂覆砂在充填压力下必然会与地层砂混合，形成过渡带。该过渡带的渗透率小于充填层渗透率，对地层流体的渗流能力具有一定的阻挡作用。

考虑在过渡带中流体的流动是径向流，则任一半径 r 处的流速为：

$$v=\frac{qB}{2\pi rh} \tag{4-8}$$

式中 h——油气层厚度，m。

将式(4-8)代入式(4-6)可得：

$$\mathrm{d}p=\left(\frac{q\mu B}{2\pi K_{tz}h}\frac{1}{r}+\beta_{tz}\rho\frac{q^2B^2}{4\pi^2h^2}\frac{1}{r^2}\right)\mathrm{d}r \tag{4-9}$$

式中 K_{tz}——过渡带渗透率，m^2；

β_{tz}——过渡带紊流速度系数，m^{-1}。

将上式两端从 $r=r_{sp}\rightarrow r_{tz}$ 积分，可得到过渡带中的层流及紊流流动压降 Δp_3 为：

$$\Delta p_3=q\frac{\mu B}{2\pi K_{tz}h}\ln\frac{r_{tz}}{r_{sp}}+q^2\frac{\beta_{tz}\rho B^2}{4\pi^2h^2}\left(\frac{1}{r_{sp}}-\frac{1}{r_{tz}}\right) \tag{4-10}$$

式中 r_{tz}——过渡带半径，m。

4. 过渡带半径到污染半径的流动压降

根据射孔深度与污染深度的关系，井眼附近的地层污染可以分为射孔炮眼在污染区域之内和射孔炮眼穿透污染区域两种情况。此时所考虑的是当射孔炮眼在污染区域之内即未穿透污染区域时的情况，类似于过渡带流动压降的推导过程。

由式(4-6)、式(4-8)，并从 $r=r_{tz}\rightarrow r_d$ 将方程两端积分，可得到过渡带以外污染区中的流动压降 Δp_4 为：

$$\Delta p_4=q\frac{\mu B}{2\pi K_d h}\ln\frac{r_d}{r_{tz}}+q^2\frac{\beta_d\rho B^2}{4\pi^2h^2}\left(\frac{1}{r_{tz}}-\frac{1}{r_d}\right) \tag{4-11}$$

式中 K_d——污染带渗透率，m^2；

β_d——污染带紊流速度系数，m^{-1}；

r_d——污染带半径，m。

5. 供油半径到污染半径之间地层中的流动压降

供油半径到污染半径之间的地层中的流动为径向流动，由式(4-6)、式(4-8)，并从 $r=r_d\rightarrow r_e$ 将方程两端积分，可得到供油半径到污染半径之间地层中的流动压降 Δp_5 为：

$$\Delta p_5 = q\ \frac{\mu B}{2\pi K_f h}\ln\frac{r_e}{r_d} + q^2\ \frac{\beta_f \rho B^2}{4\pi^2 h^2}\left(\frac{1}{r_d} - \frac{1}{r_e}\right) \tag{4-12}$$

由于 $r_e \gg r_d$，因此可得：

$$\Delta p_5 = q\ \frac{\mu B}{2\pi K_f h}\ln\frac{r_e}{r_d} + q^2\ \frac{\beta_f \rho B^2}{4\pi^2 h^2 r_d} \tag{4-13}$$

式中 K_f——地层平均渗透率，m^2；

β_f——地层中的紊流速度系数，m^{-1}；

r_e——供油半径，m。

二、高压充填防砂井各流动区域的表皮系数计算

1. 流动区域表皮系数

根据以上分析可知，若不考虑其他特殊情况，则树脂涂覆砂管外高压充填防砂井从油气层到井筒的总压降为：

$$\Delta p = \Delta p_1 + \Delta p_2 + \Delta p_3 + \Delta p_4 + \Delta p_5 \tag{4-14}$$

由产能指数定义知：

$$PI = \frac{q}{\Delta p} = \frac{q}{\Delta p_1 + \Delta p_2 + \Delta p_3 + \Delta p_4 + \Delta p_5} \tag{4-15}$$

将各压降的表达式代入式(4-15)可以得到拟稳态下的产能指数公式：

$$PI = 2\pi K_f h \Big/ \left\{ \mu B \left\{ \left[\frac{h}{h_p}\frac{K_f}{K_g}\frac{2L_p}{\rho_p r_p^2} + \frac{h}{h_p}\frac{K_f}{K_g}\frac{1}{\rho_p}\left(\frac{1}{r_p} - \frac{1}{r_{sp} - r_w}\right) + \frac{K_f}{K_{tz}}\ln\frac{r_{tz}}{r_{sp}} + \frac{K_f}{K_d}\ln\frac{r_d}{r_{tz}}\right] + \ln\frac{0.472 r_e}{r_d} + qD\left\{B + \frac{\beta_g}{\beta_f}\frac{h^2}{h_p^2}\frac{4BL_p r_d}{\rho_p^2 r_p^4} + \frac{\beta_g}{\beta_f}\frac{h^2}{h_p^2}\frac{Br_d}{3\rho_p^2}\left[\frac{1}{r_p^3} - \frac{1}{(r_{sp} - r_w)^3}\right] + \frac{\beta_{tz}}{\beta_f}Br_d\left(\frac{1}{r_{sp}} - \frac{1}{r_{tz}}\right) + \frac{\beta_d}{\beta_f}Br_d\left(\frac{1}{r_{tz}} - \frac{1}{r_d}\right)\right\}\right\}\right\} \tag{4-16}$$

其中：

$$D = \frac{\rho \beta_f K_f}{2\pi \mu h r_d} \tag{4-17}$$

令

$$S_i^l = \frac{h}{h_p}\frac{K_f}{K_g}\frac{2L_p}{\rho_p r_p^2} \tag{4-18}$$

$$S_{sp}^l = \frac{h}{h_p}\frac{K_f}{K_g}\frac{1}{\rho_p}\left(\frac{1}{r_p} - \frac{1}{r_{sp} - r_w}\right) \tag{4-19}$$

$$S_{tz}^l = \frac{K_f}{K_{tz}}\ln\frac{r_{tz}}{r_{sp}} \tag{4-20}$$

$$S_d^l = \frac{K_f}{K_d}\ln\frac{r_d}{r_{tz}} \tag{4-21}$$

$$S_i^t = \frac{\beta_g}{\beta_f}\frac{h^2}{h_p^2}\frac{4BL_p r_d}{\rho_p^2 r_p^4} \tag{4-22}$$

$$S_{sp}^t = \frac{\beta_g}{\beta_f}\frac{h^2}{h_p^2}\frac{Br_d}{3\rho_p^2}\left[\frac{1}{r_p^3} - \frac{1}{(r_{sp} - r_w)^3}\right] \tag{4-23}$$

$$S_{tz}^{t}=\frac{\beta_{tz}}{\beta_{f}}Br_{d}\left(\frac{1}{r_{sp}}-\frac{1}{r_{tz}}\right) \tag{4-24}$$

$$S_{d}^{t}=\frac{\beta_{d}}{\beta_{f}}Br_{d}\left(\frac{1}{r_{tz}}-\frac{1}{r_{d}}\right) \tag{4-25}$$

式中 PI——产能系数，$m^3/(s \cdot Pa)$；

S_i^l——树脂涂覆砂充填炮眼层流表皮系数；

S_i^t——树脂涂覆砂充填炮眼紊流表皮系数；

S_{sp}^l——树脂涂覆砂充填带层流表皮系数；

S_{sp}^t——树脂涂覆砂充填带紊流表皮系数；

S_{tz}^l——过渡带层流表皮系数；

S_{tz}^t——过渡带紊流表皮系数；

S_d^l——过渡带以外污染带层流表皮系数；

S_d^t——过渡带以外污染带紊流表皮系数；

D——紊流系数，$kPa/(m^3/d)^2$。

树脂涂覆砂管外高压充填造成的附加层流表皮系数为：

$$S_{fs}^{l}=S_{i}^{l}+S_{sp}^{l}+S_{tz}^{l} \tag{4-26}$$

树脂涂覆砂管外高压充填造成的附加紊流表皮系数为：

$$S_{fs}^{t}=S_{i}^{t}+S_{sp}^{t}+S_{tz}^{t} \tag{4-27}$$

2. 射孔表皮系数

根据已有的研究成果，射孔紊流表皮系数 $S_p^t=0$。

射孔层流表皮系数 S_p^l 由水平流动表皮系数 S_h、垂直流动表皮系数 S_{wb} 和井筒效应表皮系数 S_v 组成：

$$S_{p}^{l}=S_{h}+S_{wb}+S_{v} \tag{4-28}$$

$$S_{h}=\ln\frac{r_{w}}{r_{we}} \tag{4-29}$$

其中，r_{we} 为有效井筒半径，若 0 相位射孔，则 $r_{we}=L_p/4$，否则 $r_{we}=a(r_w+L_p)$，其中 a 仅与射孔相位有关。

$$S_{wb}=c_{1}\exp\left(c_{2}\frac{r_{w}}{r_{w}+L_{p}}\right) \tag{4-30}$$

$$S_{v}=10^{a}h_{D}^{b-1}r_{PD}^{b} \tag{4-31}$$

其中，$r_{PD}=r_p\rho_p$，$h_D=\dfrac{1}{L_p\rho_p}$，$a=a_1\lg r_{PD}+a_2$，$b=b_1r_{PD}+b_2$，a_1，a_2，b_1，b_2 为与射孔相位有关的参数。

综合考虑射孔表皮系数和树脂涂覆砂管外高压充填造成的附加表皮系数，套管射孔充填井产能指数为：

$$PI=\frac{q}{\Delta p}=\frac{2\pi K_f h}{\mu B\left[\ln\frac{0.472r_e}{r_d}+S_l+qD(B+S_t)\right]} \tag{4-32}$$

其中：

$$\left.\begin{aligned} S_l &= S_i^l + S_{sp}^l + S_{tz}^l + S_d^l + S_p^l \\ S_t &= S_i^t + S_{sp}^t + S_{tz}^t + S_d^t \end{aligned}\right\} \tag{4-33}$$

三、各种防砂方法表皮系数计算

目前现场广泛使用的防砂方法包括机械防砂、化学防砂及复合防砂等几十种。根据各种方法在井筒附近形成附加区域的特征，可将这些防砂方法归纳为几大类，见表 4-1。

表 4-1 防砂方法分类及特征

序 号	防砂类型	形成附加区域	方法实例
Ⅰ	裸眼砾石充填	环空砾石充填层、筛管/滤砂管	裸眼井管内砾石充填
Ⅱ	套管井管内＋管外砾石充填	管外砾石充填区、炮眼砾石层、筛套环空砾石层、筛管/滤砂管	绕丝筛管两步法砾石充填
Ⅲ	套管井管内砾石充填	炮眼砾石层、环空砾石层、筛管/滤砂管	绕丝筛管管内砾石充填
Ⅳ	纯管柱防砂*	炮眼地层散砂充填层、环空地层散砂充填层、筛管/滤砂管	绕丝筛管、预充填绕丝筛管、割缝衬管、金属棉滤砂管、树脂滤砂管、陶瓷滤砂管、冶金粉末滤砂管
Ⅴ	涂覆砂、干灰砂挤注	管外挤压区、炮眼充填层	涂覆砂防砂、水泥干灰砂防砂
Ⅵ	化学剂固砂	管外化学剂挤注区	各种化学剂防砂
Ⅶ	筛管/滤砂管＋涂覆砂/干灰砂复合	管外挤压区、炮眼充填区、筛管/滤砂管	绕丝筛管＋涂覆砂复合防砂、树脂滤砂管＋干灰砂复合防砂
Ⅷ	筛管/滤砂管＋化学剂复合	管外化学剂挤注区、筛管/滤砂管	金属棉滤砂管＋固砂剂复合防砂

注：* 单纯管柱防砂井中，随着生产的进行，地层产出砂会很快填满炮眼和套管环空。

根据表 4-1，各种防砂方法形成的附加区域有四种：管外砾石充填/化学剂挤注区、炮眼砾石/地层砂充填层、筛套环空砾石/地层砂充填层、筛管/滤砂管渗透层。根据具体防砂措施所属的类型，即可计算相应区域的附加表皮系数。

1. 管外砾石充填/化学剂挤注区的表皮系数

对于管外砾石充填和化学剂挤注区，其中的流动为径向流动，其达西流和非达西流表皮系数分别为：

$$S_{in}^l = \left(\frac{K_f}{K_{in}} - 1\right) \ln \frac{r_{in}}{r_w} \tag{4-34}$$

$$S_{in}^t = q\frac{K_f}{\mu}\frac{\beta_{in}\rho}{2\pi h}\left(\frac{1}{r_w} - \frac{1}{r_{in}}\right)\left(\frac{K_f}{K_{in}} - 1\right) \tag{4-35}$$

对于管外砾石、涂覆砂或干灰砂挤压充填的情况，充填半径为：

$$r_{in} = \sqrt{\frac{V_g}{\pi h} + r_w^2} \tag{4-36}$$

树脂涂覆砂和干灰砂充填后的渗透率一般可以保持原始渗透率的 80%～90%，即 $K_{in} = (80\% \sim 90\%)K_g$。

对于化学剂固砂，挤注当量半径仍按圆柱体挤注区计算：

$$r_{in}=\sqrt{\frac{V_c}{\pi h\phi}+r_w^2} \tag{4-37}$$

通常化学剂固结后的地层渗透率可保持原始值的 75%～80%以上，即 $K_{in}=(75\%\sim80\%)K_f$。

2. 炮眼砾石/地层砂充填层的表皮系数

充填有砾石/涂覆砂/干灰砂的射孔炮眼内为单向线性流动，其达西流和非达西流表皮系数分别为：

$$S_g^l=\frac{hK_f}{h_pK_g}\frac{2L_p}{SD\cdot r_p^2} \tag{4-38}$$

$$S_g^t=q\frac{2K_fh\beta_g\rho BL_p}{\mu h_p^2\cdot SD^2\cdot\pi r_p^4} \tag{4-39}$$

对于出砂严重的老井，炮眼长度按水泥环厚度计算；对于新井，按实际给定值计算。

3. 筛套环空砾石/地层砂充填层的表皮系数

套管完井的油井进行砾石充填防砂后，套管与筛管环空中充满砾石形成环空砾石层。其中的流动以往通常按单向流或径向流计算，但结果表明，按单向流计算得到的结果比实际值严重偏高，而按径向流计算得到的结果又偏低。实际上，筛套环空砾石层中的流动是以炮眼出口为起点的发散流动，计算其流动压降和表皮系数时可简化为锥形扩散流动，其达西流和非达西流表皮系数分别为：

$$S_{ga}^l=\frac{2K_fh}{K_gh_p\cdot SD}\frac{r_{ci}-r_{so}}{R-r_p}\left(\frac{1}{r_p}-\frac{1}{R}\right) \tag{4-40}$$

$$S_{ga}^t=q\frac{2K_fh\beta_g\rho B}{3\mu\pi h_p^2\cdot SD^2}\frac{r_{ci}-r_{so}}{R-r_p}\left(\frac{1}{r_p^3}-\frac{1}{R^3}\right) \tag{4-41}$$

4. 筛管/滤砂管渗透层的表皮系数

筛管/滤砂管渗透层内的流动按径向流计算，忽略非达西流动，表皮系数为：

$$S_s^l=\frac{K_f}{K_s}\ln\frac{r_{so}}{r_{si}} \tag{4-42}$$

通常筛管/滤砂管的表皮系数相对很小，可以忽略。

以上各式中的符号说明：K_g——砾石层原始渗透率，m^2；K_{in}——化学剂或涂覆砂等管外挤注区域渗透率，m^2；K_s——筛管/滤砂管渗透层渗透率，m^2；L_p——射孔孔眼长度，m；R——筛管上锥形扩散底面圆等效半径，m；r_{ci}——套管内半径，m；r_{in}——化学剂或涂覆砂等管外挤注区域半径，m；r_p——射孔孔眼半径，m；r_{si}——筛管/滤砂管内半径，m；r_{so}——筛管/滤砂管外半径，m；SD——射孔密度，孔/m；S_g^l，S_g^t——炮眼砾石层达西流和非达西流表皮系数；S_{ga}^l，S_{ga}^t——筛套环空砾石层达西和非达西流表皮系数；S_{in}^l，S_{in}^t——充填/挤注区域的达西流和非达西流表皮系数；S_p——射孔表皮系数；V_c——化学防砂化学剂溶液挤注量，m^3；V_g——砾石/涂覆砂/干灰砂管外充填量，m^3；ϕ——地层孔隙度，小数；μ——原油黏度，Pa·s；β_g——炮眼砾石层紊流速度系数，m^{-1}；β_{in}——挤注区域紊流速度系数，m^{-1}。

四、防砂井产能预测方法

实践证明，直接对油井防砂后的采油指数或产量进行预测是不可行的。流入动态直接反映油井的供液能力，防砂井的产能预测应该理解为油井防砂后流入动态的预测。根据油井采取防砂措施前正常生产时的动液面和产液量等生产数据预测油井防砂前的流入动态曲线或产液指数，依据上述评价方法计算得到当量产能比，然后可计算防砂后流入动态曲线或产液指数。

设 PI_0 为根据防砂前正常数据计算得到的防砂前油井产液指数，则防砂后的产液指数为：

$$PI = NPI \cdot PI_0 \tag{4-43}$$

通过上述分析，防砂井产能预测的核心是对防砂措施的评价，即评价防砂措施对油井产能造成的影响，归结为当量产能比 NPI。这样，只要知道油井防砂前的生产情况，便可准确预测防砂后的生产动态。

防砂井的产能预测的详细步骤如图 4-1 所示。

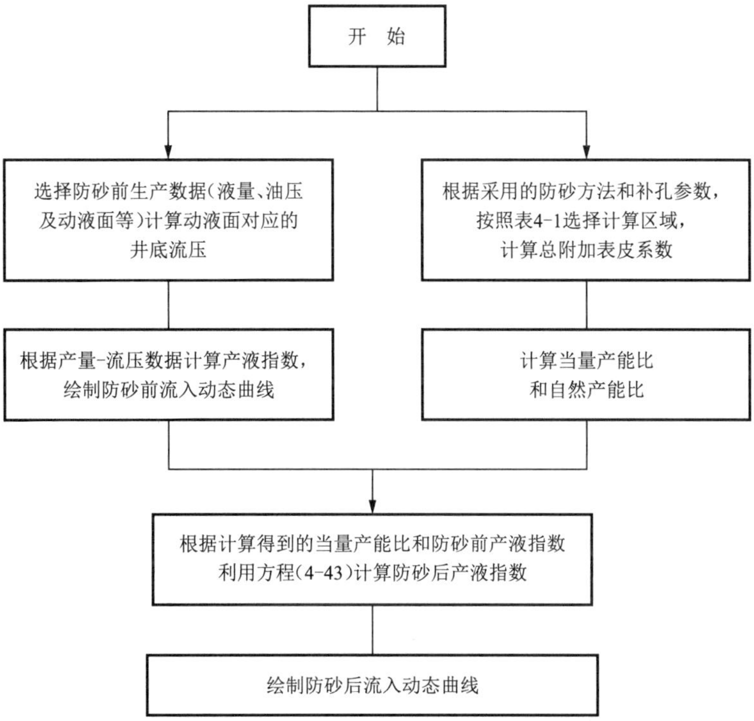

图 4-1 防砂井产能预测计算框图

第二节 端部脱砂压裂防砂产能预测与评价

端部脱砂压裂实际上就是疏松砂岩油气藏在水力压裂过程中有控制的使支撑剂在裂缝的端部脱出、架桥，形成端部砂堵，从而阻止裂缝进一步在缝长方向上延伸；继续注入高砂比混砂液，将沿缝壁形成全面砂堵，缝中储液量增加，泵压增大，促使裂缝膨胀变宽，缝内填砂增大，从而造出一条具有高导流能力的裂缝，达到防砂增产的目的。下面以树脂涂覆砂压裂防砂为例介绍端部脱砂压裂产能预测方法。

一、端部脱砂压裂产能预测方法

对端部脱砂压裂井的产能进行评价，可以采用经典方法，也可以采用现代数值模拟方法，其中经典方法分为增产倍数法和典型曲线法，典型曲线法中较为经典的方法如 MGcuir-SIKara增产倍数曲线与 Agurwd 典型曲线均需借助于典型曲线，不利于计算机编程，而数值模拟方法计算量又太大，因此本部分介绍采用拟表皮系数法进行预测。该方法既简单又能满足工程的需要。压裂充填产能预测模型考虑各个附加表皮系数后，拟稳态条件下压裂充填井产能预测模型如下：

$$J = 86.4 \times \frac{2\pi Kh}{\mu B\left(\ln \frac{r_e}{r_w} - \frac{3}{4} + S_t\right)} \tag{4-44}$$

总表皮系数 S_t 为：

$$S_t = S_d + S_{PF} + S_p + S_A + S_\theta + S_{Dq} + S_{grav} + S_f + S_{ck} + S_{fl} + S_o \tag{4-45}$$

式中 S_d——油层伤害表皮系数；

S_{PF}——射孔拟表皮系数；

S_p——部分打开油层拟表皮系数；

S_A——油藏形状拟表皮系数；

S_θ——井斜拟表皮系数；

S_{Dq}——非达西流表皮系数；

S_{graw}——孔眼充填拟表皮系数；

S_f——裂缝拟表皮系数；

S_{ck}——瓶颈裂缝拟表皮系数；

S_{fl}——裂缝面伤害拟表皮系数；

S_o——其他表皮系数。

1. 射孔拟表皮系数 S_{PF}

$$S_{PF} = S_h + S_{wb} + S_v + S_{dp} \tag{4-46}$$

式中，S_h 为水平流动拟表皮系数，S_{wb} 为井筒效应表皮系数，S_v 为垂直流动表皮系数，S_{dp} 为压实带拟表皮系数。它们的计算如下：

$$S_h = \ln\left(\frac{r_w}{r_{we}}\right) \tag{4-47}$$

$$S_{wb} = c_1 \exp[c_2 r_w/(r_w + L_p)] \tag{4-48}$$

$$S_v = 10^a h_D^{b-1} r_{pD}^b \tag{4-49}$$

$$a = a_1 \lg r_{pD} + a_2$$

$$b = b_1 + r_{pD} + b_2$$

$$h_D = \frac{1}{S_D L_P}\sqrt{\frac{K_h}{K_v}}$$

$$r_{pD} = \frac{S_D r_P}{2}\left(1 + \sqrt{\frac{K_v}{K_h}}\right)$$

$$S_{dp} = \frac{1}{S_D L_P}\left(\frac{K}{K_{dp}} - \frac{K}{K_d}\right)\ln \frac{r_{dp}}{r_p} \tag{4-50}$$

式中 r_{we}——有效井筒半径，m；

L_p——射孔深度，m；

S_D——射孔密度，孔/m；

r_p——射孔孔眼半径，m；

K_v——地层垂直渗透率，μm^2；

K_h——地层水平渗透率，μm^2；

$a_1, a_2, b_1, b_2, c_1, c_2$——射孔相位角相关系数；

K_{dp}——压实带渗透率，μm^2；

K_d——污染带渗透率，μm^2；

r_{dp}——压实带厚度，m。

2. 部分打开油层拟表皮系数 S_p

$$S_p = \left(\frac{h}{h_p} - 1\right)\left[\ln\left(\frac{h}{r_w}\right)\left(\frac{K_h}{K_v}\right)^{1/2} - 1\right] \tag{4-51}$$

式中 h_p——油层射开厚度，m。

3. 孔眼充填拟表皮系数 S_{grav}

$$S_{grav} = \frac{2KL_p}{K_{grav}S_D r_p^2} \tag{4-52}$$

式中 K_{grav}——充填物渗透率，μm^2。

4. 裂缝拟表皮系数 S_f

$$S_f = -\ln(r_{we}/L_f) - \ln(L_f/r_w) \tag{4-53}$$

式中 L_f——裂缝半长，m。

5. 瓶颈裂缝拟表皮系数 S_{ck}

$$S_{ck} = \pi A/F_{CD} \tag{4-54}$$

$$A = (L_{ck}/L_f)/(w_{ck}/w_f)/(K_{ck}/K_f)$$

式中 F_{CD}——裂缝无因次导流能力；

L_{ck}——瓶颈裂缝长度，m；

w_{ck}——瓶颈裂缝宽度，m；

K_{ck}——瓶颈裂缝渗透率，μm^2；

K_f——裂缝渗透率，μm^2。

6. 裂缝面伤害拟表皮系数 S_{fl}

$$S_{fl} = (\pi/2)(L_{fl}/L_f)[(K/K_{fl}) - 1] \tag{4-55}$$

式中 L_{fl}——滤失带厚度，m；

K_{fl}——滤失带渗透率，μm^2。

7. 有效半径求取

在低渗透油藏中，一般形成无限导流能力裂缝的有效半径计算比较简单：

$$r_{we} = L_f/2 \tag{4-56}$$

在中高渗透油气藏中，水力压裂形成有限导流能力裂缝有效半径的计算过程比较复杂。

首先计算 X：

$$X = 0.593(h_f/h)(L_f/r_e)\ln(r_e/r_w)F_{CD} \tag{4-57}$$

式中　h_f——裂缝高度，m。

当 $X<0.1$ 时，有：

$$\frac{\ln(r_e/r_w)}{\ln(r_e/r_{we})}=1.7 \tag{4-58}$$

当 $0.1<X<3$ 时，有：

$$\frac{\ln(r_e/r_w)}{\ln(r_e/r_{we})}=(B/C)\{0.785[\tan(1.83L_f/r_e-1.25)+4.28]-CD\}+D \tag{4-59}$$

当 $X>3$ 时，有：

$$\frac{\ln(r_e/r_w)}{\ln(r_e/r_{we})}=\frac{F[\tan(Y+Z)-\tan Z]+1}{C} \tag{4-60}$$

$$\left.\begin{aligned}
B&=\frac{3.334X-0.334}{9.668}\\
C&=0.08(h/h_f)+0.92\\
D&=1+0.75(h_f/h)\\
F&=4.84\,|X^2-6.4\,|X+2.38\\
Y&=(2.27-1.32/X)(L_f/r_e)\\
Z&=1.24/X^2-1.64/X-0.84
\end{aligned}\right\} \tag{4-61}$$

无因次裂缝导流能力为：

$$F_{CD}=\frac{(WK)_f}{KX_f} \tag{4-62}$$

式中　$(WK)_f$——裂缝导流能力，m·μm²；

　　X_f——支撑裂缝半长，m。

裂缝导流能力(*FRCD*)也可以直接由填砂裂缝的闭合宽度与闭合应力下缝中支撑剂的渗透率乘积计算出来，也可采用下面的经验关系式计算：

$$FRCD=6.246\times10^{-2}\bar{C}L\left(\frac{17\,500}{142p_c+\alpha}\right)^8\left[1+\frac{\beta}{e^{L-1}}\ln(BHN\times10^{-4})\right] \tag{4-63}$$

式中　$\bar{C}$——裂缝单位面积上的单层砂重，kg/m²；

　　L——支撑剂层数；

　　p_c——闭合压力，MPa；

　　BHN——地层岩石布氏硬度，MPa；

　　α,β——常数，见表 4-2。

表 4-2　粒径、单层砂重与 α，β 的关系

粒径/mm	单层砂重/(kg·m⁻²)	α	β
1.68～2.32	3.144	11 700	0.6
0.84～1.68	1.855	12 700	0.7
0.42～0.84	0.854	14 600	1.1

二、应用实例

某扩边区馆上段油藏储层为河流相沉积的高孔、高渗、疏松粉细砂岩。储层岩性以细砂岩、粉细砂岩为主，平均粒度为 0.1～0.18 mm，测井解释渗透率在(106.5～167.3)×10^{-3} μm^2左右，平均为 1 200×10^{-3} μm^2。其中 Ng^{1+2}储层测井解释孔隙度为 32.707%，渗透率为 1 540×10^{-3} μm^2；$Ng3^3$ 和 $Ng3^5$ 层平均渗透率为 1 124× 10^{-3} μm^2。该区泥质含量为 6.5%～11.5%，胶结疏松，胶结类型为接触-孔隙式和孔隙-接触式；Ng1＋2^{w-3}砂组净砂比为 0.67～0.74，平均为 0.71。

该区油藏开采特征如下：扩边区油稠，常规开采难度大，降黏开采具有一定产能，但产能较低，注蒸汽热采开发效果好，说明该区适宜蒸汽吞吐开采。另外扩边区馆上段油藏埋深较浅，储层胶结疏松，在开采过程中地层出砂严重，检泵周期短，需要进行压裂防砂开采。井的基本数据总结见表 4-3。

表 4-3 井基本数据

储层埋深/m	1 220～1 250	平均压力梯度/[MPa·(100 m)$^{-1}$]	0.95
油层厚度/m	8～12	油层温度/ ℃	59
储层岩性	细砂岩、粉砂岩	50 ℃地面原油黏度/(mPa·s)	1 491～3 924
孔隙度/%	31	渗透率/μm^2	1 124×10^{-3}

生产资料显示，该井 1994 年 5 月投产馆 3 层，日产原油 1.9 t，仅生产 7 d，之后由于油稠不供液而关井。利用该井的地质、生产资料对该井进行压裂后生产动态的数值模拟，计算结果如图 4-2 所示。

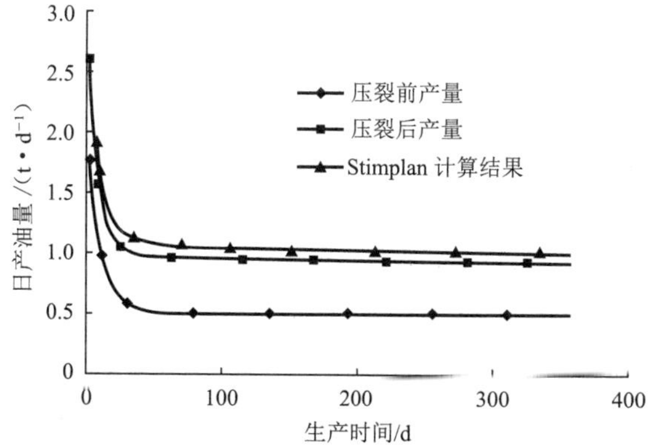

图 4-2 生产动态数值模拟对比

通过与 Stimplan 软件的模拟结果对比可知，在油井未进行压裂前，模拟得到其初始产量为 1.76 t/d，与该井 1994 年 5 月投产的日产原油 1.9 t 基本相符；压裂后的稳定时期产量能够达到 1 t/d，Stimplan 计算结果为 1.12 t/d。采用数值模拟方法计算油井脱砂压裂后生产动态，拟稳定状态下的产量与解析解法的结果相近，压裂后的油井增产达到 2 倍以上。

参考文献

[1] 董长银,饶鹏,冯胜利,等.高压砾石充填防砂气井产能预测与评价.石油钻采工艺,2005,27(3):54-57.

[2] 李爱芬,姚军,寇永强.砾石充填防砂井产能预测方法.石油勘探与开发,2004,31(1):103-105.

[3] 董长银,李志芬,张琪.基于油井流入动态曲线的防砂井产能预测方法.石油钻探技术,2001,29(3):58-60.

[4] 李爱芬,陈月明,姚军.影响防砂气井产能的因素分析.断块油气田,2003,10(1):55-59.

[5] 曲占庆,张琪,董长银,等.压裂充填防砂井产能预测方法.石油钻采工艺,2003,25(5):51-53.

[6] 董长银,李志芬,张琪,等.防砂井产能评价及预测方法.石油钻采工艺,2002,24(6):45-48.

[7] 张建国.端部脱砂压裂井产能预测数值模拟.东营:中国石油大学(华东),2007.

◆◆◆ 第五章

化学防砂工艺设计理论与方法

第一节 高压充填防砂工艺设计理论与方法

防砂工艺设计的任务是通过对油气层的研究以及对油气层潜在损害的评价，提出从工艺决策到产能预测、从入井流体到充填材料、从防砂施工到开井投产每一道工序都要确保保护油气层的措施，尽可能减少对储层的损害，保证油、气层发挥其最大产能；根据油藏工程和油田开发全过程的特点以及在后续开发过程中所要采取的各项措施来合理选择防砂方式、方法，确定防砂工艺参数，优化防砂措施后的开井制度，为科学和经济地开发油田提供必要的条件。防砂工艺设计的合理性与否直接决定着防砂施工质量的好坏，对油井生产能否达到预期指标和油田开发的经济效益有决定性影响。

一、树脂涂覆砂高压充填工艺设计

树脂涂覆砂高压充填工艺是指使用携砂液将树脂涂覆砂携带至油井的出砂部位或压裂裂缝中，在一定条件下（挤入固化剂或受油层温度的影响）树脂涂覆砂表面的树脂软化黏连而固结成一体，形成具有良好渗透性和强度的人工井壁，以防止油气层出砂的方法。

1. 树脂涂覆砂尺寸优选

树脂涂覆砂尺寸的优化对高压充填防砂至关重要。充填层既是挡砂屏障，又是油气入井通道，直接影响生产动态和防砂效果。挡砂效果与产量是相互矛盾的两个方面，树脂涂覆砂尺寸过小，能够有效挡砂但会降低产能；反之，可获得高产但挡砂效果较差。因此，树脂涂覆砂尺寸的选择必须考虑树脂涂覆砂尺寸对防砂后产能的影响以及地层砂对充填层的侵入特性。

(1) 树脂涂覆砂尺寸设计方法。

① Saucier 方法。

Saucier 方法是早期经常采用的一种砾石尺寸优选标准，它是建立在完全挡砂机理之上的，这也是树脂涂覆砂尺寸的设计基础。其设计原则是：

$$D_{50}=(5\sim6)d_{50} \tag{5-1}$$

式中 D_{50}——砾石(或树脂涂覆砂)粒度中值,mm;

d_{50}——地层砂粒度中值,mm。

建议对于较细或不均匀的地层砂,式(5-1)中选择下限,而对于较粗或较均匀的地层砂,可选择其上限。在5~6范围内,不存在侵砂,挡砂效果好,有效渗透率较高。由式(5-1)计算出树脂涂覆砂的粒度中值,再参考表5-1选出所需树脂涂覆砂的标准筛目。

表5-1 工业砾石标准

标准筛目	颗粒直径/mm	粒度中值/mm	渗透率/μm^2	孔隙度/%
3~4	6.73~4.75	5.74	8 100	—
4~6	4.75~3.35	4.06	3 700	—
6~8	3.35~2.39	2.87	1 900	—
6~10	3.35~2.01	2.68	—	—
8~10	2.39~2.01	2.19	1 150	—
8~12	2.39~1.68	2.03	1 745*	36*
10~14	2.01~1.42	1.71	800	—
10~16	2.01~1.19	1.60	—	—
10~20	2.01~0.84	1.42	325	32
10~30	2.01~0.58	1.30	191	33
16~30	1.19~0.58	0.89	—	—
20~40	0.84~0.42	0.64	121	35
30~40	0.58~0.42	0.50	110	—
40~50	0.42~0.30	0.36	66	—
40~60	0.42~0.25	0.33	45	32
50~60	0.30~0.25	0.28	43	—
60~70	0.25~0.21	0.23	31	—

注:*为棱角砾石。

② 树脂涂覆砂尺寸优选方法。

对于给定的地层砂,首先进行筛析分析,使用上述常规砾石尺寸设计方法分别进行树脂涂覆砂尺寸设计;之后综合考虑充填后的产能和砂侵两个方面,优选出既不影响产能又不会造成严重砂侵的最优树脂涂覆砂尺寸。

(2) 树脂涂覆砂质量控制。

树脂涂覆砂的质量直接影响措施井的防砂效果和油气井产能,必须严格控制。树脂涂覆砂的质量指标包括尺寸合格度、抗破碎率、圆度及球度、均匀程度、抗压强度或抗折强度、固结后砂体渗透率以及表面涂覆树脂的化学有效期。

2. 充填临界排量及井筒摩阻计算

(1) 充填临界排量。

高压充填施工的关键是保证携砂液能够将树脂涂覆砂顺利携带通过射孔炮眼,到达射孔孔眼末端。携砂液在射孔孔眼的流动可近似视为水平管流，由于固相树脂涂覆砂的沉降特性，树脂涂覆砂颗粒容易在射孔孔眼入口端发生沉降，严重时会堵塞射孔孔眼，使后续的树脂涂覆砂难以到达管外地层。为了保证高压充填施工的顺利进行，携砂液必须有足够的携带能力，这取决于流体流速（充填排量）、砂比和携砂液黏度。

计算临界排量的方法主要有临界流速法和沉降末速法。

① 临界流速法。

固体颗粒在不同的携砂液流速作用下会出现不同的运动状态，当流速较小时，作用于固体颗粒的拖拽力较小，不足以克服颗粒的移动阻力，因此，在排量较小时充填树脂涂覆砂会堆积于射孔入口，堵塞孔眼，影响施工。

Durand 提出了一种临界流速的计算模式：

$$V_c = F_r \left[2gD_p \left(\frac{\rho_s - \rho_l}{\rho_l} \right) \right]^{\frac{1}{2}} \tag{5-2}$$

式中 V_c——临界流速，m/s；

F_r——Froude 系数；

D_p——射孔孔眼直径，m；

ρ_s——颗粒密度，kg/m³；

ρ_l——携砂液密度，kg/m³。

试验研究表明，F_r随固体浓度和粒径大小而变化（图 5-1）。由图 5-1 可知，当粒径小于 1 mm 时，固体颗粒浓度和大小都对 F_r值有影响；当颗粒大于 1 mm 时，影响减弱；当粒径大于 2 mm 时，粒径与浓度对 F_r均无影响，此时 $F_r=1.34$ 为常数，临界速度计算式可变为：

$$V_c = 1.34 \times \left[2gD_p \left(\frac{\rho_s - \rho_l}{\rho_l} \right) \right]^{\frac{1}{2}} \tag{5-3}$$

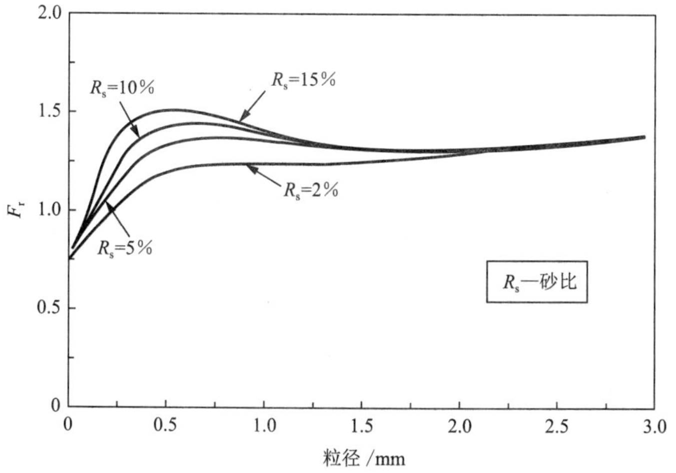

图 5-1 F_r 与粒径的关系曲线

为了便于编程应用，根据图 5-1 分别回归砂比为 2%，5%，10%和 15%时 Froude 系数 F_r 与粒径 d_s 的关系。

砂比为 2%时的关系式为：

$$F_r=0.711\,51+1.814\,74d_s-2.332\,98d_s^2+1.401\,82d_s^3-0.391\,9d_s^4+0.041\,69d_s^5 \tag{5-4}$$

砂比为 5%时的关系式为：

$$F_r=0.736\,5+2.261\,73d_s-2.923\,96d_s^2+1.701\,33d_s^3-0.464\,72d_s^4+0.048\,96d_s^5 \tag{5-5}$$

砂比为 10%时的关系式为：

$$F_r=0.720\,06+2.918\,09d_s-4.098\,92d_s^2+2.482\,99d_s^3-0.691\,36d_s^4+0.073\,14d_s^5 \tag{5-6}$$

砂比为 15%时的关系式为：

$$F_r=0.689\,87+3.839\,36d_s-6.088\,59d_s^2+4.066\,97d_s^3-1.230\,88d_s^4+0.139\,6d_s^5 \tag{5-7}$$

式(5-4)～式(5-7)的拟合公式适用 $d_s<3$ mm 的情况，对于 $d_s\geqslant 3$ mm 的携砂液，这 4 个拟合公式不能用于计算 F_r。

其他砂比的情况可通过插值形式计算，即

$$F_r=\sum_{i=1}^{4}\left[F_{ri}\frac{\prod\limits_{\substack{j=1\\ j\neq i}}(R_s-R_{sj})}{\prod\limits_{\substack{j=1\\ j\neq i}}(R_{si}-R_{sj})}\right] \tag{5-8}$$

式中　$F_{ri}(i=1,2,3,4)$——砂比为 2%，5%，10%，15%时的 Froude 系数；

$R_{si}(i=1,2,3,4)$——分别表示砂比 2%，5%，10%，15%。

根据式(5-2)可推得计算临界排量的公式为：

$$Q_c=\frac{\pi S_D D_p^2 h_p V_c}{4} \tag{5-9}$$

式中　h_p——射孔段厚度，m；

S_D——射孔孔眼密度，孔/m。

式(5-9)对于黏度较低的清水携砂液是有效的，但对于黏度较高的黏性携砂液计算误差较大。

② 沉降末速法。

沉降末速法的基本思路是要求固体颗粒沿着水平射孔方向运动到射孔孔道末端的时间小于该颗粒从射孔孔眼中间沉降到射孔孔眼底部的时间，即要求携砂液必须达到一定的运动速度以保证固体颗粒在沉降到射孔孔眼底部之前到达射孔孔道末端，不致在射孔孔道中间位置沉降堆积，堵塞射孔。

固体颗粒从射孔孔眼中央沉降到射孔孔眼底部所需要的时间为：

$$t_1=\frac{D_p}{2v_t} \tag{5-10}$$

式中　v_t——固体颗粒的沉降末速，m/s。

固体颗粒从射孔孔道入口运移到射孔孔道末端的时间为：

$$t_2=\frac{L_p}{v_i} \tag{5-11}$$

式中　L_p——射孔孔道长度，m；

v_i——颗粒水平方向的运动速度，m/s，可由施工排量确定。

自由沉降的球形颗粒在重力 G_s、浮力 F_b 和拖拽力 F_d 作用下处于平衡状态。其中，拖拽力可由莫里森(Morison)方程确定：

$$F_d = \frac{1}{2} C_d \rho_l v_t^2 A_s \tag{5-12}$$

式中 C_d——阻力系数，是雷诺数的单值函数；

A_s——颗粒在运动方向的投影面积，m^2。

据受力平衡条件可得：

$$G_s - F_s - F_d = 0 \tag{5-13}$$

即

$$\frac{1}{6}\pi \rho_s g d_s^3 - \frac{1}{6}\pi \rho_l g d_s^3 - \frac{1}{8}\pi C_d \rho v_t^2 d_s^2 = 0 \tag{5-14}$$

由式(5-14)得：

$$v_t^2 = \frac{4 g d_s (\rho_s - \rho_l)}{3 C_d \rho_l} \tag{5-15}$$

在牛顿流体中，阻力系数 C_d 取决于雷诺数 Re，即当颗粒周围液体的流动不同时，阻力系数 C_d 具有不同的计算式。

球形颗粒沉降大致可分为层流区、过渡区、紊流区三个区域。

当 $Re<1$ 时为层流区，阻力系数为：

$$C_d = \frac{24}{Re} \tag{5-16}$$

当 $1<Re<1\ 000$ 时为过渡区，阻力系数为：

$$C_d = \frac{10}{\sqrt{Re}} \tag{5-17}$$

当 $Re>1\ 000$ 时为紊流区，阻力系数为：

$$C_d = 0.44 \tag{5-18}$$

可以得到三个区域的固体颗粒的沉降末速为：

$$v_t = \frac{g(\rho_s - \rho_l) d_s^2}{18\mu} \tag{5-19}$$

$$v_t = \left[\frac{4 g^2 (\rho_s - \rho_l)}{225 \rho_l \mu}\right]^{\frac{1}{2}} d_s \tag{5-20}$$

$$v_t = 1.741 \sqrt{\frac{g d_s (\rho_s - \rho_l)}{\rho_l}} \tag{5-21}$$

考虑到树脂涂覆砂颗粒浓度的影响，群体砂粒的沉降速度为：

$$v_t' = v_t (1 - R_s)^m \tag{5-22}$$

其中：

$$m = \left(2.4 + \frac{2.5}{1 + 5 d_s^2}\right)\left(\frac{R_s}{0.2}\right)^{-0.1} \tag{5-23}$$

由条件 $t_1 \geqslant t_2$ 可得颗粒在射孔孔道内运动的最小水平速度为：

$$v_{ci} = \frac{2 v_t' L_p}{D_p} \tag{5-24}$$

所以临界排量为：

$$Q_c = \frac{\pi D_p h_p S_D L_p v_t'}{2} \tag{5-25}$$

式中，射孔直径 D_p 是射孔孔道无沉积条件下的净尺寸。实际上，受充填树脂涂覆砂浓度的影响，对临界排量起作用的是射孔有效直径 D_p'，其值可根据截面面积相等原则确定。

射孔总截面面积为：

$$A_p = \frac{\pi D_p^2}{4} \tag{5-26}$$

射孔净截面面积为：

$$A_p' = \frac{\pi D_p'^2}{4} \tag{5-27}$$

射孔中充填砾石面积为：

$$A_s = A_p R_s \tag{5-28}$$

根据截面面积相等原则，由式(5-26)～式(5-28)可得射孔有效直径为：

$$D_p' = D_p \sqrt{1 - R_s} \tag{5-29}$$

则最小水平速度变为：

$$v_{ci} = \frac{2 v_t' L_p}{D_p \sqrt{1 - R_s}} \tag{5-30}$$

临界排量变为：

$$Q_c = \frac{\pi D_p h_p S_D L_p v_t'}{2\sqrt{1 - R_s}} \tag{5-31}$$

（2）充填过程井筒摩阻计算。

当携砂液单相流体在井筒中流动时，其流动摩阻压降为：

$$\Delta p_f = \lambda \frac{\rho_l v^2}{2D} L \tag{5-32}$$

式中 λ——单相流动摩阻系数；

ρ_l——携砂液密度，kg/m³；

v——流速，m/s；

D——当量直径，m；

L——井段长度，m；

Δp_f——摩阻压降损失，Pa。

摩阻系数计算如下：

$$\lambda = \begin{cases} 64/N_{Re} & N_{Re} \leqslant 2\,000 \\ 0.316\,4/\sqrt[4]{N_{Re}} & 2\,000 < N_{Re} \leqslant \dfrac{59.7}{\varepsilon^{8/7}} \\ -1.811g\left[\dfrac{6.8}{N_{Re}} + \left(\dfrac{\Delta}{3.7D_t}\right)^{1.11}\right]^{-2} & \dfrac{59.7}{\varepsilon^{8/7}} < N_{Re} < \dfrac{665 - 765\ln\varepsilon}{\varepsilon} \\ \dfrac{1}{\left(2\lg\dfrac{3.7D_t}{\Delta}\right)^2} & N_{Re} \geqslant \dfrac{665 - 765\ln\varepsilon}{\varepsilon} \end{cases} \tag{5-33}$$

管壁相对粗糙度：

$$\varepsilon=\frac{2\Delta}{D_t} \tag{5-34}$$

流动雷诺数：

$$N_{Re}=\frac{\rho_m v D_t}{\mu_m} \tag{5-35}$$

式中 Δ——管壁绝对粗糙度，$\Delta=4.57\times10^{-5}$ m；

ε——管壁相对粗糙度；

ρ_m——混合物密度，kg/m³；

μ_m——混合物黏度，mPa·s；

D_t——油管的直径，m；

N_{Re}——流动雷诺数，无量纲。

当携砂液携带固相颗粒时，其摩阻的计算需要对固液混合物的密度和黏度进行修正。

砂浆混合物密度为：

$$\rho_m=\rho_s C_s+\rho_l(1-C_s) \tag{5-36}$$

式中 ρ_m——砂浆混合物密度，kg/m³；

ρ_s——树脂涂覆砂密度，kg/m³；

ρ_l——携砂液密度，kg/m³；

C_s——砂浆中固相颗粒的体积分数，%。

混合液黏度计算分如下几种情况。

① 低砂比的情况。

含固相颗粒的稀混合液的黏度为：

$$\mu_m=\mu_l(1+1.5C_s) \tag{5-37}$$

② 高砂比的情况。

当树脂涂覆砂体积分数较大时，考虑固相颗粒之间的相互作用，黏度用公式(5-38)计算。

$$\mu_m=\mu_l[1+2.5C_s+10.5C_s^2+0.00273\exp(16.6C_s)] \tag{5-38}$$

将校正得到的混合物密度和黏度替换单相流时的密度和黏度，使用单相流模型可计算井筒摩阻。

充填过程中某时刻 t，井筒中上部为砂浆流动段，底部为携砂液单相流动段，砂浆前沿深度为 h_s，则井筒总增压 Δp 为：

$$\Delta p=p_{wf}-p_0=\rho_m g h_s+\rho_l g(h_w-h_s)-\Delta p_{fm}-\Delta p_{fl} \tag{5-39}$$

式中 p_0——井口泵压，Pa；

p_{wf}——井底压力，Pa；

Δp_{fl}，Δp_{fm}——单相流井段和砂浆流动井段的摩阻压降，Pa；

h_s——砂浆前沿深度，m；

h_w——井深，m。

(3) 树脂涂覆砂体积分数与砂比之间的换算关系。

对于 0.4～0.8 mm 的树脂涂覆砂，堆积后的孔隙度约为：

$$\phi_s = 0.35 \tag{5-40}$$

树脂涂覆砂真实体积与表观体积的关系为：

$$V_s = V_{sf}(1 - \phi_s) \tag{5-41}$$

树脂涂覆砂表观密度与真实密度的关系为：

$$\rho_{sf} = \rho_s(1 - \phi_s) \tag{5-42}$$

砂比与树脂涂覆砂体积分数之间的关系为：

$$C_s = \frac{R_s(1 - \phi_s)}{R_s(1 - \phi_s) + 1} \tag{5-43}$$

砂浆混合物体积为：

$$V_m = V_{sf}(1 - \phi_s) + V_l \tag{5-44}$$

砂浆混合物密度为：

$$\rho_m = \frac{R_s(1 - \phi_s)\rho_s + \rho_l}{R_s(1 - \phi_s) + 1} \tag{5-45}$$

式中 V_s——树脂涂覆砂真实体积，即砂砾堆积材料减去孔隙体积后的实际体积，m^3；

V_{sf}——树脂涂覆砂表观体积，m^3；

V_l——携砂液体积，m^3；

V_m——砂浆混合物体积，即携砂液体积与树脂涂覆砂真实体积之和，m^3；

ρ_s——树脂涂覆砂真实密度，kg/m^3；

ρ_{sf}——树脂涂覆砂表观密度，kg/m^3；

ρ_l——携砂液密度，kg/m^3；

ρ_m——砂浆混合物密度，kg/m^3；

R_s——砂比，即树脂涂覆砂表观体积与携砂液体积之比，%；

C_s——体积分数，即砂浆中固相颗粒（真实）体积与固液总体积之比，%；

ϕ_s——充填层孔隙度，即树脂涂覆砂在空气中堆积后形成的孔隙度，%。

3. 树脂涂覆砂用量估算

(1) 管外充填量估算。

以往根据管外地层出砂造成的亏空来计算充填量是行不通的，因为地层亏空量一般无法预测或难以统计，而建立相应的理论计算模型亦十分困难。目前主要根据经验确定。一般根据当地区块或油气井的作业历史，统计每米井段的管外充填量及纵向充填强度，进而确定新作业井的管外地层充填用量。

设 I_s 为管外地层纵向充填强度，则管外充填半径为：

$$r_o = \sqrt{\frac{I_s}{\Phi_s \pi} + r_w^2} \tag{5-46}$$

充填厚度为：

$$d_{ro} = r_o - r_w \tag{5-47}$$

根据纵向充填井段长度，可计算总的管外充填量为：

$$V_{so} = hI_s \tag{5-48}$$

式中 r_o——管外树脂涂覆砂填充半径，m；

r_w——井眼半径，m；

I_s——管外地层纵向充填强度，即每米充填量，m^3/m；

Φ_s——充填密实程度系数；

d_{ro}——管外树脂涂覆砂充填厚度，m；

V_{so}——管外树脂涂覆砂充填量（表观体积），m^3；

h——充填层地层厚度，m。

（2）管内留塞用量估算。

管内留塞用量主要包括井筒环空容积、射孔炮眼容积和井底口袋容积，主要根据套管、射孔孔眼参数计算。

井筒环空充填量：

$$V_{ic}=\frac{\pi}{4}d_{ci}^2h_{fp} \tag{5-49}$$

人工井底上部口袋充填量：

$$V_{ik}=\frac{\pi}{4}d_{ci}^2L_k \tag{5-50}$$

射孔孔眼充填量：

$$V_{ip}=\pi r_p^2L_ph_pS_D \tag{5-51}$$

由于射孔孔眼容积相对很小，一般忽略不计。

总的管内留塞用量为：

$$V_{si}=V_{ic}+V_{ik}+V_{ip} \tag{5-52}$$

式中 d_{ci}——套管内径，m；

h_{fp}——油层下界至射孔上界长度，m；

L_k——口袋长度，m；

h_p——射孔井段长度，m；

L_p——射孔井眼长度，m；

r_p——射孔孔眼半径，m；

S_D——射孔密度，孔/m；

V_{ic}——对应油层部位井筒环空容积，m^3；

V_{ik}——口袋容积，m^3；

V_{ip}——射孔炮眼容积，m^3；

V_{si}——管内充填量（表观体积），m^3。

（3）附加量估算。

附加量是为了备足用料而考虑的额外用量。

$$V_{sf}=(V_{so}+V_{si})X_s \tag{5-53}$$

式中 X_s——余量系数，一般取0.2；

V_{sf}——附加量，m^3。

（4）总用量估算。

总用量等于管外、管内树脂涂覆砂量与附加量之和，即

$$V_s=V_{so}+V_{si}+V_{sf} \tag{5-54}$$

式中 V_s——树脂涂覆砂设计总量（表观体积），m^3。

4. 携砂液用量估算

(1) 前置液用量估算。

前置液的用量根据预处理半径来确定，其用量等于井筒油管容积与地层预处理用量之和，即

$$V_p = \frac{\pi}{4}d_{fi}^2 L_f + \frac{\pi}{4}d_{ti}^2 h_w + \pi(r_o^2 - r_w^2)h\phi_f \tag{5-55}$$

式中 d_{fi}——地面管线内径，m；

L_f——地面管线长度，m；

d_{ti}——油管内径，m；

h_w——防砂层位深度，m；

r_w——井筒半径，m；

r_o——前置液处理半径，m；

h——防砂层位厚度，m；

V_p——前置液用量，m^3；

ϕ_f——地层孔隙度，小数。

(2) 携砂液用量估算。

携砂液用量根据管外、管内充填量以及相应的充填砂比确定。

携砂液总用量为：

$$V_{scf} = \frac{V_{so}}{R_s} \tag{5-56}$$

式中 V_{scf}——携砂液总用量，m^3。

(3) 顶替液用量估算。

顶替液用量等于地面管线和井筒油管容积之和再乘以余量系数。

$$V_{df} = \left(\frac{\pi}{4}d_{fi}^2 L_f + \frac{\pi}{4}d_{ti}^2 H_w\right)X_{df} \tag{5-57}$$

式中 X_{df}——携砂液用量余量系数，一般取 1.2；

V_{df}——顶替液用量，m^3。

(4) 备用液量估算。

备用液量是为考虑应对现场施工突发情况而准备的液量，可表示为：

$$V_{rf} = (V_p + V_{scf} + V_{df})X_{rf} \tag{5-58}$$

式中 V_{rf}——备用液量，m^3；

X_{rf}——余量系数，一般取 0.2。

(5) 施工总用液量。

施工总用液量为前置液、携砂液、顶替液以及备用液量之和。

$$V_t = V_p + V_{scf} + V_{df} + V_{rf} \tag{5-59}$$

式中 V_t——施工总用液量，m^3；

5. 其他参数设计

(1) 施工时间确定。

前置液泵注时间为：

$$t_p = \frac{V_p}{Q_p} \tag{5-60}$$

管外挤压充填时间为：

$$t_{so} = \frac{V_{scf} + V_{so}(1 - \phi_s)}{Q_{so}} \tag{5-61}$$

顶替时间为：

$$t_d = \frac{V_{df}}{Q_d} \tag{5-62}$$

式中 t_p——前置液泵注时间，min；

t_{so}——管外挤压充填泵注时间，min；

t_d——顶替液泵注时间，min；

Q_{so}——管外挤压充填排量，m^3/min；

Q_d——顶替液泵注排量，m^3/min；

Q_p——前置液泵注排量，m^3/min；

ϕ_s——充填层孔隙度，小数。

(2) 砂比确定。

目前多依据前期施工经验进行砂比设计，但需遵循先提排量再提砂比的原则，否则容易造成砂堵。

二、固砂剂防砂工艺设计

1. 固砂剂用量计算

研究表明，具有不同密度的两种不混相流体在井筒内混合时会出现重力分离。当向充满地层水(被驱替液)的井筒内注入固砂剂溶液(驱替液)时，若固砂剂的密度小于地层水的密度，则注入的固砂剂在射孔井段上端聚集。随着固砂剂的不断增多，固砂剂/地层水的界面不断向下移动。当注入固砂剂与地层水界面达到最上部射孔孔道时，固砂剂开始进入地层。只有当固砂剂/地层水界面达到某一个射孔孔道时，固砂剂才能进入该层。因此，在上述情况下，在注入固砂剂期间由于重力分离，上部层段吸入较多的固砂剂，使固砂剂在垂向上分布不均匀。目前认为井筒重力分离是控制驱替剖面最重要的因素之一，且注入量愈小，重力分离的影响愈大。通常认为至少要注入两倍井筒体积时才能使射孔井段内的每一个层都能进入流体。

(1) 当注入液密度小于地层液密度时，驱替前缘如图 5-2 所示。将驱替前缘沿剖面近似描述为椭圆形曲线，方程为：

$$\frac{x^2}{a^2} + \frac{y^2}{b^2} = 1 \tag{5-63}$$

在椭圆方程的短长半轴比 a/b 与注入液地层液密度比之间的关系如下：

$$k = \frac{a}{b} = \frac{1}{\tan\left(\frac{\pi}{2}R\right)} \tag{5-64}$$

$$R = \frac{\rho_{in}}{\rho_f} \tag{5-65}$$

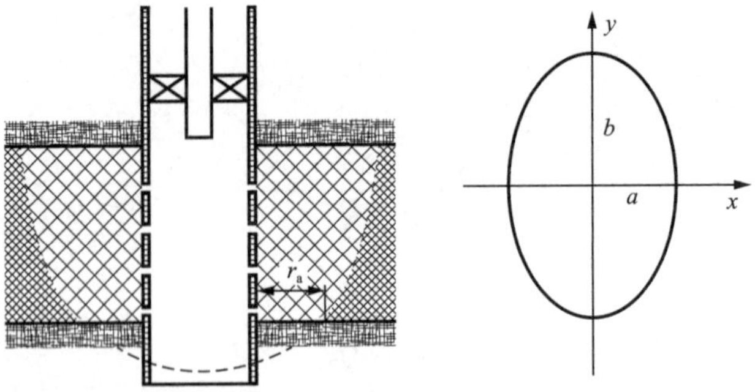

图 5-2 化学剂重力分异示意图(当注入液密度小于地层液密度时)

式中 R——注入液与地层液的密度比；

ρ_{in}——注入液密度,kg/m³；

ρ_f——地层液密度,kg/m³。

假设 V_c 为刚好能够使注入液接触油层底部的临界实际体积(由于顶替作用,V_c 中不包括油层段井筒容积),则此时驱替前缘椭圆的半径分别为：

$$\left.\begin{aligned} a_c &= kH \\ b_c &= H \end{aligned}\right\} \tag{5-66}$$

临界体积为：

$$V_c = \phi\int_0^{b_c}\pi a_c^2\left(1-\frac{y^2}{b_c^2}\right)dy = \frac{2}{3}\phi\pi a_c^2 b_c \tag{5-67}$$

式中 ϕ——地层孔隙度,小数。

由驱替深度 L_{in}(化学剂在油层底界的渗入深度,实际上为椭圆底部半径)计算体积量：

$$\left.\begin{aligned} &\frac{L_{in}^2}{a^2}+\frac{H^2}{b^2}=1 \\ &\frac{a}{b}=\frac{1}{\tan\left(\frac{\pi}{2}R\right)}=k \end{aligned}\right\} \tag{5-68}$$

$$\left.\begin{aligned} &\frac{L_{in}^2}{a^2}+\frac{H^2}{b^2}=1 \\ &\frac{a}{b}=\frac{1}{\tan\left(\frac{\pi}{2}R\right)}=k \end{aligned}\right\} \tag{5-69}$$

解方程得到：

$$\left.\begin{aligned} a &= \sqrt{L_{in}^2+k^2H^2} \\ b &= \sqrt{\frac{L_{in}^2+k^2H^2}{k^2}} \end{aligned}\right\} \tag{5-70}$$

注入体积为：

$$V_c = \phi\int_0^{H}\pi a^2\left(1-\frac{y^2}{b^2}\right)dy = \frac{2}{3}\pi\phi a^2 H \tag{5-71}$$

利用式(5-64)、式(5-65)、式(5-70)和式(5-71)可反算得到不同注入体积下的注入深度。

当注入体积大于临界体积时(图 5-3)，即可用式(5-71)进行求解。

表观注入半径即从井筒中心算起的半径为：

$$R_{in}=r_w+L_{in} \tag{5-72}$$

当注入液体积小于临界体积时(图 5-4)，由油层顶界注入深度 a 计算注入体积，即

$$\left.\begin{aligned} &b=\frac{a}{k} \\ &V=\phi\int_0^b \pi a^2\left(1-\frac{y^2}{b^2}\right)\mathrm{d}y=\frac{2}{3}\phi\pi\frac{a^3}{k} \end{aligned}\right\} \tag{5-73}$$

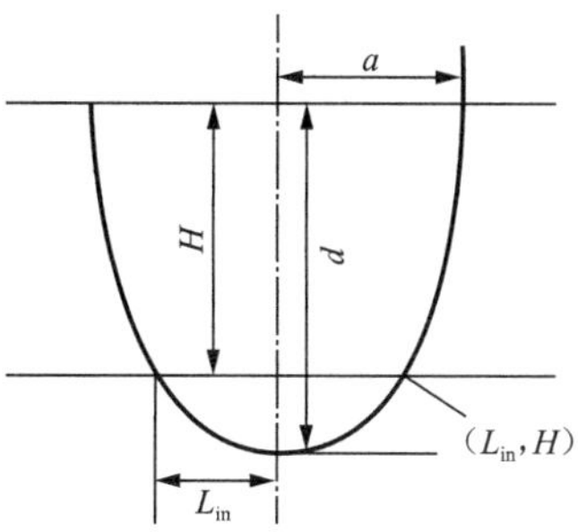

图 5-3　大于临界体积

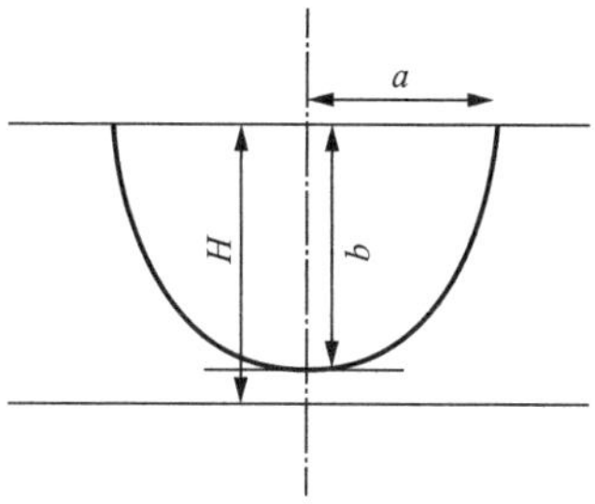

图 5-4　小于临界体积

(2) 当注入液密度大于地层液密度时，将驱替前缘沿剖面近似为图 5-5 中所示的椭圆形曲线，方程为：

$$\frac{x^2}{a^2}+\frac{y^2}{b^2}=1 \tag{5-74}$$

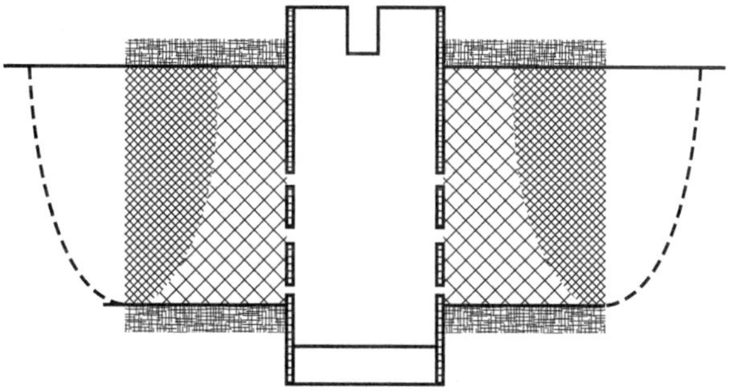

图 5-5　化学剂重力分异示意图(当注入液密度大于地层液密度时)

根据实际情况，在椭圆方程的短长半轴比 a/b 和注入液地层液密度比之间仍建立如下关系：

$$k=\frac{a}{b}=\frac{1}{\tan\left(\frac{\pi}{2}R\right)} \tag{5-75}$$

假设 V_c 为刚好能够使注入液接触油层顶部的临界实际体积(由于顶替作用，V_c 中不包括油层段井筒容积)，则此时驱替前缘椭圆的半径分别为：

$$\left.\begin{aligned} a_c&=kH \\ b_c&=H \end{aligned}\right\} \tag{5-76}$$

临界注入体积等于半径为 a_c 的柱体体积减去半椭球体积和井筒容积：

$$\begin{aligned}V_c &= \phi\int_0^{b_c}\pi(a_c - x)^2\mathrm{d}y = \phi\pi\left[\int_0^{b_c}a_c^2\mathrm{d}y - 2a_c\int_0^{b_c}x\mathrm{d}y + \int_0^{b_c}x^2\mathrm{d}y\right] \\ &= \phi\left(\pi a_c^2 H - \frac{2}{3}\pi a_c^2 b_c\right) = \frac{1}{3}\pi a_c^2 b_c\phi = \frac{1}{3}\pi\frac{a_c^3}{k}\phi\end{aligned} \tag{5-77}$$

由驱替深度 L_{in}（化学剂在油层顶界的渗入深度）计算体积量（如图 5-6 所示的情形）：

$$\left.\begin{aligned}b &= H \\ a &= kH\end{aligned}\right\} \tag{5-78}$$

注入体积为：

$$\begin{aligned}V &= \phi\int_0^{b}\pi(a + L_{in} - x)^2\mathrm{d}y \\ &= \phi\pi\left[\int_0^{b}(a + L_{in})^2\mathrm{d}y - 2(a + L_{in})\int_0^{b}x\mathrm{d}y + \int_0^{b}x^2\mathrm{d}y\right] \\ &= \phi\left[\pi(L_{in} + a_c)^2 b_c - \frac{2}{3}\pi a_c^2 b_c\right]\end{aligned} \tag{5-79}$$

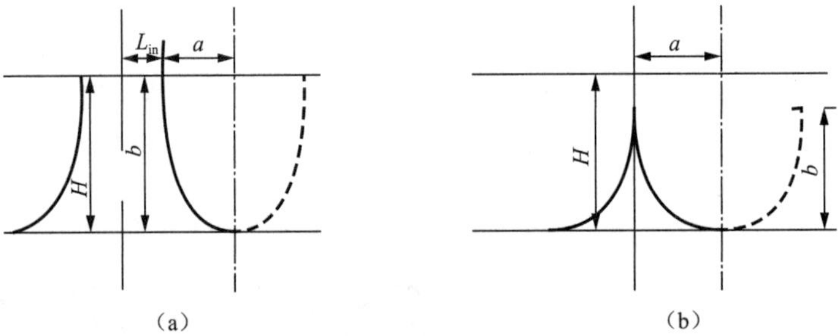

图 5-6　大于临界体积(a)和小于临界体积(b)

同样，利用式(5-65)、式(5-74)、式(5-78)和式(5-79)反算可得到不同注入体积下的注入深度。

当注入液体积小于临界体积时（如图 5-6 所示的情形），可由油层底界注入深度 a 计算注入体积：

$$b = \frac{a}{k} \tag{5-80}$$

$$\begin{aligned}V &= \phi\int_0^{H-b}\pi(a - x)^2\mathrm{d}y \\ &= \phi\pi\left(\int_0^{H-b}a^2\mathrm{d}y - 2a\int_0^{H-b}x\mathrm{d}y + \int_0^{H-b}x^2\mathrm{d}y\right) \\ &= \phi\left(\pi a^2 b - \frac{2}{3}\pi a^2 b\right) = \frac{1}{3}\pi a^2 b\phi = \frac{1}{3}\pi\frac{a^3}{k}\phi\end{aligned} \tag{5-81}$$

(3) 当两种液体密度比等于 1，即密度相同时，不存在重力分异现象，a/b 趋近于正无穷，为均匀推进。驱替前缘为一圆柱面，深度很容易由圆柱半径算得。

2. 辅助用液量及排量确定

(1) 前置液。

前置液的作用主要是为了降低影响固结砂抗压强度的地层水浓度，同时改变砂粒表面的润湿性。

前置液用量：每米油层 1.5～2.0 m^3；一般为了清洗 1 m 左右半径内的地层水，每米地层采用 1.2 m^3 前置液为最佳用量。排量为 300 L/min(标准 600～800 L/min)，泵压以不压开地层为准。

(2) 增孔剂(后冲洗剂)用量。

室内研究表明，树脂最佳残余饱和度以 35%左右为宜，地层既能保持较高的渗透率，又能保持相当的强度。树脂饱和度继续增加后，渗透率会降低，且固结强度增加不大。

推荐增孔液用量为树脂体积的两倍。增孔液通常为清水，排量 300 L/min(标准 600～800 L/min)。

(3) 固化剂及用量。

固化剂使用质量分数 10%～15%的盐酸，用量为树脂体积的两倍。排量为 300 L/min(标准 600～800 L/min)。

(4) 后置顶替液用量。

顶替液通常为清水。顶替液用量为管柱容积及地面管线容积之和的 1.0～1.3 倍。排量为 300 L/min(标准 600～800 L/min)。

顶替液用量 V_{dty}的计算公式为：

$$V_{dty}=1.2\left(\frac{\pi D_{ti}^2}{4}H_w+\frac{\pi d_i^2}{4}L+\frac{\pi D_{ci}^2}{4}H\right) \tag{5-82}$$

式中 D_{ti}——油管内径，m；

d_i——地面管线内径，m；

H_w——井深，m；

L——地面管线长度，m；

H——井段长度，m；

D_{ci}——套管内径，m。

第二节 端部脱砂压裂防砂工艺设计理论与方法

压裂防砂之所以能够起到防砂的作用，是由于裂缝的存在形成了典型的双线性流动形式，而支撑带对地层微粒又具有桥堵作用。压裂防砂是通过向油层高压泵入支撑剂，在油井近井地带造成微裂缝，将支撑剂挤入裂缝、地层亏空带，在油层中形成一定厚度的人工滤砂屏障(人工砂桥)，从而依靠砂桥实现油井防砂的目的。压裂防砂由于在地层中形成微裂缝，支撑剂在裂缝中形成了高导流通道，从而改变了油层内的渗流状态，使原来的原油向心径向流改变为流向裂缝的水平流，渗流条件得到改善，从而降低了油流的携砂能力。同时，由于高压挤入的支撑剂改变了地层砂的受力状况，使地层砂不易向井筒运移。另外，高压人工井壁能有效弥补地层亏空，在井筒一定范围内形成密实的高渗透带，可降低生产压差，减小井筒周围流体流速，缓解地层出砂。由于压裂防砂施工时携砂液排量高，流速大，还可解除近井地带堵塞，具有良好的解堵增产效果。

一、端部脱砂压裂防砂原理

1. 压后地层流体的双线性流动模式

地层流体是沿着阻力最小的通道向井底流动的。未压裂地层流体流入井底的模式为标准径向流,如图 5-7 所示。压裂后流体的流动模式为典型的双线性流,如图 5-8 所示。

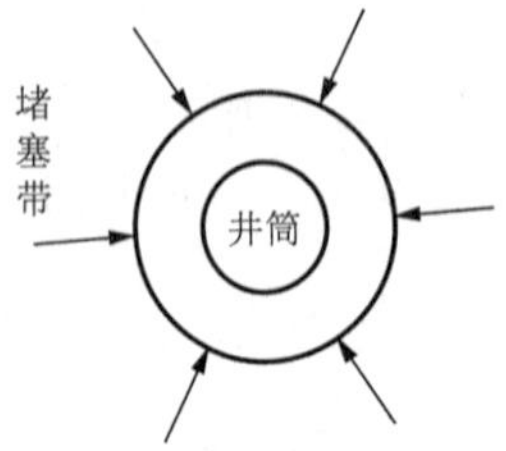

图 5-7 压裂前标准径向流模式

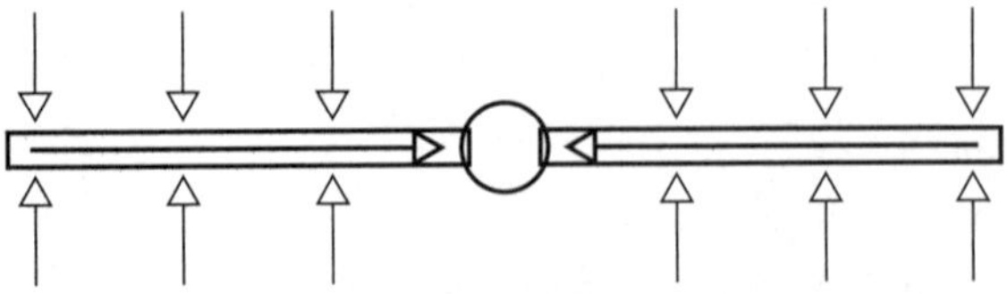

图 5-8 压裂后典型双线性模式

2. 缓解或避免岩石破坏

岩石的破坏机理有四种:拉伸破坏、剪切破坏、黏结破坏和孔隙坍塌。这四种破坏均与生产压差或流动压力梯度有密切关系。具有高导流能力的压裂裂缝在穿透近井伤害带的同时将地层流体原来的径向流转变为双线性流,从而达到增产目的,同时也可以降低生产压差,使压力梯度大幅度下降,从而缓解或避免了岩石骨架的破坏,降低了出砂趋势和出砂程度。

3. 降低流体携带微粒的能力

基于双线性流机理,在流体黏度不变的情况下,流体对地层微粒的冲刷携带作用主要取决于流动速度的大小。对于压裂前的径向流动,随着流体向井底的积聚,流动速度越来越大。压裂后双线性流动形式具有较大面积的裂缝面,对流体起到很好的分流作用,降低了流速,从而大大降低了流体对地层微粒的冲刷携带作用。

4. 裂缝封口

地层压裂后近井地带由径向流变为双线性流,大大降低了生产压差,缓解了地层的出砂状况,但是并不意味地层就不出砂。少量的地层砂及压裂充填入裂缝的支撑剂会随着地层流体一并进入井筒,因而必须对压裂充填层进行封口,根据地层砂粒径分布选择合适的树脂涂覆砂代替支撑剂(石英砂或陶粒)进行封口或采用管内砾石充填形成二次挡砂屏障封口。

二、端部脱砂压裂防砂设计要求

为确保疏松砂岩油气藏压裂防砂工艺的实施与效果,除了传统低渗透油藏压裂工艺的一般要求外,端部脱砂压裂防砂的设计与施工还必须做到以下两个方面:一是形成短宽缝,二是实现端部脱砂。

1. 形成短宽缝

评价压裂效果好坏的主要技术指标是压后裂缝导流能力的大小。裂缝导流能力可用式(5-83)表示:

$$F_{CD}=\frac{K_f W_f}{K L_f} \tag{5-83}$$

式中 F_{CD}——无因次导流能力；

K_f——填砂裂缝渗透率，μm^2；

W_f——裂缝宽度，m；

K——储层有效渗透率，μm^2；

L_f——裂缝半长，m。

F_{CD}的大小基本反映了裂缝实际导流能力与地层渗透能力的差别，只有当 F_{CD}较大时，裂缝对地层才能有明显的优势，即流动阻力大大下降，流动模式才能真正实现向双线性流的转变。由物理模拟实验及数值模拟计算发现，当 $F_{CD}=1.0$ 时，裂缝开始具有一定的导流能力，但不明显；当 $F_{CD}\geqslant 10$ 时，双线性流动明显形成。胶结疏松的储层渗透值很大（几百到几千毫达西），只有获得较高的导流能力才能获得较高的 F_{CD}值，于是中高渗透疏松砂岩地层的压裂要求限制缝长，同时提高缝宽，即实现"短宽裂缝"才能达到既增产又防砂的双重效果。

2. 实现端部脱砂

中高渗透储层压裂能否形成具有高导流能力的"短宽裂缝"取决于端部脱砂压裂技术的实现。该技术与常规压裂明显的区别是常规压裂要求泵注足够的前置液充分造缝，当施工结束时，缝内砂浆前缘接近或恰好到达裂缝前缘；而端部脱砂压裂在泵注砂浆液过程中，缝内砂浆前缘提前到达裂缝周边，从而在周边（前端、上部及下部）完全脱砂，限制缝高和缝长进一步延伸，同时让缝扩张（增加缝宽）并被充填，大量支撑剂在缝前缘沉积，阻止了裂缝的进一步延伸，从而产生端部脱砂，一旦裂缝延伸受限，持续泵入的流体会使裂缝宽度扩张，端部脱砂与缝的扩张伴随着缝内压力的增加。因此，端部脱砂技术处理方法可明显划分为两个阶段：第一阶段和常规压裂相同，即泵入前置液造缝，然后按不同的砂比加入支撑剂，直到出现端部脱砂，裂缝停止延伸；第二阶段是继续泵入高砂比的混砂液，使裂缝膨胀，充填压实，地面泵压升高。

端部脱砂的实现与控制是压裂防砂的关键，主要通过以下程序进行：

(1) 压裂防砂的参数选择与模拟应结合端部脱砂的设计算法。

(2) 携砂液应满足既能悬砂又易脱砂的需要，甚至考虑用非交联体系。

(3) 前置液用量较少，以便砂浆前缘能在停泵前及时到达裂缝周边。低渗透储层压裂通常需要 50%的前置液，而端部脱砂处理方法的前置液一般只需 10%～15%，这是因为形成宽的裂缝需要更高砂比的混合砂浆来促使裂缝膨胀。

(4) 泵注排量一般低于常规压裂，主要目的是减缓裂缝延伸速度、控制缝高和便于脱砂。因此根据地层情况和模拟的结果，疏松砂岩油藏压裂防砂的施工排量一般在 2～4 m^3/min 之间。

(5) 砂比尽量高，以提高裂缝的支撑效率。多采用光油管施工，砂比可达到 120%，带工具施工砂比也可达到 90%以上。

(6) 施工过程中，首先根据设计的泵入程序使混合砂浆脱水，使支撑剂在裂缝端部出现脱砂，阻止裂缝继续延伸，且持续泵入高砂比的混合砂浆，使裂缝不断膨胀，实现理想的缝宽。当压力持续上升而无法继续提高砂比时，降低排量以抵消滤失速率的减小，保持施工压力恒定，即保证缝宽不变，使压裂液持续脱砂，从而使支撑剂充填整个裂缝，而不仅仅是裂缝端部和四周。

三、端部脱砂压裂防砂工艺设计

1. 裂缝宽度计算

PKN 模型是目前应用较多的端部脱砂设计模型。

缝口宽度为：

$$W_f(0,t)=4\left[\frac{2(1-\nu)\mu Q^2}{\pi^3 GCH_f}\right]^{\frac{1}{4}}t^{\frac{1}{8}} \tag{5-84}$$

平均缝宽为：

$$W_{fav}=\frac{\pi}{4}W_f(0,t)=\pi\left[\frac{2(1-\nu)\mu Q^2}{\pi^3 GCH_f}\right]^{\frac{1}{4}}t^{\frac{1}{8}} \tag{5-85}$$

式中 W_f——缝宽，m；

W_{fav}——平均缝宽，m；

ν——岩石泊松比；

Q——压裂液排量，m^3/min；

μ——压裂液黏度，mPa·s；

C——综合滤失系数，$m/min^{0.5}$；

H_f——裂缝高度，m；

t——时间，min；

G——岩石的剪切模量，Pa。

2. 压裂液滤失计算

受压裂液黏度、储层岩石和流体压缩性以及压裂液造壁性控制的滤失系数 $C_Ⅰ$，$C_Ⅱ$，$C_Ⅲ$ 分别为：

$$C_{Ⅰ}=5.4\times10^{-3}\left(\frac{K\Delta p\phi}{\mu_f}\right)^{1/2} \tag{5-86}$$

$$C_{Ⅱ}=4.3\times10^{-3}\Delta p\left(\frac{KC_f\phi}{\mu_f}\right) \tag{5-87}$$

$$C_{Ⅲ}=\frac{0.005m}{A} \tag{5-88}$$

式中 $C_Ⅰ$——受压裂液黏度控制的滤失系数，$m/min^{0.5}$；

$C_Ⅱ$——受储层岩石和流体压缩性控制的滤失系数，$m/min^{0.5}$；

$C_Ⅲ$——受压裂液造壁性控制的滤失系数，$m/min^{0.5}$；

K——垂直于裂缝壁面的渗透率，μm^2；

Δp——裂缝内外压力差，kPa；

μ_f——裂缝内压裂液黏度，mPa·s；

ϕ——地层孔隙度，小数；

C_f——油气藏综合压缩系数，kPa^{-1}；

m——滤失实验中得到的直线斜率；

A——实验中的岩芯断面面积，m^2。

总滤失系数为：

$$C=\frac{C_{\mathrm{I}}C_{\mathrm{II}}C_{\mathrm{III}}}{C_{\mathrm{I}}C_{\mathrm{II}}+C_{\mathrm{I}}C_{\mathrm{III}}+C_{\mathrm{II}}C_{\mathrm{III}}} \tag{5-89}$$

滤失速度为：

$$v=\frac{C}{\sqrt{t}} \tag{5-90}$$

式中　v——滤失速度，m/min；

t——滤失时间，min。

3. 脱砂时间(达到要求的裂缝长度所需的时间)T_{so}

计算缝长与时间关系的吉尔兹玛方程为：

$$L_f=\frac{1}{2\pi}\frac{Q\sqrt{t}}{H_fC} \tag{5-91}$$

$$W_f=0.135\left(\frac{\mu_f QL_f^2}{GH_f}\right)^{0.25} \tag{5-92}$$

$$G=\frac{E}{2(1+\nu)}$$

根据上式，达到缝长 L_f所需的时间即为脱砂时间 T_{so}。

$$T_{so}=\left(\frac{2\pi H_fL_fC}{Q}\right)^2 \tag{5-93}$$

式中　t——时间，min；

L_f——裂缝半长，m；

H_f——裂缝高度，m；

W_f——裂缝宽度，m；

Q——压裂液排量，m^3/min；

μ_f——压裂液黏度，mPa·s；

G——岩石的剪切模量，Pa；

E——岩石的弹性模量，Pa；

ν——岩石的泊松比；

C——综合滤失系数，$m/min^{0.5}$。

根据 PKN 模型计算此时裂缝中的压力分布：

$$p_f(x)=p_c+a\left[\left(\frac{1}{60}\right)\frac{\mu_f QL_fE^3}{H_f^4(1-\nu^2)^3}\right]^{1/4} \tag{5-94}$$

式中　p_c——裂缝闭合压力，Pa；

μ_f——压裂液黏度，mPa·s；

E——岩石的弹性模量，Pa；

Q——排量，m^3/min；

a——常数，Q 取地面总排量时，$a=1.26$，Q 取地面总排量一半时，$a=1.5$。

脱砂时刻 T_{so}的压裂液效率 E_{so}为：

$$E_{so}=\frac{0.01W_f}{0.01W_f+2V_{sp}+\sqrt{8T_{so}}C} \tag{5-95}$$

式中　W_f——脱砂时刻 T_{so} 的缝宽，m；

V_{sp}——压裂液的初滤失量，m^3/m^2。

4. 脱砂时刻 T_{so} 前的携砂液量和前置液量

从开始泵注到达到要求的缝长 L_f 所需要的总液量为：

$$V_{so}=QT_{so}$$

前置液体积比定义为前置液量与 T_{so} 时刻泵入的总液量的比值：

$$PF=(1-E_{so})^2+SF \tag{5-96}$$

前置液量：

$$V_{pad}=V_{so}PF \tag{5-97}$$

式中　V_{so}——从开始泵注至达到要求的缝长 L_f 所需要的总液量，m^3；

SF——安全因子，对于高效率压裂液，SF 约取 0.05，对于低效率压裂液，SF 取值更小；

V_{pad}——脱砂时刻总液量中的前置液量，m^3；

PF——前置液体积比。

5. 低含砂质量浓度砂浆注入的开始时间 T_{ts} 和脱砂终止时间 T_{tso}

对于恒定的泵注排量，开始泵注低含砂质量浓度砂浆的开始时间 T_{ts} 为：

$$T_{ts}=T_{so}PF=T_{so}[(1-E_{so})^2+SF] \tag{5-98}$$

一般脱砂时间在 10 min 左右，则脱砂终止时间 T_{tso} 为：

$$T_{tso}=T_{so}+10 \tag{5-99}$$

6. 脱砂终止时间 T_{tso} 的压裂液效率

脱砂终止时的裂缝体积为：

$$V_f=2W_fH_fL_f \tag{5-100}$$

脱砂开始时刻 T_{ts} 到脱砂终止时刻 T_{tso} 之间压裂液的滤失量为：

$$\Delta V_1=\int_{T_{ts}}^{T_{tso}}\frac{C}{\sqrt{t}}2W_fL_fd_t=2W_fL_fC(\sqrt{T_{tso}}-\sqrt{T_{ts}}) \tag{5-101}$$

此期间裂缝体积的变化为：

$$\Delta V_f=Q(T_{tso}-T_{so})-\Delta V_1 \tag{5-102}$$

T_{tso} 对应的压裂液效率为：

$$E_{tso}=\frac{QT_{so}E_{so}+\Delta V_f}{QT_{tso}} \tag{5-103}$$

式中　V_f——脱砂终止时的裂缝体积，m^3；

ΔV_1——脱砂开始时刻 T_{ts} 到脱砂终止时刻 T_{tso} 之间压裂液的滤失量，m^3；

ΔV_f——脱砂开始时刻 T_{ts} 到脱砂终止时刻 T_{tso} 之间裂缝体积变化，m^3；

E_{tso}——T_{tso} 对应的压裂液效率。

7. 脱砂期间的压力升高值

断裂韧性 S 定义为当裂缝面积 A_f 恒定时，随着裂缝体积 V_f 的增加，缝内压力 p_e 升高的变化率，即

$$S=\left(\frac{\partial p_e}{\partial V_f}\right)_{A_f} \tag{5-104}$$

对于 PKN 模型：

$$S=\frac{G}{\pi H_f^2 L_f} \tag{5-105}$$

式中 S——断裂韧性，Pa/m^3；

G——岩石的剪切模量，Pa；

8. 泵注主力携砂液的开始泵注时间 T_{ms} 及加砂质量浓度变化

主力携砂液的开始泵注时间为：

$$T_{ms}=T_{tso}[(1-E_{tso})^2+SF] \tag{5-106}$$

主力携砂液加砂质量浓度变化为：

$$C_s(\bar{t})=C_{smax}(\bar{t})^2 \tag{5-107}$$

其中：

$$\bar{t}=\frac{T-T_{ms}}{T_{tso}-T_{ms}}$$

式中 T_{ms}——主力携砂液的开始泵注时间，min；

C_s——T 时刻的含砂质量浓度，kg/m^3；

C_{smax}——能泵入的最高含砂质量浓度，kg/m^3。

9. 加砂总量与铺砂质量浓度

低含砂质量浓度时的加砂量为：

$$m_1=119.83(T_{ms}-T_{ts})Q \tag{5-108}$$

逐步提高含砂质量浓度时的加砂量为：

$$m_2=\frac{Q(T_{tso}-T_{ts})C_{smax}}{1-\alpha} \tag{5-109}$$

其中：

$$\alpha=1-E_{tso}-\frac{F_D}{E_{tso}}$$

总加砂量为：

$$m_{sand}=m_1+m_2 \tag{5-110}$$

裂缝壁面上的平均铺砂质量浓度为：

$$C_p=\frac{m_{sand}}{2H_f L_f} \tag{5-111}$$

最终支撑缝宽为： (5-112)

$$W_{fo}=\frac{C_p}{(1-\phi_p)\rho_p} \tag{5-113}$$

式中 m_1——低含砂质量浓度时的加砂量，kg；

m_2——逐步提高含砂质量浓度时的加砂量，kg；

m_{sand}——总加砂量，kg；

F_D——压裂液的状态因数，通常取 $F_D \leqslant SF$；

C_p——裂缝壁面上的平均铺砂质量浓度，kg/m^2；

ρ_p——支撑剂颗粒密度，kg/m^3；

ϕ_p——支撑剂充填层孔隙度，小数；

W_{fo}——最终支撑缝宽，m。

10. 缝宽和缝内压差的关系

缝宽主要受岩石性质、缝高及缝内压差的影响，而压差和缝长、排量及液体性质等因素有关。

$$W_f = \frac{2(1-\nu^2)}{E} H_f \Delta p \tag{5-114}$$

式中 W_f——缝宽，m；

H_f——缝高，m；

E——岩石的弹性模量，Pa；

ν——泊松比；

Δp——缝内压差，MPa；

对于给定油气藏，泊松比 ν 和弹性模量 E 一定；当出现端部脱砂后，H_f不再变化。因此脱砂之后，缝宽和压差的增长呈线性关系。

11. 计算裂缝导流能力

实验分析表明，裂缝导流能力与裂缝单位面积上砂浓度之间有如下经验公式：

$$FRCD = 6.246 G_k K \left(\frac{17\ 500}{145 p_c + \alpha}\right) \left[1 + \frac{\beta}{e^{K-1}} - \ln(BHW \times 10^{-7})\right] \tag{5-115}$$

式中 $FRCD$——裂缝导流能力，$\mu m^2 \cdot cm$；

G_k——裂缝单位面积上的单层砂重，kg/m^2；

K——铺砂浓度，kg/m^2；

p_c——裂缝闭合压力，MPa；

BHW——岩石布氏硬度，Pa；

α，β——与粒径有关的常数，其取值列于表 5-2。

表 5-2 不同粒径砂的常数表

粒径/mm	α	β
1.68～2.32	11 700	0.6
0.84～1.68	12 700	0.7
0.42～0.84	14 600	1.1

参考文献

[1] 何生厚，张琪. 油气井防砂理论及其应用. 北京：中国石化出版社，2003.

[2] 董长银. 油气井防砂技术. 北京：中国石化出版社，2009.

下　篇

第六章

纤维复合防砂技术

纤维复合防砂技术是依靠“硬纤维”与“软纤维”的双重作用来达到防砂目的的。当地层流体携带细粉砂流入井筒时，细粉砂被带正电支链的“软纤维”吸附，形成细粉砂结合体。这种细粉砂结合体与中粗粒径砂粒随后被卷曲和螺旋交叉而相互缠绕的“硬纤维”三维网状结构束缚，从而阻止其流入井筒，达到“稳砂”和“挡砂”双重效果，较好地解决了防细粉砂的难题。

近年来我国经济高速发展，能源的供求矛盾日益突出，为了满足经济发展的需求，各大油气田加大了开发力度。采取大排量强提液措施后近井地带压降增大，导致油气井暴性水淹，尤其是在泥质含量较高的疏松粉细砂岩油气藏，油气井含水上升后，储层颗粒间原始毛细管力下降，地层强度降低，细粉砂大量产出；另外，含水上升导致胶结物被水溶解，特别是黏土矿物，如蒙脱石等遇水后膨胀、分散，大大降低了地层骨架强度和地层渗透率，使油气井产能受到极大伤害。

在加大常规油气藏开采力度的同时，也在加大那些出砂严重、防砂难度大、过去难以正常开采的稠油和超稠油油藏的开采力度。这些油藏通常采用注蒸汽（蒸汽吞吐、蒸汽驱）开采，与常规油藏开发相比，稠油的高黏度本身就加重出砂；蒸汽对岩石颗粒的胶结物产生的溶蚀作用会降低岩石的胶结强度，同时蒸汽中的气体有着高的线流速度，对岩石颗粒的拉伸破坏作用要高于液体，蒸汽的冲刷作用对岩石产生了巨大、持续的拉伸破坏；另外，注蒸汽时的高压差会对岩石造成剪切破坏，使近井地带的岩石发生形变。上述种种影响都会加重出砂。

对于低温粉细砂岩油气藏的开发，由于化学防砂技术对温度敏感，低温下胶结强度极低，不能形成有效的挡砂屏障，防砂效果极差。因此，常下入机械管具或采用筛管加砾石充填等技术进行防砂，但防细粉砂效果并不理想。

上述苛刻井下条件的防砂问题要求纤维复合体具有更优的强度和耐温等性能。正是基于此，本书提出了用纳米材料改善纤维复合防砂体强度的技术，以解决大排量强提液的防砂难题；为解决稠油热采井的防砂问题，从改善纤维复合防砂体耐温性能入手，研究了稠油热采井纤维防砂技术；为解决低温油气井防细粉砂难的问题，研究了低温固砂剂纤维复合防砂技术。上述研究完善了纤维复合防砂技术，为纤维复合防砂技术应用于更多复杂条件下的疏松砂岩油气藏提供了理论与技术支持。

第一节 纤维复合体

纤维复合防砂体系的核心技术是纤维复合体。根据纤维复合防砂的要求，结合疏松砂岩油气藏的储层特点，选择防砂用的特质纤维，进而形成具有防砂功能的纤维复合体，并结合纤维防砂理论和实验研究结果，确定纤维复合体中纤维的长度、直径、浓度以及支撑剂的相关参数。

一、防砂特质纤维的选择

防砂特质纤维的选择是纤维复合防砂技术体系的关键之一。根据纤维复合防砂的技术要求，结合疏松砂岩油气藏的储层特点，设计防砂用特质纤维的材质、密度、形状、尺寸以及纤维表面性质(与支撑剂的亲合能力)，选择能够满足防砂需要的特质纤维，使特质纤维与储层配伍性好，在各种作业入井流体中具有良好的稳定性，与支撑剂能够均匀混合。

根据纤维复合防砂原理，利用特质纤维的互相勾结形成稳定的三维网状结构，将砂粒(或支撑剂)束缚于其中，形成较为牢固的过滤体，并具有一定的渗透性，起到类似充填筛管的功效，从而达到防砂的目的。在进行纤维材质选择时需考虑其在储层条件下的稳定性和力学性能。目前纤维主要有两大类：无机纤维和有机纤维。无机纤维有陶瓷纤维、金属纤维、玻璃纤维等；有机纤维有碳纤维、尼龙纤维、凯夫拉纤维、醋酸纤维等。由于各种纤维的材质不同，其稳定性和强度也各不相同，作为防砂用的纤维，要求它在储层条件下稳定，需具有良好的抗温性能、抗地层水的侵蚀性能。

就纤维的强度而言，无机纤维的强度一般较有机纤维的大，而且稳定性也比有机纤维的好。另外在材质选取时还要考虑成本，比如陶瓷纤维的温度稳定性及其化学稳定性都很好，但考虑到其成本，不一定选用它。

防砂用纤维选择时还要考虑纤维的密度，因为密度影响纤维与支撑剂的混合程度。根据密度相近易混合的原理，不同材质的物质相混合时，密度相近的容易混合均匀。对9种纤维(尼龙纤维、碳纤维、凯夫拉纤维、醋酸纤维、铝丝纤维、不锈钢纤维、钛纤维、陶瓷纤维、SYS纤维)的密度进行实验测定，结果见表6-1。

由表6-1可以看出，SYS纤维的密度比有机纤维高，但比金属纤维低，大致与铝丝纤维和陶瓷纤维相近。

表6-1 各种纤维的密度

序 号	纤维名称	密度/($g \cdot cm^{-3}$)
1	尼龙纤维	1.14
2	碳纤维	1.40～1.90
3	凯夫拉纤维	1.50～1.60
4	醋酸纤维	1.12
5	铝丝纤维	2.70

续表

序　号	纤维名称	密度/(g·cm^{-3})
6	不锈钢纤维	7.40
7	钛纤维	4.43
8	陶瓷纤维	2.60
9	SYS 纤维	2.57

纤维的密度应与充填支撑剂的密度相近，这样才有利于均匀混合。常规支撑剂的密度多在 2.50～2.65 g/cm^3 范围内，因此从密度因素来考虑纤维的材质，可以选用陶瓷纤维和 SYS 纤维。由于 SYS 纤维的价格较陶瓷纤维低很多，因此从成本方面考虑，决定选用 SYS 纤维。

SYS 纤维的外表呈光滑的圆柱状，其截面呈完整的圆形。SYS 纤维光滑的外表影响了其与黏接剂的复合效果，因此必须对纤维的表面进行处理，增加其与树脂的亲合能力，保证纤维复合体的强度。

选取三个批次防砂 SYS 纤维（分别为 SYS-10，SYS-20，SYS-30）小样进行性能评价，如图 6-1 和图 6-2 所示。图 6-1 为 SYS 纤维的宏观照片，图 6-2 为 SYS 纤维的微观照片。

图 6-1　SYS 纤维宏观照片

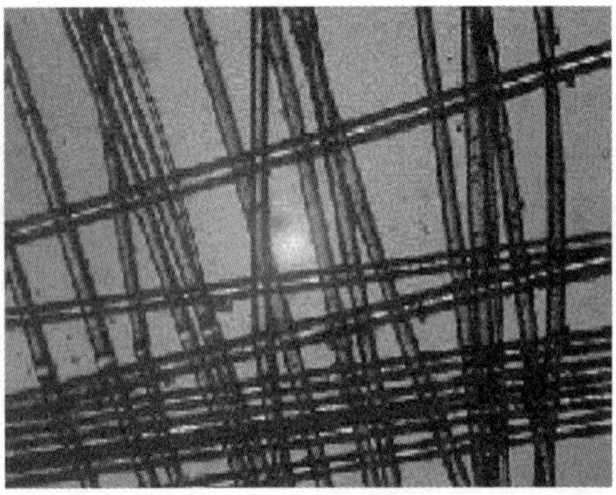

图 6-2　SYS 纤维微观照片

二、防砂纤维的表面处理

根据纤维复合防砂的原理，将防砂用特质纤维与树脂涂覆砂混合使用，要求防砂纤维能与树脂涂覆砂形成稳定牢固的有机三维网络复合体。为了提高复合体的强度，必须对纤维的表面进行处理，目的是在纤维表面形成一层膜，要求纤维表面处理剂能够在纤维与树脂之间形成架桥结构，即表面处理剂分子的有机官能团在与树脂的有机基质进行化学键合的同时，其部分基团也能与纤维表面反应形成化学键结合，从而增强纤维与树脂涂覆砂间的结合强度。

选择 GR-100 作为 SYS 纤维表面处理剂。由于它可分别与纤维表面和树脂形成化学键桥接，从而有效改善了纤维与树脂之间的黏结，其桥接机理如图 6-3 所示。

纤维表面处理剂对纤维处理所起的作用主要有以下几个方面：

(1) 在纤维周围形成桥接结构的包覆物。

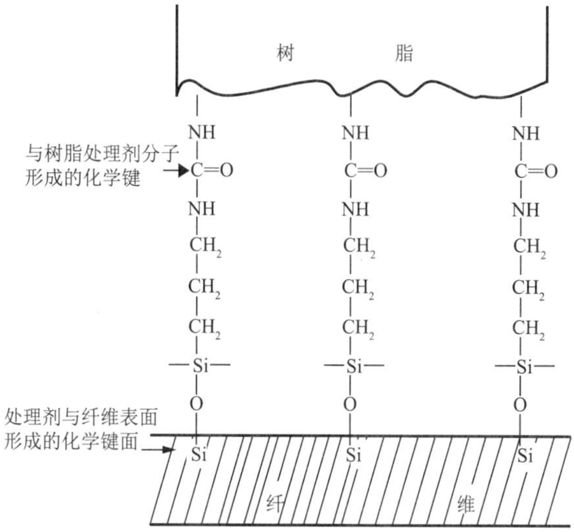

图 6-3 纤维表面处理剂的桥接机理

（2）排除纤维表面的水分。

（3）对纤维表面进行物理吸附。

（4）对纤维表面形成氢键连接。

（5）对纤维形成共价键连接。

（6）保护纤维表层，修复纤维表面的细微裂纹，防止地层流体对纤维的腐蚀。

纤维表面处理剂与树脂之间形成界面桥接，改善了树脂基质向纤维的应力传递。纤维表面处理剂与树脂的作用主要有以下几方面：

（1）改善树脂的润湿性。

（2）提高纤维表面的粗糙度。

（3）形成传递应力的界面层。

（4）形成防水层。

（5）与树脂之间形成共价键。

为提高 SYS-10 纤维表面处理效果，需要评价 GR-100 纤维处理剂的用量对 SYS-10 纤维-树脂复合材料性能的影响，以及 GR-100 的附着量与 SYS-10 纤维-树脂复合物的湿态弯曲强度的关系，其实验结果如图 6-4 所示。

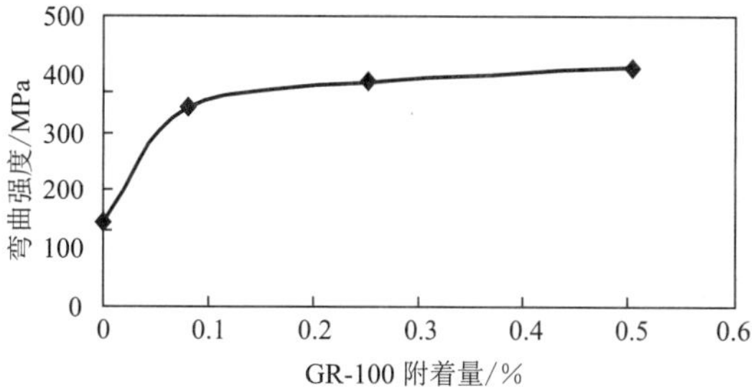

图 6-4 纤维表面处理剂的附着量与湿态弯曲强度关系

由图 6-4 所示实验结果可以看出，当 GR-100 纤维表面处理剂在纤维表面附着量较少时，GR-100 附着量的增加可明显提高 SYS 纤维湿态弯曲强度，但当超过一定量后，附着量的增加对提高 SYS 纤维湿态弯曲强度的效果并不明显，因此确定 SYS 纤维的 GR-100 纤维表面处理剂的附着量为 0.15％。

三、纤维的化学稳定性

防砂用特质纤维由于其特殊的用途，要求其在储层条件下具有良好的化学稳定性。SYS 纤维的化学稳定性是指纤维抵抗酸、碱、地层水等介质的侵蚀能力，室内实验研究方法是以纤维在受介质侵蚀前后的质量损失来评价其化学稳定性的。防砂纤维的抗温性能是以研究纤维加热时断裂强力的变化来衡量的。

1. 纤维在酸中的稳定性

纤维受酸的侵蚀，纤维中的 Na^+ 与侵蚀介质酸中 H^+ 进行离子交换，侵蚀的速度由介质中的 H^+ 决定。在侵蚀过程中，生成$\equiv$Si—OH 保护膜，阻止了酸对纤维的侵蚀。其反应机理如下式：

$$\equiv Si—O—Na + H^+ \longrightarrow \equiv Si—OH + Na^+$$

SYS 纤维耐酸侵蚀性能优良，原因是它不含可作离子交换的阳离子。SYS 纤维在酸液中的侵蚀研究方法如下：

(1) 配制 5％的盐酸溶液。

(2) 取一定量(10 g)研制好的 SYS 纤维样品，加到 200 mL 配制好的盐酸溶液中。

(3) 在 90 ℃加热 2 h。

(4) 取出洗涤，干燥称重，计算其失重，以百分数计。

对防砂纤维 SYS-10，SYS-20 和 SYS-30 进行酸液腐蚀实验研究，其结果见表 6-2。

由表 6-2 中的实验数据可以看出，SYS 纤维的抗酸腐蚀能力强，其中 SYS-20 的抗酸液腐蚀能力最好，抗酸液腐蚀能力的顺序依次为 SYS-20＞SYS-10＞SYS-30，三个纤维样品均能够满足防砂用纤维的要求。

表 6-2　SYS 纤维抗酸、碱及地层水溶蚀能力实验结果

液体 \ 纤维样品		SYS-10 溶蚀保有率/％		SYS-20 溶蚀保有率/％		SYS-30 溶蚀保有率/％	
酸液	1	97.2	96.4	98.1	98.3	93.0	93.1
	2	96.2		98.5		93.4	
	3	95.4		98.3		92.9	
碱液	4	98.8	91.8	94.8	95.1	94.1	94.3
	5	92.4		95.3		94.0	
	6	92.2		95.2		94.8	
模拟地层水	7	97.9	98.5	97.3	97.6	98.0	98.2
	8	98.7		97.6		98.1	
	9	99.3		97.9		98.3	

2. 纤维在碱中的稳定性

SYS 纤维受碱的侵蚀,其中的硅氧骨架破坏,其反应机理如下式:

$$\equiv Si-O-Si + OH^- \longrightarrow \equiv SiOH + HOSi\equiv$$

向 SYS 纤维中加入 ZrO_2,可以提高其抗碱侵蚀性能,在碱侵蚀过程中形成一层富锆的保护膜,减缓腐蚀速度。

SYS 纤维在碱液中的侵蚀研究方法与酸液中的基本相似,具体如下:

(1) 配制 pH 值为 9 的碱性溶液。

(2) 取一定量(10 g)研制好的 SYS 纤维样品, 加到 200 mL 配制好的碱液中。

(3) 在 90 ℃加热 2 h。

(4) 取出洗涤,干燥称重,计算其失重,以百分数计。

对防砂纤维 SYS-10,SYS-20 和 SYS-30 进行碱液腐蚀实验研究,其结果见表 6-2。

由表 6-2 中的实验数据可以看出,SYS 纤维抗碱液腐蚀能力强,其中 SYS-20 的抗碱液腐蚀能力最好,抗碱液腐蚀能力的顺序依次为 SYS-20>SYS-30>SYS-10,三个纤维样品均能够满足防砂用纤维的要求。

3. 纤维在高矿化度水中的稳定性

防砂 SYS 纤维在地层水中必须具有良好的耐盐性,为此必须研究 SYS 纤维抗高矿化度水的侵蚀性能,其研究方法与前面研究纤维在酸液、碱液中的方法相似,具体如下:

(1) 根据青海涩北气田储层的地层水资料,配制矿化度为 20×10^4 mg/L 的模拟地层水。

(2) 取一定量(10 g)研制好的纤维样品,加到 200 mL 配制好的模拟地层水中。

(3) 在 90 ℃加热 2 h。

(4) 取出洗涤,干燥称重,计算其失重,以百分数计。

对防砂纤维 SYS-10,SYS-20 和 SYS-30 进行地层水腐蚀实验研究,其结果见表 6-2。

由表 6-2 中的实验数据可以看出,SYS 纤维抗地层水腐蚀能力强,其中 SYS-10 的抗地层水腐蚀能力最好,抗地层水腐蚀能力的顺序依次为 SYS-10>SYS-30>SYS-20,三个纤维样品均能够满足防砂用纤维的要求。

4. 纤维的抗温性

通过对 SYS 纤维加热考察其强度变化的方法来研究 SYS 纤维的抗温性能,具体如下:

(1) 将所要研究的纤维加热到实验温度。

(2) 在实验温度下保持 5 min。

(3) 实时测定纤维的断裂强力。

对防砂纤维 SYS-10,SYS-20 和 SYS-30 进行抗温性能评价实验,其结果见表 6-3。

由表 6-3 中的实验数据可以看出,SYS 纤维的断裂强力随温度升高(在小于 250 ℃的实验温度范围内)而增大,SYS-10,SYS-20 和 SYS-30 的抗温性能基本一致,相比较而言 SYS-20 较另外两个样品的抗温性要好一些。防砂用特质纤维的软化点为 550~750 ℃,具有优良的抗温性能,即使在注蒸汽热采井中所研制的防砂用特质纤维依然能够满足抗温要求。

表 6-3　纤维抗温实验结果(纤维直径为 15 μm)

纤维 温度/℃	SYS-10 断裂强力/g		SYS-20 断裂强力/g		SYS-30 断裂强力/g	
20	15.0	15.1	14.7	14.7	14.8	14.8
	15.1		14.8		14.8	
	15.2		14.7		14.9	
50	15.1	15.2	15.1	15.2	15.2	15.1
	15.2		15.2		15.1	
	15.2		15.2		15.1	
100	15.1	15.0	16.0	15.9	15.7	15.7
	15.0		15.8		15.7	
	15.0		15.9		15.6	
150	15.7	15.8	16.7	16.8	16.2	16.2
	15.8		16.8		16.3	
	15.8		16.8		16.1	
200	16.4	16.4	17.1	17.1	16.8	16.7
	16.4		17.1		16.7	
	16.3		17.0		16.7	
250	17.5	17.5	18.1	18.2	17.2	17.1
	17.6		18.2		17.1	
	17.4		18.2		17.1	

四、纤维复合体配方研制

纤维复合防砂技术的关键是纤维复合体的研制。本部分主要研究纤维复合体的配方，主要包括纤维(包括其长度、直径、浓度)和支撑剂(粒度、涂层树脂类型、固化剂选择等)的确定以及纤维复合体的性能评价。

1. 复合体中纤维的确定

复合体中纤维的长度、直径、浓度等参数是通过砂体的耐冲刷实验来确定的。实验主要是研究有无纤维条件下砂体的稳定性、纤维的长短、纤维的粗细、纤维浓度以及砂粒的颗粒大小对砂体稳定性的影响。

实验方法:4 根长 12.7 cm、内径 22 mm 的填砂管与管线连接，在出口配有筛网，用 0.5%的瓜胶液携带支撑剂和纤维流过筛网，留下 20/40 目的支撑剂和纤维，再用自来水冲洗 30 min。4 根填砂管是独立的，冲洗孔是直径 1.27 cm 固定在每个填砂管出口的法兰。水通过每个填砂管，且流量逐渐增大，直到充填砂体破坏，记录通过管柱的流量和压降，结果取 4 个填砂管的平均值。表 6-4 给出了纤维稳定砂体的实验条件。

表 6-4 纤维稳定砂体实验条件

实验号	砂粒目数	纤维		
		浓度/%	直径/μm	长度/mm
1	20/40	0	—	—
2	20/40	1.0	15	25
3	20/40	1.0	15	10
4	20/40	1.0	23	10
5	20/40	1.0	33	10
6	20/40	1.5	33	10

注:表中纤维浓度是指纤维质量占砂体体积的百分比。

实验结果表明,纤维可以使相同粒径的砂体稳定性增加几十倍,含纤维砂体的临界出砂流量是无纤维砂体的 15 倍,临界出砂压力是 60 倍(见图 6-5);纤维的浓度对砂体的稳定性影响较大,不论是临界出砂流量还是临界出砂压力,浓度为 1.5%的是 1%的 2 倍左右(见图 6-6)。由于纤维的浓度大于 2%时,纤维会出现较多的纠缠与抱团现象,使得纤维分散不均匀,而分散不均匀的纤维会使树脂涂覆砂的固结强度受到影响。此外,浓度过大将会影响泵注和复合体通过炮眼的能力。因此,应通过室内实验和现场经验综合确定纤维的合理使用浓度,通常推荐防砂用纤维的使用浓度为 1%~2%。

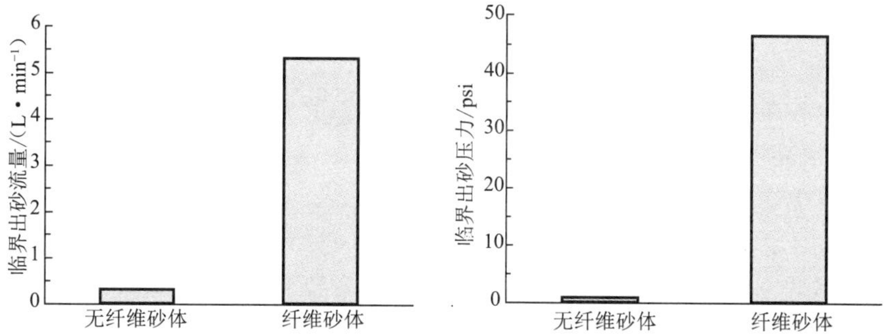

图 6-5 纤维对砂体的稳定性(1 psi=6.894 8×10³ Pa)

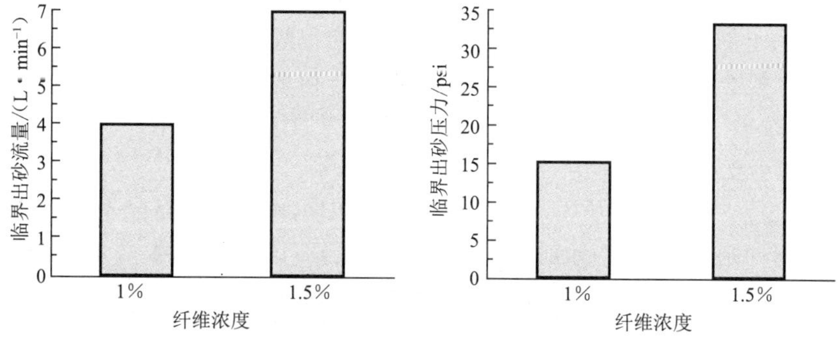

图 6-6 纤维浓度对砂体稳定性的影响

由实验结果得知，直径分别为 15 μm，23 μm 和 33 μm 的纤维对砂体的临界出砂流量影响不大，但对其临界出砂压力的影响较大，其中细纤维的临界出砂压力大，对砂体的稳定性较好。因此，推荐防砂用的纤维的直径为 13～15 μm（见图 6-7）。

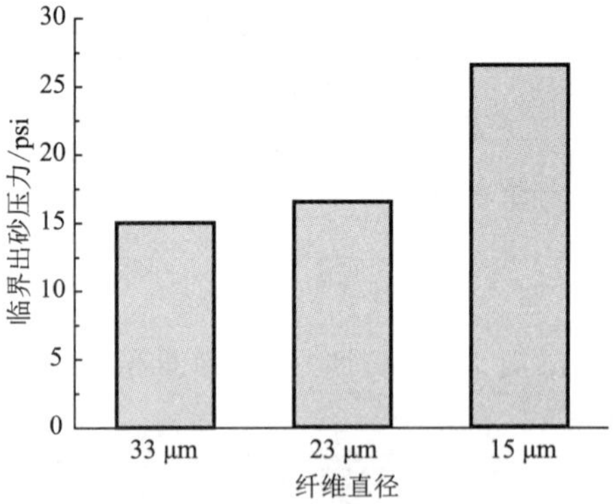

图 6-7　纤维粗细对砂体稳定性的研究

从实验结果看出，长纤维对砂体的稳定性优于短纤维，但考虑到纤维与支撑剂混合均匀的难易程度，纤维的长度也不宜太长，并且中心油田射孔孔径一般大于 10 mm，最大一般不超过 15 mm，当纤维长度超过 15 mm 时，不易泵入地层，因此通常防砂用的纤维长度为 7～10 mm（见图 6-8）。

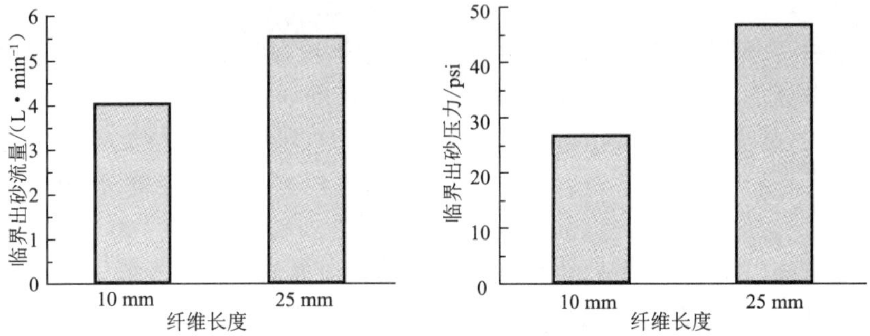

图 6-8　纤维长短对砂体稳定性的研究

2. 复合体中支撑剂的确定

纤维复合体中的另一重要组成就是支撑剂，以下主要是选择纤维复合体中的支撑剂的类型，通过实验确定支撑剂粒度大小。

（1）复合体中支撑剂类型的确定。

目前所用的支撑剂主要有两种，一种为陶粒，另一种为石英砂。陶粒支撑剂的分选性好、抗压性高、破碎率低、导流性能好，但价格高；石英砂支撑剂的分选、抗压、导流等性能都低于陶粒支撑剂，但其价格低。对于储层不深，即闭合压力较低的地层，石英砂能够满足要求。

我国疏松砂岩油气藏的出砂储层埋深一般较浅，以青海涩北气田为例，地层的闭合压力在 15 MPa 左右，在该闭合压力条件下石英砂的破碎率很低，完全可以满足储层需要，因此选用石英砂为纤维复合体中的支撑剂。考虑到纤维复合体的耐冲刷强度，选用树脂涂层的石英砂（即树脂涂覆砂），这样纤维和石英砂支撑剂就可以固结成复合体。

（2）复合体中支撑剂粒径的确定。

根据不同粒径支撑剂的纤维复合体稳定性实验结果，确定纤维复合体中支撑剂的粒径。

实验采用耐冲刷实验流程，分别研究有无纤维及 12/20 目、20/40 目和 40/60 目石英砂的稳砂性能，从而研究确定支撑剂的粒径。实验条件与实验结果见表 6-5。

表 6-5 支撑剂粒径确定实验条件及实验结果

序　号	砂砾大小	纤维浓度/%	纤维长度/直径	临界出砂流量/(L·min⁻¹)	临界出砂压力/kPa
1	12/20 目	0	—	0.70	1.38
2	20/40 目	0	—	0.35	5.17
3	40/60 目	0	—	0.28	6.28
4	12/20 目＋纤维	0.75	12 mm/15 μm	5.40	15.86
5	20/40 目＋纤维	0.75		4.05	103.45
6	40/60 目＋纤维	0.75		3.20	110.34

由图 6-9 可以看出，砂砾粒径由细到粗，临界出砂流量逐渐增大，40/60 目砂体的临界出砂流量低于 20/40 目砂体，20/40 目砂体的临界出砂流量低于 12/20 目砂体；但临界出砂压力正相反，40/60 目砂体的临界出砂压力高于 20/40 目砂体，20/40 目砂体的临界出砂压力高于 12/20 目砂体。砂砾粒径越细，其渗透性越差，20/40 目砂体的渗透率低于 12/20 目砂体，但从挡砂能力来考虑，40/60 目砂体和 20/40 目砂体的挡砂能力优于 12/20 目砂体。

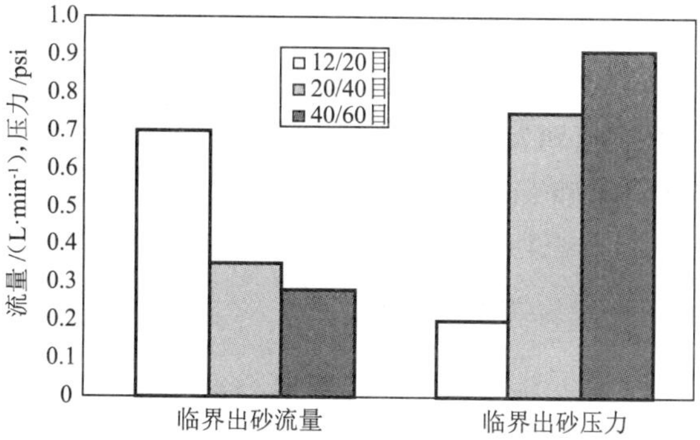

图 6-9 不同粒径的砂砾稳定性

由图 6-10 可以看出，纤维可以明显提高砂体的临界出砂流量和临界出砂压力，不同粒径的支撑剂对纤维复合体临界出砂流量影响不大，而对其临界出砂压力影响较大，20/40 目砂体＋纤维的临界出砂压力是 12/20 目砂体＋纤维的 6.5 倍。对实验结果进行综合分析研究，确定纤维复合体的支撑剂为 20/40 目砂体＋纤维的树脂涂覆砂。

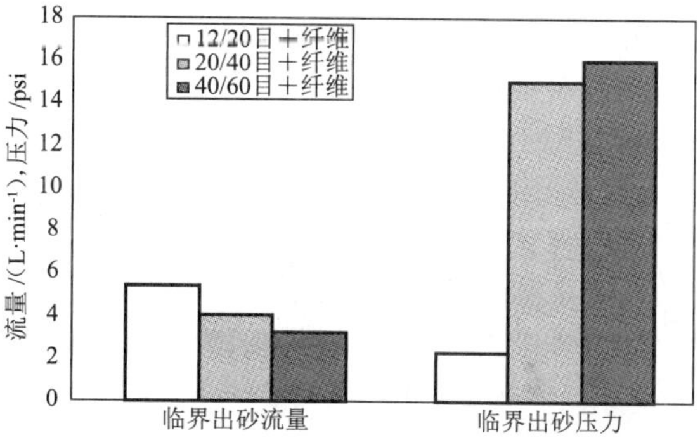

图 6-10 纤维对不同粒径砂砾砂体的稳定性

五、纤维复合体性能研究

纤维复合体性能评价主要是考察纤维复合体的渗透性和强度，这关系到纤维复合防砂后对油气井产能和防砂有效期的影响。

1. 纤维对渗透率的影响实验

实验主要考察支撑剂中添加纤维后对支撑剂导流能力(即渗透率)的影响，另外还考察不同闭合压力对其渗透率的影响。

(1) 实验材料。

① 砂砾:40/60 目石英砂。

② 纤维:直径 15 μm、长 12 mm 的纤维。

③ 携砂液配方:0.36%瓜胶+1.0%表面活性剂 +0.01%杀菌剂+0.01%消泡剂+2% PTA 黏土防膨剂。

④ 填砂管:25 mm 的胶皮管。

(2) 实验流程。

① 将纤维与砂砾在搅拌条件下加入携砂液中，使其均匀。

② 在填砂管的下端用 80 目筛网封好，下端插入真空瓶中，在抽真空条件下将携砂液倒入并填实。

③ 用清水多次清洗，将携砂液冲洗干净。

④ 在轴向加 3.5 MPa 压制岩芯，封岩芯，烘干。

⑤ 在不同围压条件下测量岩芯的渗透率。

(3) 实验结果。

实验结果如图 6-11 和表 6-6 所示。在闭合压力 7 MPa 条件下，纤维复合体渗透率高于石英砂 14.6%，表明在该闭合压力条件下，纤维的加入可以在较大程度上改善复合体的渗透性，可以使渗透率提高 15%左右。

在闭合压力 14 MPa 条件下，纤维复合体渗透率高于石英砂 3%，说明在该闭合压力条件下，纤维的加入可以在一定程度上改善复合体的渗透性，使渗透率提高 3%左右，同时也说明在该闭合压力条件下纤维复合体的渗透率不会受到影响。

在闭合压力 21 MPa 条件下，复合体渗透率低于石英砂 5%，说明在该闭合压力条件下，纤维的加入使支撑剂的渗透性稍微有所降低，渗透率降低 5%左右，也说明该闭合压力对纤维复合体的渗透率影响不大。

综上可知，在闭合压力小于 14 MPa 条件下复合体渗透率高于石英砂，闭合压力 21 MPa 下复合体的渗透率稍低于石英砂。青海涩北气田出砂储层的闭合压力在 15 MPa 左右，所以在青海涩北气田储层闭合压力下其对纤维复合体的渗透率影响不大，即纤维的加入不会导致支撑剂砂体的渗透率降低，影响其导流能力。

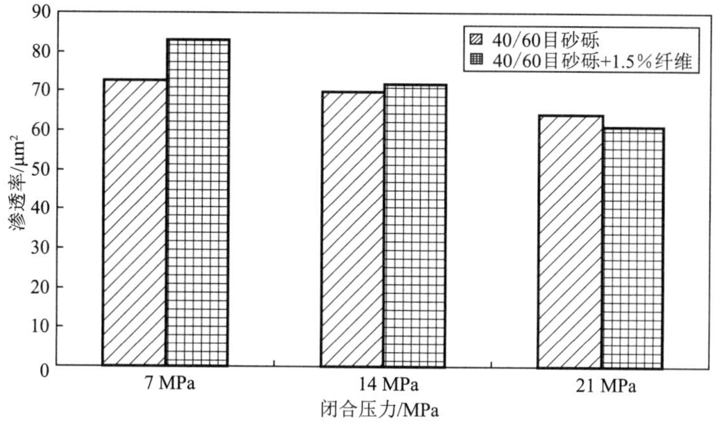

图 6-11 不同闭合压力对纤维复合体的渗透率的影响

表 6-6 纤维对支撑剂渗透率的影响

闭合压力/MPa	介 质	实验号	渗透率/μm²	平均渗透率/μm²	加纤维后渗透率变化率/%
7	40/60 目砂砾	1	71.1	72.5	14.6
		2	72.6		
		3	73.8		
	40/60 目砂砾+1.5%纤维	4	83.3	83.1	
		5	83.2		
		6	82.8		
14	40/60 目砂砾	7	69.6	69.8	3
		8	69.5		
		9	70.3		
	40/60 目砂砾+1.5%纤维	10	71.6	71.9	
		11	71.8		
		12	80.3		
21	40/60 目砂砾	13	64.4	64.3	−5
		14	64.5		
		15	64.0		
	40/60 目砂砾+1.5%纤维	16	61.0	61.1	
		17	61.3		
		18	61.0		

2. 纤维复合体抗压强度的测定

(1) 实验材料。

① 砂砾:40/60 目。

② 纤维:直径 15 μm、长 10 mm 的纤维。

③ 润湿液配方：2%KCl+0.5%清洁剂。

(2) 实验流程。

① 用润湿液将砂砾先润湿。

② 加1%纤维，搅拌使其分散均匀。

③ 做人造岩芯。

④ 在60 ℃条件下固化。

⑤ 测其抗压强度。

(3) 实验结果。

实验结果见表6-7。从实验结果可以看出，纤维可以使树脂涂覆砂的抗压强度提高50%左右。

表6-7　纤维对树脂涂覆砂的强度影响

介　质	实验号	抗压强度/MPa	抗压强度平均值/MPa	抗压强度提高率/%
40/60目砂砾	1	5.1	5.2	48.08
	2	5.3		
	3	5.2		
40/60目砂砾+1.0%纤维	4	7.6	7.7	
	5	7.7		
	6	7.7		

第二节　纤维复合防砂技术及其力学分析

纤维复合防砂技术是针对疏松砂岩油气藏防细粉砂而提出的一项新技术，是建立在"解、稳、固、防、增、保"新的防砂理论基础之上的，具有增产及防止地层出砂的双重效果。纤维复合防砂技术通过加入纤维，在砂体中形成乱向分布的三维网状结构，直径微米级的纤维贯穿于树脂砂体之间，承担了砂体的大部分应力，减小了树脂砂体的破坏概率。纤维砂体的强度直接决定着防砂效果及其有效期，因此纤维砂体的力学分析至关重要。纤维砂体的力学性能与砂体中纤维的含量、长径比、方位、纤维性能等因素密切相关。本节主要介绍纤维增强涂覆砂强度的机理，从单根纤维的受力分析入手，分析影响纤维复合体强度的因素及其影响规律，从而建立起纤维复合体的力学模型，以期为进行纤维复合防砂体的强度预测提供理论依据。

一、纤维复合防砂技术的防砂机理

纤维复合防砂技术是采用两种可分别起"稳砂"和"挡砂"作用的特种纤维：一种稳砂，将细粉砂聚集成较大的细粉砂结合体；一种挡砂，挡住细粉砂结合体进入井筒。

1. 纤维稳砂及挡砂作用

(1) “软纤维”的稳砂作用。

“软纤维”是一种带支链的长链阳离子聚合物，在水溶液中靠支链带有的阳离子基团的电性作用而展开。当进入储层后，因细粉砂表面带负电，这就使得“软纤维”的带正电支链可以吸附在细粉砂上(见图 3-1)，从而将分散的砂粒桥接起来，使之成为细粉砂结合体(类似于大颗粒)，从而增大了细粉砂的临界流速，起到一定的稳砂固砂作用，达到了防细粉砂的功效。

(2) “硬纤维”的挡砂作用。

起挡砂作用的是经过选择和特殊处理的特制无机“硬纤维”，利用它的弯曲、卷曲和螺旋交叉，相互勾结形成稳定的三维网状结构，可将砂粒束缚于其中，形成较为稳定的过滤体(见图 3-2)，同时具有相当的渗透率，从而达到防砂的目的。因其不用筛管，可起到与防砂筛管同样的防砂目的，故又称为无筛管防砂技术。

由图 6-12 和图 6-13 可以看出，当地层流体携带细粉砂流入井筒时，为带正电支链的“软纤维”所吸附，形成细粉砂结合体。这种细粉砂结合体与粒径大的砂粒随后为卷曲和螺旋交叉而相互勾结的“硬纤维”三维网状结构所束缚于其中，从而被阻挡流入井筒，起到了“稳砂”和“挡砂”的双重作用，解决了防细粉砂的难题。

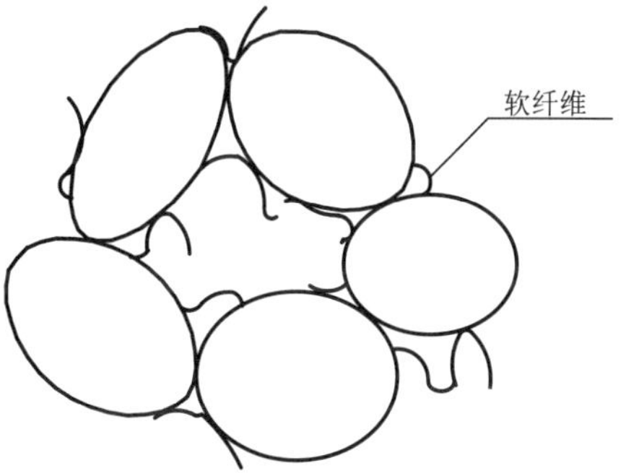

图 6-12 “软纤维”稳砂原理示意图

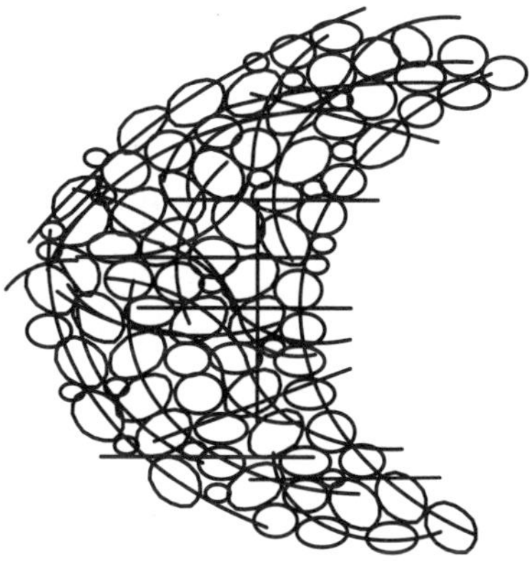

图 6-13 “硬纤维”挡砂原理示意图

2. 纤维复合增产机理

(1) 解除储层原有的损害。

纤维复合防砂工艺技术系统中使用端部脱砂压裂技术，将储层压开裂缝，用纤维和支撑剂混合物充填其中，并实现端部脱砂，形成短宽的高导流能力缝带。储层在钻井、完井、试气、修井等作业中所受到的污染损害都是在近井带，对于高渗透层而言，污染损害带在 2 m 以内，端部脱砂压开的短缝也远大于其污染损害半径，能够穿透其污染损害带，解除储层原有的损害，消除由于污染损害带来的近井地带污阻压降，改善其渗流条件(见图 6-14)。

(2) 改善原有渗流条件。

纤维复合防砂工艺技术系统中使用端部脱砂压裂技术，将储层压开裂缝，使原来的径向流改善为拟双线形流，减小近井压力梯度和解除近井地带污阻压降，大大降低油气流动速度，改善油气的流动条件，从而达到增产与防止地层出砂的双重目的。

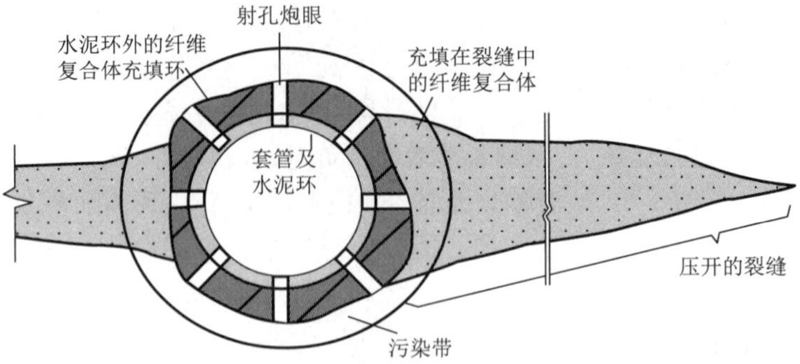

图 6-14　端部脱砂压裂防砂增产示意图

二、纤维增强涂覆砂强度的机理

纤维增强涂覆砂的强度基于纤维间距理论与复合材料理论。纤维间距理论的最大缺陷是忽略了纤维的增强作用，而片面强调了纤维的阻裂作用；复合材料理论却忽略了纤维对基体的阻裂作用，即忽略了复合带来的耦合效应。这两大理论分别从两个方面考虑了纤维的增强作用，都存在一定的片面性，需综合考虑来解释纤维增强涂覆砂强度的机理。

1. 纤维间距理论

纤维间距理论又称"纤维阻裂机理"。树脂在地层温度下的软化固结是一个放热过程，体积的收缩会引起树脂涂覆砂体中出现大量的微裂缝，当施加外力时在这些部位产生应力集中，引起裂缝扩展，导致结构破坏。加入纤维后，纤维在砂体中呈三维乱向分布，微米级的细纤维贯穿于裂缝之间，当纤维达到一定的间距后，裂缝通过纤维将荷载传递给上下表面，缓和了裂缝的应力集中程度，阻止了裂缝的产生和发展，从而起到阻裂的作用。

由图 6-15 可以看出，纤维以单位体积内较大的数量均匀分布于树脂砂体中，在砂体内部形成三维交错的支撑网络。当裂缝出现后，从纤维间距理论的角度来解释，由于纤维的直径较细，纤维间距较小，纤维的存在又使得裂缝尖端的发展受到限制，裂缝只能绕过纤维或把纤维拉断来继续发展，这就需要消耗巨大的能量来克服纤维对裂缝发展的限制作用。在一定范围内纤维的体积掺量越大，这种限制作用越强。同时，在砂体收缩过程中，收缩的能量被分散到具有高抗拉强度而弹性模量相对较低的纤维单丝上，从而有效地增加了树脂砂体的韧性，抑制了砂体微细裂缝的产生和发展。

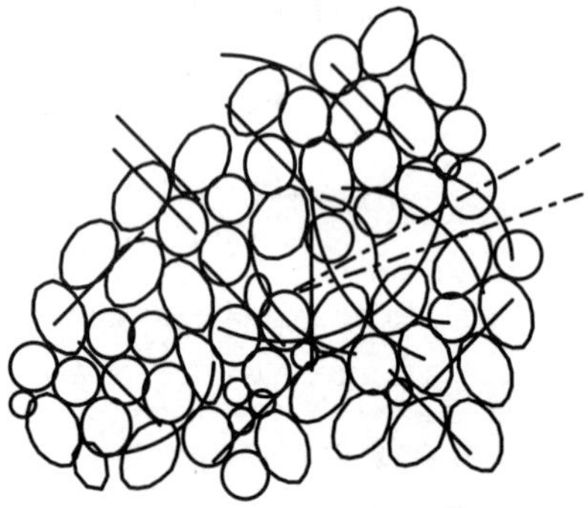

图 6-15　纤维阻裂机理图

2. 复合材料理论

复合材料理论是指加入的纤维起到了类似于钢筋混凝土中钢筋的作用，在砂体中乱向分布形成了三维网状结构，当砂体受到拉伸、弯折应力时，纤维因其应力传递机制而承担了大部分的应力，减小了树脂砂体的破坏概率。

从复合材料构成的混合原理出发，把纤维看作是涂覆砂的强化体系，可将纤维复合砂体看成是由基相（砂）、分散相（纤维）以及结合面（树脂）组成的三相复合材料，其力学性能受基相、分散相以及结合面的力学性能的制约和影响。应用混合原理推定纤维复合砂体的抗拉强度，从而提出纤维复合砂体抗拉强度与纤维的掺入量、方向、长径比及黏结力之间的关系。

三、单纤维微元体的拉应力分析

1. 微元体的拉应力分析假设及力学模型的构建

纤维，尤其是随机分布的短纤维，在复合砂体中的真实受力状态是非常复杂的，为了简化分析过程，做如下假设：

(1) 基体及纤维在外力作用下均发生弹性形变，界面黏结完好。

(2) 拉应力全部由纤维承受，基体只承受剪应力。

(3) 剪应力沿界面和纤维轴向变化，但不随纤维中心轴的环向角而变化。

(4) 不考虑纤维端面上所受的应力。

短纤维总长为 L，纤维半径为 r_f，纤维轴向拉应力为 σ_f，纤维界面的剪应力为 τ_i，$u(x,r)$为沿 x 方向在半径为 r 处基体的位移，$\tau(x,r)$为相应的剪应力，如图 6-16 所示。

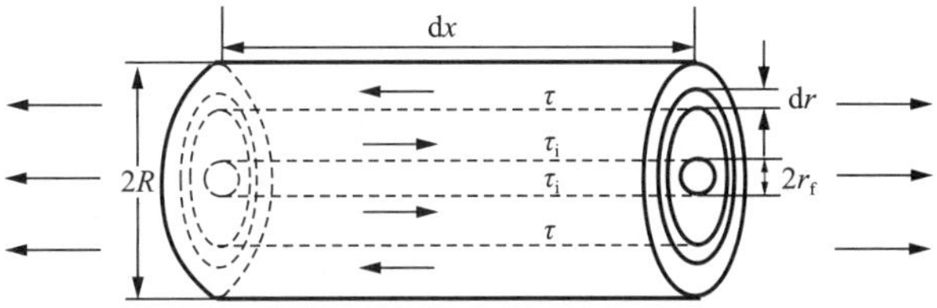

图 6-16 单纤维微元体受拉应力示意图

根据上述假设，在长度为 dx 的单元体中，纤维处于内力平衡状态，可得到下列关系式：

$$(\pi r_f^2)\sigma_f-(2\pi r_f \mathrm{d}x)\tau_i=(\pi r_f^2)(\sigma_f+\mathrm{d}\sigma_f) \tag{6-1}$$

由于假设基体不承担正应力，因此单元体中剪应力平衡，有：

$$2\pi r_f\tau_i=2\pi r\tau \tag{6-2}$$

由剪切虎克定律有：

$$\tau=G_m\frac{\mathrm{d}u(x,r)}{\mathrm{d}r} \tag{6-3}$$

式中 G_m——基体的剪切模量，MPa；

$\mathrm{d}u(x,r)/\mathrm{d}r$——基体沿 x 轴离纤维中心距离 r 处的剪切应变。

式(6-1)可以改写为：

$$\frac{\mathrm{d}\sigma_f}{\mathrm{d}x}=-\frac{2\tau_i}{r_f} \tag{6-4}$$

将式(6-3)代入式(6-2)，积分可得：

$$\int_{u_f}^{u_m}\mathrm{d}u(x,r)=\frac{\tau_i r_f}{G_m}\int_{r_f}^{R}\frac{\mathrm{d}r}{r} \tag{6-5}$$

积分限中 u_m 和 u_f 分别为基体和纤维沿纤维轴向的位移，则有：

$$\tau_i=\frac{G_m(u_m-u_f)}{r_f\ln(R/r_f)} \tag{6-6}$$

再将式(6-4)与式(6-6)联立，建立起 σ_f与 τ_i 之间的关系：

$$\frac{\mathrm{d}\sigma_f}{\mathrm{d}x}=-\frac{2G_m(u_m-u_f)}{r_f^2\ln(R/r_f)} \tag{6-7}$$

对纤维和基体分别应用虎克定律，可得下述关系：

$$\sigma_f = E_f \frac{du_f}{dx} \tag{6-8}$$

$$\varepsilon_m = \bar{\varepsilon} = \frac{du_m}{dx} \tag{6-9}$$

式中　E_f——纤维弹性模量；

ε_m——基体应变，通常取平均值 $\bar{\varepsilon}$。

对式(6-7)进行微分，可得：

$$\frac{d^2\sigma_f}{dx^2} = -\frac{2G_m}{r_f^2\ln(R/r_f)}\left(\frac{du_m}{dx} - \frac{du_f}{dx}\right) = \frac{2G_m}{r_f^2\ln(R/r_f)}\left(\frac{\sigma_f}{E_f} - \bar{\varepsilon}\right) = \frac{\eta^2}{r_f^2}(\sigma_f - E_f\bar{\varepsilon}) \tag{6-10}$$

其中：

$$\eta = \sqrt{\frac{2G_m}{E_f\ln(R/r_f)}} \tag{6-11}$$

式(6-10)的通解为：

$$\sigma_f = (\sigma_f)_0 + (\sigma_f)_1 = E_f\bar{\varepsilon} + A\sinh\left(\frac{\eta}{r_f}x\right) + B\cosh\left(\frac{\eta}{r_f}x\right) \tag{6-12}$$

其中，系数 A 和 B 可根据边界条件确定。此外，纤维末端附近的基体由于高的应力集中而使得其与基体脱胶，也正如微元体的拉应力分析假设(4)所述，纤维端面上所受的拉应力与剪应力为 0，即当 $x = \pm L/2$ 时，$\sigma_f = 0$。由此可得：

$$\left.\begin{aligned} &A = 0 \\ &B = -E_f\bar{\varepsilon}/\cosh\left(\frac{\eta}{r_f}\cdot\frac{L}{2}\right) = -E_f\bar{\varepsilon}/\cosh(\eta n) \end{aligned}\right\} \tag{6-13}$$

式中，$n = \dfrac{L}{2r_f}$，称为纤维的长径比。

由式(6-13)可将式(6-12)改写为：

$$\sigma_f = E_f\bar{\varepsilon} - E_f\bar{\varepsilon}\frac{\cosh\left(\frac{\eta}{r_f}x\right)}{\cosh(\eta n)} = E_f\bar{\varepsilon}\left[1 - \frac{\cosh\left(\frac{\eta}{r_f}x\right)}{\cosh(\eta n)}\right] \tag{6-14}$$

将式(6-14)代入式(6-4)可求出：

$$\tau_i = \frac{r_f}{2}\cdot\frac{d\sigma_f}{dx} = \frac{1}{2}\eta E_f\bar{\varepsilon}\frac{\sinh\left(\frac{\eta}{r_f}x\right)}{\cosh(\eta n)} \tag{6-15}$$

2. 单纤维微元体拉应力力学模型的特例分析

由式(6-14)可知，σ_f 在纤维的中部($x=0$ 处)取最大值$(\sigma_f)_{max}$。

$$(\sigma_f)_{max} = E_f\bar{\varepsilon}[1 - \mathrm{sech}(\eta n)] \tag{6-16}$$

由式(6-15)可知，τ_i 在纤维的两端($x = \pm L/2$ 处)取最大值$(\tau_i)_{max}$。

$$(\tau_i)_{max} = \pm\frac{1}{2}\eta E_f\bar{\varepsilon}\cdot\tanh(\eta n) \tag{6-17}$$

同时，在纤维中部($x=0$)和纤维两端($x=\pm L/2$)分别有：

$$\tau_i(x=0) = 0 \tag{6-18}$$

$$\sigma_{\mathrm{f}}(x=\pm L/2)=0 \tag{6-19}$$

由式(6-14)可以看出，当短纤维变为连续纤维时，n 趋近于无穷大，即有：

$$\lim_{n\to+\infty}\sigma_{\mathrm{f}}=E_{\mathrm{f}}\bar{\varepsilon} \tag{6-20}$$

式(6-11)中的因子 η 与基体和纤维的性能($G_{\mathrm{m}}, E_{\mathrm{f}}, r_{\mathrm{f}}$)以及纤维在基体中的排布($R/r_{\mathrm{f}}$)有关。一般以纤维在基体中呈正四边形列阵排列或正六边形列阵排列来近似估算。

对于连续纤维增强复合材料，可以近似地得出以下结果：

$$\frac{R}{r_{\mathrm{f}}}=\begin{cases}\dfrac{1}{2}\sqrt{\dfrac{\pi}{v_{\mathrm{f}}}} & \text{(纤维呈正四边形列阵排列)}\\ \sqrt{\dfrac{2\sqrt{3}v_{\mathrm{f}}}{\pi}} & \text{(纤维呈正六边形列阵排列)}\end{cases} \tag{6-21}$$

对于短纤维复合砂体，R/r_{f} 与纤维体积分数之间的关系较难确定，因此，使用式(6-21)计算短纤维增强砂体的 η 因子还需要进一步修正。

3. 短纤维受拉应力时的影响因素分析

(1) 不同界面结合状态的影响。

① 纤维相对基体呈脆性($\varepsilon_{\mathrm{fu}}<\varepsilon_{mu}$)。

纤维与基体界面良好，但靠近两端处的基体发生屈服，导致纤维两端界面发生滑移。

a. 纤维中部不发生滑移的部分。

当 $-\dfrac{L}{2}(1-m)\leqslant x\leqslant\dfrac{L}{2}(1-m)$($m$ 表示因基体屈服纤维端部界面发生滑移的长度比值，$0<m<1$) 时，界面不发生滑移，应力仍由式(6-12)确定。

设 $x=\pm\dfrac{L}{2}(1-m)$ 时刚好在产生滑移区的边缘，基体屈服应力为 $\sigma_{\mathrm{m}}^{\mathrm{y}}$，设此时纤维中所受到的拉伸应力为 $\sigma_{\mathrm{fs_0}}$，这时式(6-12)中的积分常数为：

$$\left.\begin{aligned}&A=0\\&B=\frac{\sigma_{\mathrm{fs_0}}-E_{\mathrm{f}}\bar{\varepsilon}}{\cosh\left[\dfrac{\eta}{r_{\mathrm{f}}}\cdot\dfrac{L}{2}(1-m)\right]}\end{aligned}\right\} \tag{6-22}$$

由此可得：

$$\sigma_{\mathrm{f}}=E_{\mathrm{f}}\bar{\varepsilon}+(\sigma_{\mathrm{fs_0}}-E_{\mathrm{f}}\bar{\varepsilon})\frac{\cosh\left(\dfrac{\eta}{r_{\mathrm{f}}}x\right)}{\cosh\left[\dfrac{\eta}{r_{\mathrm{f}}}\cdot\dfrac{L}{2}(1\quad m)\right]} \tag{6-23}$$

对式(6-23)进行微分：

$$\frac{\mathrm{d}\sigma_{\mathrm{f}}}{\mathrm{d}x}=(\sigma_{\mathrm{fs_0}}-E_{\mathrm{f}}\bar{\varepsilon})\left(\frac{\eta}{r_{\mathrm{f}}}\right)\frac{\sinh\left(\dfrac{\eta}{r_{\mathrm{f}}}x\right)}{\cosh\left[\dfrac{\eta}{r_{\mathrm{f}}}\cdot\dfrac{L}{2}(1-m)\right]} \tag{6-24}$$

利用式(6-4)可知：

$$\text{当}\ \frac{L}{2}(1-m)\leqslant x\leqslant\frac{L}{2}\ \text{时，}\quad \tau_{\mathrm{i}}=\sigma_{\mathrm{m}}^{\mathrm{y}} \tag{6-25}$$

$$当 -\frac{L}{2}\leqslant x\leqslant -\frac{L}{2}(1-m)时，\quad \tau_{\mathrm{i}}=-\sigma_{\mathrm{m}}^{\mathrm{y}} \tag{6-26}$$

进而得：

$$\left.\begin{aligned}\left.\frac{\mathrm{d}\sigma_{\mathrm{f}}}{\mathrm{d}x}\right|_{x=\frac{L}{2}(1-m)}&=-\frac{2\sigma_{\mathrm{m}}^{\mathrm{y}}}{r_{\mathrm{f}}}\\ \left.\frac{\mathrm{d}\sigma_{\mathrm{f}}}{\mathrm{d}x}\right|_{x=-\frac{L}{2}(1-m)}&=\frac{2\sigma_{\mathrm{m}}^{\mathrm{y}}}{r_{\mathrm{f}}}\end{aligned}\right\} \tag{6-27}$$

将式(6-27)代入式(6-24)解得：

$$\sigma_{\mathrm{fs_0}}=E_{\mathrm{f}}\bar{\varepsilon}-\frac{2\sigma_{\mathrm{m}}^{\mathrm{y}}}{\eta}\coth\left[\frac{\eta}{r_{\mathrm{f}}}\cdot\frac{L}{2}(1-m)\right] \tag{6-28}$$

将式(6-28)代入式(6-23)，可得：

$$\sigma_{\mathrm{f}}=E_{\mathrm{f}}\bar{\varepsilon}-\frac{2\sigma_{\mathrm{m}}^{\mathrm{y}}}{\eta}\frac{\cosh\left(\frac{\eta}{r_{\mathrm{f}}}x\right)}{\sinh\left[\frac{\eta}{r_{\mathrm{f}}}\cdot\frac{L}{2}(1-m)\right]},\quad -\frac{L}{2}(1-m)\leqslant x\leqslant\frac{L}{2}(1-m),0<m<1 \tag{6-29}$$

对式(6-29)微分后再利用式(6-4)可以求得：

$$\tau_{\mathrm{i}}=\sigma_{\mathrm{m}}^{\mathrm{y}}\frac{\sinh\left(\frac{\eta}{r_{\mathrm{f}}}x\right)}{\sinh\left[\frac{\eta}{r_{\mathrm{f}}}\cdot\frac{L}{2}(1-m)\right]},\quad -\frac{L}{2}(1-m)\leqslant x\leqslant\frac{L}{2}(1-m),0<m<1 \tag{6-30}$$

b. 纤维两端的滑移区。

首先假定此时界面剪切应力为恒值，且等于基体屈服应力，即式(6-25)、式(6-26)。利用式(6-4)、式(6-25)、式(6-26)、式(6-28)可以求出纤维中的拉伸应力 σ_{f}。

$$\sigma_{\mathrm{f}}=\begin{cases}E_{\mathrm{f}}\bar{\varepsilon}-\frac{2\sigma_{\mathrm{m}}^{\mathrm{y}}}{\eta}\coth\left[\frac{\eta}{r_{\mathrm{f}}}\cdot\frac{L}{2}(1-m)\right]+\frac{2\sigma_{\mathrm{m}}^{\mathrm{y}}}{r_{\mathrm{f}}}\coth\left[\frac{L}{2}(1-m)-x\right], & \frac{L}{2}(1-m)\leqslant x\leqslant\frac{L}{2}\\ E_{\mathrm{f}}\bar{\varepsilon}-\frac{2\sigma_{\mathrm{m}}^{\mathrm{y}}}{\eta}\coth\left[\frac{\eta}{r_{\mathrm{f}}}\cdot\frac{L}{2}(1-m)\right]+\frac{2\sigma_{\mathrm{m}}^{\mathrm{y}}}{r_{\mathrm{f}}}\coth\left[\frac{L}{2}(1-m)+x\right], & -\frac{L}{2}\leqslant x\leqslant-\frac{L}{2}(1-m)\end{cases} \tag{6-31}$$

在式(6-31)中，由$\sigma_{\mathrm{f}}\big|_{x=\pm\frac{L}{2}}=0$ 可以得出超越方程式(6-32)以求出 m 值，从而估算因界面层基体屈服而发生滑移的长度。

$$E_{\mathrm{f}}\bar{\varepsilon}-\frac{2\sigma_{\mathrm{m}}^{\mathrm{y}}}{\eta}\coth\left[\frac{\eta}{r_{\mathrm{f}}}\cdot\frac{L}{2}(1-m)\right]-\frac{2\sigma_{\mathrm{m}}^{\mathrm{y}}}{r_{\mathrm{f}}}\cdot\frac{L}{2}m=0 \tag{6-32}$$

② 纤维相对基体呈脆性($\varepsilon_{\mathrm{fu}}<\varepsilon_{\mathrm{mu}}$)，且界面发生摩擦滑移。

当纤维与基体之间的界面只是单纯机械结合，且纤维相对基体为脆性($\varepsilon_{\mathrm{fu}}<\varepsilon_{\mathrm{mu}}$)，则界面的剪切载荷达到某一临界值 $\omega\tau_{\mathrm{m}}^{\mathrm{y}}$($\omega$ 为一无量纲因子，$0\leqslant\omega\leqslant1$)时，界面将以其阻力为小于 $\omega\tau_{\mathrm{m}}^{\mathrm{y}}$ 的方式发生摩擦滑移。

设在 $x=\pm\frac{L}{2}(1-m)$，$0<m<1$ 处发生界面摩擦滑移，如果此时纤维的临界应力为

σ_{fc}，则利用式(6-28)有：

$$\sigma_{fc}-E_f\bar{\varepsilon}=-\frac{2\omega\tau_m^y}{\eta}\coth\left[\frac{\eta}{r_f}\cdot\frac{L}{2}(1-m)\right] \tag{6-33}$$

在纤维中部未滑移的区域，即 $-\frac{L}{2}(1-m)\leqslant x\leqslant\frac{L}{2}(1-m),0<m<1$，可分别利用式(6-29)、式(6-30)确定 σ_f 和 τ_i 为：

$$\sigma_f=E_f\bar{\varepsilon}-\frac{2\omega\tau_m^y}{\eta}\frac{\cosh\left(\frac{\eta}{r_f}x\right)}{\sinh\left[\frac{\eta}{r_f}\cdot\frac{L}{2}(1-m)\right]},\quad -\frac{L}{2}(1-m)\leqslant x\leqslant\frac{L}{2}(1-m),0<m<1 \tag{6-34}$$

$$\tau_i=\omega\tau_m^y\frac{\sinh\left(\frac{\eta}{r_f}x\right)}{\sinh\left[\frac{\eta}{r_f}\cdot\frac{L}{2}(1-m)\right]},\quad -\frac{L}{2}(1-m)\leqslant x\leqslant\frac{L}{2}(1-m),0<m<1 \tag{6-35}$$

在两端滑移区内，当 $\mu\sigma_{rt}<\omega\tau_m^y$ 时，有：

$$当\ \frac{L}{2}(1-m)\leqslant x\leqslant\frac{L}{2}\ 时，\quad \tau_i=\mu\sigma_{rt} \tag{6-36}$$

$$当\ -\frac{L}{2}\leqslant x\leqslant-\frac{L}{2}(1-m)\ 时，\quad \tau_i=-\mu\sigma_{rt} \tag{6-37}$$

式中 σ_{rt}——纤维与基体间界面上受到的正应力，MPa；

μ——界面滑动时的摩擦系数。

考虑到 $x=\pm\frac{L}{2}(1-m)$ 时 $\sigma_f=\sigma_{fc}$，由式(6-4)、式(6-36)、式(6-37)及式(6-33)可得两端滑移区内有：

$$\begin{aligned}\sigma_f&=E_f\bar{\varepsilon}-\frac{2\omega\tau_m^y}{\eta}\coth\left[\frac{\eta}{r_f}\cdot\frac{L}{2}(1-m)\right]+\frac{2\mu\sigma_{rt}}{r_f}\left[\frac{L}{2}(1-m)-x\right],\quad \frac{L}{2}(1-m)\leqslant x\leqslant\frac{L}{2}\\ \sigma_f&=E_f\bar{\varepsilon}-\frac{2\omega\tau_m^y}{\eta}\coth\left[\frac{\eta}{r_f}\cdot\frac{L}{2}(1-m)\right]+\frac{2\mu\sigma_{rt}}{r_f}\left[\frac{L}{2}(1-m)+x\right],\quad -\frac{L}{2}\leqslant x\leqslant-\frac{L}{2}(1-m)\end{aligned} \tag{6-38}$$

由 $\sigma_f\big|_{x=\pm\frac{L}{2}}=0$ 可以得出超越方程式(6-39)以求出 m 值，从而估算界面滑动摩擦区域的长度.

$$E_f\bar{\varepsilon}-\frac{2\omega\tau_m^y}{\eta}\coth\left[\frac{\eta}{r_f}\cdot\frac{L}{2}(1-m)\right]-\frac{2\mu\sigma_{rt}}{r_f}\cdot\frac{L}{2}m=0 \tag{6-39}$$

比较式(6-25)、式(6-26)、式(6-30)，与式(6-35)、式(6-36)、式(6-37)可知，在前一种情况下，τ_i 的分布是间断的。

将 σ_{rt}表示为：

$$\sigma_{rt}=\sigma_r+\nu_m E_m\bar{\varepsilon} \tag{6-40}$$

式中 σ_r——基体固化过程中的残余压应力，MPa；

$\nu_m E_m\bar{\varepsilon}$——基体沿纤维方向受拉力时基体的横向收缩变形而产生的压应力，MPa；

ν_m——基体材料的泊松比。

因为前提条件为 $\varepsilon_{fu}<\varepsilon_{mu}$，故不考虑纤维的泊松效应。

③ 纤维相对基体呈韧性（$\varepsilon_{fu}>\varepsilon_{mu}$），且界面发生摩擦滑移。

此时，基体受到沿纤维轴向的拉伸，纤维因为泊松效应的横向收缩变形与基体的收缩变形量级相当，不能忽略，将式（6-40）改写为：

$$\sigma_{rt}=\sigma_r+\nu_m E_m\bar{\varepsilon}-\nu_f\sigma_f E_m/E_f=\sigma_r+E_m(\nu_m\bar{\varepsilon}-\nu_f\sigma_f/E_f) \tag{6-41}$$

式中 ν_f——纤维的泊松比。

利用式（6-33）、式（6-34）、式（6-35）可以分别估算出在 $x=\pm\frac{L}{2}(1-m)$，$0<m<1$ 界面发生摩擦滑移时纤维受到的临界正应力 σ_{fc}，以及在未发生滑移区域，即 $-\frac{L}{2}(1-m)\leqslant x\leqslant\frac{L}{2}(1-m)$，$0<m<1$ 纤维所受的正应力 σ_f 和界面剪应力 τ_i 的分布。

至于在两端滑移区内，即 $-\frac{L}{2}\leqslant x\leqslant-\frac{L}{2}(1-m)$ 和 $\frac{L}{2}(1-m)\leqslant x\leqslant\frac{L}{2}$，$0<m<1$，纤维所受的正应力分布可以根据式（6-4）、式（6-36）、式（6-37）、式（6-41）得出：

$$\sigma_f=\exp\left(\frac{2\mu\nu_f E_m}{r_f E_f}x\right)\left[\frac{\sigma_r E_f+\nu_m E_m E_f\bar{\varepsilon}}{\nu_f E_m}\exp\left(\frac{2\mu\nu_f E_m}{r_f E_f}x\right)+A\right],\quad \frac{L}{2}(1-m)\leqslant x\leqslant\frac{L}{2}$$

$$\sigma_f=\frac{\sigma_r E_f+\nu_m E_m E_f\bar{\varepsilon}}{\nu_f E_m}+\exp\left(-\frac{2\mu\nu_f E_m}{r_f E_f}x+B\right),\quad -\frac{L}{2}\leqslant x\leqslant-\frac{L}{2}(1-m),0<m<1 \tag{6-42}$$

当 $x=\pm\frac{L}{2}(1-m)$ 时，σ_f 由式（6-33）确定，即

$$\sigma_{fc}=\sigma_f=E_f\bar{\varepsilon}-\frac{2\omega\tau_m^y}{\eta}\coth\left[\frac{\eta}{r_f}\cdot\frac{L}{2}(1-m)\right]$$

由此，确定积分常数 A 和 B 后，可得：

$$\sigma_f=\exp(Tx)\left\{\frac{Q}{\nu_f E_m}\exp(Tx)+\frac{E_f\bar{\varepsilon}-\frac{2\omega\tau_m^y}{\eta}\coth\left[\frac{\eta}{r_f}\cdot\frac{L}{2}(1-m)\right]}{\exp\left[T\cdot\frac{L}{2}(1-m)\right]}-\frac{Q}{\nu_f E_m}\exp\left[T\cdot\frac{L}{2}(1-m)\right]\right\},$$

$$\frac{L}{2}(1-m)\leqslant x\leqslant\frac{L}{2},0<m<1$$

$$\sigma_f=\frac{Q}{\nu_f E_m}+\exp\left\{-Tx+\ln\left\{E_f\bar{\varepsilon}-\frac{2\omega\tau_m^y}{\eta}\coth\left[\frac{\eta}{r_f}\cdot\frac{L}{2}(1-m)\right]-\frac{Q}{\nu_f E_m}\right\}-T\cdot\frac{L}{2}(1-m)\right\},$$

$$-\frac{L}{2}\leqslant x\leqslant-\frac{L}{2}(1-m),0<m<1 \tag{6-43}$$

其中：

$$Q=\sigma_r E_f+\nu_m E_m E_f\bar{\varepsilon}$$
$$T=2\mu\nu_f E_m/(r_f E_f) \tag{6-44}$$

同理，利用$\sigma_f\big|_{x=\pm\frac{L}{2}}=0$ 时给出的对数方程也可以确定出代表滑移区长度的 m 值。

(2) 单元体中纤维之间相互作用的影响。

因纤维端部应力集中而考虑纤维端部脱胶，即纤维端面不受力，但实际上纤维之间是通过纤维端部相互影响的。为解决这一问题，可以将短纤维等效成为连续纤维，即将纤维不连续处的基体也视为性能相异的纤维。对每根等效纤维的轴向应力、轴向位移、界面剪切应力，利用对称条件、连续性条件和平衡条件进行分析，求出每根纤维的轴向应力分布。

4. 单向平行短纤维增强砂体的工程常数和强度

(1) 工程常数。

确定工程常数的材料力学方法，由于其力学微元体与实际情况差别较大，有些工程常数的预测值与试验值差别较大；若采用弹性力学方法，则其预测值将会更接近于实测值，但公式复杂，不便于工程上采用。由此，决定采用半经验法确定单向平行短纤维增强复合砂体的工程常数，即以理论预测公式为基础，引入某些需要由实验确定的经验系数，对理论预测公式进行修正，使其更接近于实测值。

单向平行短纤维增强复合砂体的工程常数可利用单向连续纤维增强复合材料横向工程常数预测的 Halpin-Tsai 方程：

$$\frac{M}{M_m}=\frac{1+\varepsilon\varphi\nu_f}{1-\varphi\nu_f} \tag{6-45}$$

其中：

$$\varphi=\frac{M_f/M_m-1}{M_f/M_m+\varepsilon}$$

式中，M 为复合材料的横向工程常数，如 E_2，G_{12}，ν_{12}；M_f 为纤维的工程常数，如 E_f，G_f，ν_f；M_m 为基体的工程常数，如 E_m，G_m，ν_m；ε 是与纤维几何形状、排列方式以及加载方式有关的常数($\varepsilon\geqslant 0$)。

当式(6-45)用于单向平行短纤维复合砂体的工程常数预测时，有：

$$\varepsilon=\begin{cases}2\left(\dfrac{L}{2r_f}\right)=\dfrac{L}{r_f} & \text{(纵向拉伸模量预测)}\\ 2 & \text{(横向拉伸模量预测)}\\ 1 \text{ 或 } 1+40\nu_f^{10} & \text{(剪切模量预测)}\end{cases} \tag{6-46}$$

于是可以写出预测单向平行短纤维复合砂体纵向拉伸模量 E_L、横向拉伸模量 E_T 和面内剪切模量 E_S 的公式：

$$\frac{E_L}{E_m}=\frac{1+(L/r_f)\varphi_L\nu_f}{1-\varphi_L\nu_f} \tag{6-47}$$

其中：

$$\varphi_L=\frac{E_f/E_m-1}{E_f/E_m+L/r_f}$$

$$\frac{E_T}{E_m}=\frac{1+2\varphi_T\nu_f}{1-\varphi_T\nu_f} \tag{6-48}$$

其中：

$$\varphi_T=\frac{E_f/E_m-1}{E_f/E_m+2}$$

$$\frac{E_S}{G_m}=\frac{1+\varphi_S\nu_f}{1-\varphi_S\nu_f} \tag{6-49}$$

其中：

$$\varphi_S=\frac{G_f/G_m-1}{G_f/G_m+1}$$

(2) 单向平行短纤维增强砂体的强度。

① 临界长度。

如果纤维与基体之间的界面剪切强度为 τ_0，纤维轴向拉伸应力由两端的零值以线性方式逐渐增至中间的最大值，并等于纤维的极限强度 σ_{fu}，此时纤维的长度等于纤维的临界长度 L_c。显然，纤维的临界长度是短纤维的最大拉伸应力达到纤维的破坏应力所必需的最小长度。

当 $x=L/2$ 时，$\sigma_f=0$，利用式(6-4)可以求出：

$$\sigma_f=-\frac{2\tau_0}{r_f}x+\frac{L}{r_f}\tau_0 \tag{6-50}$$

当 $x=0$ 时，$\sigma_f=\sigma_{fmax}=\sigma_{fu}$，此时 $L=L_c$，所以有：

$$\frac{L_c}{2r_f}=\frac{L_c}{d_f}=\frac{\sigma_{fu}}{2\tau_0} \tag{6-51}$$

式中 d_f——纤维直径，m。

式(6-51)是确定纤维临界长度的公式。在短纤维复合材料中，要使纤维能够充分发挥增强效应，其长度必须等于或大于其临界长度。

② 复合砂体强度和临界长度的关系。

将纤维上 $L_c/2$ 处正应力分布曲线所围的面积与 $\sigma_{fu}L_c/2$ 之比，定义为纤维应力平均系数 β_0：

$$\beta_0=\frac{\int_0^{L_c/2}\sigma_f\mathrm{d}x}{\sigma_{fu}L_c/2},\qquad \beta_0<1 \tag{6-52}$$

其物理意义为：将应力为 σ_f 时的纤维长度 $L_c/2$ 等效为纤维应力为 σ_{fc} 时的长度 $\beta_0L_c/2$。

下面分 $L=L_c$，$L>L_c$，$L<L_c$ 三种情况求短纤维中的平均应力。

a. 当 $L=L_c$ 时，如图 6-17 和式(6-52)，有：

$$\bar{\sigma}_f=\frac{1}{L}\int_{-\frac{L}{2}}^{\frac{L}{2}}\sigma_f\mathrm{d}x=\frac{1}{L_c}\int_{-\frac{L_c}{2}}^{\frac{L_c}{2}}\sigma_f\mathrm{d}x=\frac{2}{L_c}\int_0^{\frac{L_c}{2}}\sigma_f\mathrm{d}x=\beta_0\sigma_{fu} \tag{6-53}$$

b. 当 $L>L_c$ 时，如图 6-18 和式(6-52)，有：

$$\bar{\sigma}_f=\frac{1}{L}\int_{-\frac{L}{2}}^{\frac{L}{2}}\sigma_f\mathrm{d}x=\frac{1}{L}\left(2\int_0^{\frac{L-L_c}{2}}\sigma_f\mathrm{d}x+2\int_{\frac{L-L_c}{2}}^{\frac{L}{2}}\sigma_f\mathrm{d}x\right)=\sigma_{fu}\left[1-(1-\beta_0)\frac{L_c}{L}\right] \tag{6-54}$$

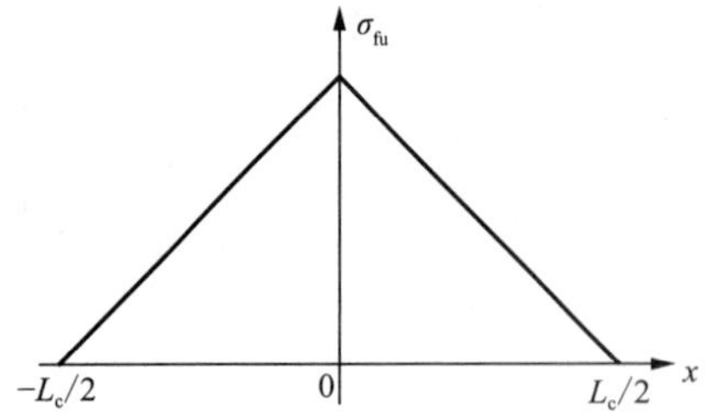

图 6-17 当 $L=L_c$ 时，纤维上正应力的分布

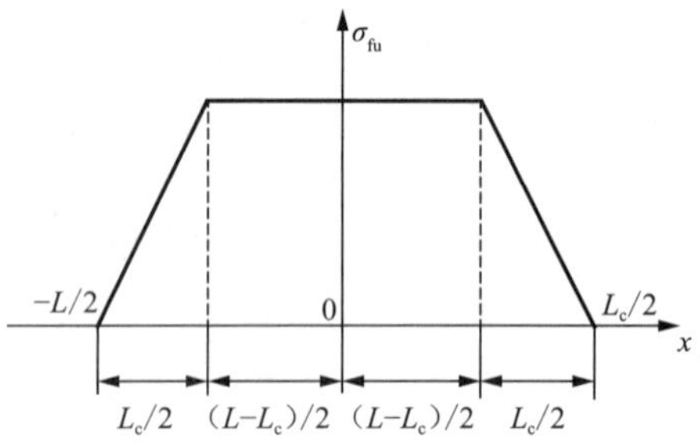

图 6-18 当 $L>L_c$ 时，纤维上正应力的分布

c. 当 $L<L_c$ 时，如图 6-19 和式(6-52)，由相似三角形性质得出：

$$\frac{\int_0^{\frac{L_c}{2}}\sigma_f\mathrm{d}x}{\int_0^{\frac{L}{2}}\sigma_f\mathrm{d}x}=\frac{L_c^2}{L^2}$$

$$\bar{\sigma}_f=\frac{2}{L}\int_0^{\frac{L}{2}}\sigma_f\mathrm{d}x=\frac{2}{L}\left(\frac{L^2}{L_c^2}\right)\int_0^{\frac{L_c}{2}}\sigma_f\mathrm{d}x=\frac{2}{L}\left(\frac{L^2}{L_c^2}\right)\frac{L_c}{2}\beta_0\sigma_{fu}=\frac{L}{L_c}\beta_0\sigma_{fu} \tag{6-55}$$

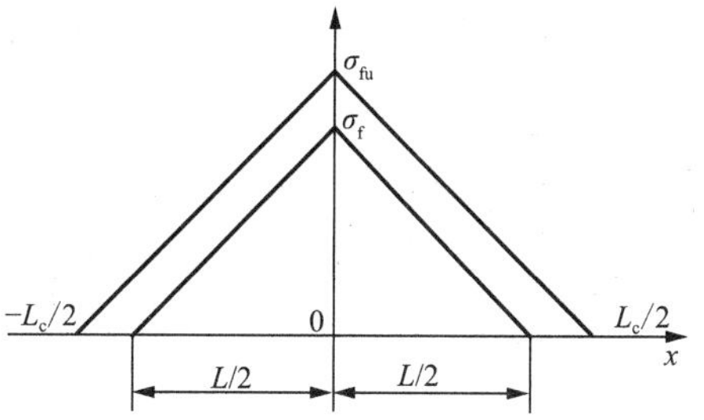

图 6-19 当 $L<L_c$ 时，纤维上正应力的分布

单向平行短纤维增强砂体的纵向拉伸强度可按混合定律估算：

$$\sigma_{cu}=V_f\bar{\sigma}_f+(1-V_f)\sigma_m^q \tag{6-56}$$

由式(6-53)、式(6-54)、式(6-55)、式(6-56)可得：

$$\sigma_{cu}=V_f\sigma_{fu}\left[1-(1-\beta_0)\frac{L_c}{L}\right]+(1-V_f)\sigma_m^q,\qquad L\geqslant L_c \tag{6-57}$$

$$\sigma_{cu}=\frac{L}{L_c}V_f\beta_0\sigma_{fu}+(1-V_f)\sigma_m^q,\qquad L<L_c \tag{6-58}$$

式中，$\sigma_m^q=\frac{\bar{\sigma}_f}{E_f}E_m$ 为基体应变等于纤维应变时基体的应力，MPa。

若将界面剪切应力视为常数 τ_0，则可得到 $\beta_0=1/2$。

③ 纤维长度随机分布时纤维砂体的强度。

如果砂体中含有不同长度的纤维，小于临界长度的纤维长度为 L_i，相应的纤维体积分数为 V_{fi}；大于临界长度的纤维长度为 L_j，相应的纤维体积分数为 V_{fj}，则可得：

$$\sigma_{cu}=\sum_i^{L_i<L_c}\frac{L_i}{L_c}V_{fi}\beta_0\sigma_{fu}+\sum_j^{L_j\geqslant L_c}\left[1-(1-\beta_0)\frac{L_i}{L_c}\right]V_{fj}\sigma_{fu}+(1-V_f)\sigma_m^q \tag{6-59}$$

其中：

$$V_f=\sum V_{fi}+\sum V_{fj}$$

5. 随机取向短纤维增强砂体的强度

(1) 纤维方位因子。

短纤维复合砂体中的短纤维通常不是平行排列，其方位是随机的，因此短纤维复合砂体的实际强度与单项平行排列的短纤维复合砂体有较大的不同。对于随机取向的短纤维复合砂体，引入方位因子 C_o($0<C_o\leqslant 1$)，将涉及纤维平均应力的项乘以方位因子来进行修正。当 $C_o=1$ 时，即是平行分布的结果。

在小变形的情况下，方位因子 C_o 不随外加应变和纤维长度的变化而变化，并且 C_o 可以通过引入纤维方位角分布的概念进行计算。

对于二维随机分布情况，有：

$$C_o=\frac{8}{3\pi^2}(2+\beta^2)(1-\beta^2)^{\frac{1}{2}}\left[\arccos\beta-\frac{1}{2}\beta\ln\frac{1+\sqrt{1-\beta^2}}{1-\sqrt{1-\beta^2}}\right] \tag{6-60}$$

对于三维随机分布情况，有：

$$C_o=\frac{1}{8}(1+\beta^2)(1-\beta^2)(1-\beta+\beta\ln\beta) \tag{6-61}$$

式中 β——临界区长度的因子。

所谓临界区，就是纤维端点终止且有桥联纤维存在的区域，如图 6-20 所示。

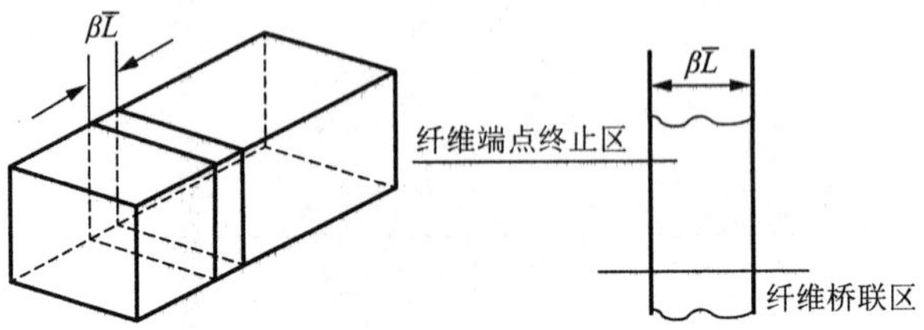

图 6-20 含有桥联纤维和终止纤维的临界区

$\beta\bar{L}$—临界区长度，m；$\bar{L}$—纤维平均长度，m

(2) 随机取向短纤维复合砂体的强度。

借助于式(6-57)、式(6-58)对式(6-54)、式(6-55)进行修正，在纤维随机取向的情况下，混合律可以改写为：

$$\sigma_{cu}=V_f\sigma_{fu}\left[1-(1-\beta_0)\frac{L_c}{L}\right]F(L_c/L)C_o+(1-V_f)\sigma_m^q,\qquad L\geqslant L_c \tag{6-62}$$

$$\sigma_{cu}=\frac{L}{L_c}V_f\beta_0\sigma_{fu}F(L_c/L)C_o+(1-V_f)\sigma_m^q,\qquad L<L_c \tag{6-63}$$

或者：

$$\sigma_{cu}=F(L_c/L)C_o\left\{\sigma_{fu}\sum_{i}^{L_i<L_c}V_{fi}\beta_0\frac{L_i}{L_c}+\sigma_{fu}\sum_{j}^{L_j 3L_c}V_{fj}\left[1-(1-\beta_0)\frac{L_c}{L_j}\right]\right\}+(1-V_f)\sigma_m^q \tag{6-64}$$

式中，C_o 由式(6-61)确定，而函数 $F(L_c/\bar{L})$ 可以近似表示为：

$$F(L_c/\bar{L})=\begin{cases}1, & L_c/\bar{L}=0\\ 0.5, & L_c/\bar{L}=1\\ 0.2, & L_c/\bar{L}=2\end{cases} \tag{6-65}$$

其中，$L_c/\bar{L}$ 在区间[0,1]和区间[1,2]的值可以分别利用插值法近似求出。

方位随机的短纤维复合砂体在拉伸载荷作用下既发生纤维断裂，又可发生界面和基体的破坏。设其失效应力为 σ_c，转换成正轴应力后有：

$$\sigma_c=\begin{cases}\sigma_{c1}=\sigma_c'/\cos^2\theta & (0\leqslant\theta<\theta_1,\text{纤维拉伸破坏})\\ \sigma_{c2}=\tau_m/\sin\theta\cos\theta & (\theta_1\leqslant\theta\leqslant\theta_2,\text{纤维与基体间界面剪切破坏})\\ \sigma_{c3}=\sigma_m/\sin^2\theta & (\theta_2<\theta\leqslant\pi/2,\text{基体拉伸破坏})\end{cases} \tag{6-66}$$

式中 σ'_c—— 由混合律确定的单项复合砂体沿纤维方向的强度，MPa；

σ_m——基体拉伸强度，MPa；

τ_m——纤维与基体间的界面剪切强度，MPa；

θ_1——拉伸破坏模式向界面剪切破坏模式转变的临界角，(°)；

θ_2——界面剪切破坏模式向拉伸破坏模式转变的临界角，(°)。

于是，随机短纤维复合砂体的强度可由不同方向上复合砂体承担的载荷的平均值求得：

$$
\begin{aligned}
\sigma_{cu} &= \frac{1}{\pi/2}\int_0^{\frac{\pi}{2}} \sigma_c \mathrm{d}\theta = \frac{2}{\pi}\left(\int_0^{\theta_1} \sigma_{c1} \mathrm{d}\theta + \int_{\theta_1}^{\theta_2} \sigma_{c2} \mathrm{d}\theta + \int_{\theta_2}^{\frac{\pi}{2}} \sigma_{c3} \mathrm{d}\theta\right) \\
&= \frac{2}{\pi}\left[\int_0^{\theta_1} \sigma'_c/\cos^2\theta \mathrm{d}\theta + \int_{\theta_1}^{\theta_2} \tau_m/(\sin\theta\cos\theta)\mathrm{d}\theta + \int_{\theta_2}^{\frac{\pi}{2}} \sigma_m/\sin^2\theta \mathrm{d}\theta\right]
\end{aligned} \tag{6-67}
$$

完全随机短纤维复合砂体在宏观上可视为各向同性，于是拉伸模量 E_r 和面内剪切模量 G_r 以及泊松比 ν_r 的估算式为：

$$
\left.
\begin{aligned}
E_r &= \frac{3}{8}E_L + \frac{5}{8}E_T \\
G_r &= \frac{1}{8}E_L + \frac{1}{4}E_T \\
\nu_r &= \frac{E_r}{2G_r} - 1
\end{aligned}
\right\} \tag{6-68}
$$

式中，E_L，E_T 分别由式(6-47)、式(6-48)确定。

6. 纤维复合砂体强度拉应力模型预测实例

基础数据：纤维的弹性模量为 70 GPa、剪切模量为 30 GPa，树脂基体的拉伸模量为 1.0 GPa，纤维加量为 1%，纤维长度为 10 mm，纤维直径为 15 μm，固化温度为 60 ℃。

表 6-8 的计算结果表明，纤维复合砂体强度模型的计算结果接近于实验测定结果，但均小于实验测定结果，这主要是因为强度模型的构建是以随机短纤维复合砂体在宏观上各向同性为基础的，未能考虑室内实验操作所带来的误差。纤维长度不均一，以及纤维、树脂砂体的物性参数的确定存在误差，致使预测结果有所偏差，还需在反复实验中进行修正以完善模型。

表 6-8 纤维复合砂体强度预测结果对比表

项目 / 砂体直径/mm	实验强度/MPa	预测强度/MPa	误差/%
25.80	3.25	3.00	7.69
25.75	3.26	3.01	7.67
26.00	3.15	2.76	12.38
平均值	3.22	2.92	9.25

四、单纤维微元体的压应力分析

1. 微元体的压应力分析假设及其力学模型的构建

在分析纤维复合砂体拉应力分布问题时没有考虑流体的影响，而实际上纤维复合砂体的真实受力状态是处于套管外的近井地带，有来自地层周围岩石所带来的围压、流体冲刷所产生的剪切力以及砂体两端的流动压差，其应力分布状态较简化条件下的拉应力分布复杂得多，由于纤维复合体处于井下流体冲刷状态下，因此井下条件下的纤维复合砂体的力学分析需要进行流固耦合。前面所分析的是复合砂体在无外界介质影响的情况下的拉应力分布，而纤维复合砂体在井下实际是承受压力，因此这里进行复合砂体的压应力分布研究。

复合砂体中的压应力分布非常复杂，为此进行了分析过程的简化，做如下假设：

(1) 基体及纤维在外力作用下均发生弹性形变，界面黏结完好；

(2) 压应力全部由基体承受，纤维只承受剪应力；

(3) 剪应力沿界面和纤维轴向变化，但不随纤维中心轴的环向角而变化；

(4) 不考虑纤维端面上所受的应力。

短纤维总长为 L，纤维半径为 r_f，基体沿纤维轴向压应力为 σ_m，纤维界面的剪应力为 τ_i，基体界面的剪应力为 τ_{ow}，$u(x,r)$ 为沿 x 向在半径为 r 处基体的位移，$\tau(x,r)$ 为相应的剪应力，如图 6-21 所示。

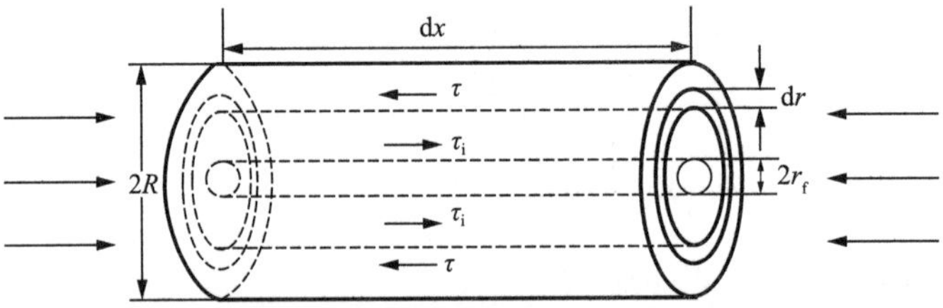

图 6-21　单纤维微元体受压应力示意图

根据上述假设，在长度为 $\mathrm{d}x$ 的单元体中，基体处于内力平衡状态，可得到下列关系式：

$$\pi(R^2-r_f^2)\sigma_m+(2\pi r_f\mathrm{d}x)\tau_i-(2\pi R\mathrm{d}x)\tau_{ow}=\pi(R^2-r_f^2)(\sigma_m+\mathrm{d}\sigma_m) \tag{6-69}$$

式(6-69)中，$(2\pi R\mathrm{d}x)\tau_{ow}$ 即入井流体在微元体表面所造成的剪切影响。

由于假设纤维不承担正应力，因此单元体内部剪应力平衡，得：

$$2\pi r_f\tau_i=2\pi r\tau \tag{6-70}$$

式(6-70)与式(6-2)相同，但因纤维的形变状态不同，故在此再次列出。

式(6-69)可以改写为：

$$\frac{\mathrm{d}\sigma_m}{\mathrm{d}x}=\frac{2r_f\tau_i-2R\tau_{ow}}{R^2-r_f^2}=\frac{2r\tau-2R\tau_{ow}}{R^2-r_f^2} \tag{6-71}$$

再将式(6-71)与式(6-6)联立，建立起 σ_m 与 τ_i 之间的关系：

$$\frac{\mathrm{d}\sigma_m}{\mathrm{d}x}=\frac{2G_m(u_m-u_f)-2R\tau_{ow}\ln(R/r_f)}{(R^2-r_f^2)\ln(R/r_f)} \tag{6-72}$$

对纤维和基体分别应用虎克定律，可得下述关系：

$$\sigma_m=E_m\frac{\mathrm{d}u_m}{\mathrm{d}x} \tag{6-73}$$

$$\varepsilon_f=\bar{\varepsilon}=\frac{\mathrm{d}u_f}{\mathrm{d}x} \tag{6-74}$$

对式(6-72)进行微分，可得：

$$\begin{aligned}\frac{d^2\sigma_m}{dx^2}&=\frac{2G_m}{(R^2-r_f^2)\ln(R/r_f)}\left(\frac{du_m}{dx}-\frac{du_f}{dx}\right)\\&=\frac{2G_m}{(R^2-r_f^2)\ln(R/r_f)}\left(\frac{\sigma_m}{E_m}-\varepsilon_f\right)=\frac{\eta^2}{(R^2-r_f^2)}(\sigma_m-E_m\varepsilon_f)\end{aligned}\tag{6-75}$$

其中：

$$\eta'=\sqrt{\frac{2G_m}{E_m\ln(R/r_f)}}\tag{6-76}$$

式(6-75)的特解为：

$$(\sigma_m)_0=E_m\varepsilon_f$$

式(6-75)的通解为：

$$\sigma_m=(\sigma_m)_0+(\sigma_m)_1=E_m\varepsilon_f+Ae^{\zeta x}+Be^{-\zeta x}\tag{6-77}$$

其中

$$\zeta=\sqrt{\frac{\eta'^2}{(R^2-r_f^2)}}=\frac{\eta'}{\sqrt{R^2-r_f^2}}\tag{6-78}$$

系数 A 和 B 可根据边界条件确定。

微元体在流体的冲刷下，两端应力差值为：

$$\Delta p=\frac{\mu BL}{\pi k_g h_p\rho_p r_p^2}q+\frac{\beta_g\rho B^2L}{\pi^2h_p^2\rho_p^2r_p^4}q^2\tag{6-79}$$

即

$$\sigma_m(L)-\sigma_m(0)=\Delta p\tag{6-80}$$

$$A(e^{\zeta L}-1)+B(e^{-\zeta L}-1)=\Delta p\tag{6-81}$$

此外，靠近炮眼前端的纤维末端附近的基体由于高的应力集中而使纤维末端与基体脱胶，此时纤维端面上所受的剪应力应为0，即当 $x=L$ 时，$\tau_i=0$。由此可得：

$$A\zeta e^{\zeta L}-B\zeta e^{-\zeta L}=-\frac{2R\tau_{ow}}{R^2-r_f^2}\tag{6-82}$$

由式(6-81)、式(6-82)可得：

$$\begin{aligned}A&=-\frac{2R\tau_{ow}}{\zeta(R^2-r_f^2)(e^{\zeta L}-1)}-\frac{\Delta p}{(e^{\zeta L}-1)^2}\\B&=-\frac{2R\tau_{ow}e^{\zeta L}}{\zeta(R^2-r_f^2)(e^{\zeta L}-1)}-\frac{\Delta p\,e^{2\zeta L}}{(e^{\zeta L}-1)^2}\end{aligned}\tag{6-83}$$

由式(6-83)可将式(6-77)改写为：

$$\sigma_m=E_m\varepsilon_f-\frac{2R\tau_{ow}}{\zeta(R^2-r_f^2)(e^{\zeta L}-1)}(e^{\zeta x}+e^{\zeta L}e^{-\zeta x})-\frac{\Delta p}{(e^{\zeta L}-1)^2}(e^{\zeta x}+e^{2\zeta L}e^{-\zeta x})\tag{6-84}$$

将式(6-84)代入式(6-71)可求出：

$$\begin{aligned}\tau_i&=\frac{R^2-r_f^2}{2r_f}\cdot\frac{d\sigma_m}{dx}+\frac{R}{r_f}\tau_{ow}\\&=\frac{R\tau_{ow}}{r_f(e^{\zeta L}-1)}(e^{\zeta L}e^{-\zeta x}-e^{\zeta x})+\frac{\Delta p\zeta(R^2-r_f^2)}{2r_f(e^{\zeta L}-1)^2}(e^{2\zeta L}e^{-\zeta x}-e^{\zeta x})+\frac{R}{r_f}\tau_{ow}\end{aligned}\tag{6-85}$$

2. 单纤维微元体压应力力学模型的特例分析

若令 $a=\dfrac{2R\tau_{ow}}{(R^2-r_f^2)(e^{\zeta L}-1)}$，$b=\dfrac{\zeta\Delta p}{(e^{\zeta L}-1)^2}$，由式(6-84)可知，函数 σ_m 在$(0,L)$内连续二阶可导，在对于一切 $x\in(0,L)$，易知 $\sigma_m''(x)<0$，则函数 σ_m 在$(0,L)$内是上凸的。

σ_m 在靠近炮眼出口 $x=\dfrac{L}{2}+\dfrac{1}{2\zeta}\ln\dfrac{a+be^{\zeta L}}{a+b}$ 处取得最大值$(\sigma_m)_{max}$，有：

$$(\sigma_m)_{max}=E_m\varepsilon_f-\frac{2R\tau_{ow}e^{\zeta\frac{L}{2}}}{\zeta(R^2-r_f^2)(e^{\zeta L}-1)}\left(\sqrt{\frac{a+be^{\zeta L}}{a+b}}+\sqrt{\frac{a+b}{a+be^{\zeta L}}}\right)-\frac{\Delta p e^{\zeta\frac{L}{2}}}{(e^{\zeta L}-1)^2}\left(\sqrt{\frac{a+be^{\zeta L}}{a+b}}+e^{\zeta L}\sqrt{\frac{a+b}{a+be^{\zeta L}}}\right) \tag{6-86}$$

σ_m 在靠近炮眼出口 $x=0$ 处取得最小值$(\sigma_m)_{min}$，有：

$$(\sigma_m)_{min}=E_m\varepsilon_f-\frac{2R\tau_{ow}}{\zeta(R^2-r_f^2)(e^{\zeta L}-1)}(e^{\zeta L}+1)-\frac{\Delta p}{(e^{\zeta L}-1)^2}(e^{2\zeta L}+1) \tag{6-87}$$

由式(6-85)可知，函数 τ_i 在$(0,L)$内连续可导，在对于一切 $x\in(0,L)$，易知 $\tau_i'(x)<0$，则函数 τ_i 在$(0,L)$严格递减。

τ_i 在靠近炮眼出口 $x=0$ 处取得最大值$(\tau_i)_{max}$，有：

$$(\tau_i)_{max}=\frac{R\tau_{ow}}{r_f(e^{\zeta L}-1)}(e^{\zeta L}-1)+\frac{\Delta p\zeta(R^2-r_f^2)}{2r_f(e^{\zeta L}-1)^2}(e^{2\zeta L}-1)+\frac{R}{r_f}\tau_{ow} \tag{6-88}$$

τ_i 在靠近炮眼出口 $x=L$ 处取得最小值$(\tau_i)_{min}$，有：

$$(\tau_i)_{min}=0 \tag{6-89}$$

此外，在靠近炮眼出口 $x=L$ 处有：

$$\sigma_m(x=L)=E_m\varepsilon_f-\frac{2R\tau_{ow}}{\zeta(R^2-r_f^2)(e^{\zeta L}-1)}(e^{\zeta L}+1)-\frac{2\Delta p e^{\zeta L}}{(e^{\zeta L}-1)^2} \tag{6-90}$$

由式(6-84)、式(6-85)可以看出，当短纤维变为连续纤维时，L 趋近于无穷大，即有：

$$\lim_{L\to+\infty}\sigma_m=E_m\varepsilon_f-\left[\frac{2R\tau_{ow}}{\zeta(R^2-r_f^2)}+\Delta p\right]e^{-\zeta x} \tag{6-91}$$

$$\lim_{L\to+\infty}\tau_i=\frac{R}{r_f}\tau_{ow}(1+e^{-\zeta x})+\frac{\Delta p\zeta(R^2-r_f^2)}{2r_f}e^{-\zeta x} \tag{6-92}$$

式(6-76)、式(6-78)中的 η' 因子与基体和纤维的性能(G_m,E_m,R,r_f)以及纤维在基体中的排布(R/r_f)有关。一般以纤维在基体中按正四边形列阵排列或呈正六边形列阵排列来近似估算。

对于短纤维复合砂体，R/r_f 与纤维体积分数之间的关系较难确定，因此，使用式(6-21)计算短纤维增强砂体的 η 和 ζ 因子还需要进一步修正。

3. 短纤维受压应力的影响因素分析

(1) 不同界面结合状态的影响。

① 纤维相对基体呈脆性$(\varepsilon_{fu}<\varepsilon_{mu})$。

纤维与基体界面良好，但靠近炮眼前端的基体发生屈服，导致纤维界面发生滑移。

a. 纤维靠近炮眼出口不发生滑移的部分。

当 $0\leqslant x\leqslant L(1-m)$($m$ 表示因基体屈服纤维端部界面发生滑移的长度比值，$0<m<1$)

时，界面不发生滑移，应力仍由式(6-77)确定。

设 $x=L(1-m)$ 时刚好在产生滑移区的边缘，基体屈服应力为 σ_m^y，设此时纤维中所受到的剪切应力为 τ_{fs_0}，这时式(6-77)中的积分常数为：

$$A=\frac{2r_f\tau_{fs_0}e^{-\zeta L}+2R\tau_{ow}[e^{-\zeta L(1-m)}-e^{-\zeta L}]}{\zeta(R^2-r_f^2)(e^{-\zeta Lm}-e^{\zeta Lm})}$$
$$B=\frac{2r_f\tau_{fs0}e^{\zeta L}+2R\tau_{ow}[e^{\zeta L(1-m)}-e^{\zeta L}]}{\zeta(R^2-r_f^2)(e^{-\zeta Lm}-e^{\zeta Lm})} \tag{6-93}$$

由此可得：

$$\sigma_m= E_m\varepsilon_f+\frac{2r_f\tau_{fs_0}e^{-\zeta L}+2R\tau_{ow}[e^{-\zeta L(1-m)}-e^{-\zeta L}]}{\zeta(R^2-r_f^2)(e^{-\zeta Lm}-e^{\zeta Lm})}e^{\zeta x}+\frac{2r_f\tau_{fs_0}e^{\zeta L}+2R\tau_{ow}[e^{\zeta L(1-m)}-e^{\zeta L}]}{\zeta(R^2-r_f^2)(e^{-\zeta Lm}-e^{\zeta Lm})}e^{-\zeta x},$$
$$0\leqslant x\leqslant L(1-m),0<m<1 \tag{6-94}$$

利用式(6-71)可得：

$$L(1-m)\leqslant x\leqslant L,\quad \tau_i=-\sigma_m^y \tag{6-95}$$

即

$$\tau_{fs0}=-\sigma_m^y$$

可求得：

$$\sigma_m=E_m\varepsilon_f+\frac{2R\tau_{ow}[e^{-\zeta L(1-m)}-e^{-\zeta L}]-2r_f\sigma_m^y e^{-\zeta L}}{\zeta(R^2-r_f^2)(e^{-\zeta Lm}-e^{\zeta Lm})}e^{\zeta x}+\frac{2R\tau_{ow}[e^{\zeta L(1-m)}-e^{\zeta L}]-2r_f\sigma_m^y e^{\zeta L}}{\zeta(R^2-r_f^2)(e^{-\zeta Lm}-e^{\zeta Lm})}e^{-\zeta x},$$
$$0\leqslant x\leqslant L(1-m),0<m<1 \tag{6-96}$$

对式(6-96)进行微分，求出：

$$\tau_i=\frac{\frac{R}{r_f}\tau_{ow}[e^{-\zeta L(1-m)}-e^{-\zeta L}]-\sigma_m^y e^{-\zeta L}}{e^{-\zeta Lm}-e^{\zeta Lm}}e^{\zeta x}-\frac{\frac{R}{r_f}\tau_{ow}[e^{\zeta L(1-m)}-e^{\zeta L}]-\sigma_m^y e^{\zeta L}}{e^{-\zeta Lm}-e^{\zeta Lm}}e^{-\zeta x}+\frac{R}{r_f}\tau_{ow},$$
$$0\leqslant x\leqslant L(1-m),0<m<1 \tag{6-97}$$

b. 纤维靠近炮眼前端的滑移区。

此时界面剪切应力为恒值，且等于基体屈服应力。利用式(6-71)、式(6-95)、式(6-96)可以求出基体中的压应力 σ_m。

$$\sigma_m= E_m\varepsilon_f+\frac{2R\tau_{ow}(2-e^{-\zeta Lm}-e^{\zeta Lm})-2r_f\sigma_m^y(e^{-\zeta Lm}+e^{\zeta Lm})}{\zeta(R^2-r_f^2)(e^{-\zeta Lm}-e^{\zeta Lm})}+\frac{2R\tau_{ow}+2r_f\sigma_m^y}{R^2-r_f^2}[L(1-m)-x],$$
$$L(1-m)\leqslant x\leqslant L,\ 0<m<1 \tag{6-98}$$

在式(6-98)中，由 $\sigma_m|_{x=L(1-m)}=\sigma_m^y$ 可以得出下述超越方程以求出 m 值，从而估算出因界面层基体屈服而发生滑移的长度：

$$\sigma_m^y=E_m\varepsilon_f+\frac{2R\tau_{ow}(2-e^{-\zeta Lm}-e^{\zeta Lm})-2r_f\sigma_m^y(e^{-\zeta Lm}+e^{\zeta Lm})}{\zeta(R^2-r_f^2)(e^{-\zeta Lm}-e^{\zeta Lm})} \tag{6-99}$$

② 纤维相对基体呈脆性($\varepsilon_{fu}<\varepsilon_{mu}$)，且界面发生摩擦滑移。

当纤维与基体之间的界面只是单纯机械结合，且纤维相对基体呈脆性($\varepsilon_{fu}<\varepsilon_{mu}$)，则界面的剪切载荷达到某一临界值 $\omega\tau_m^y$(ω 为一无量纲因子，$0\leqslant\omega\leqslant1$)时，界面将以其阻力为小于 $\omega\tau_m^y$ 的方式发生摩擦滑移。

设在 $x=L(1-m)$，$0<m<1$ 处发生界面摩擦滑移，如果此时基体的临界应力为 σ_{mc}，则利用式(6-96)有：

$$\sigma_{mc}=E_m\varepsilon_f+\frac{2R\tau_{ow}(2-e^{-\zeta Lm}-e^{\zeta Lm})-2\omega r_f\tau_m^y(e^{-\zeta Lm}+e^{\zeta Lm})}{\zeta(R^2-r_f^2)(e^{-\zeta Lm}-e^{\zeta Lm})} \tag{6-100}$$

在纤维未滑移的区域，即 $0\leqslant x\leqslant L(1-m)$，$0<m<1$ 时，可分别利用式(6-96)、式(6-97)确定 σ_m 和 τ_i：

$$\sigma_m=E_m\varepsilon_f+\frac{2R\tau_{ow}[e^{-\zeta L(1-m)}-e^{-\zeta L}]-2\omega r_f\tau_m^y e^{-\zeta L}}{\zeta(R^2-r_f^2)(e^{-\zeta Lm}-e^{\zeta Lm})}e^{\zeta x}+\frac{2R\tau_{ow}[e^{\zeta L(1-m)}-e^{\zeta L}]-2\omega r_f\tau_m^y e^{\zeta L}}{\zeta(R^2-r_f^2)(e^{-\zeta Lm}-e^{\zeta Lm})}e^{-\zeta x},$$

$$0\leqslant x\leqslant L(1-m),\ 0<m<1 \tag{6-101}$$

$$\tau_i=\frac{\frac{R}{r_f}\tau_{ow}[e^{-\zeta L(1-m)}-e^{-\zeta L}]-\omega\tau_m^y e^{-\zeta L}}{e^{-\zeta Lm}-e^{\zeta Lm}}e^{\zeta x}-\frac{\frac{R}{r_f}\tau_{ow}[e^{\zeta L(1-m)}-e^{\zeta L}]-\omega\tau_m^y e^{\zeta L}}{e^{-\zeta Lm}-e^{\zeta Lm}}e^{-\zeta x}+\frac{R}{r_f}\tau_{ow},$$

$$0\leqslant x\leqslant L(1-m),0<m<1 \tag{6-102}$$

在纤维滑移区内，当 $\mu\sigma_{rt}<\omega\tau_m^y$ 时，有：

$$L(1-m)\leqslant x\leqslant L,\quad \tau_i=-\mu\sigma_{rt} \tag{6-103}$$

式中 σ_{rt}——纤维与基体间界面上受到的正应力，MPa；

μ——界面滑动时的摩擦系数。

考虑到 $x=L(1-m)$ 时 $\sigma_m=\sigma_{mc}$，由式(6-71)、式(6-100)、式(6-103)可以求出纤维滑移区内有：

$$\sigma_m=E_m\varepsilon_f+\frac{2R\tau_{ow}(2-e^{-\zeta Lm}-e^{\zeta Lm})-2\omega r_f\tau_m^y(e^{-\zeta Lm}+e^{\zeta Lm})}{\zeta(R^2-r_f^2)(e^{-\zeta Lm}-e^{\zeta Lm})}+$$

$$\frac{2R\tau_{ow}+2\mu r_f\sigma_{rt}}{R^2-r_f^2}[L(1-m)-x],\qquad L(1-m)\leqslant x\leqslant L,0<m<1$$

$$\tag{6-104}$$

由 $\sigma_m|_{x=L(1-m)}=\sigma_{mc}$ 可以得出超越方程式(6-105)以求出 m 值，从而估算界面滑动摩擦区域的长度：

$$\sigma_{mc}=E_m\varepsilon_f+\frac{2R\tau_{ow}(2-e^{-\zeta Lm}-e^{\zeta Lm})-2\omega r_f\tau_m^y(e^{-\zeta Lm}+e^{\zeta Lm})}{\zeta(R^2-r_f^2)(e^{-\zeta Lm}-e^{\zeta Lm})} \tag{6-105}$$

比较式(6-95)、式(6-97)与式(6-102)、式(6-103)可知，在前一种情况下 τ_i 的分布是连续的，而在后种情况下 τ_i 的分布是间断的。

将 σ_{rt} 表示为：

$$\sigma_{rt}=\sigma_r+\nu_m E_m\varepsilon_m \tag{6-106}$$

式中 σ_r——基体固化过程中的残余压应力，MPa；

$\nu_m E_m\varepsilon_m$——基体沿纤维方向受压时基体的横向收缩变形而产生的压应力，MPa；

ν_m——基体材料的泊松比。

因为前提条件为 $\varepsilon_{fu}<\varepsilon_{mu}$，故不考虑纤维的泊松效应。

③ 纤维相对基体呈韧性（$\varepsilon_{fu}>\varepsilon_{mu}$），且界面发生摩擦滑移。

此时，基体受到沿纤维轴向的压力，纤维因为泊松效应的横向收缩变形与基体的收缩变形量级相当，不能忽略，将式(6-106)改写为：

$$\sigma_{rt}=\sigma_r+\nu_m\sigma_m-\nu_f E_m\varepsilon_f \tag{6-107}$$

式中 ν_f——纤维的泊松比。

利用式(6-100)、式(6-101)、式(6-102) 可以分别估算出在 $x=L(1-m)$，$0<m<1$ 界

面发生摩擦滑移时，树脂基体受到的临界正应力 σ_{mc}，以及在未发生滑移区域，即 $L(1-m) \leqslant x \leqslant L, 0 < m < 1$ 时基体所受的正应力 σ_m 和界面剪应力 τ_i 的分布。

至于在纤维滑移区内，即 $0 \leqslant x \leqslant L(1-m), 0 < m < 1$ 时，基体所受的正应力分布可以根据式(6-71)、式(6-103)、式(6-107)得出：

$$\sigma_m = \frac{\exp\left(-\frac{2\mu r_f \nu_m}{R^2 - r_f^2}x\right) - R\tau_{ow} - \mu r_f(\sigma_r - \nu_f E_m \varepsilon_f)}{\mu r_f \nu_m} + C,$$
$$0 \leqslant x \leqslant L(1-m), 0 < m < 1 \tag{6-108}$$

当 $x = L(1-m)$ 时，σ_m 由式(6-100)确定，即

$$\sigma_m = \sigma_{mc} = E_m \varepsilon_f + \frac{2R\tau_{ow}(2 - e^{-\zeta Lm} - e^{\zeta Lm}) - 2\omega r_f \tau_m^y (e^{-\zeta Lm} + e^{\zeta Lm})}{\zeta(R^2 - r_f^2)(e^{-\zeta Lm} - e^{\zeta Lm})}$$

由此确定积分常数 C 后，可得出：

$$\sigma_m = \sigma_{mc} + \frac{1}{\mu r_f \nu_m}\left\{\exp\left(-\frac{2\mu r_f \nu_m}{R^2 - r_f^2}x\right) - \exp\left[-\frac{2\mu r_f \nu_m}{R^2 - r_f^2}L(1-m)\right]\right\},$$
$$0 \leqslant x \leqslant L(1-m), 0 < m < 1 \tag{6-109}$$

利用式(6-109)也可以确定出代表滑移区长度的 m 值。

(2) 纤维之间相互作用的影响。

纤维基体压应力分布求解是从图 6-22 所示的简化纤维基体毛细管渗流模型分析入手的，正如分析纤维基体承受拉应力时一样，实际上纤维之间是通过纤维端部相互影响的。随机取向短纤维增强砂体人工井壁的强度计算仍和拉应力分析时的相同，引入方位因子，并在后续的实验中加以验证。

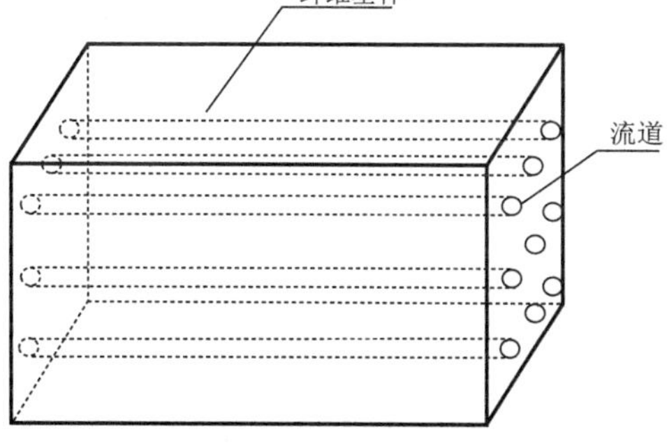

图 6-22 纤维基体毛细管渗流模型

4. 井下条件下单向平行短纤维增强砂体的工程常数和强度

(1) 工程常数。

从式(6-46)Halpin-Tsai 方程可知，当 $\varepsilon = 0$ 时，可得：

$$\frac{1}{M} = \frac{v_f}{M_f} + \frac{v_m}{M_m} \tag{6-110}$$

式(6-110)给出了纤维复合体工程常数的下限。如果 $\varepsilon \to \infty$，则得：

$$M = M_f v_f + M_m v_m \tag{6-111}$$

式(6-111)是为人所熟知的混合律,给出了纤维复合体工程常数的上限。由此可知,ε 越大表示纤维增强作用越大。

可以得知单向平行短纤维复合砂体纵向拉伸模量 E_L、横向拉伸模量 E_T 和面内剪切模量 E_S 的预测值仍由式(6-47)、式(6-48)、式(6-49)确定。

(2) 单向平行短纤维增强砂体的强度。

① 临界长度。

如果纤维的极限强度为 τ_{iu},并将此时基体的强度记为 σ_{iu},纤维的长度就等于纤维的临界长度 L_c。此时,纤维的临界长度就是短纤维的最大剪切应力达到纤维的破坏应力所必需的最小长度。

利用式(6-88)可得:

$$\tau_{iu}=(\tau_i)_{max}=\frac{R\tau_{ow}}{r_f(e^{\zeta L}-1)}(e^{\zeta L}-1)+\frac{\Delta P\zeta(R^2-r_f^2)}{2r_f\ (e^{\zeta L}-1)^2}(e^{2\zeta L}-1)+\frac{R}{r_f}\tau_{ow} \tag{6-112}$$

式(6-112)是确定纤维基体人工井壁中纤维临界长度的公式。从式中可知,给出一组 τ_{ow},Δp,就能确定该条件下的纤维临界长度 L_c。在短纤维复合材料中,要使纤维能够充分发挥增强效应,其长度必须等于或大于其临界长度。

② 复合砂体强度和临界长度的关系。

正如纤维砂体拉应力分析一样,也需对基体的平均应力分为 $L=L_c$,$L>L_c$,$L<L_c$ 三种情况进行讨论。

单向平行短纤维增强砂体的纵向抗压强度可按混合定律估算:

$$\sigma_m=V_f\sigma_f^*+(1-V_f)\bar{\sigma}_m \tag{6-113}$$

式中 $\sigma_f^*=\dfrac{\bar{\sigma}_m}{E_m}E_f$—— 基体应变等于纤维应变时纤维的应力,MPa;

$\bar{\sigma}_m$——基体的平均应力,MPa;

V_f——纤维体积分数,%。

③ 纤维长度随机分布时纤维砂体的强度。

如果砂体中含有不同长度的纤维,小于临界长度的纤维长度为 L_i,相应的纤维体积分数为 V_{fi},大于临界长度的纤维长度为 L_j,相应的纤维体积分数为 V_{fj},则由此可得:

$$\begin{aligned}\sigma_m=&\sum_i^{L_i<L_c}[(1-V_f)_i\bar{\sigma}_m(L_i<L_c)]+[(1-V_f)_c\bar{\sigma}_m(L=L_c)]\big|_{L=L_c}+\\&\sum_j^{L_j>L_c}[(1-V_f)_j\bar{\sigma}_m(L_j>L_c)]+V_f\sigma_f^*\end{aligned} \tag{6-114}$$

其中:

$$V_m=(1-V_f)_c+\sum(1-V_f)_i+\sum(1-V_f)_j$$

式中 V_m——树脂基体体积分数,%;

$(1-V_f)_c$——等于临界长度的纤维体积分数,%;

$(1-V_f)_i$——小于临界长度的纤维体积分数,%;

$(1-V_f)_j$——大于临界长度的纤维体积分数，%。

5. 受压应力时随机取向短纤维增强砂体的强度

短纤维复合砂体中的短纤维通常不是平行排列的，其方位是随机的，因此仍引入方位因子 $C_o(0<C_o\leqslant 1)$。

对式(6-113)进行修正，在纤维随机取向的情况下，混合律可以改写为：

$$\sigma_m = V_f\sigma_f^* F(L_c/L)C_o + (1-V_f)\bar{\sigma}_m \tag{6-115}$$

或者

$$\begin{aligned}\sigma_m = &\sum_i^{L_i<L_c}[(1-V_f)_i\bar{\sigma}_m(L_i<L_c)] + [(1-V_f)_c\bar{\sigma}_m(L=L_c)]\big|_{L=L_c} + \\ &\sum_j^{L_j>L_c}[(1-V_f)_j\bar{\sigma}_m(L_j>L_c)] + V_f\sigma_f^* F(L_c/L)C_o\end{aligned} \tag{6-116}$$

式中，C_o 由式(6-61)确定，而函数 $F(L_c/\bar{L})$ 由式(6-65)确定。

Jackson-Cratchley 提出，单向连续纤维复合材料有三种可能的破坏机理，即纤维断裂、基体剪切和基体由于正应变而破坏。对方位随机的短纤维复合砂体而言，在压应力作用下既发生纤维断裂，又发生界面和基体的破坏。究竟哪一种机理真正起作用，要由纤维和受力方向之间的角度 θ 来定。设其失效应力为 σ_c，转换成正轴应力后，有：

$$\sigma_c = \begin{cases}\sigma_{c1} = \sigma'_c/\cos^2\theta & (0\leqslant\theta\leqslant\theta_1，\text{纤维拉伸破坏}) \\ \sigma_{c2} = \tau_m/(\sin\theta\cos\theta) & (\theta_1\leqslant\theta\leqslant\theta_2，\text{纤维与基体间界面剪切破坏}) \\ \sigma_{c3} = \sigma_m/\sin^2\theta & (\theta_2\leqslant\theta\leqslant\pi/2，\text{基体拉伸破坏})\end{cases} \tag{6-117}$$

式中　σ'_c——由混合律确定的单向复合砂体沿纤维方向的强度，MPa；

σ_m——基体抗压强度，MPa；

τ_m——纤维与基体间的界面剪切强度，MPa；

θ_1——抗压破坏模式向界面剪切破坏模式转变的临界角，(°)；

θ_2——界面剪切破坏模式向抗压破坏模式转变的临界角，(°)。

6. 纤维复合砂体强度压应力模型预测实例

以孤岛 GD2-26-31 井为例进行说明。GD2-26-31 井位于孤岛中二中馆 3-4/Z1 单元，防砂层位 NGS 33-35。

油层基础数据：油层中深 1 203 m，套管外径 177.8 mm，射孔厚度 9.3 m，射孔密度 16 个/m，孔眼直径 13 mm，平均孔隙度 32.9%，渗透率 1.288 μm^2，地层砂粒度中值 0.117 mm，泥质含量 10.2%，地面原油黏度 750 mPa·s，地层水矿化度 3 000 mg/L，油层温度 70 ℃，防砂后开井初期油井产液量 52.23 m^3，目前稳定在 72 m^3 左右。

防砂材料基础数据：纤维的弹性模量 70 GPa、剪切模量 30 GPa，树脂基体的拉伸模量 1.0 GPa，剪切模量 4.02 GPa，纤维加量 1%，纤维长度 10 mm，纤维直径 15 μm。

图 6-23 所示的结果表明，纤维复合体极限强度随产量呈指数增加，这可以从式(6-79)中加以解释，当油气井产量很大时，炮眼出口的流速非常高，流体处于紊流状态，二次方项的存

在使得临界产量增加,导致纤维复合体的极限强度呈指数增加,也就是说在这个临界产量下生产,纤维复合体的强度必须大于临界产量所对应的纤维复合体极限强度,充填体才不会被破坏。以日产量 70 m^3/d 为例,由图可以看出此时所对应的复合体的极限强度为 4.45 MPa,而室内评价孤岛 GD2-26-31 井用纤维复合体抗压强度为 6.15 MPa,可见纤维复合体抗压强度大于其在该产量下的极限强度。

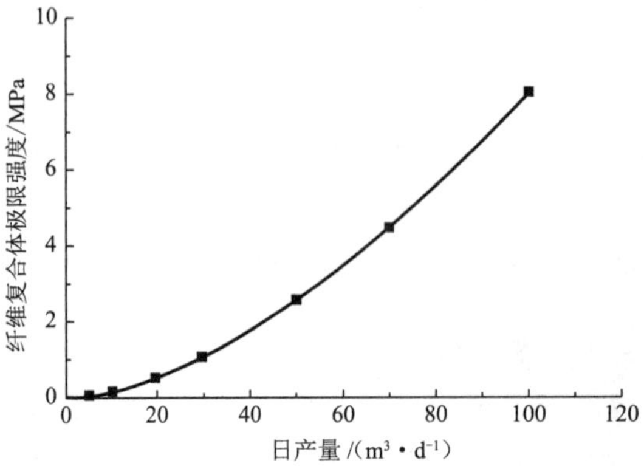

图 6-23 纤维复合体极限强度与日产量的关系曲线

第三节 纤维复合防砂井产能预测与评价

防砂井的产能预测与评价对于合理地选择和设计防砂方案、选择防砂后举升方式及调整生产参数,进而充分发挥油气井经济潜力具有重要意义。

传统的防砂技术,如砾石充填防砂工艺、树脂砂浆防砂工艺等,在防砂的同时限制了油气井产能,甚至造成了油气井产能的极大下降。而纤维复合防砂技术不仅适用于疏松砂岩油气藏的高压充填作业,还可以配套端部脱砂压裂技术同时使用,达到增产及防止地层出砂的双重效果。因此,本节针对纤维复合防砂技术施工工艺的特点,以油气井防砂前的流入动态为基础,分别建立高压充填以及端部脱砂压裂充填防砂后油气井的流入动态预测模型。

一、高压充填防砂井产能预测

纤维防砂高压充填防砂井供给边缘到井筒的流动分为三部分:从供给边缘至纤维防砂复合体充填带外边缘(其中可分为从供给边缘至污染半径、从污染半径到过渡带半径以及过渡带三个区域)的平面径向流,射孔孔眼附近纤维防砂复合体充填带的球面向心流,以及通过射孔孔眼的单向流,如图 6-24 所示。

纤维防砂高压充填防砂井的总压降为上述各流动区域压降之和,即

$$p_e - p_w = (p_e - p_d) + (p_d - p_{tz}) + (p_{tz} - p_{sp}) + (p_{sp} - p_p) + (p_p - p_w) \tag{6-118}$$

式中 p_e——地层供给边缘压力,Pa;

p_w——井底流压,Pa;

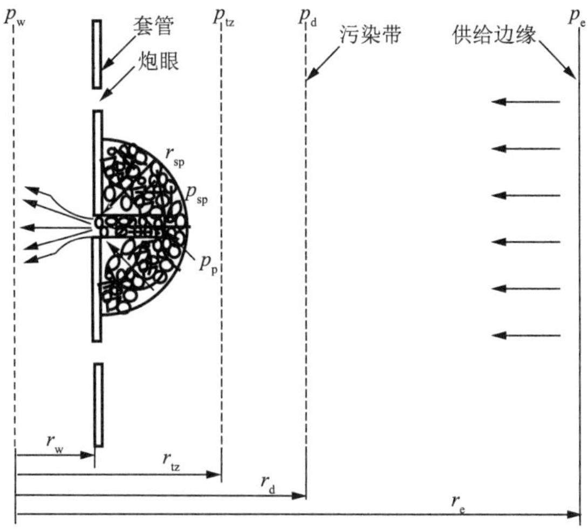

图 6-24 纤维防砂高压充填防砂井地层流动示意图

p_d——污染带外边缘压力,Pa;

p_{tz}——过渡带外边缘压力,Pa;

p_{sp}——炮眼外纤维砂体充填层外边缘压力,Pa;

p_p——射孔孔眼前端压力,Pa。

1. 高压充填防砂井各区域流动压降的计算

(1) 充填射孔炮眼压降的计算。

如图 6-25 所示,假设射孔炮眼形状规则,炮眼内填满具有一定渗透性的树脂涂覆砂,则可认为其中的流动为单向流,表观流速为:

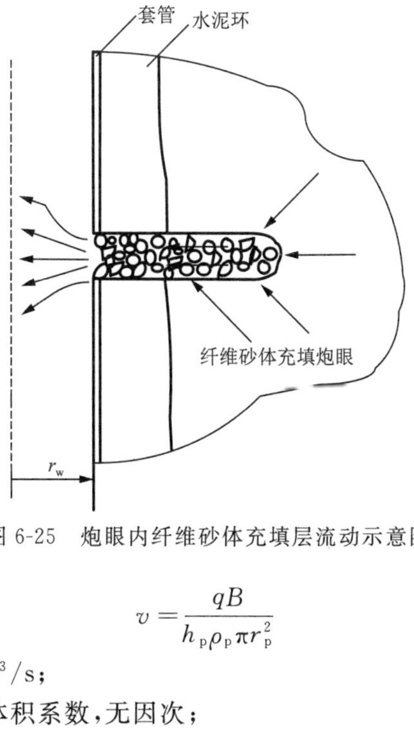

图 6-25 炮眼内纤维砂体充填层流动示意图

$$v=\frac{qB}{h_p\rho_p\pi r_p^2} \tag{6-119}$$

式中 q——油气井流量,m^3/s;

B——原油/天然气体积系数,无因次;

h_p——油气层射开厚度，m；

ρ_p——射孔密度，孔/m；

r_p——射孔炮眼半径，m；

v——炮眼内流体表观流速，m/s。

Forchheimer 方程给出了层流/紊流与压力梯度的关系：

$$\frac{dp}{dl}=\frac{\mu}{K}v+\beta\rho v^2 \tag{6-120}$$

将式(6-119)代入式(6-120)，并从 $l=0\rightarrow L_p$ 将方程两端积分得到射孔炮眼充填层中的流动压降 Δp_1：

$$\Delta p_1=\frac{\mu BL_p}{\pi K_g h_p\rho_p r_p^2}q+\frac{\beta_g\rho B^2L_p}{\pi^2h_p^2\rho_p^2r_p^4}q^2 \tag{6-121}$$

式中 μ——原油/天然气黏度，Pa·s；

L_p——射孔炮眼长度，m；

K_g——充填层渗透率，m^2；

β_g——胶结充填层紊流速度系数，m^{-1}；

ρ——原油/天然气密度，kg/m^3；

Δp_1——射孔炮眼中的流动压降，Pa。

(2) 纤维防砂复合体充填带的流动压降。

在套管射孔树脂涂覆砂充填防砂井中，套管外充填层中的压降是影响树脂涂覆砂充填防砂设计和产能预测的重要参数，其中流体的流动是射孔孔眼附近的球面向心流。

在该区域内，认为充满树脂涂覆砂，任一渗流截面上的流速为：

$$v=\frac{qB}{h_p\rho_p 2\pi r^2} \tag{6-122}$$

式中 r——以射孔炮眼为球心任一球形截面的半径，$r=180/(\rho_p s)$，m；

s——套管射孔相位角，(°)。

由 Forchheimer 方程可知：

$$\frac{dp}{dr}=\frac{\mu}{k}v+\beta\rho v^2 \tag{6-123}$$

将式(6-122)代入式(6-123)，并从 $r=r_p\rightarrow(r_{sp}-r_w)$ 将方程两端积分得到充填带中的流动压降 Δp_2：

$$\Delta p_2=\frac{\mu qB}{2\pi K_g h_p\rho_p}\left(\frac{1}{r_p}-\frac{1}{r_{sp}-r_w}\right)+\frac{\beta_g\rho q^2B^2}{12\pi^2h_p^2\rho_p^2}\left[\frac{1}{r_p^3}-\frac{1}{(r_{sp}-r_w)^3}\right] \tag{6-124}$$

式中 r_{sp}——纤维防砂复合体充填带半径，m；

r_w——防砂井眼半径，m。

(3) 过渡带的流动压降。

在高压充填过程中，充填入地层的树脂涂覆砂在充填压力下必然会与地层砂混合，形成过渡带，该过渡带的渗透率小于充填层渗透率，对地层流体的渗流能力具有一定的阻挡作用。其阻挡作用大小与充填工艺过程、地层特性等因素之间具有密切的关系，分析过渡带的流动压降或表皮系数，对于防砂井高压充填后产能预测具有重要意义。

考虑过渡带中流体的流动是径向流，则任一半径 r 处的流速为：

$$v=\frac{qB}{2\pi rh} \tag{6-125}$$

式中 h——油气层厚度，m。

将式(6-125)代入式(6-123)可得：

$$\mathrm{d}p=\left(\frac{q\mu B}{2\pi K_{\mathrm{tz}}h}\cdot\frac{1}{r}+\beta_{\mathrm{tz}}\rho\frac{q^2B^2}{4\pi^2h^2}\cdot\frac{1}{r^2}\right)\mathrm{d}r \tag{6-126}$$

式中 K_{tz}——过渡带渗透率，m^2；

β_{tz}——过渡带紊流速度系数，m^{-1}。

将上式两端从 $r=r_{\mathrm{sp}}\rightarrow r_{\mathrm{tz}}$ 积分得到过渡带中的层流及紊流流动压降 Δp_3：

$$\Delta p_3=q\frac{\mu B}{2\pi K_{\mathrm{tz}}h}\ln\frac{r_{\mathrm{tz}}}{r_{\mathrm{sp}}}+q^2\frac{\beta_{\mathrm{tz}}\rho B^2}{4\pi^2h^2}\left(\frac{1}{r_{\mathrm{sp}}}-\frac{1}{r_{\mathrm{tz}}}\right) \tag{6-127}$$

式中 r_{tz}——过渡带半径，m。

过渡带的厚度 r_{d} 可以通过式(6-128)进行近似求解：

$$r_{\mathrm{d}}=18.447\,64\ln x_1+20.814\,32\ln x_2+36.889\,88\ln x_3-184.9497 \tag{6-128}$$

而过渡带渗透率 K_{tz}则可由式(6-129)进行估算：

$$K_{\mathrm{tz}}=0.113\,687\,8x_1^{2.070\,052\,1}+51.592\,11\times\ln x_2+2.050\,082x_3^{-3.902\,222}+63.517\,83x_4^{0.434\,229\,8}-4.209\,333 \tag{6-129}$$

式中 x_1——充填压力，MPa；

x_2——充填层渗透率与地层原始渗透率的比值($K_{充}/K_{原}$)；

x_3——充填半径，cm；

x_4——充填砾石渗透率，$10^{-3}\mu\mathrm{m}^2$。

从式(6-128)、式(6-129)可知，在其他条件相同时，随着充填带渗透率的增加，过渡带渗透率也逐渐增加；随着充填压力的增加，过渡带渗透率先大幅度下降，然后维持稳定；而充填半径对过渡带渗透率的影响较小。

(4) 过渡带半径到污染半径的流动压降。

根据射孔深度与污染深度的关系，井眼附近的地层污染可以分为射孔炮眼在污染区域之内和射孔炮眼穿透污染区域两种情况。此时所考虑的是当射孔炮眼在污染区域之内即未穿透污染区域时的情况，类似于过渡带流动压降的推导过程。

由式(6-123)、式(6-125)，并从 $r=r_{\mathrm{tz}}\rightarrow r_{\mathrm{d}}$ 将方程两端积分得到过渡带以外污染区中的流动压降 Δp_4：

$$\Delta p_4=q\frac{\mu B}{2\pi K_{\mathrm{d}}h}\ln\frac{r_{\mathrm{d}}}{r_{\mathrm{tz}}}+q^2\frac{\beta_{\mathrm{d}}\rho B^2}{4\pi^2h^2}\left(\frac{1}{r_{\mathrm{tz}}}-\frac{1}{r_{\mathrm{d}}}\right) \tag{6-130}$$

式中 K_{d}——污染带渗透率，m^2；

β_{d}——污染带紊流速度系数，m^{-1}；

r_{d}——污染带半径，m。

(5) 供油半径到污染半径之间地层中的流动压降。

供油半径到污染半径之间的地层中的流动为径向流动，由式(6-123)、式(6-125)，并从

$r = r_d \to r_e$ 将方程两端积分得到供油半径到污染半径之间地层中的流动压降 Δp_5：

$$\Delta p_5 = q\frac{\mu B}{2\pi K_f h}\ln\frac{r_e}{r_d} + q^2\frac{\beta_f \rho B^2}{4\pi^2 h^2}\left(\frac{1}{r_d} - \frac{1}{r_e}\right) \tag{6-131}$$

由于 $r_e \gg r_d$，因此可得：

$$\Delta p_5 = q\frac{\mu B}{2\pi K_f h}\ln\frac{r_e}{r_d} + q^2\frac{\beta_f \rho B^2}{4\pi^2 h^2 r_d} \tag{6-132}$$

式中 K_f——地层平均渗透率，m^2；

β_f——地层中的紊流速度系数，m^{-1}；

r_e——供油半径，m。

2. 高压充填防砂井各流动区域的表皮系数计算

(1) 流动区域表皮系数的计算。

根据以上分析可知，若不考虑其他特殊情况，纤维复合高压充填防砂井从油气层到井筒的总压降为：

$$\Delta p = \Delta p_1 + \Delta p_2 + \Delta p_3 + \Delta p_4 + \Delta p_5 \tag{6-133}$$

由产能指数定义知：

$$PI = \frac{q}{\Delta p} = \frac{q}{\Delta p_1 + \Delta p_2 + \Delta p_3 + \Delta p_4 + \Delta p_5} \tag{6-134}$$

将各压降的表达式代入式(6-134)可以得到拟稳态下的产能指数公式：

$$PI = 2\pi K_f h \Bigg/ \Bigg\{\mu B\Bigg\{\left[\frac{h}{h_p}\frac{K_f}{K_g}\frac{2L_p}{\rho_p r_p^2} + \frac{h}{h_p}\frac{K_f}{K_g}\frac{1}{\rho_p}\left(\frac{1}{r_p} - \frac{1}{r_{sp} - r_w}\right) + \frac{K_f}{K_{tz}}\ln\frac{r_{tz}}{r_{sp}} + \frac{K_f}{K_d}\ln\frac{r_d}{r_{tz}}\right] + \ln\frac{0.472 r_e}{r_d} + qD\Bigg\{B + \frac{\beta_g}{\beta_f}\frac{h^2}{h_p^2}\frac{4BL_p r_d}{\rho_p^2 r_p^4} + \frac{\beta_g}{\beta_f}\frac{h^2}{h_p^2}\frac{Br_d}{3\rho_p^2}\left[\frac{1}{r_p^3} - \frac{1}{(r_{sp} - r_w)^3}\right] + \frac{\beta_{tz}}{\beta_f}Br_d\left(\frac{1}{r_{sp}} - \frac{1}{r_{tz}}\right) + \frac{\beta_d}{\beta_f}Br_d\left(\frac{1}{r_{tz}} - \frac{1}{r_d}\right)\Bigg\}\Bigg\}\Bigg\} \tag{6-135}$$

其中：

$$D = \frac{\rho\beta_f K_f}{2\pi\mu h r_d} \tag{6-136}$$

令

$$S_i^l = \frac{h}{h_p}\frac{K_f}{K_g}\frac{2L_p}{\rho_p r_p^2} \tag{6-137}$$

$$S_{sp}^l = \frac{h}{h_p}\frac{K_f}{K_g}\frac{1}{\rho_p}\left(\frac{1}{r_p} - \frac{1}{r_{sp} - r_w}\right) \tag{6-138}$$

$$S_{tz}^l = \frac{K_f}{K_{tz}}\ln\frac{r_{tz}}{r_{sp}} \tag{6-139}$$

$$S_d^l = \frac{K_f}{K_d}\ln\frac{r_d}{r_{tz}} \tag{6-140}$$

$$S_i^t = \frac{\beta_g}{\beta_f}\frac{h^2}{h_p^2}\frac{4BL_p r_d}{\rho_p^2 r_p^4} \tag{6-141}$$

$$S_{sp}^t = \frac{\beta_g}{\beta_f}\frac{h^2}{h_p^2}\frac{Br_d}{3\rho_p^2}\left[\frac{1}{r_p^3} - \frac{1}{(r_{sp} - r_w)^3}\right] \tag{6-142}$$

$$S_{tz}^{t}=\frac{\beta_{tz}}{\beta_{f}}Br_{d}\left(\frac{1}{r_{sp}}-\frac{1}{r_{tz}}\right) \tag{6-143}$$

$$S_{d}^{t}=\frac{\beta_{d}}{\beta_{f}}Br_{d}\left(\frac{1}{r_{tz}}-\frac{1}{r_{d}}\right) \tag{6-144}$$

式中 PI——产能系数，$m^3/(s\cdot Pa)$；

S_i^l——树脂涂覆砂充填炮眼层流表皮系数；

S_i^t——树脂涂覆砂充填炮眼紊流表皮系数；

S_{sp}^l——纤维防砂复合体充填带层流表皮系数；

S_{sp}^t——纤维防砂复合体充填带紊流表皮系数；

S_{tz}^l——过渡带层流表皮系数；

S_{tz}^t——过渡带紊流表皮系数；

S_d^l——过渡带以外污染带层流表皮系数；

S_d^t——过渡带以外污染带紊流表皮系数；

D——紊流系数，$kPa/(m^3/d)^2$。

纤维复合防砂体充填造成的附加层流表皮系数为：

$$S_{fs}^{l}=S_{i}^{l}+S_{sp}^{l}+S_{tz}^{l} \tag{6-145}$$

纤维复合防砂体充填造成的附加紊流表皮系数为：

$$S_{fs}^{t}=S_{i}^{t}+S_{sp}^{t}+S_{tz}^{t} \tag{6-146}$$

(2) 射孔表皮系数的计算。

根据已有的研究成果，射孔紊流表皮系数 $S_p^t=0$。

射孔层流表皮系数 S_p^l 由水平流动表皮系数 S_h、垂直流动表皮系数 S_{wb} 和井筒效应表皮系数 S_v 组成：

$$S_{p}^{l}=S_{h}+S_{wb}+S_{v} \tag{6-147}$$

$$S_{h}=\ln\frac{r_{w}}{r_{we}} \tag{6-148}$$

其中，r_{we} 为有效井筒半径，若 0 相位射孔，则 $r_{we}=L_p/4$，否则 $r_{we}=a(r_w+L_p)$，a 仅与射孔相位有关。

$$S_{wb}=c_{1}\exp\left(c_{2}\frac{r_{w}}{r_{w}+L_{p}}\right) \tag{6-149}$$

$$S_{v}=10^{a}\times h_{D}^{b-1}\times r_{PD}^{b} \tag{6-150}$$

其中，$r_{PD}=r_p\rho_p$，$h_D=\dfrac{1}{L_p\rho_p}$，$a=a_1\lg r_{PD}+a_2$，$b=b_1r_{PD}+b_2$，a_1，a_2，b_1，b_2 为与射孔相位有关的参数。

综合考虑射孔表皮系数和纤维复合防砂体充填造成的附加表皮系数，套管射孔充填井产能指数为：

$$PI=\frac{q}{\Delta p}=\frac{2\pi K_{f}h}{\mu B\left[\ln\frac{0.472r_{e}}{r_{d}}+S_{l}+qD(B+S_{t})\right]} \tag{6-151}$$

其中：

$$\left.\begin{aligned}S_l&=S_i^l+S_{sp}^l+S_{tz}^l+S_d^l+S_p^l\\S_t&=S_i^t+S_{sp}^t+S_{tz}^t+S_d^t\end{aligned}\right\}\tag{6-152}$$

3. 理论分析

从式(6-121)、式(6-124)、式(6-127)、式(6-130)、式(6-132)都可以看出一点，当井下流体流速很高时，油气井非达西流动引起的附加压降占主导因素，达西流动的压降主要是消耗在流体的黏滞阻力上，非达西流动的附加压降主要是消耗在惯性碰撞上。对于气井，非达西流项的影响尤为突出。在第二章中提到了油井、气井出砂的差异，而从这里的理论研究结果可以更为清楚地看出气井与油井出砂的主要差异：

(1) 油井出砂主要是黏滞拖曳力，气井出砂主要是气井与砂粒碰撞发生动量交换，携带砂子运移出砂，因此气体的相对密度是很关键的参数。

(2) 气井一旦达到其临界出砂速度后，气流中因混入细粉砂，其表观密度呈数十倍增加，碰撞能量交换也将呈数十倍增加。因此，气井出砂后随其产量的递增，含砂和气井出砂量上升得很快，并且对气井和设备破坏很大。

(3) 气井在非达西流状态下生产，防砂效果的好坏直接影响非达西流动引起的附加压降损失的大小，而非达西流动又是与产量二次方成正比的，因此在定压下生产，若防砂后气藏受到伤害，则产量将呈二次方指数递减，故防砂工艺对气藏的伤害对于气井防砂的成功至关重要。

4. 产能基本模型在复杂条件下的修正

现场井况较模型所考虑的情况复杂得多，如斜井、多油气层、地层的非均质性、新井的炮眼周围存在低渗压实带以及自由气影响等。为了使纤维复合防砂充填井产能预测模型能够适用于这些复杂条件，需通过计算各种情况的附加表皮系数等对其进行修正。

(1) 射孔压实带。

射孔后会在炮眼周围形成低渗压实带，通常在新井出砂量不大的情况下压实带一般不会被破坏，这种情况下需要考虑压实带造成的流动阻力。

$$S_c^l=\frac{1}{L_p\rho_p}\left(\frac{K_f}{K_c}-1\right)\ln\frac{r_c}{r_p}\tag{6-153}$$

$$S_c^t=\frac{h}{L_p\rho_p}\left(\frac{\beta_c}{\beta_f}-1\right)r_w\left(\frac{1}{r_p}-\frac{1}{r_c}\right)\tag{6-154}$$

式中 S_c^l——射孔压实带层流表皮系数；

S_c^t——射孔压实带紊流表皮系数；

K_c——压实带渗透率，m^2；

r_c——压实带半径，m；

r_w——井眼半径，m；

β_c——压实带紊流速度系数，m^{-1}。

压实带渗透率及半径一般很难得到实际值，可以根据地面试验结果确定：正压射孔时，压实带渗透率通常约为地层渗透率的 10%，负压射孔时约为 40%；压实带半径可以取 $r_c=r_p+0.0125$ (m)。

(2) 井斜校正。

井眼倾斜增大了井眼与地层之间的流通面积，实际等于增加了射开长度，因此考虑井斜应首先校正射开厚度：

$$H_p^* = \frac{H_p}{\cos\lambda} \tag{6-155}$$

另外，井筒倾斜造成的附加流动表皮系数为：

$$S_i = -\left(\frac{\lambda^*}{41}\right)^{0.26} - \left(\frac{\lambda^*}{56}\right)^{1.865} \ln\left(\frac{h_x}{100}\right) \tag{6-156}$$

其中：
$$\lambda^* = \arctan\left(\sqrt{\frac{K_f}{K_v}}\tan\lambda\right), \quad h_x = \frac{h^*}{r_w}\sqrt{\frac{K_f}{K_v}}$$

式中 h^*——井段穿过油气层的垂直长度，m；

K_v——地层垂向渗透率，m^2；

λ——井斜角，rad。

式(6-156)只适用于井斜角不超过75°的情况。

(3) 地层非均质性校正。

在地层非均质性严重($K_f > K_v$)的情况下，通常采用的校正方法是修正孔密和孔眼半径：

$$\rho_p^* = \rho_p\sqrt{\frac{K_v}{K_f}} \tag{6-157}$$

$$r_p^* = \frac{r_p}{2}\left(1 + \sqrt{\frac{K_v}{K_f}}\right) \tag{6-158}$$

(4) 多油气层。

对多油气层的校正通常是计算各油气层的平均渗透率和平均紊流速度系数：

$$K_f^* = \frac{\sum K_i h_i}{\sum h_i} \tag{6-159}$$

$$\beta_f^* = \frac{(\sum h_i)^2}{\left(\sum \frac{h_i}{\sqrt{\beta_i}}\right)^2} \tag{6-160}$$

式中 K_i——第 i 小层的渗透率，m^2；

h_i——第 i 小层的厚度，m；

β_i——第 i 小层的紊流速度系数，m^{-1}。

(5) 自由气的影响。

自由气对产能指数的影响用 Vogel/Fetkovitch 和 Nind 相关式校正。

① Vogel/Fetkovitch 公式。

$$\frac{q'}{q} = 1 - (1-v)\frac{p_{wf}}{p_r} - v\left(\frac{p_{wf}}{p_r}\right)^2 \tag{6-161}$$

式中 q——不考虑自由气影响时计算得到的产能，m^3/s；

q'——考虑自由气影响时计算得到的产能，m^3/s；

p_{wf}——井底流压，Pa；

p_r——油气藏压力，Pa；

v——常数，对 Vogel 公式，$v=1$；对 Fetkovitch 公式，$v=0.8$。

② Nind 相关式。

$$\frac{q'-q_b}{q-q_b}=1-(1-v)\frac{p_{wf}}{p_r}-v\left(\frac{p_{wf}}{p_r}\right)^2 \tag{6-162}$$

式中 q_b——压差为 $\Delta p=p_r-p_b$ 时的产量，m^3/s；

p_b——泡点压力，Pa。

二、端部脱砂压裂纤维复合防砂井产能预测

对端部脱砂压裂充填防砂井，压裂后得以穿透近井地带污染区，并且由于端部脱砂压裂工艺的特点决定了纤维防砂复合体与地层砂的混合程度减轻，因此较高压充填而言，在进行端部脱砂压裂充填防砂井产能预测时流动压降项仅包括充填射孔炮眼压降、压开裂缝中纤维防砂复合体充填带的流动压降以及供油半径到裂缝前端之间地层中的流动压降，无须考虑纤维防砂复合体与地层砂混合过渡带以及近井地带污染区的流动压降。

端部脱砂压裂充填防砂对产能有两方面的影响：一是压裂造成的高导流能力裂缝的增产作用；二是由于充填增加流动阻力而造成的减产作用。

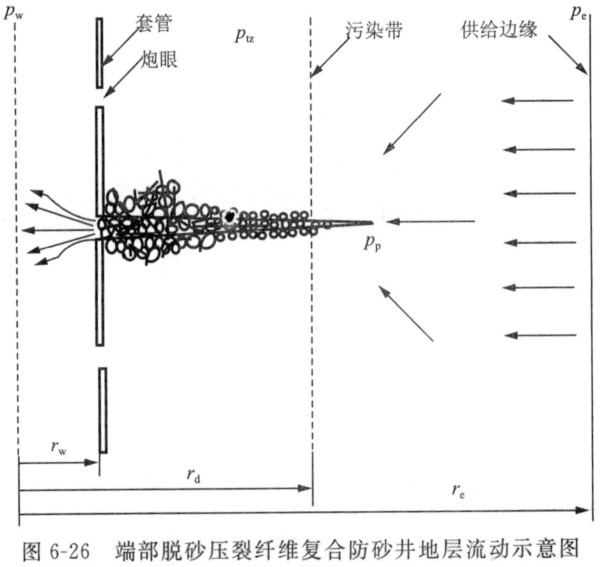

图 6-26 端部脱砂压裂纤维复合防砂井地层流动示意图

1. 端部脱砂压裂纤维复合防砂井产能预测方法

压裂对油气井产能的影响可通过增产倍数来考虑，而防砂对油气井产能的影响则通过防砂产能比来考虑。将端部脱砂压裂纤维防砂视为端部脱砂压裂与纤维复合防砂体充填防砂的复合，用总产能比表示压裂充填防砂后油气井产能与防砂前产能的比值，则总产能比 R 为增产倍数 R_p 与防砂产能比 R_s 的乘积。

$$R=R_pR_s \tag{6-163}$$

(1) 压裂增产倍数。

增产倍数是压裂前后油气井采油/气指数的比值，它与油气层和裂缝参数有关。对垂直缝压裂井，麦克奎尔-西克拉用电模型作出了垂直裂缝条件下增产倍数与裂缝几何尺寸和导

流能力的关系。

$$R_p = \frac{J_f}{J_o}\frac{7.13}{\ln(0.472r_e/r_w)} = 1 + M\arctan\left(\frac{59L_f}{r_eM}\right) \tag{6-164}$$

其中：

$$M = 7.27 + 6.09\arctan\left(0.524\ln\frac{X}{3}\right) \tag{6-165}$$

$$X = 3.28\times10^{-5}\frac{K_fW_f}{K}\sqrt{\frac{40}{2.471A\times10^{-4}}} \tag{6-166}$$

$$W_f = \frac{100C_p}{(1-\phi_p)\rho_p} \tag{6-167}$$

式中 J_o——压裂前的采油/气指数，$m^3/(MPa\cdot d)$；

J_f——压裂后的采油/气指数，$m^3/(MPa\cdot d)$；

L_f——裂缝长度，m；

K_f——支撑剂充填层渗透率，m^2；

W_f——支撑缝宽，m；

K——地层渗透率，m^2；

A——井控制面积，m^2；

C_p——缝内铺砂浓度，kg/m^2；

ϕ_p——支撑剂充填层孔隙度，小数；

ρ_p——支撑剂颗粒密度，kg/m^3。

(2) 纤维复合防砂产能比。

纤维复合防砂产能比指纤维复合充填前后油气井产能的比值，用来表示纤维防砂对油气井产能造成的影响。对于端部脱砂压裂纤维防砂井，防砂产能比可用式(6-168)计算：

$$R_s = \frac{\ln\frac{0.472r_e}{r_w} + S + S_p}{\ln\frac{0.472r_e}{r_w} + S + S_p + S_{sc}} \tag{6-168}$$

其中：

$$S_{sc} = S_i^l + S_i^t$$

式中 S——油气井固有表皮系数，如井斜、部分射开等造成的表皮系数；

S_{sc}——由于纤维复合充填造成的附加表皮系数，对于压裂充填防砂井，包括流体通过炮眼充填层的层流和湍流表皮系数；

S_i^l，S_i^t——树脂涂覆砂充填炮眼层流、紊流表皮系数，见式(6-137)、式(6-141)。

2. 计算实例

在涩北气田进行的防砂施工采用的是端部脱砂压裂纤维复合防砂工艺，因此这里以涩北气田涩5-1-4井为例进行说明。

涩5-1-4井，完钻井深为3 100.00 m，下入ϕ244.5 mm气层套管1 548.25 m，最大井斜度为1.08°，方位为253.20°，井深为925.00 m。涩北气田涩5-1-4井基础数据及压力恢复试井数据见表6-9～表6-11。

表 6-9　套管程序与固井情况表

套管名称	直径/mm	钢　级	壁厚/mm	内径/mm	下入深度/m	联入/m	人工井底/m	水泥返高
表　套	339.7	K55	9.65	320.4	400.69	5.35	385.8	地　面
油　套	244.5	N80	10.03	224.44	1548.25	5.0	1 525.39	地　面

表 6-10　试井层位表

序　号	射孔井段/m	厚度/m	孔数/个	孔隙度/%	性　质	枪　型
1	1 470.90～1 473.30	2.4/2.4	77	32	气　层	FY-89 弹，油管传输负压射孔
2	1 473.90～1 478.80	4.9/3.4	157	31	气　层	
3	1 479.30～1 480.80	1.5/1.5	48	30	气　层	
合　计		8.8/7.3	282	31		

表 6-11　涩 5-1-4 井检验结果表

参数名称及单位	参数值	参数名称及单位	参数值
时间拟合值	36.8	边界距离 L_1/m	50
压力拟合值	0.004	边界距离 L_2/m	80
渗透率/(10^{-3} μm^2)	18.2	平均地层压力/MPa	14.394
表皮系数	−1.733	流压/MPa	11.865
井储系数/(m^3 · MPa^{-1})	4.936	开井影响半径/m	2 086.95
流动效率	1.048	关井影响半径/m	572.2
地层压力/MPa	16.232	堵塞比	0.954

用本研究方法对涩 5-1-4 井进行纤维复合压裂防砂后的产能进行了预测，计算得到压裂增产倍数为 3.93，防砂产能比为 0.91，压裂充填后的总产能比为 3.58。

解释用基本参数如下：

测试时间：2005 年 4 月 2 日至 4 月 17 日；

测试井段：1 470.9～1 480.8 m；

气层中深：1 475.85 m；

储层厚度：7.3 m；

有效孔隙度：31%；

井筒半径：0.060 68 m；

关井前累积生产时间：5 040 h；

关井前平均日产量：84 685 m^3/d；

关井前流压/梯度：11.872 8 MPa，0.114 5 MPa/200 m；

终关井压力：13.383 4 MPa；

气组分：CH_4 99.71%，C_2H_6 0.09%，C_3H_8 0.03%，N_2 0.17%。

三、纤维复合防砂井的产能评价

针对防砂措施对油气井产能的影响，引入自然产能比和当量产能比两个评价指标，根据补孔和防砂措施造成的附加表皮系数推导其计算方法，结合防砂前油气井流入动态预测油气井防砂后的产能，建立一套可用于各种防砂工艺的系统有效的产能评价及预测方法。

1. 纤维复合防砂井产能评价方法

(1) 评价指标。

实际应用表明，由于需要的基础数据较多而很多数据现场难以提供，利用现有模型直接计算防砂井的采油/气指数或产能是不可行的。为此，提出以下两个评价指标：

① 当量产能比(N)，即油气井防砂后的产能与不防砂情况下产能的比值，表示防砂措施对油气井产量的影响。当量产能比大于1表示防砂后油气井增产，小于1则表示减产。

② 自然产能比(M)，即油气井防砂后的产能与油气井裸眼生产状态下的自然产能的比值，表示射孔与防砂对油气井产能的综合影响。

防砂前产能是指油气井防砂前正常生产阶段的产能。上述两个指标均表示油气井防砂前后采油/气指数的比值，反映油气井产能的变化情况，避开了采油/气指数等产能指标绝对数值的计算。

(2) 评价指标的计算。

根据达西定律，油气井裸眼状态下的采油/气指数$(PI)_0$为：

$$(PI)_0 = \frac{q}{\Delta p} = \frac{2\pi K_f h}{\mu B\left(\ln\frac{0.472r_e}{r_w} + S\right)} \tag{6-169}$$

套管射孔井的采油/气指数$(PI)_p$为：

$$(PI)_p = \frac{q}{\Delta p} = \frac{2\pi K_f h}{\mu B\left(\ln\frac{0.472r_e}{r_w} + S + S_p\right)} \tag{6-170}$$

套管射孔井防砂后的采油/气指数$(PI)_{sc}$可表示为：

$$(PI)_{sc} = \frac{q}{\Delta p} = \frac{2\pi K_f h}{\mu B\left[\ln\frac{0.472r_e}{r_d} + S_1 + qD(B + S_t)\right]} \tag{6-171}$$

根据套管射孔井当量产能比N和自然产能比M的定义，可得：

$$N = \frac{(PI)_{sc}}{(PI)_p} = \frac{\mu B\left(\ln\frac{0.472r_e}{r_w} + S + S_p\right)}{\mu B\left[\ln\frac{0.472r_e}{r_d} + S_1 + qD(B + S_t)\right]} \tag{6-172}$$

$$M = \frac{(PI)_{sc}}{(PI)_0} = \frac{\mu B\left(\ln\frac{0.472r_e}{r_w} + S\right)}{\mu B\left[\ln\frac{0.472r_e}{r_d} + S_1 + qD(B + S_t)\right]} \tag{6-173}$$

根据式(6-172)、式(6-173)，只要计算出油气井固有表皮系数、射孔表皮系数以及防砂措施造成的附加表皮系数，就可计算当量产能比和自然产能比，从而评价防砂措施对油气井产能造成的影响，进而进行防砂后的产能预测。

(3) 相关表皮系数的计算。

在疏松粉细砂岩油气藏进行纤维复合防砂体充填之前，须先向地层顶替一定量的前置液，起到稳砂固砂作用，这在一定程度上降低了地层渗透率，因此在计算表皮系数时需考虑管外纤维复合防砂体充填区和化学剂挤注区域的影响，其中的流动为径向流动，其达西和非达西流表皮系数分别为：

$$S_{\mathrm{in}}^{\mathrm{l}}=\left(\frac{K_{\mathrm{f}}}{K_{\mathrm{in}}}-1\right)\ln\frac{r_{\mathrm{in}}}{r_{\mathrm{w}}} \tag{6-174}$$

$$S_{\mathrm{in}}^{\mathrm{t}}=q\frac{K_{\mathrm{f}}}{\mu}\cdot\frac{\beta_{\mathrm{in}}\rho}{2\pi h}\left(\frac{1}{r_{\mathrm{w}}}-\frac{1}{r_{\mathrm{in}}}\right)\cdot\left(\frac{K_{\mathrm{f}}}{K_{\mathrm{in}}}-1\right) \tag{6-175}$$

式中 $S_{\mathrm{in}}^{\mathrm{l}}$——防砂挤注区层流表皮系数；

$S_{\mathrm{in}}^{\mathrm{t}}$——防砂挤注区紊流表皮系数；

K_{f}——地层原始渗透率，m^2；

K_{in}——挤注区渗透率，m^2；

r_{in}——挤注区半径，m；

r_{w}——井筒半径，m；

q——产油/气量，m^3/s；

μ——原油/天然气黏度，Pa·s；

β_{in}——挤注区紊流速度系数，m^{-1}；

ρ——原油/天然气密度，$\mathrm{kg/m}^3$；

h——油气层厚度，m。

① 纤维复合防砂体高压充填半径为：

$$r_{\mathrm{in}}=\sqrt{\frac{V_{\mathrm{g}}}{\pi h}+r_{\mathrm{w}}^2} \tag{6-176}$$

式中 V_{g}——纤维复合防砂体充填量，m^3。

树脂涂覆砂充填后的渗透率一般可以保持石英砂原始渗透率的80%～90%左右，而纤维复合防砂体的渗透率因其加入纤维而较不加纤维时提高了10%左右，可以保持石英砂原始渗透率的90%～99%左右，基本未降低原始渗透率。

② 前置液挤注半径为：

$$r_{\mathrm{in}}=\sqrt{\frac{V_{\mathrm{c}}}{\pi h\phi}+r_{\mathrm{w}}^2} \tag{6-177}$$

式中 V_{c}——前置液挤注量，m^3。

通常前置液稳砂后的地层渗透率可保持在原始值的75%～80%以上。

③ 炮眼纤维防砂体充填层的表皮系数。

考虑射孔炮眼内为单向线性流动，其达西和非达西流表皮系数分别见式(6-137)、式(6-141)。

对于出砂严重的老井，炮眼长度按水泥环厚度计算；对于新井，按实际给定值计算。

2. *防砂井产能预测方法*

实践证明，直接对油气井防砂后的采油/气指数或产量进行预测是不可行的。流入动态直接反映油气井的供液能力，防砂井的产能预测应该理解为油气井防砂后流入动态的预测。

根据油气井采取防砂措施前正常生产时的动液面和产液量等生产数据预测油气井防砂前的流入动态曲线或产液指数，根据上述评价方法计算得到当量产能比，然后可计算防砂后流入动态曲线或产液指数。

设$(PI)_0$为根据防砂前正常数据计算得到的防砂前油气井产液指数，则防砂后的产液指数为：

$$PI = N \cdot (PI)_0 \tag{6-178}$$

根据上述分析，防砂井产能预测的核心是对防砂措施的评价，即评价防砂措施对油气井产能造成的影响，归结为当量产能比。这样，只要知道油气井防砂前的生产情况，便可准确预测防砂后的生产动态。

3. 应用实例

利用本评价方法计算涩 5-1-4 井纤维复合压裂防砂措施对气井产能的影响，计算得到该井防砂前后的当量产能比为 0.91，说明该井进行防砂后气井产能与防砂前正常生产时相比损失约 10%，各流动区域的表皮系数：纤维复合体充填区层流表皮系数为 0.067，紊流表皮系数为 2.389，即充填区表皮系数为 2.456。但因结合使用端部脱砂压裂技术，压裂措施对油气井起增产作用，抵消了防砂充填的降产作用，相比较增产占主导作用，在支撑剂、射孔等参数适当的情况下，充填对气井产能的影响相对较小，试井解释表皮系数为－1.733，由此可以看出该井压裂防砂效果良好。

第四节 纳米 SiO_2 改善纤维复合防砂技术

电泵井、稠油井、气井防砂以及防细粉砂是当今几大防砂难题，苛刻井下条件的防砂问题要求纤维复合体具有更好的强度等力学性能，正是基于此提出了纳米材料改善纤维复合防砂技术。

在树脂中加入纳米材料是一种可供探索的改性方法。纳米材料的表面非配对原子多，与树脂发生物理或化学结合的可能性大，增强了纳米粒子与树脂基体的界面结合，因而可承担一定的载荷，具有增强、增韧的可能。本节就是研究纳米级颗粒与第二相（树脂）的相互作用，从而达到改善纤维复合防砂技术的目的。采用纳米粒子对复合材料进行改性主要应用于化工、材料、制造等行业，这是首次将纳米材料用于油田防砂的实验研究。

一、纳米材料及其特性

纳米材料是近年来科学上的一项重大发现，已经成为当今许多学科研究的热点。通常材料尺寸的减小不会引起材料性质的变化，但近代科学研究发现，当材料尺寸减小到临界尺寸时，在室温条件下某些理化性质会发生突变，呈现与原来物体差异甚大的特性，并且这个临界尺寸多数处于 100 nm 之内，因此一般把小于 100 nm 的材料称为纳米材料。

从 20 世纪 70 年代美国康奈尔大学 Grangvist 和 Buhrman 利用气相凝集的手段制备纳米颗粒开始至今不过 40 多年，发现纳米材料具有常规微细粉末材料所不具备的许多特殊效应。

(1) 表面效应，即纳米晶粒表面原子数和总原子数之比随粒径变小而急剧增大后所引起的性质变化。纳米晶粒的减小，导致其表面热、表面能及表面结合能都迅速增大，致使它表现出很高的活性，如日本帝国化工公司生产的 TiO_2 平均粒径为 15 nm，比表面积高达 80～110 m^2/g。

(2) 体积效应，当纳米晶粒的尺寸与传导电子的德布罗意波长相当或更小时，周期性的边界条件将被破坏，使其磁性、内压、光吸收、热阻、化学活性、催化性及熔点等与普通粒子相比都有很大变化。如银的熔点约为 900 ℃，而纳米银粉熔点仅为 100 ℃，一般纳米材料的熔点为其原来块体材料的 30%～50%。

(3) 量子尺寸效应，即纳米材料颗粒尺寸小到一定值时，费米能级附近的电子能级由准连续能级变为分立能级，吸收光谱阈值向短波方向移动。其结果使纳米材料具有高度光学非线性、特异性催化和光催化性质、强氧化性和还原性。

另外，纳米材料还具有宏观量子隧道效应和介电限域效应。纳米材料能在低温下继续保持超顺磁性，对光有强烈的吸收能力，能大量吸收紫外线，对红外线亦有强吸收特性，在高温下仍具有高强、高韧、优良稳定性等，其应用前景十分广阔，故纳米材料被誉为跨世纪的高科技新材料。

二、纳米 SiO_2 改善防砂体的方法优选

纳米 SiO_2 由于比表面积大，表面活性高，粒子间极易集结成团，很难发挥其特有的性能，而酚醛树脂本身黏度较大，使纳米材料的分散成为一个难点。纳米材料分散的均匀与否直接影响到防砂体的强度大小。下面通过实验对比优选出纳米材料改善防砂体的制备方法。

1. 实验仪器与试剂

实验仪器：JEOL JSM-6700F 扫描电镜，JEOL JFC-1600 镀膜仪，JCX-250W 超声波清洗机，WMZK-01 型温度控制仪，电子天平，水浴缸，烘箱，烧杯，玻璃棒等。

原料与试剂：石英砂，偶联剂，丙酮，SiO_2 纳米粉，孤岛砂厂用水溶性酚醛树脂(固含量 70.32%)，砂轮耐磨脂 SA-2(广州精细化学工业公司，固含量 74.51%)等。

2. 实验步骤

(1) 纳米粒子树脂复合体的制备。

方案一　简易共混法实验步骤如下：

① 称取一定量的偶联剂、SiO_2 纳米粉，在丙酮溶液中混合搅拌均匀。

② 称取一定量的水溶性酚醛树脂，将上述混合液加入水溶性酚醛树脂中，充分搅拌，放置备用。

方案二　溶液共混法实验步骤如下：

① 称取一定量的偶联剂、SiO_2 纳米粉，在丙酮溶液中混合搅拌均匀。

② 把上述盛有混合液的烧杯放到超声波清洗机(处理频率 20 000 Hz，强度 150 W)上，超声波分散 10 min。

③ 称取一定量的水溶性酚醛树脂，将上述分散好的混合液加入水溶性酚醛树脂中，充分搅拌，再用超声波分散 30 min，放置备用。

(2) 砂体制备实验。

实验步骤如下：

① 称取一定量的石英砂，用自来水反复冲洗石英砂样，直到无漂浮物为止，烘干。

② 称取一定量的水溶性酚醛树脂、偶联剂，先将偶联剂加入盛有砂样的托盘中，搅拌均匀，再将称取的水溶性酚醛树脂在砂体表面均匀铺开，充分搅拌，放置自然风干。

③ 将固结的树脂砂体粉碎，用 20/40 目筛网筛分，制成树脂涂覆砂成品。

④ 加纳米 SiO_2 材料，重复步骤①～③，制备加纳米 SiO_2 的树脂涂覆砂。

⑤ 将已制备好的两种树脂涂覆砂样加入 ϕ30 mm×30 cm 的玻璃管中，放入 60 ℃水浴中。

⑥ 固化 72 h 后，取出砂体晾干后，在切割机上切成长 2.50 cm、直径 2.50 cm 的圆柱砂体，在材料压力试验机上测定砂体的抗压强度。

(3) 抗压强度的测定。

① 仪器设备。

材料压力试验机(精度为±0.1%)、游标卡尺。

② 试样要求。

a. 试样规格直径为 2.50 cm±0.10 cm、长度为 2.50 cm±0.10 cm。

b. 按岩芯类别分组，每组试样不得少于 3 块。

c. 两端面研磨平并保持平行，不应有缺损或裂纹，测定前应将试样表面的杂质颗粒清除干净。

③ 测定步骤。

测量试样的直径和长度，取值应精确到 0.01 cm，具体仪器操作步骤按仪器说明书进行。

④ 测定结果的计算及数据处理。

将测量数据代入下述公式计算抗压强度，计算结果应精确到 0.01 MPa。

$$P_c = \frac{F_c}{A} \times 10^{-2} \tag{6-179}$$

式中 P_c——抗压强度，MPa；

F_c——破坏时的瞬时载荷，N；

A——横截面积，cm^2。

3. 实验结果与讨论

(1) 纳米 SiO_2 粒子对树脂涂覆砂力学性能的改性实验。

采用承德石英砂以及孤岛砂厂用水溶性酚醛树脂、砂轮耐磨脂 SA-2(广州精细化学工业公司)两种树脂进行纳米 SiO_2 粒子对树脂涂覆砂力学性能的改性实验，分别对比两种树脂在不加纳米 SiO_2 粒子时、采用简易共混法加入纳米 SiO_2 粒子时、采用超声波分散溶液共混法(以下简称溶液共混法)加入纳米 SiO_2 粒子时树脂涂覆砂力学性能的变化与差异，并分别考察两种树脂改性后强度的提高率(与改性前的两种树脂涂覆砂样品相比较)。实验结果见表 6-12。

表 6-12 SiO_2 纳米粒子对树脂涂覆砂抗压强度的影响

方 案	树脂类型	抗压强度平均值/MPa	强度提高率/%
20/40 目树脂涂覆砂	树脂Ⅰ	4.27	—
	树脂Ⅱ	4.98	—

续表

方　案	树脂类型	抗压强度平均值/MPa	强度提高率/%
20/40 目树脂涂覆砂＋纳米粒子(简易共混法)	树脂Ⅰ	4.59	7.49
	树脂Ⅱ	5.60	12.45
20/40 目树脂涂覆砂＋纳米粒子(超声波分散溶液共混法)	树脂Ⅰ	5.69	33.26
	树脂Ⅱ	6.80	36.55

注:树脂Ⅰ是指孤岛砂厂用水溶性酚醛树脂,树脂Ⅱ是指砂轮耐磨脂 SA-2(广州精细化学工业公司),纳米粒子加量为树脂的 3%(质量分数)。

由表 6-12 中的实验结果可以看出,两种树脂制备的树脂涂覆砂的抗压强度都在 5 MPa 以下,无论采用何种 SiO_2 纳米粒子的加入方式,树脂涂覆砂的力学性能均得到了一定的改善,但采用溶液共混法提高树脂涂覆砂抗压强度的效果较采用简易共混法明显得多。另外,可以发现树脂的性能(固含量及游离酚含量的差异)对纳米粒子提高树脂涂覆砂抗压强度的幅度影响不大。

树脂强度之所以提高,是由于纳米粒子的比表面积很大,与树脂的接触面积也很大。采用简易共混法进行混合难以使纳米粒子充分均匀地分散,有较明显的团聚现象,而采用超声波分散溶液共混法则可将纳米粒子分散均匀,并与树脂有很大的接触界面,可更大程度地改善树脂涂覆砂的力学性能,使之承受更大的载荷。但当纳米 SiO_2 粒子用量过多时,易相互聚集成团,反而使其力学性能下降。这一点通过扫描电镜照片可以清楚地看到,如图 6-27～图 6-39 所示。

从图 6-27 可以看出,单个 SiO_2 纳米粒子的尺寸大小在 70 nm 左右,均小于 100 nm,而纳米粒子具有极好的活性,易于发生团聚现象,如图 6-28 所示,放大 10 万倍后所观察到的纳米粒子团的尺寸在 400 nm 左右。纳米粒子的这种团聚状态在很大程度上减小了与树脂基体接触的表面积,使其难以发挥其特有的性能。

图 6-27　单个 SiO_2 纳米粒子的电镜扫描照片(放大 7 万倍)

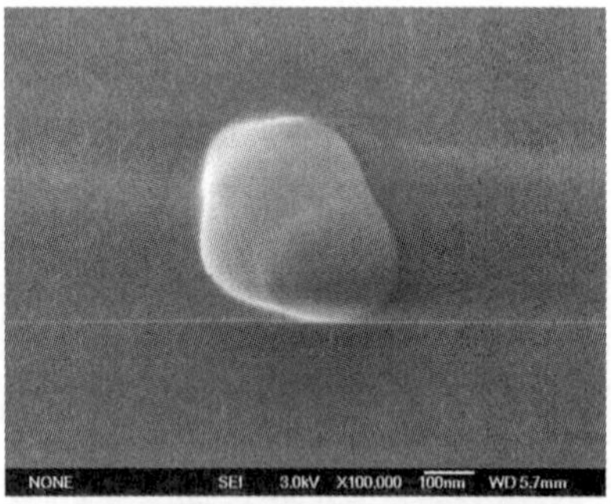

图 6-28　SiO_2 纳米粒子发生团聚时的电镜扫描照片(放大 10 万倍)

采用简易共混法将 SiO_2 纳米粒子分散到树脂基体中,尽管充分搅拌,但纳米粒子的聚团现象较为严重,这可以从图 6-29～图 6-33 中清楚地看到,纳米粒子的最大尺寸甚至达到了 1～2 μm(图 6-29、图 6-32)。严重的聚团使得纳米粒子的改善作用极难发挥,改善树脂基体力学性能的幅度不大,而且当这种团聚现象大到一定程度时,树脂基体力学性能的强度反而会因纳米粒子分散的不均匀而下降。

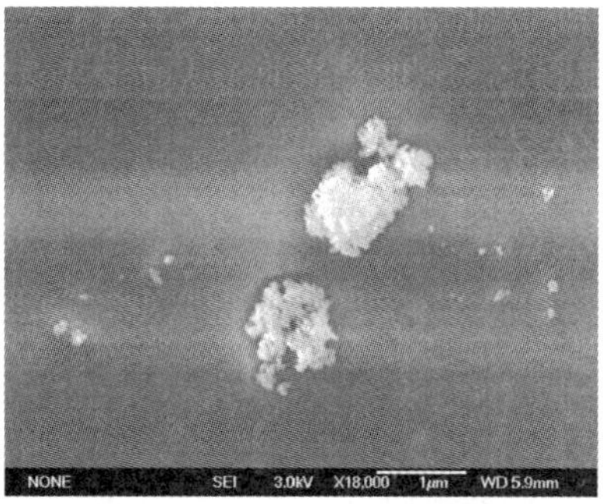

图 6-29 树脂基体中 SiO_2 纳米粒子分布情况电镜扫描照片Ⅰ(简易共混法)

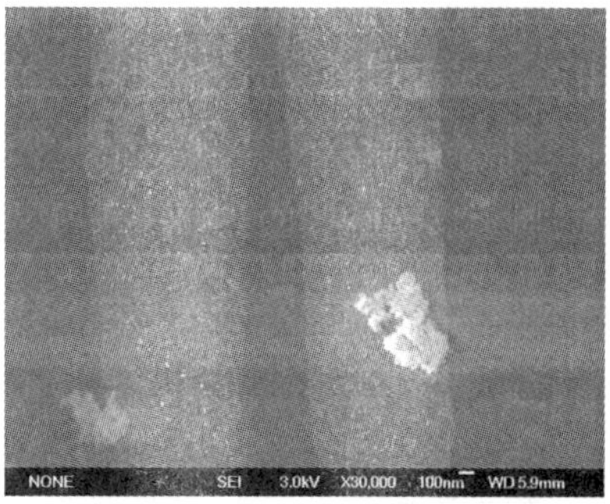

图 6-30 树脂基体中 SiO_2 纳米粒子分布情况电镜扫描照片Ⅱ(简易共混法)

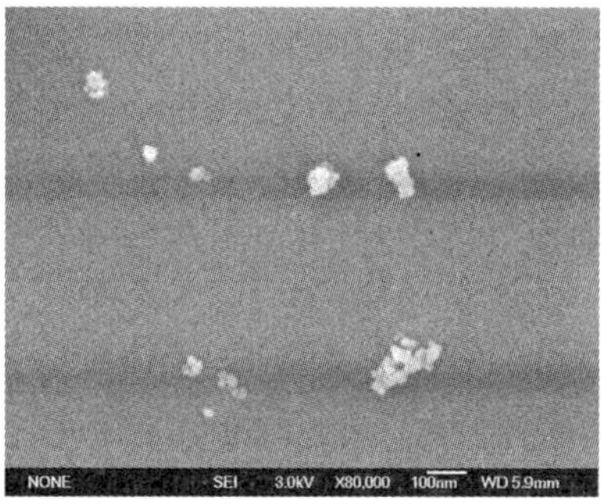

图 6-31 树脂基体中 SiO_2 纳米粒子分布情况电镜扫描照片Ⅲ(简易共混法)

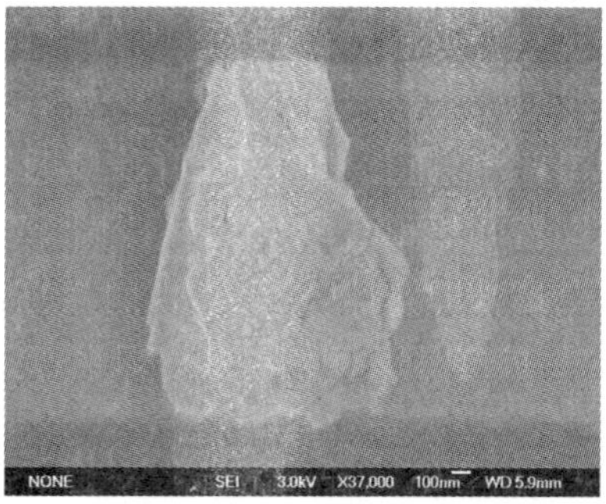

图 6-32 树脂基体中 SiO_2 纳米粒子团聚现象局部放大电镜扫描照片Ⅰ(简易共混法)

图 6-33 树脂基体中 SiO_2 纳米粒子团聚现象局部放大电镜扫描照片Ⅱ(简易共混法)

从图 6-33 中可以更清楚地看到,大量的球状纳米颗粒吸附在一起,从而使其与树脂接触的活性界面面积大大降低。

为解决纳米粒子分散不均的问题,采用溶液共混法进行处理。溶液共混法是将经过偶联剂处理的纳米粒子用超声波处理,填充于树脂中。树脂本身黏度较大,需加热至 60～90 ℃以利于分散。超声波是一种机械波,它可以在介质中传播。当对填充有纳米材料的树脂溶液进行超声波处理时,会在混合液中产生空穴或气泡,它们在声场的作用下振动。当声压达到一定值时,空穴或气泡迅速增长,然后突然闭合,在液体的局部区域产生极高的压力,导致液体分子剧烈运动。这种压力或液体分子的剧烈运动使得经过搅拌作用而未能分离的纳米聚集体分散成单个的颗粒或更小的聚集体,从而使树脂能够充分包覆在各个纳米颗粒的表面,因而减少了纳米材料的聚集现象,提高了它在基体中分布的均匀性。

从图 6-34～图 6-37 可以看出,采用溶液共混法将纳米粒子分散在树脂基体中,纳米粒子的分散性变好了,无论是纳米粒子出现团聚现象的数量还是团聚的程度都较简易共混法减小。从图 6-29～图 6-39 的对比中可以认识到,采用简易共混法使得纳米粒子分散较差,聚团的最大尺寸甚至达到了 1～2 μm,而采用溶液共混法分散纳米颗粒,尽管也会出现团聚现象，但效果要优于简易共混法，聚团的最大尺寸未超过 0.4 μm，在一定程度上改善了改性性能，这正验证了表 6-12 的实验结果。

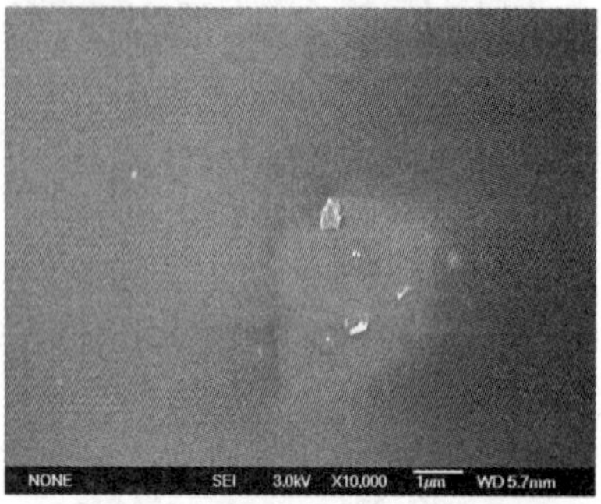

图 6-34　树脂基体中 SiO_2 纳米粒子分布情况电镜扫描照片Ⅰ(溶液共混法)

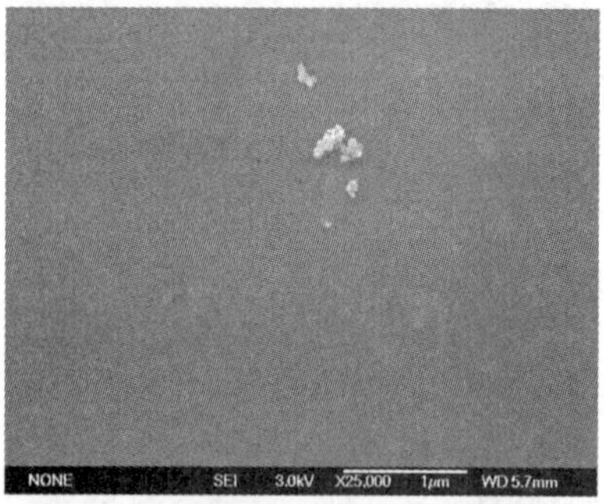

图 6-35　树脂基体中 SiO_2 纳米粒子分布情况电镜扫描照片Ⅱ(溶液共混法)

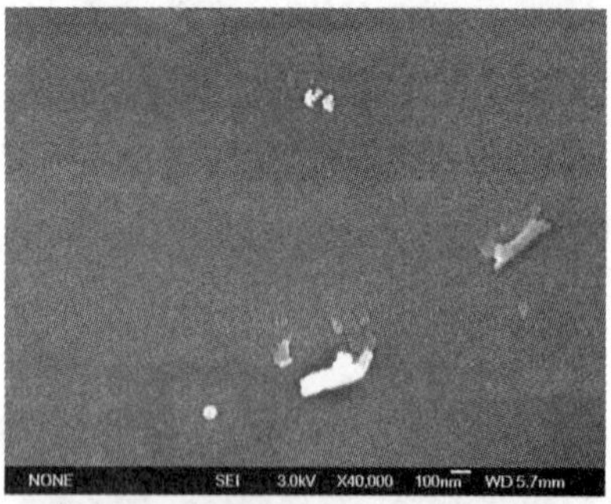

图 6-36　树脂基体中 SiO_2 纳米粒子分布情况电镜扫描照片Ⅲ(溶液共混法)

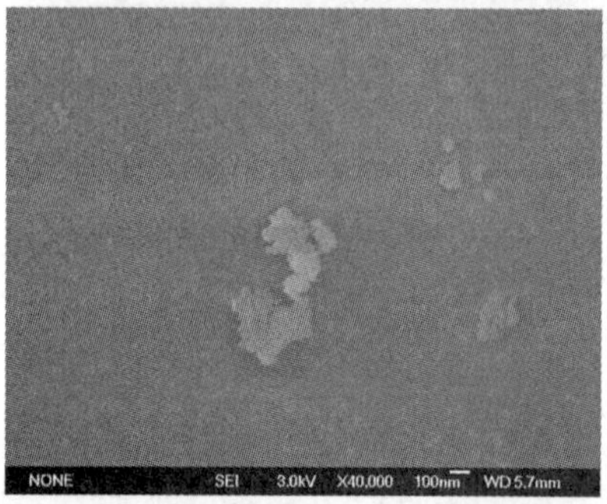

图 6-37　树脂基体中 SiO_2 纳米粒子分布情况电镜扫描照片Ⅳ(溶液共混法)

图 6-38　树脂基体中 SiO_2 纳米粒子团聚现象局部放大电镜扫描照片Ⅰ(溶液共混法)

图 6-39　树脂基体中 SiO_2 纳米粒子团聚现象局部放大电镜扫描照片Ⅱ(溶液共混法)

(2) 纳米 SiO_2 粒子改性树脂涂覆砂力学性能最佳用量的确定。

纳米 SiO_2 粒子对树脂涂覆砂(采用砂轮耐磨脂 SA-2 进行涂覆)抗压强度的影响如图 6-40 所示。由图 6-40 可知，树脂涂覆砂抗压强度先随纳米 SiO_2 粒子含量的增加而提高，到达顶峰后随着纳米 SiO_2 粒子含量的继续增加强度下降。在纳米 SiO_2 粒子的添加量为 3%(质量分数)时，改性后的树脂涂覆砂抗压强度最高为 6.80 MPa，比未改性树脂涂覆砂的抗压强度 4.98 MPa 提高了 36.55%。

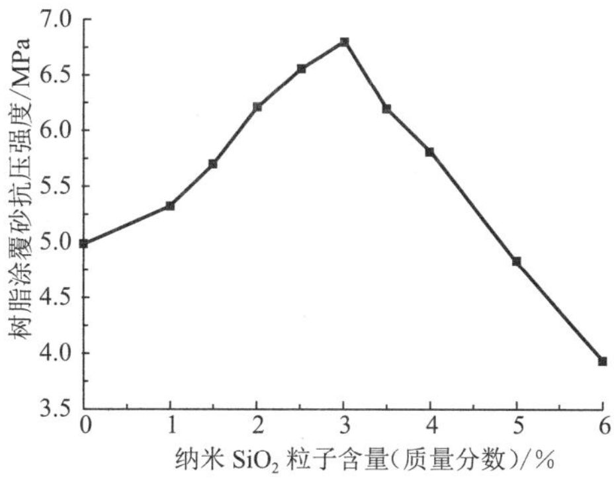

图 6-40 纳米 SiO_2 粒子含量对树脂涂覆砂抗压强度的影响

从纳米 SiO_2 粒子对树脂涂覆砂抗压强度的影响数据可以看出，纳米 SiO_2 粒子改性树脂涂覆砂抗压强度在纳米 SiO_2 粒子与树脂质量比为 3%时取得最大值。这说明在质量比为 3%时，既能保证纳米 SiO_2 粒子的均匀分散，纳米 SiO_2 粒子与树脂间的界面面积也足够大，再加上良好的界面黏接，能够取得最佳改性效果；当质量比小于 3%时，虽然分散也很均匀，但纳米 SiO_2 粒子与树脂间的界面面积不够大，效果稍差；当质量比大于 3%时，纳米 SiO_2 粒子分散不均易形成团聚体，严重影响改性效果。因此，该实验确定的纳米 SiO_2 粒子改性树脂涂覆砂的最佳用量为 3%(质量分数)。

三、纳米 SiO_2 改性树脂的增强机理研究

从实验结果可以看出，无论是采用简易共混法还是溶液共混法，加入纳米 SiO_2 粒子后树脂涂覆砂的力学性能都或多或少地得到了改善。目前国内外大多认为树脂基体的力学性能改善源于纳米 SiO_2 粒子的颗粒填充作用，本部分将对纳米材料改善纤维复合防砂体的机理进行探讨。

1. 实验仪器与试剂

实验仪器：OPUS/IR V-33 红外光谱仪(德国布鲁克仪器公司)，其他同纳米材料改善纤维复合防砂体方法优选实验用仪器与试剂。

原料与试剂：石英砂，偶联剂，丙酮，SiO_2 纳米粉，砂轮耐磨脂 SA-2，KBr 等。

2. 实验步骤

纳米材料改善纤维复合防砂体的方法采用超声波分散溶液共混法。

实验步骤如下：

(1) 称取一定量的偶联剂、SiO_2 纳米粉，在丙酮溶液中混合搅拌均匀。

(2) 把上述盛有混合液的烧杯放到超声波清洗机(处理频率 20 000 Hz，强度150 W)上，超声波分散 10 min。

(3) 称取一定量的水溶性酚醛树脂，将上述分散好的混合液加入水溶性酚醛树脂中，充分搅拌，再用超声波分散 30 min。

(4) 把经过超声波分散的树脂混合液放入烘箱(一定温度)，充分反应。

(5) 重复步骤(1)～(4)制备不加 SiO_2 纳米粉的空白树脂样品，将两种样品进行红外分析。

3. 实验结果与分析

纳米复合材料刚度与强度提高，是由于纳米粒子半径小，其比表面积很大，表面原子相当多，表面的物理和化学缺陷多，易与高分子链发生物理或化学结合，增加了刚性，提高了强度及耐热性。为此进行纳米粒子以及纳米粒子树脂复合材料的红外分析，结果如图6-41～图6-43所示。

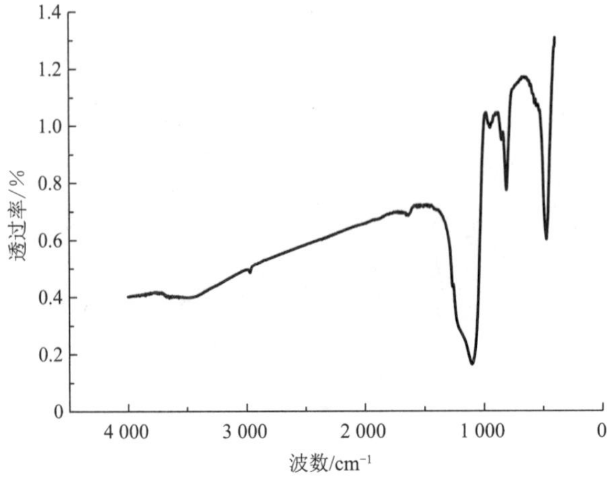

图 6-41 SiO_2 纳米粒子红外谱图

由图6-41可以看出，Si—O—Si 等单键的伸缩振动主要出现在983～1 259 cm^{-1}区域。以此区间作为基准，将纳米 SiO_2 粒子加入树脂中，主要观察 Si—O—Si 等单键的伸缩振动区域是否出现纳米 SiO_2 粒子的硅和酚醛树脂的氧之间的键合作用，换言之，就是谱图中是否出现异常(吸收峰的出现或消失)。

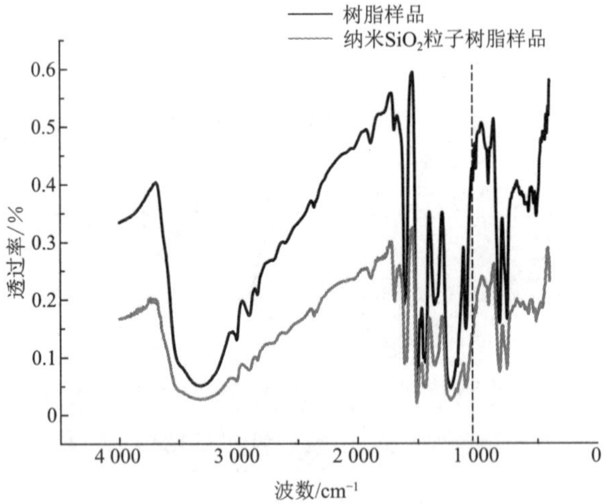

图 6-42 纳米 SiO_2 粒子树脂复合材料红外光谱图

从纳米 SiO_2 粒子树脂复合材料红外谱图6-42和图6-43上可以看出，加入纳米材料后，在1 022～1 049 cm^{-1}范围的吸收峰消失了。这一区域正是C—O伸缩振动吸收区，说明连接苯环的—CH_2OH 出现了异常，有可能是纳米 SiO_2 粒子表面严重的配位不足、庞大的比表面积以及表面欠氧等特点，使其表现出极强的活性，和酚醛树脂分子的氧之间起了键合作用，提高了分子间的键力，同时尚有一部分纳米 SiO_2 颗粒分布在高分子链的空隙中，从而提高了树脂基体的强度。当然，这还需在后续的研究中进一步验证。

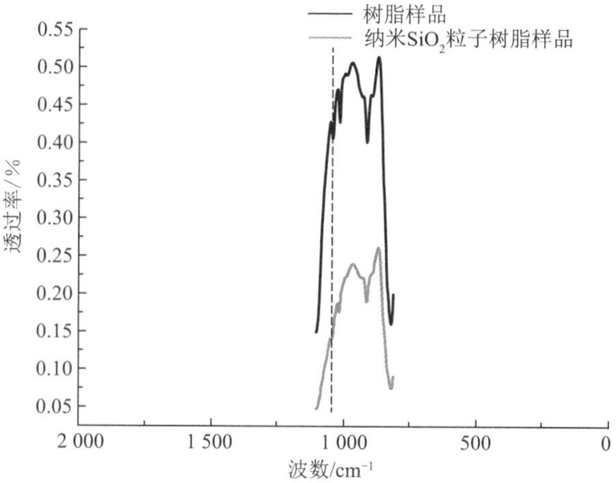

图 6-43　纳米 SiO_2 粒子树脂复合材料红外光谱图(局部放大图)

4. 实验现象分析

加入纳米 SiO_2 粒子可使树脂强度有一定程度的提高。在高温反应过程中，可以观察到纳米 SiO_2 粒子树脂逸出大量的气泡，直至反应结束，且反应结束后树脂表面呈蜂窝状，而不加入纳米 SiO_2 粒子反应后的树脂表面光滑平整，如图 6-44、图 6-45 所示。

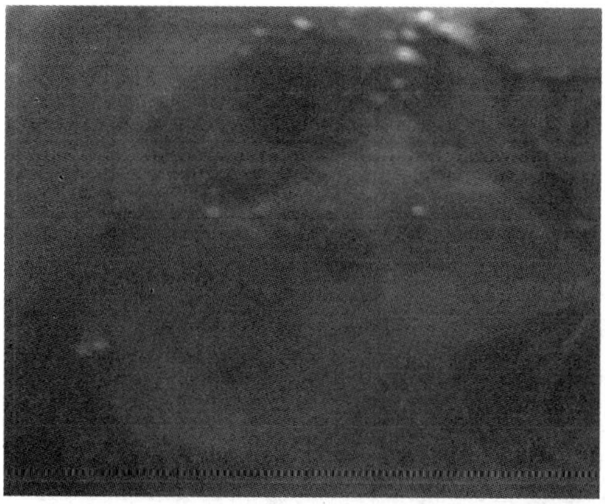

图 6-44　不加纳米 SiO_2 粒子的树脂表面照片

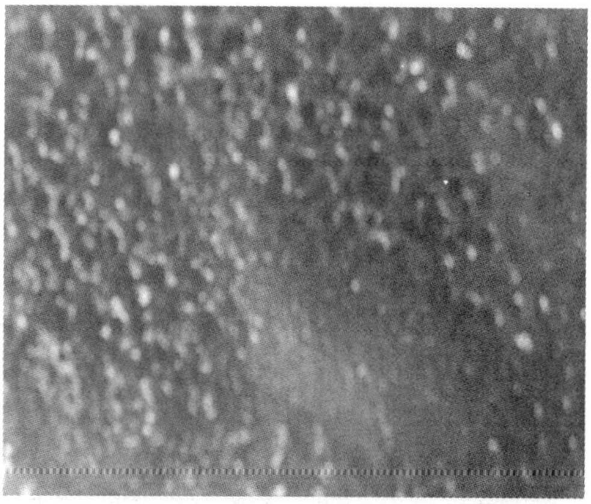

图 6-45　加入纳米 SiO_2 粒子反应后的树脂表面照片

这主要是因为纳米 SiO_2 粒子尺度小，在分散过程中纳米 SiO_2 粒子巨大的比表面积使其表面吸附有一层空气膜，同时又由于纳米 SiO_2 粒子与基体的热膨胀系数不同而产生的少量内应力以及未分散的聚集体中存在少量气泡，因此在加热反应过程中带入树脂基体中的气体会不断释放出来，导致树脂基体强度的降低。但另一方面，随着纳米粒子的加入，交联度增大，使基体强度得到了增大。

5. 微观机理分析

纳米粒子是粒径在 1～100 nm 的粒子，由于粒径很小，具有许多奇异的物理、化学性能。同时由于粒径小，表面非配对原子多，与聚合物发生物理或化学结合的可能性大，加到聚合物中，可以达到很好的改性目的。由于粒径小，表面活性高，易自身团聚，从而使纳米粒子失去了对聚合物应有的增强增韧作用。在纳米粒子的应用中，如何避免粒子团聚是关键问题。一般的方法是采用表面处理。本实验采用偶联剂对 SiO_2 纳米粒子进行超声波处理。

在树脂空白样（即不添加纳米粒子）扫描电镜实验过程中发现，当树脂基体受到冲击时，树脂基体会产生塑性变形，出现银纹区（如图 6-46～图 6-49 所示），而银纹区可以吸收冲击能，阻止基体进一步破坏。

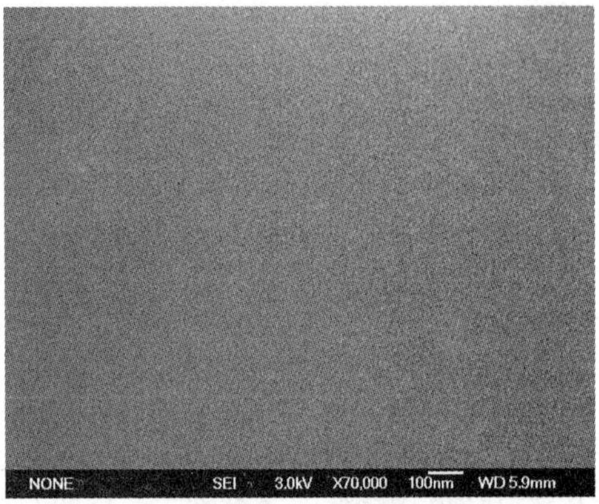

图 6-46　树脂空白样（即不添加纳米粒子）的扫描电镜照片（放大 7 万倍）

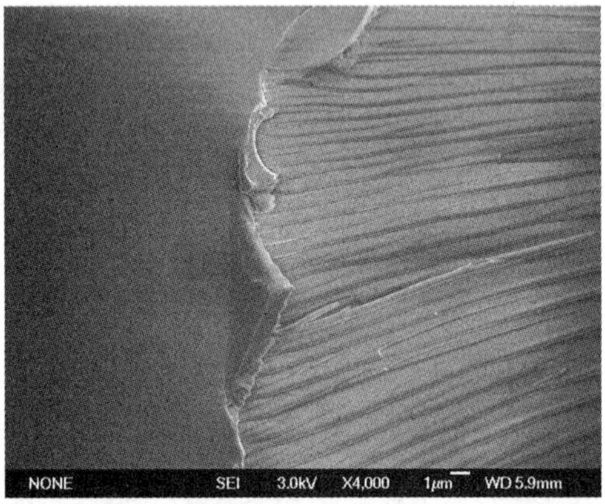

图 6-47　树脂空白样出现银纹区边界的扫描电镜照片

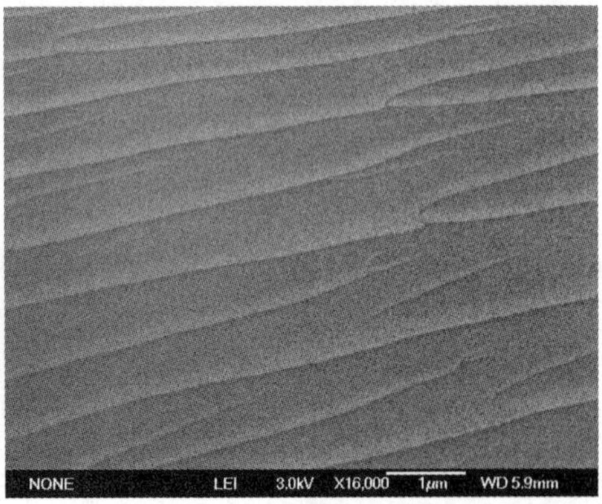

图 6-48　树脂银纹区Ⅰ

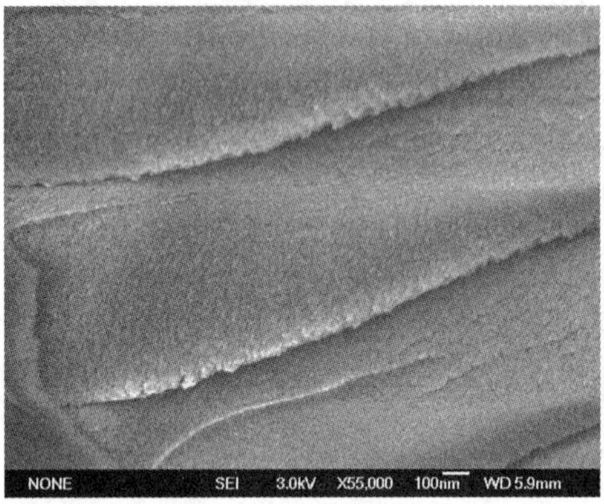

图 6-49　树脂银纹区Ⅱ

从国内外文献调研情况来看，纳米材料的存在赋予了树脂很高的物理机械性能，其强度、刚度、韧性及耐热性都有很大提高。作用机理如下：吕彦梅认为，纳米粒子均匀地分散在基体中，当基体受到冲击时，粒子与基体之间产生微裂纹（银纹）；同时粒子之间的基体也产生塑性变形，吸收冲击能，从而达到增韧的效果。随着粒子粒度变细，粒子的比表面积增大，粒子与基体之间的接触面积增大。当材料受到冲击时，会产生更多的微裂纹和塑性变形，从而吸收更多的冲击能，增韧效果提高。当填料加入量达到某一临界值时，粒子之间过于接近，材料受冲击时产生微裂纹和塑性变形太大，其发展成宏观应力开裂，从而使冲击性能下降。由于实验样品尺寸仅为 1 mm，选取的不确定性导致未观察到这一现象。

在用纳米粒子处理树脂时，树脂为连续相，纳米 SiO_2 粒子为分散相，纳米 SiO_2 粒子以第二聚集态的形式均匀分散在树脂中。把纳米 SiO_2 粒子添加到树脂中，在结构上完全不同于粗晶 SiO_2 粒子添加的树脂黏接剂，粗晶 SiO_2 粒子一般作为补强剂加入。它主要分布在高分子材料的链间，而纳米 SiO_2 粒子由于表面严重的配位不足、庞大的比表面积以及表面欠氧等特点，表现出极强的活性，很容易和酚醛树脂的氧之间起键合作用，提高了分子间的键力。同时有一部分纳米 SiO_2 颗粒分布在高分子链的空隙中，但与粗晶 SiO_2 颗粒相比较，表现出很高的流涟性，从而使添加纳米 SiO_2 粒子的酚醛树脂强度得到大幅度提高。

纳米 SiO_2 粒子比粗晶 SiO_2 粒子小 100～1 000 倍，将其添加到树脂中，由于纳米 SiO_2 粒子的高流动性和小尺寸效应，当胶层受力时，纳米 SiO_2 粒子脱黏，胶层产生空洞化损伤，这些微孔穴一方面产生塑性体膨胀，另一方面纳米粒子和微孔穴可诱发相邻颗粒间基体的局部剪切屈服。这种屈服过程还会导致裂纹尖端的钝化，从而进一步达到减少应力集中和阻止断裂的目的，使胶层塑性变形大大增强，可以吸收大量的能量。另外，对于纳米级粒子，许多通常在液体状态下不能混合的物质组分能在纳米尺度下合金化，即原本不相容的物质在纳米尺度下具有一定的相容性。添加了纳米 SiO_2 粒子的酚醛树脂力学性能有较大幅度提高，说明纳米 SiO_2 与酚醛树脂有一定相容性，能达到增韧增强效果。但当纳米 SiO_2 粒子用量过多时，易相互聚集成团，反而使其力学性能下降。

综上所述，纳米 SiO_2 粒子的加入使基体的强度得以提高。强度的提高是由于无机粒子与树脂发生了物理或化学的结合，增强了界面黏结；此外，纳米粒子本身具有一定的承担载荷的能力，其作为填充体分散到树脂基体的结构中，起到了支架的作用，从而使纳米粒子树脂基体的强度增加。换句话说，纳米粒子树脂基体强度的增加是纳米粒子与树脂基体强度的叠加效应产生的结果。

四、纳米 SiO_2 改性树脂的增韧机理研究

酚醛树脂作为一种重要的树脂涂覆砂黏结剂，大量应用于树脂涂覆砂的制备中。酚醛树脂价格低廉、耐热性能好、机械强度高，但脆性较大。前文已对纳米 SiO_2 增强酚醛树脂的力学性能做了研究，纳米粒子的加入可以改善树脂的力学性能，但一般刚性材料在增强树脂力学性能的同时往往牺牲树脂的韧性。纳米 SiO_2 具有普通刚性填料所不具备的许多优异性能，其加入到酚醛树脂中能起到增强增韧的作用。本部分通过测试树脂和纳米 SiO_2 改性树脂的抗冲击实验，对树脂样条的缺口冲击断面进行扫描电镜观察，分析纳米 SiO_3 增韧树脂的机理。

1. 实验仪器与试剂

实验仪器：冷场扫描电子显微镜 S-4800，超声波清洗机 HT-200，摆锤式冲击试验机，缺口制样机，电子天平 BSA423S，电动鼓风干燥箱，游标卡尺，抽滤瓶，烧杯，玻璃棒，玻璃管等。

原料与试剂：疏水纳米 SiO_2（德国德固赛 R974），丙酮（分析纯），水溶性酚醛树脂（固含量 82.93%），固化剂等。

2. 实验步骤

(1) 纳米 SiO_2 树脂混合液的制备。

称取一定量的水溶性酚醛树脂，将疏水纳米 SiO_2 加入盛有丙酮溶液的烧杯中混合搅拌均匀；用超声波清洗机(处理功率 150 W，频率 20 000 Hz)对上述混合液进行超声波分散 10 min；将上述超声分散的混合液倒入酚醛树脂中，搅拌均匀，再进行 30 min 超声波分散，放置备用。

(2) 树脂样条的制备。

称取一定量的六次甲基四胺加入制备好的树脂混合液中，在 60 ℃恒温水浴中加热，同时用真空泵抽真空。将脱气后的树脂混合液缓慢注入预热的模具中，将模具放入干燥箱中固化成树脂试样，在切样机上将树脂试样切割成 10 mm×10 mm×80 mm 的树脂样条；用纯树脂代替树脂混合液重复以上实验。

(3) 抗冲击强度的测试。

① 试样要求。

a. 试样表面平整、无气泡、无缺损或裂纹。

b. 试样缺口处应无毛刺。

c. 每组测试砂体≥5 块。

② 测定步骤。

冲击强度按 GB/T 1043—1993 标准进行，选用摆锤式冲击试验机进行测定，步骤如下：

a. 将树脂和树脂混合液固化样条在制样机上加工成 V 形缺口，缺口深度为 2 mm。

b. 在缺口两端测量试样缺口处的剩余厚度各一次，取平均值。

c. 调节刻度盘指针零点，进行空击实验，使摩擦损失符合规定要求。

d. 将试样按规定放置在两个支撑块上，平稳释放摆锤，试样破坏时从刻度盘上读出试样吸收的冲击能。

③ 测定结果计算。

缺口试样冲击强度 a_k 的计算式如下；

$$a_k = \frac{A_k}{bd_k} \times 10^{-3} \tag{6-180}$$

式中 A_k——缺口试样吸收的冲击能量，J；

b——试样宽度，mm；

d_k——缺口试样缺口处剩余厚度，mm。

(4) 扫面电镜测试。

将冲击破坏的样条试样在冷场扫描电子显微镜 S-4800 上进行分析，观察试样的断面形貌。由于材料不导电，测试前试样缺口应先进行喷金处理。

3. 实验结果与讨论

(1) 纳米 SiO_2 对树脂冲击强度的影响。

实验对比了固化处理后的纳米 SiO_2 改性树脂和未改性树脂样条的冲击强度，每组实验 5 个试样，冲击强度在室温下进行，实验结果见表 6-13。

表 6-13 纳米 SiO_2 粒子对树脂冲击强度的影响

方 案	冲击强度/($kJ \cdot m^{-2}$)	平均冲击强度/($kJ \cdot m^{-2}$)	强度提高率/%
未改性树脂	2.37 2.19 2.65 2.53 2.49 3.24 3.53	2.446	—
纳米 SiO_2 改性树脂	3.48 3.35 3.41	3.402	39.08%

注:纳米 SiO_2 的质量分数为 3%。

从表 6-13 中的实验结果可以看出,未改性树脂的冲击强度为 2.446 kJ/m^2,纳米 SiO_2 改性树脂的冲击强度为 3.402 kJ/m^2,比未改性树脂的冲击强度提高了 39.08%,纳米 SiO_2 的加入起到了对树脂增韧的作用。

(2) 扫描电镜分析。

从图 6-50～图 6-53 可以看出,纯酚醛树脂固化物试样在冲击实验中产生较多的裂纹,树脂表面光滑,断面裂口较为齐整、光滑,并且断裂方向基本一致,说明裂纹扩展的阻力较小,主要以脆性断裂为主。

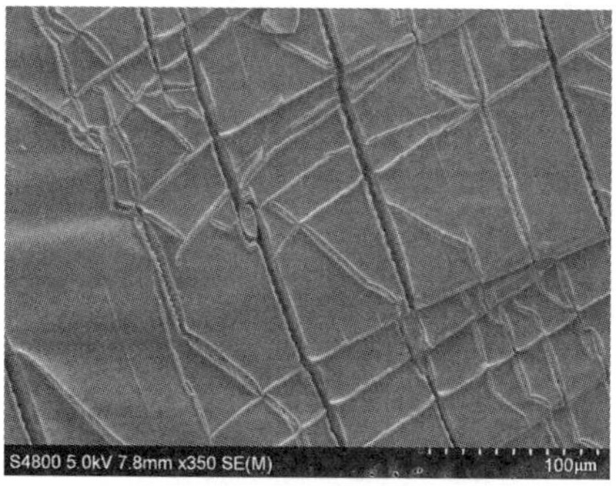

图 6-50 树脂缺口冲击断面扫描电镜图(放大 350 倍)

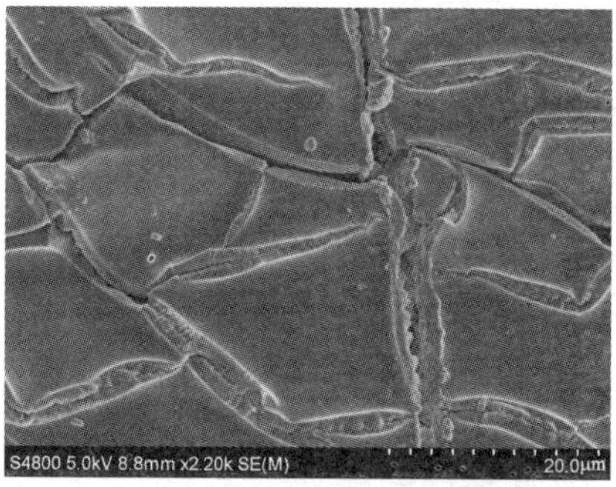

图 6-51 树脂缺口冲击断面扫描电镜图(放大 2 200 倍)

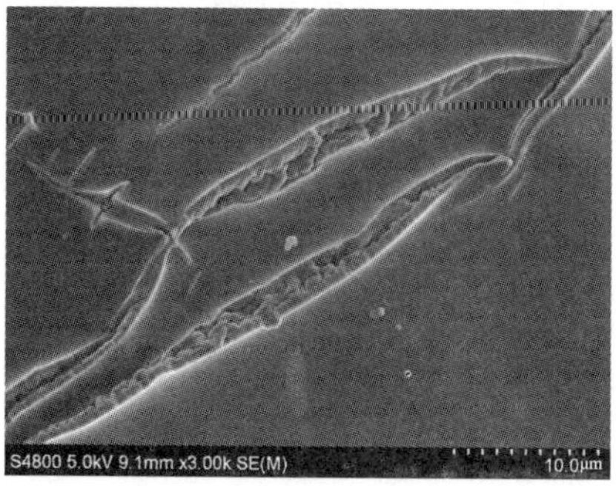

图 6-52 树脂缺口冲击断面扫描电镜图(放大 3 000 倍)

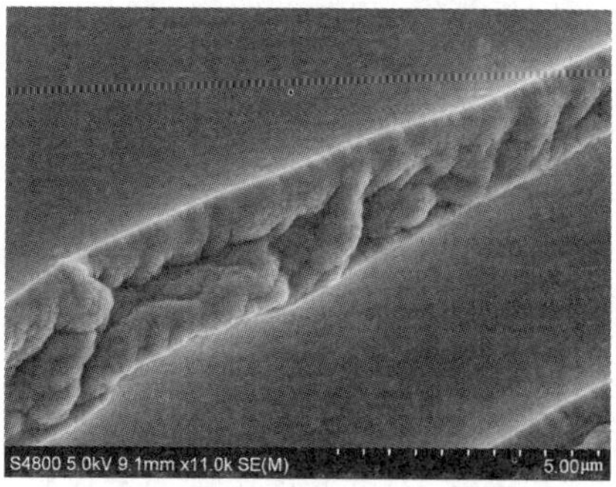

图 6-53 树脂缺口冲击断面扫描电镜图(放大 11 000 倍)

图 6-54～图 6-57 可以看出，纳米 SiO_2 改性树脂固化物试样在冲击实验中也产生较多的裂纹，树脂表面变得较粗糙，出现较多的细小银纹区，并且冲击断裂面生成层状分布的裂纹(图 6-56)，形成新的表面，吸收更多的冲击能。断面裂口变得较为圆滑，并且断裂方向趋于分散，说明纳米粒子的存在加大了断裂阻力，裂纹在纳米粒子处产生偏移，发生了脆性断裂到塑性断裂的转变。从图 6-57 可以看出，裂纹内部壁面存在着高分子链的银纹微纤，银纹微纤的存在一定程度上阻止了裂缝扩展成宏观开裂。图 6-53 所示裂纹内部的银纹微纤被断裂能破坏，裂纹壁面凹凸不平，最终发展成宏观断裂。

图 6-54　纳米 SiO_2 改性树脂缺口冲击断面扫描电镜图(放大 200 倍)

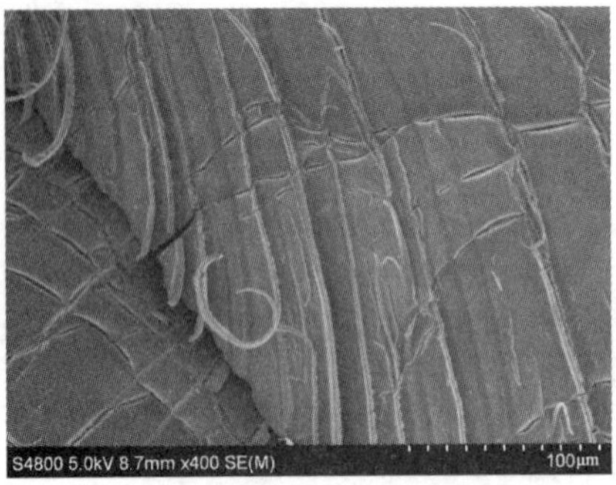

图 6-55　纳米 SiO_2 改性树脂缺口冲击断面扫描电镜图(放大 400 倍)

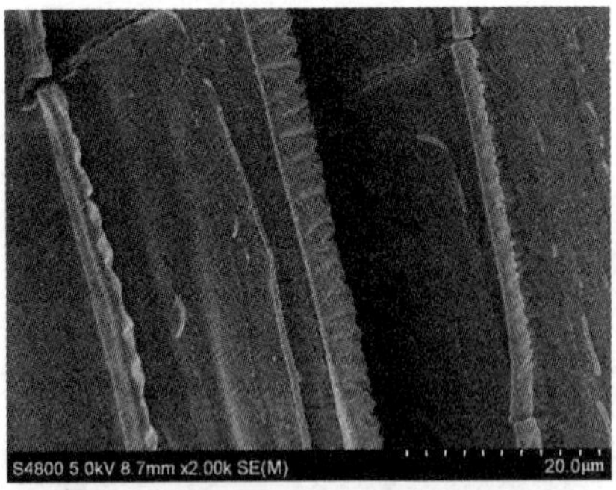

图 6-56　纳米 SiO_2 改性树脂缺口冲击断面扫描电镜图(放大 2 000 倍)

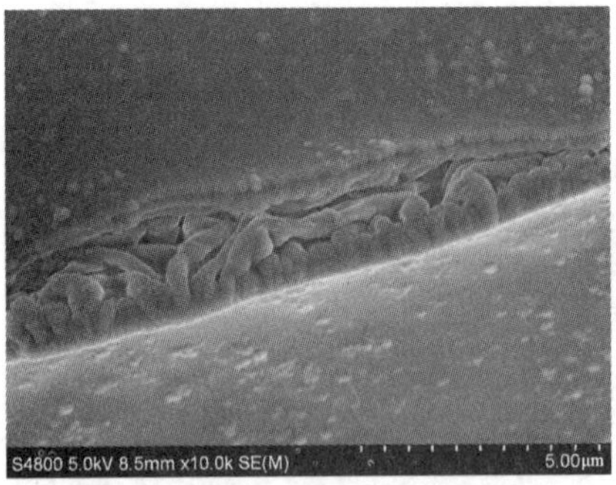

图 6-57　纳米 SiO_2 改性树脂缺口冲击断面扫描电镜图(放大 10 000 倍)

4. 微观机理分析

(1) 材料受到冲击作用力时，纳米粒子存在的位置会产生应力集中，纳米粒子周围的树脂基体会产生银纹，与此同时纳米粒子之间的树脂也发生塑性变形，吸收一部分冲击能，起到增韧的作用。纳米粒子粒径小，比表面积大，纳米粒子与树脂基体之间有更大的接触面积，材料受到冲击时，银纹和塑性变形会更多，能够吸收比普通复合材料更多的冲击能，达到更好的增韧效果。

(2) 材料受到冲击时，由于纳米粒子的泊松比小于树脂基体，纳米粒子两极位置受到拉应力，但赤道附近位置承受压应力，粒子-基体界面的脱黏首先从两极开始，进而扩展到材料的大部分表面，导致树脂基体和纳米粒子的界面部分脱黏形成空穴，消耗部分能量，同时赤道附近的树脂基体在拉应力和压应力的双重作用下产生剪切屈服，这种屈服使裂纹钝化，阻碍了裂纹的扩展，在以上作用机理下增强树脂基体的韧性。

(3) 材料在冲击作用下产生裂纹，当纳米粒子存在时，纳米粒子能够进入到裂缝空隙内部。纳米粒子表面活性强，纳米粒子活性表面与树脂高分子链产生交联作用，形成“丝状连接”的结构，在此作用下使产生的裂缝转化为银纹，阻延了树脂基体的断裂，使材料的断裂需要消耗更多的外界能量，从而起到增韧的作用。

(4) 材料受到冲击时，裂纹在扩展过程中遇到纳米颗粒发生偏折，产生更大的裂纹表面积，裂纹发生倾斜和扭曲引起作用力脱离初始的作用面，使应力状态发生改变，材料的断裂韧性增强。

五、纳米粒子改善纤维复合防砂体的室内研究

前面探讨了纳米粒子改善树脂涂覆砂力学性能的可能，发现 SiO_2 纳米粒子可以较大程度地改善树脂涂覆砂的抗压强度。下面对含纳米粒子的树脂涂覆砂体中加入纤维后的复合砂体的性能进行评价。

实验方法：如前所述制备纳米粒子树脂涂覆砂体，向制备好的纳米粒子树脂涂覆砂体中加入 1%的纤维，使其分散均匀，在 60 ℃水浴中固化，测其抗压强度及其气测渗透率。

实验用树脂采用砂轮耐磨脂 SA-2，纤维为防砂用特质纤维 SC，长度为 10 mm，直径为 15 μm。实验分四组进行：Ⅰ组为 20/40 目树脂涂覆砂，Ⅱ组为 20/40 目树脂涂覆砂+1.0%纤维，Ⅲ组为 20/40 目纳米粒子树脂涂覆砂体，Ⅳ组为 20/40 目纳米粒子树脂涂覆砂体+1.0%纤维，分别对这四组进行抗压强度和渗透率的测定。抗压强度的测定按纤维复合体抗压强度测定方法进行，采用气测渗透率仪进行砂体渗透率的测定。

1. 纳米粒子改善纤维复合砂体抗压强度的测定

为保证防砂有效期，复合防砂体的抗压/抗折强度是一项重要的评价指标，通过测定不同改性方法时复合砂体的抗压强度，考察改性后强度的提高率(与不改性树脂涂覆砂的强度相比较)，结果见表 6-14。

表 6-14 纳米粒子改善纤维复合砂体抗压强度的测定数据

介 质	实验号	抗压强度/MPa	抗压强度平均值/MPa	强度提高率/%
20/40 目树脂涂覆砂	1	5.03	4.98	—
	2	4.95		
	3	4.96		
20/40 目树脂涂覆砂+1.0%纤维	4	6.41	6.47	29.92
	5	6.42		
	6	6.58		
20/40 目纳米粒子树脂涂覆砂体	7	6.79	6.80	36.55
	8	6.84		
	9	6.77		
20/40 目纳米粒子树脂涂覆砂体+1.0%纤维	10	7.94	8.16	63.86
	11	8.23		
	12	8.31		

2. 纳米粒子纤维复合防砂体渗透率的测定

为保证防砂后油气井的生产能力，复合防砂体的渗透率也是一项重要的评价指标。不同改性方法复合砂体渗透率的测定结果见表6-15。

表6-15 纳米粒子改善纤维复合砂体渗透率的测定数据

介 质	实验号	渗透率/μm^2	平均渗透率/μm^2
Ⅰ组	1	74.92	74.92
	2	74.92	
	3	74.92	
Ⅱ组	4	83.77	83.26
	5	76.04	
	6	89.97	
Ⅲ组	7	74.85	74.70
	8	74.56	
	9	74.70	
Ⅳ组	10	88.53	82.46
	11	77.61	
	12	81.25	

由表6-15可知，加入纤维后树脂涂覆砂的渗透率提高了11.13%，加入纤维后纳米粒子树脂涂覆砂体的渗透率提高了10.39%，而纳米粒子改性对复合砂体的渗透率基本没有影响。

六、纳米 SiO_2 改性树脂涂覆砂体的力学性能预测

本部分应用弹性常数上下界限法分析填料的含量、填料与基体模量比对复合材料弹性模量的影响，建立纳米 SiO_2 改性树脂弹性模量的预测模型。

1. 弹性常数理论上下界限

复合材料的弹性模量不仅受组分材料性质的影响，各组分材料的微观结构和填料在基体中的分布对复合材料的弹性性能也有影响。预测模型的结果必须满足相应的理论上下界，这样的预测模型才是有效的。为了得到精确的预测结果，下面采用 Voigt-Reuss(VR)和Hashin-Shtrikman(HS)上下界限法进行复合材料弹性模量理论上下界的分析，讨论填料的模量以及填料的体积分数对复合材料弹性模量的影响。

(1) Voigt-Reuss 上下界限法。

Voigt 和 Reuss 法是最基本的上下界限法。Voigt 法采用的是并联模型，采取等应变假设，即假定在材料受到载荷作用时，复合材料中各组分材料的变形相同；Reuss 法采用的是串联模型，采取等应力假设，即假定在材料受到载荷作用时，复合材料中各组分材料的应变相同。

Voigt 基于等应变假设对复合材料体积模量 k_v 和剪切模量 u_v 的计算公式如下：

$$k_v = \sum_{i=0}^{N} c_i k_i \tag{6-181}$$

$$u_v = \sum_{i=0}^{N} c_i u_i \tag{6-182}$$

Reuss 等基于等应力假设对复合材料体积模量 k_r 和剪切模量 u_r 的计算公式如下：

$$k_r = \left(\sum_{i=0}^{N} \frac{c_i}{k_i}\right)^{-1} \tag{6-183}$$

$$u_r = \left(\sum_{i=0}^{N} \frac{c_i}{u_i}\right)^{-1} \tag{6-184}$$

式中 k_i——第 i 相材料的体积模量，GPa；

u_i——第 i 相材料的剪切模量，GPa；

c_i——第 i 相材料的体积分数。

根据最小势能定理和最小余能定理推导出的任意复合材料有效模量 k 满足以下表达式：

$$k_r < k < k_v \tag{6-185}$$

Voigt-Reuss 上下界限法两相复合材料的有效体积模量 k 和有效剪切模量 u 如下：

$$\frac{k_1 k_2}{c_1 k_1 + c_2 k_2} \leqslant k \leqslant c_1 k_1 + c_2 k_2 \tag{6-186}$$

$$\frac{u_1 u_2}{c_1 u_1 + c_2 u_2} \leqslant u \leqslant c_1 u_1 + c_2 u_2 \tag{6-187}$$

其中，下标 1 表示填料，下标 2 表示基体。

(2) Hashin-Shtrikman 上下界限法。

Hashin 和 Shtrikman 上下界限法是利用变分原理对弹性模量的上下界限法进行改进，其基本思想为：① 选择的各向同性参考介质应该有相同的几何形状和边界条件；② 对应于参考介质把模型材料的弹性模量、位移场和应力场进行介质量和扰动量的相应分解；③ 非均匀体应变能的极值条件由边界条件和内部约束条件求解出。HS 上下界限法比 VR 上下界限法的预测结果更为精确，应用也更为广泛。

假设两相复合材料中两组分材料的模量满足：

$$(k_1 - k_2)(u_1 - u_2) \geqslant 0 \tag{6-188}$$

则该复合材料称为有序材料，其中下标 1,2 分别表示填料和基体。对于满足上述方程的两相复合材料，假设满足 $k_1 > k_2$ 且 $u_1 > u_2$ 时，则 Hashin-Shtrikman 上下界限法求解的上界限有效体积模量 k 和有效剪切模量 u 的表达式如下：

$$k \leqslant \left[\sum_{r=1}^{N} c_r (k_0^* + k_r)^{-1}\right]^{-1} - k_0^* \tag{6-189}$$

$$u \leqslant \left[\sum_{r=1}^{N} c_r (u_0^* + k_r)^{-1}\right]^{-1} - u_0^* \tag{6-190}$$

其中：

$$k_0^* = \frac{4}{3} u_{\max}$$

$$u_0^* = \frac{3}{2}\left(\frac{1}{u_{\max}} + \frac{10}{9k_{\max} + 8u_{\max}}\right)$$

式中　c_r——基体的体积分数；

k_r——基体的体积模量，GPa。

同样，下界限的表达式如下：

$$k \geqslant \left[\sum_{r=1}^{N} c_r (k_0^* + k_r)^{-1}\right]^{-1} - k_0^* \tag{6-191}$$

$$u \geqslant \left[\sum_{r=1}^{N} c_r (u_0^* + u_r)^{-1}\right]^{-1} - u_0^* \tag{6-192}$$

其中：

$$k_0^* = \frac{4}{3} u_{\min}$$

$$u_0^* = \frac{3}{2}\left(\frac{1}{u_{\min}} + \frac{10}{9k_{\min} + 8u_{\min}}\right)$$

式中　c_r——填料的体积分数；

k_r——填料的体积模量，GPa。

在以后的计算中还会用到体积模量、剪切模量、弹性模量以及泊松比之间的换算关系式。

单相材料的换算关系式为：

$$u = \frac{E}{2(1+\nu)} \tag{6-193}$$

$$k = \frac{E}{3(1-2\nu)} \tag{6-194}$$

复合材料的换算关系式为：

$$E = \frac{9ku}{3k+u} \tag{6-195}$$

式中　u——剪切模量，GPa；

k——体积模量，GPa；

E——弹性模量，GPa；

ν——泊松比。

(3) 弹性常数理论上下界限预测结果。

① 填料与基体模量比对复合材料弹性模量的影响。

复合材料的性能在很大程度上取决于填料的弹性模量，填料与基体的模量比对复合材料的弹性性能有较大影响。利用弹性常数理论上下界限公式对弹性模量进行了计算，选取的计算参数见表 6-16(泊松比为 0.25)。

表 6-16　填料与基体的弹性模量

模量比	0.2	0.5	5	10	20
增强填料弹性模量/GPa	1.344	3.36	33.6	67.2	134.4
基体弹性模量/GPa	6.72	6.72	6.72	6.72	6.72

取填料的体积分数为0.1，将表6-16中的数据代入公式(6-193)和式(6-194)求得各相材料的体积模量和剪切模量，将填料和基体的体积模量和剪切模量代入公式(6-186)和(6-187)求得VR法上下界限，代入式(6-189)～式(6-192)求得HS法上下界限，根据复合材料模量间的换算公式(6-195)求解出复合材料的弹性模量，求得的计算结果见表6-17～表6-19。

表6-17 不同模量比下VR和HS上下界限法预测复合材料的体积模量(体积分数0.1)

E_1/E_2	VR法下界限	VR法上界限	HS法下界限	HS法上界限
0.2	3.200 0	4.121 6	3.882 7	3.535 1
0.5	4.072 7	4.256 0	4.181 3	4.149 9
5	4.869 6	6.272 0	5.077 3	5.521 9
10	4.923 1	8.512 0	5.213 1	6.602 1
20	4.950 3	12.992 0	5.290 7	8.723 5

表6-18 不同模量比下VR和HS上下界限法预测复合材料的剪切模量(体积分数0.1)

E_1/E_2	VR法下界限	VR法上界限	HS法下界限	HS法上界限
0.2	1.920 0	2.473 0	2.205 0	3.901 7
0.5	2.443 6	2.553 6	2.482 3	4.144 9
5	2.921 7	3.763 2	2.972 9	4.880 4
10	2.953 8	5.107 2	3.022 1	4.930 1
20	2.970 2	7.795 2	3.048 3	4.954 2

表6-19 不同模量比下VR和HS上下界限法预测复合材料的弹性模量(体积分数0.1)

E_1/E_2	VR法下界限	VR法上界限	HS法下界限	HS法上界限
0.2	4.800 0	6.182 5	5.562 0	8.557 0
0.5	6.109 0	6.384 0	6.218 6	9.328 8
5	7.304 3	9.408 0	7.462 2	11.309 4
10	7.384 5	12.768 0	7.598 1	11.842 5
20	7.425 5	19.488 0	7.671 5	12.496 9

由图6-58可以看出，在填料体积分数一定时，复合材料的弹性模量随填料与基体模量比的增大而增大。VR法在模量比小于8时，上下界限值较窄，对复合材料弹性模量有较好的预测，但当模量比大于8时，上下界限值迅速变宽，预测结果较差；HS法在随模量比不断增大的过程中，上下界限范围基本不变，对复合材料的弹性模量有较好的预测。

② 填料体积分数对复合材料模量的影响。

增强材料的弹性模量一般均大于基体的弹性模量。增强材料的体积分数对复合材料的弹性模量有较大的影响，下面利用弹性常数理论上下界限法分析填料体积分数对复合材料弹性模量的影响。增强材料与基体的模量比分别取5和0.2，泊松比均取0.25。

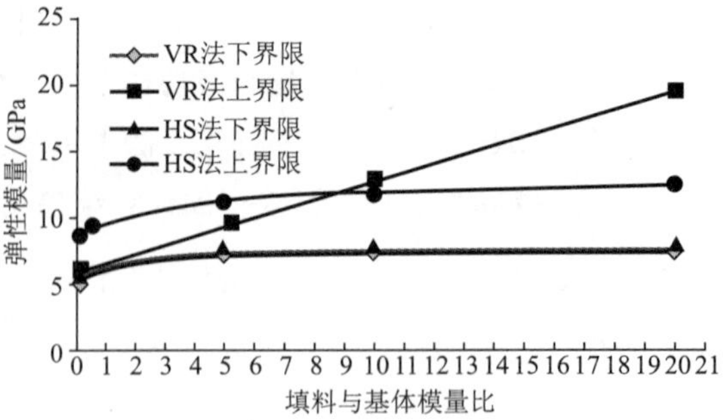

图 6-58 复合材料弹性模量随模量比的变化图(体积分数 0.1)

填料与基体模量比分别取 5 和 0.2,将表 6-16 中的数据代入模量间的换算关系式(6-193)和(6-194)求得各相材料的剪切模量和体积模量,再将填料和基体的体积模量和剪切模量代入公式(6-186)和(6-187)求得 VR 法上下界限,代入公式(6-189)~式(6-192)求得 HS 法上下界限,根据复合材料模量间的换算公式(6-195)求解出复合材料的弹性模量,求得的计算结果见表 6-20~表 6-25。

表 6-20 不同填料体积分数 VR 和 HS 上下界限法预测复合材料的体积模量(模量比为 5)

体积分数	VR 法下界限	VR 法上界限	HS 法下界限	HS 法上界限
0.1	4.869 6	6.272 0	5.077 3	5.521 9
0.3	5.894 7	9.856 0	6.583 7	7.926 2
0.5	7.466 7	13.440 0	8.724 2	10.880 0
0.7	10.181 8	17.024 0	12.006 4	14.596 1
0.9	16.000 0	20.608 0	17.675 6	19.413 3

表 6-21 不同填料体积分数 VR 和 HS 上下界限法预测复合材料的剪切模量(模量比为 5)

体积分数	VR 法下界限	VR 法上界限	HS 法下界限	HS 法上界限
0.1	2.921 7	3.763 2	2.972 9	4.880 4
0.3	3.536 8	5.913 6	3.709 6	5.931 7
0.5	4.480 0	8.064 0	4.803 7	7.537 0
0.7	6.109 1	10.214 4	6.598 6	10.291 2
0.9	9.600 0	12.364 8	10.085 0	16.114 7

表 6-22 不同填料体积分数 VR 和 HS 上下界限法预测复合材料的弹性模量(模量比为 5)

体积分数	VR 法下界限	VR 法上界限	HS 法下界限	HS 法上界限
0.1	7.304 3	9.408 0	7.462 2	11.309 4
0.3	8.842 0	14.784 0	9.369 1	14.242 3
0.5	11.200 0	20.160 0	12.176 3	18.369 3
0.7	15.272 7	25.536 0	16.730 8	24.998 4
0.9	24.000 0	30.912 0	25.420 4	37.866 6

由图 6-59 可知，在填料模量大于基体模量时，复合材料的弹性模量随增强材料体积分数的增大而增大。在体积分数小于 0.7 时，VR 法和 HS 法的上下界限较窄，复合材料的弹性模量预测值较准确。在体积分数大于 0.7 时，HS 法的上下界限值迅速变宽，预测结果较差。一般复合材料中增强材料的体积分数小于 0.5，所以两种方法均可用来对复合材料的弹性模量进行预测。

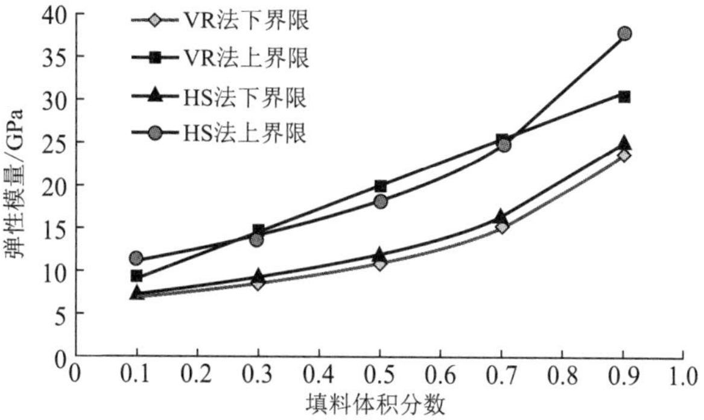

图 6-59 复合材料弹性模量随填料体积分数变化图(模量比为 5)

表 6-23 不同体积分数填料 VR 和 HS 上下界限法预测复合材料的体积模量(模量比为 0.2)

体积分数	VR 法下界限	VR 法上界限	HS 法下界限	HS 法上界限
0.1	3.200 0	4.121 6	3.882 7	3.535 1
0.3	2.036 4	3.404 8	2.919 2	2.040 1
0.5	1.493 3	2.688 0	2.176 0	1.744 8
0.7	1.178 9	1.971 2	1.585 2	1.316 7
0.9	0.973 9	1.254 4	1.104 4	1.015 5

表 6-24 不同体积分数填料 VR 和 HS 上下界限法预测复合材料的剪切模量(模量比为 0.2)

体积分数	VR 法下界限	VR 法上界限	HS 法下界限	HS 法上界限
0.1	1.920 0	2.473 0	2.205 0	3.901 7
0.3	1.221 8	2.042 9	1.553 3	2.953 3
0.5	0.896 0	1.612 8	1.133 8	2.208 1
0.7	0.707 4	1.182 7	0.841 2	1.607 1
0.9	0.584 3	0.752 6	0.625 5	1.112 1

表 6-25 不同体积分数填料 VR 和 HS 上下界限法预测复合材料的弹性模量(模量比为 0.2)

体积分数	VR 法下界限	VR 法上界限	HS 法下界限	HS 法上界限
0.1	4.800 0	6.182 5	5.562 1	8.557 0
0.3	3.054 5	5.107 2	3.957 9	5.976 2
0.5	2.240 0	4.032 0	2.898 1	4.659 0
0.7	1.768 5	2.956 8	2.144 3	3.427 0
0.9	1.460 8	1.881 5	1.578 5	2.444 1

由图 6-60 可知，在填料模量小于基体模量时，复合材料的弹性模量随增强材料体积分数的增大而减小。VR 法的上界限小于 HS 法的上界限，HS 法的下界限大于 VR 法的下界限，因而选取 HS 法的下界限，VR 法的上界限可以更好地预测复合材料的弹性模量。

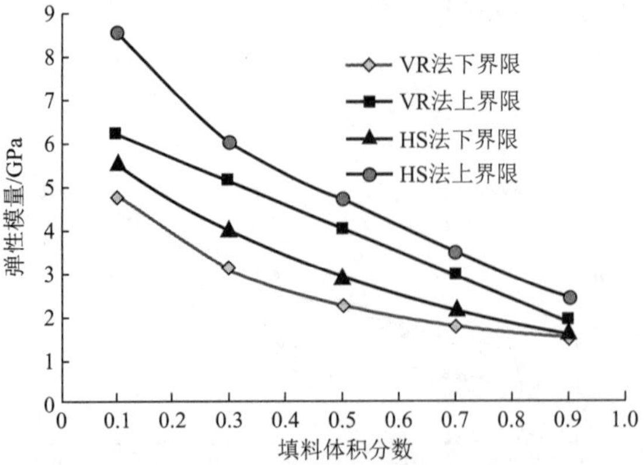

图 6-60　复合材料弹性模量随填料体积分数变化图(模量比为 0.2)

2. 弹性常数解析分析方法

复合材料的弹性常数不能由弹性常数理论上下界限法直接预测，弹性常数理论上下界限法只是给出一个范围，当复合材料的有效弹性模量很难推导或无法求出时，才利用弹性常数上下界限法间接预测复合材料的弹性模量。解析方法预测的复合材料的弹性模量通常可以由理论上下界限来验证，只有当解析方法预测的结果满足相应的理论上下界限时，解析方法的结果才是有效的。基于细观力学分析，到目前为止，研究者们发展了许多预测复合材料弹性常数的解析模型，下面利用 Eshelby 等效夹杂理论、广义自洽方法和 Mori-Tanaka (M-T)方法这三种经典的解析方法直接预测复合材料的弹性模量。

(1) Eshelby 等效夹杂理论。

复合材料中存在一个不同于基体弹性模量的区域，把这个与基体相不同的区域称之为异相夹杂，填料就可以看成嵌入弹性体的夹杂。Eshelby 等效夹杂理论假设物体为无限大，异相夹杂的形状为椭球形。1957 年 Eshelby 证明了受到均匀外力作用时，如果本征应变均匀，椭球夹杂内部的弹性场也是均匀的，并用椭球积分的形式表示出来，以此解作为计算的基础求解等效弹性模量。

假设 $\bar{\sigma}_{ij}$ 和$\bar{\varepsilon}_{ij}$ 表示复合材料的平均应力和应变，$\bar{\sigma}_{ij}^{r}$ 和$\bar{\varepsilon}_{ij}^{r}$ 表示各相的平均应力和应变，弹性常数张量为 E_{ijkl}^{r}(上标 r 表示不同的相组分)，则有效宏观弹性常数张量 E_{ijkl}^{*} 和柔度张量 S_{ijkl}^{*} 由下式表示：

$$E_{ijkl}^{*}=\bar{\sigma}_{ij}/\varepsilon_{kl} \tag{6-196}$$

$$S_{ijkl}^{*}=\bar{\varepsilon}_{ij}/\sigma_{kl} \tag{6-197}$$

复合材料的平均应力可表示为：

$$\bar{\sigma}_{ij}=\frac{1}{v}\int\sigma_{ij}\,\mathrm{d}v=\sum_{r=0}^{N}\bar{\sigma}_{ij}^{r}v^{r} \tag{6-198}$$

复合材料的平均应变可表示为：

$$\bar{\varepsilon}_{ij}=\frac{1}{v}\int\varepsilon_{ij}\,\mathrm{d}v=\sum_{r=0}^{N}\bar{\varepsilon}_{ij}^{r}v^{r} \tag{6-199}$$

复合材料夹杂相个数为 n，各相的体积分数为 V_r。在求得各相材料平均应力和平均应变的基础上，弹性常数张量和弹性柔度张量可由上面四个式子求得。

假设基体与夹杂为各相同性，与基体相相比夹杂的体积比率很小，夹杂分布比较稀疏，其他夹杂对另外夹杂内的应变场没有影响，夹杂互相不干扰，因此夹杂内的应变可由单一夹杂嵌入无限大均匀介质中的模型来确定。当夹杂是椭球或球形时，根据 Eshelby 的证明给出的表达式，可求解球形夹杂复合材料的弹性常数。

$$k^* = k_m + (k_i - k_m)\frac{3k_m + 4u_m}{3k_i + 4u_i} \tag{6-200}$$

$$u^* = u_m + (u_i - u_m)\frac{5(3k_m + 4u_m)}{9k_m + 8u_m + (k_m + 2u_m)\dfrac{u_i}{u_m}} \tag{6-201}$$

式中，k 表示体积模量，GPa；u 表示剪切模量，GPa；复合材料的有效性能用带上 * 的表示。

(2) 广义自洽理论。

在求解复合材料有效模量时，广义自洽方法考虑了夹杂、基体壳和有效介质间的相互作用，把夹杂和夹杂周围的基体看成一个整体结构，认为这个整体的等效夹杂嵌入一个体积无限大的介质中，复合材料的有效性质与该介质的性质相同，求解该介质的有效模量来间接求解复合材料的有效模量。广义自洽方法有较复杂的理论推导，在计算时对夹杂的形状和种类有较高的要求，但对于球形夹杂的问题有较好的求解，具有具体的表达式。

两相复合材料的夹杂为球形夹杂，已知各组分的弹性常数以及体积分数时，广义自洽方法给出的有效剪切模量 u 的表达式如下：

$$A\left(\frac{u}{u_m}\right)^2 + B\left(\frac{u}{u_m}\right) + C = 0 \tag{6-202}$$

其中：

$$\begin{aligned}
A &= 8f(4 - 5v_m)\eta_1 c^{10/3} - 2(63\eta_2 + 2\eta_1\eta_3)c^{7/3} + \\
&\quad 252f\eta_2 c^{5/3} - 50f(7 - 12v_m + 8v_m^2)\eta_2 c + 4(7 - 10v_m)\eta_2\eta_3 \\
B &= -4f(1 - 5v_m)\eta_1 c^{10/3} + 4(63\eta_2 + 2\eta_1\eta_3)c^{7/3} - \\
&\quad 504f\eta_2 c^{5/3} + 150f(3v_m - v_m^2)\eta_2 c + 3(15v_m - 7)\eta_2\eta_3 \\
C &= 4f(5v_m - 7)\eta_1 c^{10/3} - 2(63\eta_2 + 2\eta_1\eta_3)c^{7/3} + \\
&\quad 252f\eta_2 c^{5/3} + 25f(v_m^2 - 7)\eta_2 c - 5(5v_m + 7)\eta_2\eta_3 \\
\eta_1 &= f(7 - 10v_m)(7 + 5v_i) + 105(v_i - v_m) \\
\eta_2 &= f(7 + 5v_i) + 35(1 - v_i), \\
\eta_3 &= f(7 - 10v_m)(7 + 5v_i) + 105(v_i - v_m) \\
f &= \frac{u_t}{u_m} - 1
\end{aligned}$$

其中，夹杂的体积分数由 c 表示，夹杂和基体分别由下标 i 和 m 表示。通过求解方程即可得出复合材料的有效剪切模量。

广义自洽法给出的复合材料有效体积模量 k 的表达式如下：

$$k = k_m + \frac{c(k_i - k_m)}{1 + (1 - c)\dfrac{k_i - k_m}{k_m + \dfrac{4}{3}u_m}} \tag{6-203}$$

(3) Mori-Tanaka 方法。

在求解复合材料有效模量时，Mori-Tanaka 方法认为其他夹杂对单个夹杂内的应变场有影响，作用在夹杂上的应变是复合材料的平均应变，与复合材料代表单元上的应变不同。Benveniste 对该方法进行了简化推导，夹杂为球形的复合材料的有效体积模量 k 的表达式如下：

$$k = k_m + c(k_i - k_m)\frac{1}{1 + 3(1-c)\left(\dfrac{k_i - k_m}{3k_m + 4u_m}\right)} \tag{6-204}$$

夹杂为球形的复合材料的有效剪切模量 u 的表达式如下：

$$u = u_m + c(u_i - u_m)\frac{1}{1 + (1-c)\left[\dfrac{u_i - u_m}{u_m + \dfrac{u_m(9k_m + 8u_m)}{6(k_m + 2u_m)}}\right]} \tag{6-205}$$

(4) 解析方法预测结果。

取填料的体积分数为 0.1，将表 6-16 中的数据代入式(6-193)、式(6-194)求得各相材料的剪切模量和体积模量，将填料和基体的体积模量和剪切模量代入式(6-201)～式(6-205)，利用 Eshelby 等效夹杂理论、广义自洽理论、Mori-Tanaka (M-T)方法求得复合材料的剪切模量和体积模量，并利用弹性模量、体积模量、剪切模量之间的换算公式(6-195)，计算出复合材料的宏观弹性模量，并与 HS 上下界限理论比较，优选出最好的解析预测方法，计算结果见表 6-26～表 6-28。

表 6-26　Eshelby 等效夹杂、广义自洽理论、M-T 理论预测复合材料的体积模量及 HS 理论预测值

E_1/E_2	Eshelby 等效夹杂	广义自洽	M-T	HS 下界限	HS 上界限
0.2	−13.440 0	3.882 7	3.882 7	3.882 7	3.531
0.5	0	4.181 3	4.181 3	4.181 3	4.149 9
5	8.064 0	5.077 3	5.077 3	5.077 3	5.521 9
10	8.512 0	5.213 1	5.213 1	5.213 1	6.602 1
20	8.736 0	5.290 7	5.290 7	5.290 7	8.723 5

表 6-27　Eshelby 等效夹杂、广义自洽理论、M-T 理论预测复合材料的剪切模量及 HS 理论预测值

E_1/E_2	Eshelby 等效夹杂	广义自洽	M-T	HS 下界限	HS 上界限
0.2	−1.389 3	1.460 6	2.356 1	2.205 0	3.901 7
0.5	0.252 6	1.499 8	2.515 7	2.482 3	4.144 9
5	14.393 8	1.565 7	3.077 6	2.972 9	4.880 4
10	20.933 4	1.668 7	3.175 7	3.022 1	4.930 1
20	26.545 2	1.815 7	3.233 6	3.048 3	4.954 2

表 6-28　Eshelby 等效夹杂、广义自洽理论、M-T 理论预测合材料的弹性模量及 HS 理论预测值

E_1/E_2	Eshelby 等效夹杂	广义自洽	M-T	HS 下界限	HS 上界限
0.2	−4.029 1	3.893 6	5.879 1	5.562 1	8.554 3
0.5	0	4.018 9	6.286 4	6.216 7	9.328 8
5	27.073 3	4.259 3	7.680 9	7.462 2	11.309 4
10	34.510 2	4.523 5	7.919 1	7.598 1	11.842 5
20	39.563 3	4.887 9	8.059 0	7.671 5	12.496 9

由图6-61可以看出，M-T解析方法的预测值与HS理论的下界限值相近，符合HS的上下界限，广义自洽方法的预测值较小，小于 HS 理论的下界限值，不满足理论上下界限，所以选用 M-T 方法对纳米改性树脂进行弹性模量预测。

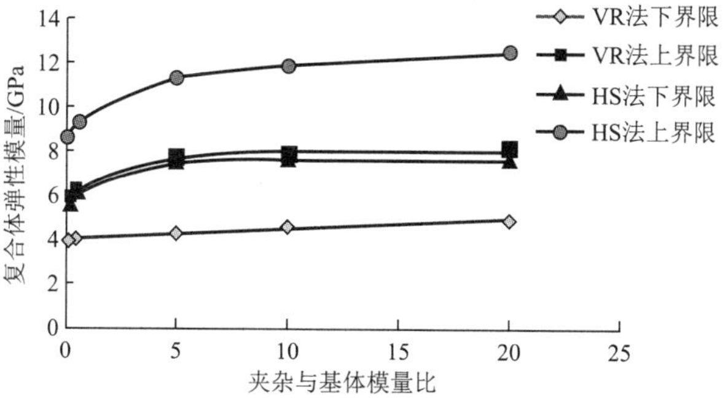

图 6-61　有效弹性模量预测值

3. 纳米改性树脂弹性模量预测

(1) 纳米改性树脂弹性模量的推导。

假设纳米粒子均为球形夹杂，均匀分散在连续的聚合物基体中，夹杂的取向一致，材料为各向同性，纳米粒子与基体具有良好的界面黏结。在以上假设下可以给出纳米粒子增强聚合物基复合材料的代表单元，示意图如图 6-62 所示。

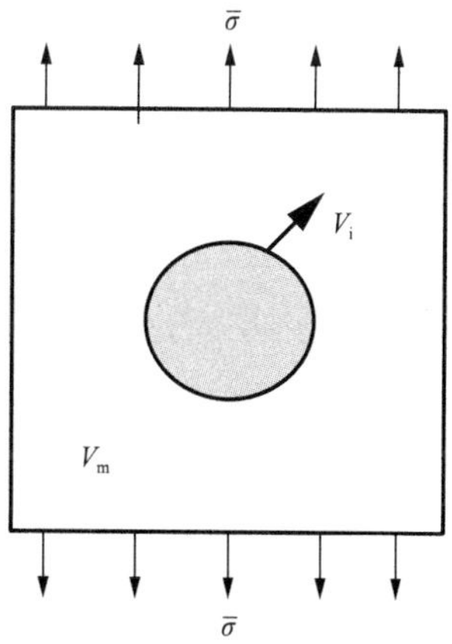

图 6-62　纳米粒子增强树脂复合材料体积元在均匀边界条件作用下的示意图

V_m——单元基体的体积

V_i——填料的体积

在弹性模量的推导前先对张量的概念进行简单介绍。

在力的作用下，一个物体由一点移动到另一点，此位移在 x,y,z 方向上的分量分别表示为 u,v,w，即移动的位移需要 3 个独立的物理量才能表示出来，即可用如下公式表示：

$$\boldsymbol{u}=\sum_{i=1}^{3}u_i e_i=ue_1+ve_2+we_3 \tag{6-206}$$

此类物理量是由 3 个独立的物理量组成的集合，称为矢量，又可称为一阶张量。

由 9 个独立的物理量表示的集合，例如：

$$\begin{bmatrix}\sigma_{11} & \sigma_{12} & \sigma_{13}\\ \sigma_{21} & \sigma_{22} & \sigma_{23}\\ \sigma_{31} & \sigma_{32} & \sigma_{33}\end{bmatrix}$$

这类物理量称为二阶张量。二阶张量与对称的 3×3 阶矩阵相对应。以此类推，n 阶张量是由 3^n 个分量组成的集合。一般常用下标来表示张量，一阶张量表示为 $x_i(i=1,2,3)$，二阶张量表示为 $\sigma_{ij}(i=1,2,3;j=1,2,3)$，由此可推出 n 阶张量表示为 $M_{i_1 i_2 \cdots i_n}(i_1=1,2,3;i_2=1,2,3;\cdots,i_n=1,2,3)$。

单元边界上施加的位移边界条件为：

$$u_i=\bar{\varepsilon}_{ij}x_j \tag{6-207}$$

在代表体积元内，微观应力和应变满足的广义虎克定律关系式为：

$$\langle\sigma_{ij}\rangle=\bar{C}_{ijkl}\langle\varepsilon_{ij}\rangle \tag{6-208}$$

式中 $\bar{C}_{ijkl}$——复合材料的有效弹性模量；

σ_{ij}——应力张量；

ε_{ij}——应变张量。

符号 $\langle x\rangle$ 表示物理量在代表体积元内的平均，定义式为：

$$\langle x\rangle=\frac{1}{V}\int x\,\mathrm{d}V \tag{6-209}$$

在应变为均匀应变条件下，有：

$$\langle\varepsilon_{ij}\rangle=\bar{\varepsilon}_{ij} \tag{6-210}$$

假设由 N 相组成的复合材料，用 V_r 表示第 r 相材料所占的体积分数，$\langle x\rangle_r$ 表示在第 r 相内物理量的平均，C^r_{ijkl} 表示第 r 相材料的弹性模量。这样，复合材料的应力、应变为：

$$\langle\sigma_{ij}\rangle=\sum_{r=0}^{N-1}c_r\langle\sigma_{ij}\rangle_r \tag{6-211}$$

$$\langle\varepsilon_{ij}\rangle=\sum_{r=0}^{N-1}c_r\langle\varepsilon_{ij}\rangle_r \tag{6-212}$$

式中 $\langle\sigma_{ij}\rangle$——在代表单元内的平均应力；

$c_r=\dfrac{V_r}{V}$——第 r 相材料的体积分数，且满足 $\sum_{r=0}^{N-1}c_r=1$。

如果设各相材料的平均应变与宏观应变的局部化关系为：

$$\langle\varepsilon_{ij}\rangle_r=A^r_{ijkl}\bar{\varepsilon}_{kl} \tag{6-213}$$

式中 A^r_{ijkl}——复合材料应力局部化关系中的集中系数张量。

将式(6-213)代入式(6-212)可得：

$$\sum_{r=0}^{N-1}c_rA^r_{ijkl}=I_{ijkl} \tag{6-214}$$

将式(6-208)代入式(6-211)可得：

$$\langle\sigma_{ij}\rangle=\sum_{r=0}^{N-1}c_rC^r_{ijkl}A^r_{klmn}\bar{\varepsilon}_{mn} \tag{6-215}$$

则复合材料的有效弹性模量为：

$$\bar{C}_{ijkl}=\sum_{r=0}^{N-1}c_rC^r_{ijkl}A^r_{klmn} \tag{6-216}$$

上式还可以写成如下形式：

$$\bar{C}_{ijkl}=C^0_{ijmn}+\sum_{r=0}^{N-1}c_r(C^r_{ijmn}-C^0_{ijmn})A^r_{mnkl} \tag{6-217}$$

式中 C^0_{ijmn}——基体材料的弹性张量。

第 r 类球形夹杂的平均应变公式为：

$$\langle \varepsilon \rangle_r = [I + P_r(C_r - C_0)]^{-1} \langle \varepsilon \rangle_0 \tag{6-218}$$

将式(6-210)、式(6-212)代入式(6-218)可得基体的平均应变：

$$\langle \varepsilon \rangle_0 = \{c_0 I + [I + P_r(C_r - C_0)]^{-1}\}^{-1}\bar{\varepsilon} \tag{6-219}$$

把式(6-219)代入式(6-218)求得集中系数张量为：

$$A_r = [I + P_r(C_r - C_0)]^{-1} \left\{c_0 I + \sum_{r=1}^{N-1} c_r [I + P_r(C_r - C_0)]^{-1}\right\}^{-1} \tag{6-220}$$

将式(6-220)再代入式(6-217)，可得 Mori-Tanaka 方法求解复合材料有效模量的表达式(6-221)。

$$\overline{C}_{ijkl} = C^0_{ijkl} + \sum_{r=0}^{N-1} c_r [(C^r_{ijkl} - C^0_{ijkl})^{-1} + c_0 P^r_{ijkl}]^{-1} \tag{6-221}$$

式中，球形夹杂张量 P^r_{ijkl} 的表达式为：

$$P_{1111} = P_{2222} = P_{3333} = \frac{7 - 10\nu_0}{30G_0(1 - \nu_0)} \tag{6-222}$$

$$P_{1122} = P_{2211} = P_{3311} = P_{3322} = P_{1133} = P_{2323} = \frac{1}{30G_0(1 - \nu_0)} \tag{6-223}$$

$$P_{4444} = P_{5555} = P_{6666} = \frac{4 - 5\nu_0}{30G_0(1 - \nu_0)} \tag{6-224}$$

式中 G_0——基体的剪切模量，GPa；

ν_0——基体的泊松比。

由于所研究的复合材料为两相复合，所以上式可变为：

$$\overline{C}_{ijkl} = C^0_{ijkl} + c_1 [(C^1_{ijkl} - C^0_{ijkl})^{-1} + c_0 P^1_{ijkl}]^{-1} \tag{6-225}$$

式中 c_1——纳米粒子的体积分数；

c_0——树脂基体的体积分数。

基体的体积分数可表示为：

$$c_0 = \frac{V_0}{V_0 + V_r} = \frac{M_0/\rho_0}{M_r/\rho_r + M_0/\rho_0} = \frac{1}{1 + \dfrac{M_r\rho_0}{M_0 p_r}} \tag{6-226}$$

球形夹杂的体积分数可表示为：

$$c_r = \frac{V_r}{V_0 + V_r} = \frac{M_r/\rho_r}{M_r/\rho_r + M_0/\rho_0} = \frac{1}{1 + \dfrac{M_0\rho_r}{M_r\rho_0}} \tag{6-227}$$

式中 M_0——基体的质量，g；

ρ_0——基体的密度，g/cm^3；

M_r——夹杂的质量，g；

ρ_r——夹杂的密度，g/cm^3。

由弹性力学可知，若材料为各相同性材料，已知材料的弹性模量和泊松比，材料的拉梅常数可由下面两式求得：

$$\lambda = \frac{E\nu}{(1 + \nu)(1 - 2\nu)} \tag{6-228}$$

$$u=\frac{E}{2(1+\nu)} \tag{6-229}$$

各相同性的广义虎克定律为：

$$\begin{bmatrix}\sigma_x\\ \sigma_y\\ \sigma_z\\ \tau_{yz}\\ \tau_{xz}\\ \tau_{xy}\end{bmatrix}=\begin{bmatrix}C_{11} & C_{12} & C_{13} & 0 & 0 & 0\\ C_{21} & C_{22} & C_{23} & 0 & 0 & 0\\ C_{31} & C_{32} & C_{33} & 0 & 0 & 0\\ 0 & 0 & 0 & C_{44} & 0 & 0\\ 0 & 0 & 0 & 0 & C_{55} & 0\\ 0 & 0 & 0 & 0 & 0 & C_{66}\end{bmatrix}\begin{bmatrix}\varepsilon_x\\ \varepsilon_y\\ \varepsilon_z\\ r_{yz}\\ r_{xz}\\ r_{xy}\end{bmatrix} \tag{6-230}$$

式中：

$$C_{12}=C_{21}=C_{13}=C_{31}=C_{32}=C_{23}$$

$$C_{11}=C_{22}=C_{33}$$

$$C_{44}=C_{55}=C_{66}=\frac{1}{2}(C_{11}-C_{12})$$

其中，模量张量的分量可以由下式确定：

$$C_{12}=\lambda \tag{6-231}$$

$$C_{11}-C_{12}=2u \tag{6-232}$$

式中 λ——拉梅常数；

u——剪切模量。

材料模量张量的分量用弹性模量和泊松比表示的表达式为：

$$C_{11}=\frac{E(1-\nu)}{(1+\nu)(1-2\nu)} \tag{6-233}$$

$$C_{12}=\frac{E\nu}{(1+\nu)(1-2\nu)} \tag{6-234}$$

式中，$C_{12}=C_{1122}$，$C_{11}=C_{1111}$。

同样，由上式可得材料弹性模量的表达式为：

$$E=\frac{(C_{11}-C_{12})(2C_{12}+C_{11})}{C_{11}+C_{12}} \tag{6-235}$$

这样，上式给出了聚合物基纳米粒子增强复合材料的宏观弹性模量表达式。

在模型的推导过程中，未考虑纳米粒子的尺度效应对复合材料弹性模量的影响，当夹杂粒径小于 0.5 μm 时，纳米粒子有不同于普通粒子的增强作用，纳米粒子粒径对复合材料的影响系数 X 可用下式表示：

$$X=[1+2.71/(1+r_n^2)]/3.168 \tag{6-236}$$

式中，r_n——树脂基体中纳米粒子的粒径，μm。

用纳米材料粒径对复合材料的影响系数对式(6-228)进行修正。

$$E_X=XE \tag{6-237}$$

具体计算过程为：

① 将树脂基体的参数代入式(6-222)、式(6-223)、式(6-224)计算粒子的张量。

② 将树脂基体和纳米粒子的参数代入式(6-226)、式(6-227)分别计算树脂基体和纳米粒子的体积分数。

③ 将基体和纳米粒子的参数代入式(6-233)、式(6-234)计算树脂基体和纳米粒子的模量张量的分量。

④ 最后代入式(6-235)、式(6-237)计算复合材料的宏观弹性模量。

(2) 算法实例。

纳米二氧化硅的质量为 3 g,密度为 2.65 g/cm³,粒径为 70 nm,弹性模量 80 GPa,泊松比 0.17;酚醛树脂的质量为 97 g,密度为 1.58 g/cm³,弹性模量 7.35 GPa,泊松比 0.32。按上述计算步骤①～④进行计算。

计算得到复合材料的弹性模量 $E_X=11.34$ GPa,复合材料的弹性模量提高了 54.28%(与纯树脂弹性模量相比),计算结果符合 HS 上下界限法的要求。

第五节 复杂井况下纤维复合防砂技术

上一节是为解决常规储层温度(55～100 ℃)下纤维复合防砂体强度欠佳的问题而展开的研究,本节所要探讨的是针对稠油热采井和低温油气井的,也就是解决针对非常规储层温度(低于 55 ℃、高于 100 ℃)下的纤维复合防砂技术问题。目前单一的防砂技术在热采井、低温井中的应用均受到一定的限制,即使可以应用但其作业成本也较高。而对纤维复合防砂技术体系而言,其中的一大主体——树脂涂覆砂,其强度的形成对温度敏感,超出其适用的温度范围就会导致强度极低,甚至根本无法防砂。

树脂的性能决定了砂体的强度,因此本节就从改善纤维复合防砂技术体系中基体(树脂涂覆砂)的性能入手,通过加入增强剂以改善强度,加入温度改性剂以改善树脂的抗温性能,从而使纤维复合防砂技术能够用于热采井防砂;通过加入增韧剂以及外加固化剂以增强纤维复合体在低温下的胶结强度,从而使其满足低温井的防砂要求。稠油热采井纤维防砂技术以及低温固砂剂纤维复合防砂技术正是在此基础上发展起来的,以期配套完善纤维复合防砂技术,使其能够应用到苛刻的井下条件,以解决热采井、低温井的防砂难题。

一、稠油热采井纤维防砂技术

我国稠油油藏资源丰富且分布较广,各地区稠油油藏的类型差异较大,油藏特点各不相同。不同的油藏条件直接影响稠油开采方式的选择及其开发效果。稠油油藏一般胶结疏松,在开发过程中由于稠油的黏滞力大,稠油与砂常常相伴而出。稠油井出砂严重时还会引起井壁坍塌而损坏套管,这些问题使得后续的冲砂检泵、地面清罐等维修工作量剧增,既增加原油生产成本,又加大开采难度。目前在稠油热采井中普遍使用高温树脂涂覆砂,但其强度得不到保证。为此本节研究以高温树脂涂覆砂作为纤维复合防砂体系的基体,以求满足稠油热采井的防砂需求。

1. 稠油热采井的出砂机理

稠油的高黏度使得施加在地层砂上的拖曳力较大,对砂体骨架形成剪切破坏,导致出砂。另一方面,蒸汽开采对稠油油藏出砂的影响也非常大。从岩石破坏机理来看,蒸汽开采对岩石破坏作用主要表现在:蒸汽的冲刷作用对岩石产生了巨大的、持续的拉伸破坏,气体有着高的线流速度,对岩石颗粒的拉伸破坏作用高于液体;注蒸汽时的高压差对岩石造成了剪切破坏，使岩石发生形变，这种破坏范围应局限在井周围；蒸汽对岩石颗粒产生溶蚀作用，会降低岩石的胶结强度，这是因为蒸汽中的水溶解了岩石颗粒的胶结物，降低了地层的毛细管力。

从稠油热采井的出砂机理可以看出，纤维复合防砂体不仅要具有优良的力学性能，更重要的是抗温性能要好，而温度又恰恰决定了纤维复合防砂体的力学性能，因此技术思路是先解决耐温，然后设法提高强度。

2. 高温树脂复合纤维防砂技术

（1）实验仪器与试剂。

实验仪器：电子天平，WMZK-01 型温度控制仪，水浴缸，烘箱，烧杯，玻璃棒等。

试剂与药品：石英砂，水溶性酚醛树脂 SA-2、ER 树脂粉末、偶联剂 KH50，增强剂、改性剂、丙酮等。

（2）实验步骤。

称取一定量石英砂，漂洗烘干，以一定比例按偶联剂、水溶性酚醛树脂、增强剂、改性剂、ER 树脂粉末的顺序加入（每个步骤都要充分搅拌均匀后再进行后续程序），然后干燥、粉碎过筛，放置备用。

将内径 25 mm、长 300 mm 的玻璃管一端塞入带孔胶塞，先加入少量水，再装入制备好的耐高温树脂涂覆砂，边加边夯实（注意一定把气泡排空），填满为止，然后塞上胶塞，放入 60 ℃水浴中养护 24 h，再放入 300 ℃马弗炉中固化 24 h 取出，打碎玻璃管得固结砂体。

（3）实验的前期准备工作。

在这里所指的前期工作就是石英砂的表面处理。石英砂的质量直接影响树脂涂覆砂的性能，李岫歧等研究了石英砂中的泥和杂质、原砂的形状、二氧化硅含量、粒径大小和分布对树脂涂覆砂性能的影响。当石英砂中的泥和杂质含量比较高时，因其无效占用大量黏结剂，降低了树脂涂覆砂的强度；石英砂颗粒越圆时，由于比表面积小，能够紧密堆积，树脂涂覆砂的强度越高；石英砂的二氧化硅含量增加，容易建立宽厚的黏结桥和较高的附着强度，从而增加树脂涂覆砂的强度和提高热韧度；粒径小的细石英砂增加了黏结桥的数量，砂粒越细，单位体积内树脂涂覆砂的接触点增加，均匀程度提高，树脂膜的厚度减薄，增加的界面使砂粒的热膨胀均匀地释放，因而可以采用细石英砂来降低树脂涂覆砂的热膨胀率。

一般对石英砂可采用水洗和酸洗两种工艺进行表面净化，且研究表明，酸洗效果要优于水洗。水洗和酸洗均能去除石英砂中的泥质和砂粒表面的污染物，使砂粒表面包覆的树脂量相对增多（黏土颗粒表面积大，消耗树脂量大），避免了粉尘混杂在树脂薄膜中，破坏树脂膜的连续性。酸洗比水洗能更有效地去除砂粒表面的碱性污物，显露出砂粒表面的原貌，使砂粒表面的沟槽、微孔更清晰，树脂更容易渗入砂粒表面的沟槽、微孔中，增加了树脂与砂粒表面的接触面积，使树脂与砂粒表面的黏结力增强，从而使树脂涂覆砂强度增大的幅度高于水洗的石英砂。表面净化后的石英砂再用偶联剂处理，以改善砂粒表面与树脂的黏附性，使树脂更为牢固地附着在砂粒表面，充分发挥树脂的黏结效率。

（4）实验结果与分析。

① 水溶性酚醛树脂加量对涂覆砂强度的影响。

在考察水溶性酚醛树脂加量对涂覆砂强度的影响时，确定偶联剂、增强剂、改性剂、ER 树脂粉末、石英砂之间的质量比为 0.15∶1.5∶3.1∶3∶100，变化水溶性酚醛树脂 SA-2 的加入比例观察强度变化，结果见表 6-29。

表 6-29 水溶性酚醛树脂 SA-2 加量对涂覆砂强度的影响

树脂与石英砂的质量比	6 : 100	7 : 100	8 : 100	9 : 100	10 : 100	11 : 100
抗压强度/MPa	1.24	1.65	2.28	3.01	4.07	4.16

由表 6-29 的结果可知，随着水溶性酚醛树脂 SA-2 加量的增加，强度随之增大，当树脂加量小于石英质量的 10%时强度上升较快，加量大于 10%后强度增长幅度变缓。实验中也发现，若树脂加量进一步增大，强度基本维持水平，甚至还有所降低，这是因为树脂加量的增大，使得石英砂外层的树脂膜厚度变大，当大到一定程度时，石英砂颗粒之间不再直接接触，也就是由石英砂颗粒之间的点接触变成了树脂之间的面接触，在砂体受到外界作用力时，石英砂不再直接承受载荷，而是通过树脂进行应力的传递，这势必降低了砂体的抗压强度。考虑到树脂加量在 10%之后强度增强幅度变小，并且由于树脂价格较为昂贵，因此确定水溶性酚醛树脂 SA-2 的加量为石英砂质量的 10%，由于树脂 SA-2 固含量为 74.51%，因此SA-2 与石英砂的有效质量比为 7.451%。

② 偶联剂用量的确定。

石英砂为极性表面，树脂为非极性表面，加入偶联剂可以改变石英砂表面性质，增强树脂与砂粒之间的结合力，提高固结强度。偶联剂的桥接机理如图 6-63 所示。

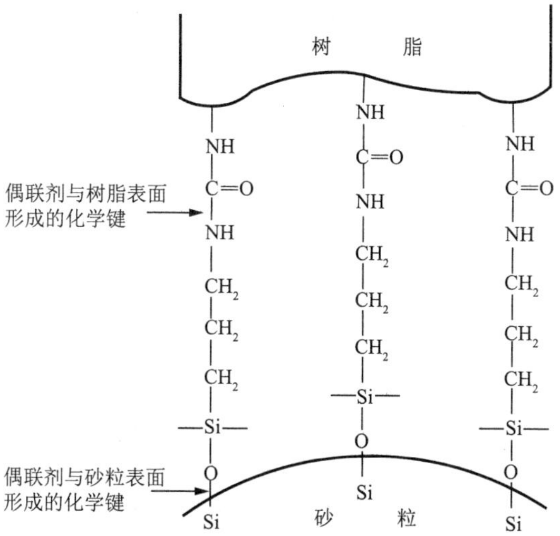

图 6-63 偶联剂的桥接机理

配方中选用的偶联剂为 KH50 偶联剂，由图 6-64 可以看出，尽管偶联剂可以提高树脂涂覆砂的胶结强度，但其加量并非是越大越好，树脂涂覆砂的胶结强度随着偶联剂加量的增大逐渐升高，达到一个最大值后反而随着偶联剂加量的增大而降低，并且树脂涂覆砂的胶结强度随着偶联剂加量的增大，升高的幅度较快。当偶联剂过量时，砂粒表面偶联剂膜的吸附层厚度变大，在受力时树脂承担应力变小，而由过量的偶联剂进行承担，其分子链会发生错动剪切，从而造成树脂涂覆砂强度的降低。从图 6-64 可以观察到，当偶联剂与石英砂的质量比达到 0.2%时，偶联剂加量再增大对树脂涂覆砂强度的增强作用变小，基本趋于平缓；另一方面，当偶联剂与石英砂的质量比达到 0.15％时，树脂涂覆砂的强度达到3 MPa，这已达到了石油行业标准树脂涂覆砂三级品的强度要求，因此确定偶联剂用量为石英砂质量的 0.15％～0.20％。

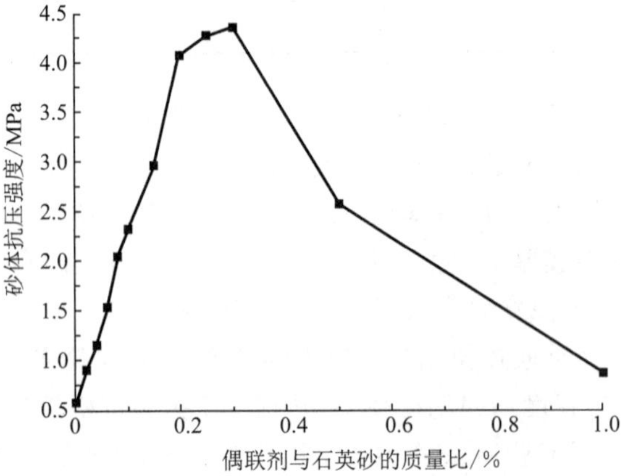

图 6-64　偶联剂加量对砂体抗压强度的影响

③ 增强剂加量对涂覆砂强度的影响。

从图 6-65 可以看出，随着增强剂加量的增大，树脂涂覆砂体抗压强度逐渐增大，当增强剂与水溶性酚醛树脂 SA-2 的质量比达到 15％后，趋势基本平缓，砂体的抗压强度基本不再变化，由此可以确定增强剂的最佳用量为树脂 SA-2 质量的 15％。

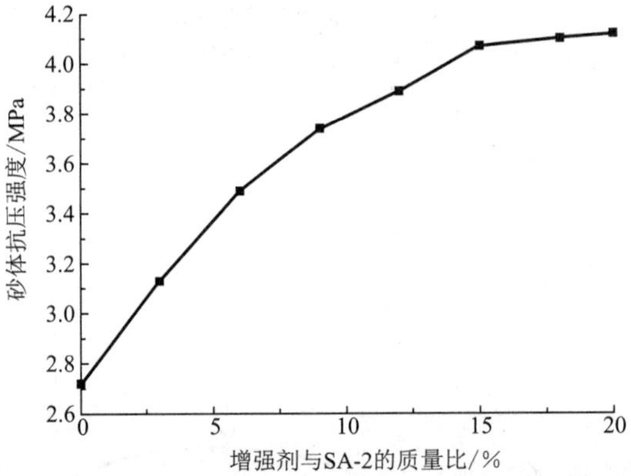

图 6-65　增强剂加量对砂体抗压强度的影响

水溶性酚醛树脂由于在树脂合成时甲醛用量不足，大分子呈线型结构，分子内留有未反应的活性点，当加入增强剂后缩聚反应继续进行，直至完全交联。为了提高生产效率，促进酚醛树脂快速固化，可添加一些促进增强剂高温迅速分解的促进剂。对增强剂的固化机理一般认为是增强剂中一个氮原子上连接的三个化学键相继打开，并与三个二阶树脂的分子链反应生成体型结构分子，同时释放出 NH_3；也有学者认为，增强剂先与树脂中游离酚生成二(羟基苄)胺或三(羟基苄)胺的中间产物，而过渡产物并不稳定，在较高的固化温度下进一步与游离酚反应，释放出 NH_3 以形成次甲基键交联树脂。

④ ER 树脂粉末对涂覆砂强度的影响。

制备树脂涂覆砂时采用了两种类型的树脂：一是水溶性酚醛树脂，另一种就是 ER 树脂固体粉末。这主要是因为水溶性酚醛树脂固含量低，使得固化后的涂覆砂强度不高；而用固体树脂制备涂覆砂能够获得较高的强度，但生产较为烦琐，因此采用两种类型的树脂优化涂覆砂制备过程，从而弥补两者的缺陷。

在考察 ER 树脂粉末加量对涂覆砂强度的影响时，确定偶联剂、增强剂、改性剂、水溶性酚醛树脂、石英砂之间的质量比为 0.15∶1.5∶3.1∶10∶100，变化 ER 树脂粉末的加量观察强度变化(表 6-30)。

表 6-30　ER 树脂粉末加量对涂覆砂强度的影响

ER 树脂粉末与石英砂的质量比	0∶100	1∶100	2∶100	3∶100	4∶100	5∶100
平均抗压强度/MPa	1.34	2.16	3.45	4.07	4.38	4.57

由表 6-30 中的结果可知，随着 ER 树脂加量的增加，强度随之增大，当树脂加量比例大于石英砂质量的 3%时强度上升趋势变缓。由于 ER 树脂价格较为昂贵，并且树脂加量与石英砂的质量比超过 3%时强度改善不再十分明显，因此确定 ER 树脂粉末与石英砂的有效质量比为(2～4)∶100。

⑤ 高温树脂纤维复合砂体的性能评价。

a. 固结砂体的耐温性能。

目前油田用的高温树脂涂覆砂在热采井应用效果并不很理想，通过对胜利油田常用的两种高温树脂涂覆砂进行耐温性能评价，发现当温度超过 350 ℃时，石英砂粒外面所包裹的树脂基本完全老化，已不具备黏结的性能，成为散砂(如图 6-66、图 6-67 所示)，而温度在 300 ℃时砂体能保持原有形状，但基本不具备强度。

图 6-66　高温树脂涂覆砂Ⅰ高温老化试验照片图

图 6-67　高温树脂涂覆砂Ⅱ高温老化试验照片

在评价砂体耐温性能时，按照偶联剂、增强剂、改性剂、ER 树脂粉末、SA-2、石英砂之间的质量比为 0.15∶1.5∶3.1∶3∶10∶100 制备树脂涂覆砂样品，并进行四组实验：高温树脂涂覆砂体、加入 1%的纤维制成的纤维复合体、纳米改性高温树脂涂覆砂体以及加入 1%的纤维制成的纤维复合纳米改性砂体，观察四组实验的强度变化，高温实验温度点取为 200，240，280，300，350 ℃，结果如图 6-68 所示。

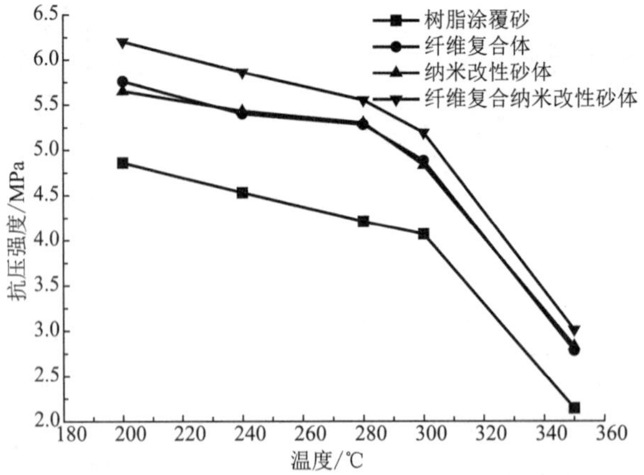

图 6-68 低温养护树脂涂覆砂/纤维复合体的抗高温老化试验

防砂用特质纤维具有很好的耐热性，纤维的软化点为 550～750 ℃，因此纤维砂体耐温性能的好坏取决于树脂涂覆砂的性能好坏。由图 6-68 可以看出，老化温度高于 300 ℃以后，固结砂体的强度均下降较快，但在 350 ℃左右时，纤维复合体、纳米改性砂体以及纤维复合纳米改性砂体的强度仍能保持在 3 MPa 左右，高出树脂涂覆砂强度 30%左右，其中纤维复合纳米改性砂体的强度最高。这是因为尽管纳米粒子及加入纤维并不改善砂体的抗温性能，但均能提高砂体的强度，因此可以满足蒸汽吞吐开采稠油的需要。图 6-69 给出了高温树脂涂覆砂及高温树脂纤维复合防砂体的照片。

图 6-69 高温树脂涂覆砂(左)及高温树脂纤维复合防砂体(右)的照片

b. 固结砂体渗透性的评价。

进行两组实验：不加纤维时的高温树脂涂覆砂体以及加入 1%纤维制成的纤维复合体，测定两组实验的渗透率，高温实验温度点为 300 ℃，结果见表 6-31。

表 6-31 固结砂体渗透率的测定数据

介 质	实验号	渗透率/μm^2	平均渗透率值/μm^2
高温树脂涂覆砂体	1	84.93	81.57
	2	80.59	
	3	79.19	
纤维树脂涂覆砂	4	89.67	89.35
	5	88.41	
	6	89.97	

从表 6-31 可以看出，在 300 ℃温度下，砂体中的树脂发生的部分老化导致砂体渗透率增大，但也造成砂体强度降低。

二、低温固砂剂纤维复合防砂技术

我国低温（这里所指的低温是低于55 ℃）油气藏分布较广，例如胜利油田、青海油田等，这类油气藏一般采用机械防砂或复合防砂技术抑制出砂，而对于粉细砂岩油气藏，上述方法成效不大，通常采用化学防砂方法中的树脂涂覆砂防砂技术，但该技术对地层温度又较为敏感，低于 55 ℃的地层温度条件下胶结不佳，防砂效果较差。因此，研发覆砂配套纤维复合防砂工艺势在必行，能够起到防细粉砂的功效，并可适应于低温油气层，有望解决低温粉细砂岩油气藏出砂的难题。

1. 低温树脂涂覆砂的制备

（1）低温树脂涂覆砂的典型配方。

LER 树脂、偶联剂、增韧剂、石英砂的质量比为（6～8）：（0.1～0.3）：（0.8～1）：100。

外加固化剂：稀释剂与多元胺的混合水溶液。

（2）固结砂样的制备。

取直径 25 mm、长 300 mm 玻璃管，下端加带孔胶塞，胶塞上铺一层棉纱，装入制得的低温涂覆砂，摇匀夯实；将玻璃管插在吸滤瓶上，启动真空泵，吸入固化剂溶液；从吸滤瓶上取下玻璃管，置于 30，35，40，45，50，55 ℃恒温水浴中，固结后敲碎玻璃管，取得固结砂体，供测抗压强度和气相渗透率使用。

2. 低温树脂涂覆砂体系的配方优化

实验采用低温树脂涂覆砂的典型配方，以 40 ℃恒温水浴为基本实验条件，寻找与之相匹配（加入固化剂砂体固结后强度最大）的外加固化剂配方，并考察体系在不同水浴温度下的抗压强度。

（1）稀释剂在固化剂中的质量分数对涂覆砂强度的影响。

保持固化剂中多元胺的质量分数为 5%，从表 6-32 中的实验结果可以看出，当固化剂中稀释剂的质量分数为 20%时，固结砂体的抗压强度最大，达到了 3.58 MPa，由此确定固化剂中稀释剂的质量分数为 20%。

表 6-32 固化剂中稀释剂质量分数对涂覆砂强度的影响

稀释剂质量分数/%	10	20	30	40	50	60
平均抗压强度/MPa	2.36	3.58	3.45	3.42	3.10	2.17

（2）多元胺在固化剂中的质量分数对涂覆砂强度的影响。

保持固化剂中稀释剂的质量分数为 20%，从表 6-33 可以看出，当固化剂中多元胺的质量分数为 5%时，固结砂体的抗压强度最大，达到了 3.58 MPa，由此确定固化剂中多元胺的质量分数为 5%。

表 6-33 固化剂中稀释剂质量分数对涂覆砂强度的影响

多元胺质量分数/%	1	2	3	4	5	6
平均抗压强度/MPa	1.05	1.75	2.49	3.37	3.58	3.43

3. 低温纤维复合防砂体的性能评价

实验方案:采用低温树脂涂覆砂体系的典型配方,加入1%的纤维,测定低温纤维复合防砂体的抗压强度和气相渗透率。

由于外加固化剂是碱性体系,这就需要考察纤维在碱性介质中的抗腐蚀性能。防砂用特质纤维在碱的侵蚀下是其硅氧骨架破坏的过程,其反应机理如下式:

$$\equiv Si-O-Si + OH^- \longrightarrow \equiv SiOH + HOSi \equiv$$

在防砂纤维的生产过程中加入 ZrO_2 可以提高其抗碱侵蚀,在碱侵蚀过程中形成一层富锆的保护膜,减缓腐蚀速度。

纤维在碱液中的侵蚀研究方法如下:

(1) 配制 pH 值为 9 的碱性溶液。

(2) 取一定量(10 g)的研制好的纤维样品,加到 200 mL 配制好的碱液中,90 ℃下加热 2 h。

(3) 取出洗涤,干燥称重,计算其失重,以百分数计。

对随机抽样的三批防砂纤维样品 SC-10,SC-20 和 SC-30 进行碱液腐蚀实验研究,其结果见表 6-34。

表 6-34 纤维抗碱溶蚀能力实验结果

序号	纤维样品	SC-10 溶蚀保有率/%		SC-20 溶蚀保有率/%		SC-30 溶蚀保有率/%	
1	碱 液	98.8	91.8(平均)	94.8	95.1(平均)	94.1	94.3(平均)
2		92.4		95.3		94.0	
3		92.2		95.2		94.8	

由表 6-34 中的实验数据可以看出,防砂用特质纤维抗碱液腐蚀能力强,随机抽样的三批纤维样品在碱液中的溶蚀率基本在 5%~10%,能够满足低温油气层防砂用纤维的要求。由表 6-35 可知,加入纤维后,体系抗压强度提高了 32.12%,渗透率增大了 12.47%。

表 6-35 低温纤维复合防砂体抗压强度及渗透率的测定数据

介 质	平均抗压强度/MPa	平均渗透率/μm^2
低温树脂涂覆砂体	3.58	74.92
低温纤维复合防砂体	4.73	84.26

第六节 纤维复合防砂工艺设计及矿场应用实例

在第二章中以孤岛油田和涩北气田为例,对比分析了疏松砂岩油气藏油井出砂和气井出砂的影响因素,并指出纤维复合防砂技术可以与端部脱砂压裂技术结合使用,达到增产和防砂的双重目的。目前纤维复合防砂技术已在胜利油田孤岛、现河采油厂以及青海涩北气田、新疆油田应用 28 口井,取得了较好的经济效益和社会效益。

本节针对孤岛油田和涩北气田出细粉砂的特点，结合纤维复合防砂特殊要求，研究纤维复合防砂技术的适用范围和选井原则、防砂判定依据和井层的选择、纤维复合防砂工艺参数设计以及相应配套工艺，同时介绍纤维复合防砂技术在孤岛油田和涩北气田的矿场试验情况。

一、纤维复合防砂工艺

1. 选层选井指导原则

(1) 出粉细砂严重的油、气、水井；

(2) 固井质量良好的油、气、水井；

(3) 黏土含量高的油藏；

(4) 防砂井段不宜过长；

(5) 适于无法下工具的套变井；

(6) 防砂有效期较短的油、气、水井；

(7) 依据不同的油藏条件选用树脂涂覆砂的类型。

2. 纤维复合防砂目的

(1) 生产层组出砂严重，在近井地带及防砂管本体形成堵塞，液量降低，防砂效果逐渐变差，拟进行纤维复合防砂试验。

(2) 采用纤维复合防砂技术能够防止出砂，且不用筛管，可以提高生产压差，增加油井产量。

3. 纤维复合防砂设计原则

(1) 纤维复合防砂的原则为综合治砂，即“解—稳—固—防”。

(2) 使用带有正电荷支链的软纤维，将储层的细粉颗粒吸附成细粉颗粒集合体，增大其启动流速，达到稳砂目的。

(3) 使纤维与树脂涂层砂形成三维网状过滤体，起到防砂作用。

(4) 储层胶结性差，渗透性好，应控制砂比和排量，实现端部脱砂，使之形成短宽缝，提高裂缝的导流能力。

(5) 入井液要与储层岩石和流体配伍性好，对储层损害小。

(6) 依据储层温度选用低温或高温树脂涂层砂，保证纤维与树脂涂层砂形成稳固的三维网状复合体。

4. 纤维复合防砂工艺设计

(1) 高压充填纤维复合防砂设计。

孤岛油田主力含油层系为第三系中新统馆陶组上段油层，具有渗透率高、胶结疏松、非均质性强、强亲水特点。胶结物以泥质为主，泥质含量 9%～12%。砂岩粒度中值0.117～0.201 mm，平均 0.136 mm。近年来油藏品位越来越低，油井出砂越来越严重，主要是粉细砂颗粒及黏土矿物运移膨胀，防砂效果逐渐变差。因此，纤维复合防砂的设计内容主要在于起稳砂作用的前置液段塞以及保证施工的压力与排量。

① 前置液段塞设计。

前置液段塞即“软纤维”稳砂段塞进入储层后，因细粉砂表面带负电，这就使得“软纤维”的带正电支链可以吸附住细粉砂，使之成为细粉砂结合体（类似于大颗粒），从而增大了细粉砂的临界流速,起到了稳砂固砂的作用,达到防细粉砂的功效。鉴于孤岛油田黏土含量较高,前置液段塞还具有稳定黏土的作用。

为保证"软纤维"充分处理深部地层细粉砂粒,设计处理半径应在 3 m 以上,由后续的携砂液进一步推入地层深部。

② 施工压力与排量设计。

类似孤岛油田这样的疏松砂岩油藏,在长期的开发过程中由于流体的冲刷使得胶结性能本来就差的泥质胶结物进一步受到破坏,地层亏空较为严重。为了保证充填效果,必须提高施工压力和排量,尽可能多地将纤维复合体充填入近井地带,形成牢固的人工井壁。

a. 地面最小排量的确定。

当 $N_{Re}<1$ 时:

$$U_p=\frac{D_s^2(\rho_s-\rho_1)g}{18\mu} \tag{6-238}$$

式中 U_p——树脂涂覆砂的沉降速度,m/s;

D_s——树脂涂覆砂颗粒粒径,m;

ρ_s——携砂液的密度,kg/m³;

ρ_1——树脂涂覆砂的密度,kg/m³;

g——重力加速度,m²/s;

μ——携砂液的黏度,mPa·s。

当不满足 $N_{Re}<1$ 时,有:

- 当 $N_{Re}\leqslant 2$ 时,计算公式同式(6-238)。
- 当 $2<N_{Re}\leqslant 500$ 时:

$$U_p=\frac{20.34D_s^{0.71}(\rho_s-\rho_1)}{\rho_1^{0.29}\mu^{0.43}} \tag{6-239}$$

- 当 $N_{Re}>500$ 时:

$$U_p=1.74\sqrt{\frac{g(\rho_s-\rho_1)D_s}{\rho_1}} \tag{6-240}$$

干扰沉降时砂粒的沉降速度为:

$$U_H=U_p\times\varphi^n$$

式中 U_H——树脂涂覆砂的干扰沉降速度,m/s;

φ——砂液混合物中液体所占的体积分数(相当于孔隙度),%。

$$n=\begin{cases}5.5 & N_{Re}\leqslant 2\\ 3.5 & 2<N_{Re}\leqslant 500\\ 2.0 & N_{Re}>500\end{cases} \tag{6-241}$$

(a) 颗粒形状对沉降速度的影响。

在计算非球形颗粒在液体中的自由沉降时,将球形颗粒的自由沉降速度乘以形状修正系数(表 6-36)。

$$U_s=SU_p \tag{6-242}$$

式中 U_s——考虑颗粒形状时的沉降速度,m/s;

S——不规则固体颗粒的形状修正系数。

表 6-36 砂粒形状修正系数表

颗粒形状	球形系数(球形度)	形状修正系数
球形	1.00	1.00
类球形	0.91～0.75	1.00～0.80
多角形	0.82～0.67	0.80～0.65
长条形	0.71～0.58	0.65～0.50
扁正形	0.58～0.47	<0.50

(b) 边界条件对沉降速度的影响。

在沉降公式中，假设流动范围无穷大，在井筒中需对沉降速度进行修正。

圆球在两个垂直边壁中央处下沉时(Faxen 公式)有：

$$\frac{U_0}{U_H}=1-\frac{9L}{8r}+\left(\frac{L}{4r}\right)^3-\frac{45}{16}\left(\frac{L}{4r}\right)^4-2\left(\frac{L}{4r}\right)^5 \tag{6-243}$$

式中 U_0——考虑边界条件树脂涂覆砂的沉降速度，m/s；

U_H——树脂涂覆砂的干扰沉降速度，m/s；

L——两个垂直边壁之间的距离，m；

r——球心距边壁的距离，m。

b. 地面泵最大压力的确定。

为了防止地层出现裂缝将复合砂体充填进入裂缝，使其他部位得不到有效的充填，在设计过程中限制地面泵的最大排出压力。

井底最大压力(地层破裂压力)为：

$$p_{max}=\beta H \tag{6-244}$$

式中 H——油层深度，m；

β——地层破裂压力梯度，MPa/m，$\beta=0.016\sim0.018$ MPa/m。

计算井筒摩擦系数 λ 的步骤如下：

$$\mu_m=\mu_l(1+2.5C_s) \tag{6-245}$$

式中 C_s——含砂比，%；

μ_l——液体黏度，mPa·s；

μ_m——混砂液体黏度，mPa·s。

$$N_{Re}=\frac{\rho v D_t}{\mu_m} \tag{6-246}$$

式中 ρ——井筒中混合流体密度，kg/m^3；

v——井筒中的液流速度，m/s；

D_t——油管直径，m。

$$v=\frac{4Q}{\pi D_t^2} \tag{6-247}$$

$$\varepsilon=\frac{2\Delta}{D_t} \tag{6-248}$$

$$\lambda=\begin{cases}64/N_{Re}, & N_{Re}\leqslant 2\ 000\\ 0.3164/\sqrt[4]{N_{Re}}, & 2\ 000<N_{Re}\leqslant \dfrac{59.7}{\varepsilon^{8/7}}\\ -1.811g\left[\dfrac{6.8}{N_{Re}}+\left(\dfrac{\Delta}{3.7D_t}\right)^{1.11}\right]^{-2}, & \dfrac{59.7}{\varepsilon^{8/7}}<N_{Re}<\dfrac{665-765\ln\varepsilon}{\varepsilon}\\ \dfrac{1}{\left(2\lg\dfrac{3.7D_t}{\Delta}\right)^2}, & N_{Re}\geqslant\dfrac{665-765\ln\varepsilon}{\varepsilon}\end{cases}\tag{6-249}$$

井底流压的计算：

$$p_{wf}=p_t+\rho_m H-\lambda\frac{\rho_m v^2}{2D_t}H\tag{6-250}$$

式中 p_{wf}——井底流压，MPa；

p_t——井口油压，MPa。

给定几个排量，计算出一组 p_{wf} 和 p_t 的关系并绘制成曲线，从曲线上可以查出不同排量下地面泵的最大工作压力。

(2) 端部脱砂压裂纤维复合防砂设计。

由于涩北气田储层胶结疏松的细粉砂、泥质细粉砂岩，且气水层间互，因此使用纤维复合防砂设计主要包括两个方面：端部脱砂工艺及缝高控制技术。

① 端部脱砂工艺。

端部脱砂的设计原理就是优化前置液的量，在压裂施工时，主压裂的携砂液要达到前置液造缝的缝端。一旦支撑剂在裂缝端部充填，裂缝就不再延伸，继续注入携砂液就会增加裂缝的宽度，提高最终裂缝的导流能力。

端部脱砂工艺设计主要包括两个方面，其一是优化前置液的量，对施工层段进行小型压裂测试，计算得到压裂液对该储层的滤失特性，进而优化前置液的量。脱砂前的压裂液效率可以从测试压裂中求取，确定前置液百分数，再根据液体效率和所希望的裂缝宽度确定脱砂后附加的携砂液的体积。其二是优化加砂程序，保证压裂过程形成宽缝，确定脱砂后泵注携砂液的量，增加裂缝的导流能力，改善储层的渗流能力，达到改善高渗透储层的效果。

针对高渗透油气藏，传统的卡特模型已无法描述清洁压裂液的滤失特性，通常使用修正的滤失模型进行优化设计端部脱砂压裂。

$$u=\frac{K}{\sqrt{\pi\alpha\mu_{app}}}\left[\sum_{j=1}^{j-1}(p_{f,j}-p_{f,j-1})\frac{1}{\sqrt{t-t_{j-1}}}-\frac{\bar{s}}{\sqrt{t}}\right]\tag{6-251}$$

$$V_{f,PAD}=\int_0^{t_{TSO}-t_{PAD}}A_j u_{PAD,j}\,dt\tag{6-252}$$

$$qt_{INFL}-2\pi R_f^2\int_{t_{TSO}}^{t_{TSO}+t_{INFL}}u_{INFL,j}\,dt=2V_{f,TSO}\tag{6-253}$$

式中 u——滤失速率，m/s；

K——储层渗透率，m^2；

α——水力在地层扩散率，m^2/s；

μ_{app}——压裂液表观黏度，Pa·s；

$p_{f,j}$——裂缝中第 j 步压力，Pa；

$\bar{s}$——泥饼压降，Pa；

$u_{\mathrm{INFL,j}}$——缝宽变化速率，m/s；

$V_{\mathrm{f,PAD}}$——裂缝中前置液量，m^3；

$V_{\mathrm{f,TSO}}$——裂缝中端部脱砂体积，m^3；

A——裂缝面积，m^2；

q——泵注速率，m^3/s；

t——时间，s；

R_{f}——裂缝半长，m；

下标 f，INFL，TSO，PAD——裂缝、裂缝宽度变化、端部脱砂、前置液。

在主压裂前先做小型测试压裂，用式(6-251)计算压裂的滤失特性，用式(6-252)优化前置液的量，确定脱砂时间和裂缝的长度，最后用式(6-253)确定施工结束时机，从而确定裂缝的宽度，保证形成短宽缝，增加裂缝的导流能力，改善高渗透储集层的开发效果，达到防砂与增产的双重目的。

② 缝高控制技术。

类似涩北气田储层气水关系复杂的油气藏，在使用纤维复合防砂作业时，要注意缝高控制，不能压开水层，不能将气层压死，以防导致纤维复合防砂失败。因此，缝高控制技术是纤维复合防砂工艺主要组成部分。

纤维复合防砂施工过程中，要控制缝高就必须研究缝高与哪些因素有关，这些因素又是如何影响缝高的。纤维复合防砂施工压开地层的裂缝高度主要与净压力和地层的地应力差有关。裂缝高度 h_{f} 与净压力 p_{net} 成正比，与地层的地应力差 $\Delta\sigma$ 成反比。

$$h_{\mathrm{f}} \propto \frac{p_{\mathrm{net}}}{\Delta\sigma} \tag{6-254}$$

涩北气田射孔层段与泥岩层的地应力差基本为 1～2 MPa，说明涩北气田泥岩层能够在一定的程度上阻止缝长的延伸。地应力是储层的岩性参数，是无法调整的，但裂缝的净压力是可以调整的，影响裂缝净压力的因素见式(6-255)。

$$p_{\mathrm{net}} \propto \frac{E}{h}(\mu q^{1/2} L)^{1/3} \tag{6-255}$$

由式(6-255)可见，裂缝的净压力 p_{net} 与压裂液黏度 μ 的 1/3 次方成正比，与排量 q 的 1/6 次方成正比，说明压裂液黏度的影响大于排量的影响。因此，为了控制裂缝的高度，防止裂缝高度过分向生产层上下延伸，沟通上下的水层，结合端部脱砂的要求，降低压裂液的黏度，将携砂液的黏度由原来的 60 mPa·s 降到 30 mPa·s，将排量由 2.4 m^3/min 降到 1.8 m^3/min，这样在其他参数不变的条件下，裂缝的缝高可以降到原来的 75.6%。

二、纤维复合防砂的现场试验

1. 施工前综合评价和井层选择及施工方案设计

施工前综合评价主要包括两方面：一是施工前综合评价油气藏生产动态，主要研究储层动态和静态的压力变化情况、储层的采出程度与储层的压力系数以及储层的物性等，以便确定该油气藏是否需要进行防砂；二是根据油气藏的开发历史、储层出砂情况，研究储层进行纤维复合防砂改造的紧迫性，确定作业时间。

根据油气藏施工前的综合评价结果，如果确定该油气藏切实需要进行纤维复合防砂作业，则需确定进行复合防砂的井层。高压充填纤维复合防砂施工压力较高，相当于小型压裂，因此纤维复合防砂要求施工井段没有水层，水层与作业层段间要有较好的隔层，且隔层厚度大于 5 m。需要研究油(气)水层关系，确定该井是否适合纤维复合防砂，以及哪些层位适合纤维复合防砂。

施工方案设计主要包括 7 个方面：① 施工井基本资料收集与分析处理，主要有井的基本数据、防砂层段及基本特性、储层流体、储层温度/压力和生产情况；② 纤维复合防砂目的、工艺设计原则及风险；③ 纤维复合体及携砂液/压裂液体系选择；④纤维复合防砂施工参数选择；⑤ 施工工序；⑥ 施工要求；⑦ 安全注意事项及 HSE 要求。

施工方案设计要立足于施工井层基本资料，结合现场施工队伍和设备实际，以满足纤维复合防砂的工艺要求，可操作性强，便于现场实施，方便现场质量控制为原则。

2. 试验情况

(1) 高压充填纤维复合防砂井试验情况。

目前在胜利油田已完成 5 口井的纤维复合防砂试验，其中孤岛油田 2 口油井、2 口水井，现河采油厂 1 口油井。该技术于 2005 年 11 月进入现场试验阶段，现场施工 5 口井(GD2-26-312、GDN7N6、GD1-12-317、GDX3-92、河 71-斜 10)，开井 5 口。

① GDN7N6 井。

该井位于注聚区，防砂层位 $Ng5^{4-5}$，平均孔隙度 30%，渗透率 1.61 μm^2，粒度中值 0.103 mm，泥质含量 9.6%，地面原油黏度 4 655 mPa · s，地层水矿化度 8 000 mg/L，油层温度 71 ℃，射孔厚度 7.5 m。该井于 2003 年 12 月 18 日进行地面掺水，日掺水量21 m^3/d，日产液量 22.81 m^3/d。由于注聚，粉细砂大量产出，2004 年 7 月 6 日因砂卡关井，关井前采用绕丝管砾石充填防砂工艺。2005 年 12 月 20 日进行了纤维复合防砂，防砂施工排量900～1 000 L/min，平均携砂比为 29.5%，实际挤入纤维复合砂体 12 t，施工泵压由6 MPa上升至 15 MPa。该井于 2005 年 12 月 23 日开井，最高日产液量 20 m^3/d，日产油量 1.5 t/d，后期稳定在日产液量 8.26 m^3/d，日产油量 0.1 t/d，含水 98.3%，截至 2009 年 12 月 31 日已正常生产1 469 d，生产期间未见出砂现象(见图 6-70)。

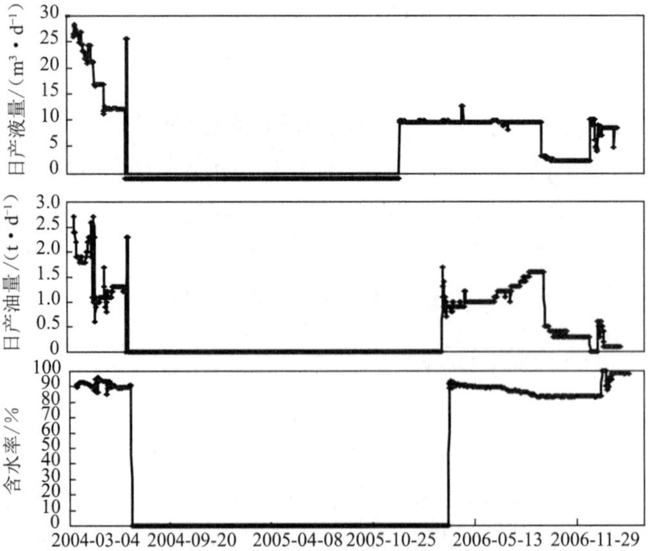

图 6-70　GDN7N6 井采油曲线

② GD2-26-312 井。

GD2-26-312 井，防砂层位 $Ng3^{3\text{-}4}$，平均孔隙度 33.7%，渗透率 0.875 μm^2，粒度中值 0.14 mm，属粉细砂岩，泥质含量 15%，地面原油黏度 750 mPa·s，地层水矿化度 5 923 mg/L，油层温度 70 ℃，射孔厚度 7 m。该井一直采用树脂涂覆砂＋普通滤砂管复合防砂工艺，防细粉砂效果不佳，含砂 0.05%。2006 年 7 月 31 日采用纤维复合防砂技术，现场施工排量 800～1 000 L/min，平均携砂比为 30%，实际挤入复合纤维防砂剂 11 t，施工泵压由 6 MPa 上升至 15 MPa，现场施工顺利。该井于 2006 年 8 月 14 日开井，开井初期日产液量 53.3 m^3/d，日产油量1.1 t/d，含水 98%，后期稳定在日产液量 72.3 m^3/d，日产油量 0.7 t/d，含水 99%，含砂 0.01%，生产期间未见出砂现象(见图 6-71)。

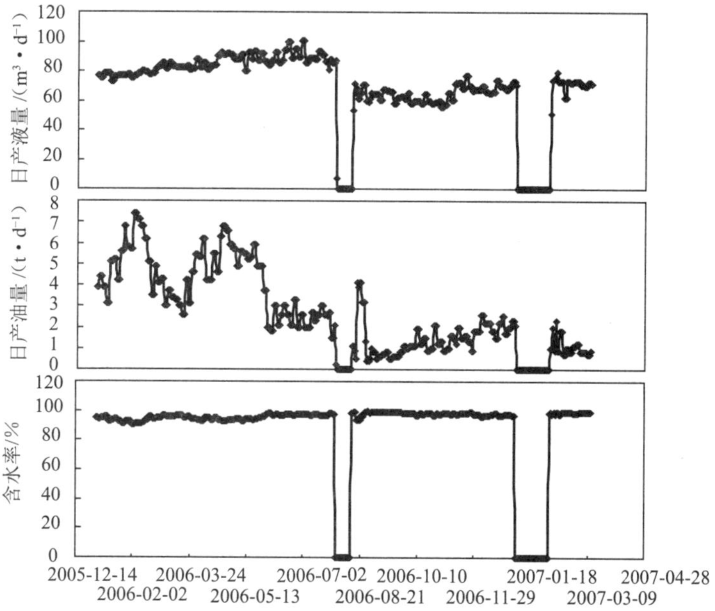

图 6-71 GD2-26-312 井采油曲线

③ 河 71-斜 10 井。

河 71-斜 10 井，防砂层位东三，平均孔隙度 34.81%，渗透率 0.877 μm^2，粒度中值 0.33 mm，泥质含量 10.67%，油层温度 60 ℃，射孔厚度 2 m。该井于 2006 年 11 月 3 日补孔，新射开东三层生产，开井仅两天即大量出砂，砂埋油层 15 m。2006 年 11 月 13 日采用纤维复合防砂技术，现场施工排量 700 L/min，平均携砂比为 1.5%～2%，实际挤入纤维复合砂 1.82 t，施工泵压由 16.3 MPa 上升至 23 MPa。该井于 2006 年 11 月 20 日开井，开井初期日产液量 10.2 m^3/d，日产油量 7.04 t/d，含水 31%，经过几次调参，最高日产液量达到 26.1 m^3/d，最高日产油量 11.81 t/d，含水最低为 3%，含砂 0.07%，累计生产了 72 d，累产油 236.18 t，因含水上升较快，重新卡封改层，经地质分析该层仅在顶部油气富集。

④ GDX3-92 井。

GDX3-92 井，该井为注水井，防砂层位 $Ng3^5\text{-}5^5$，平均孔隙度 33%，渗透率 1.6 μm^2，粒度中值 0.113 mm，吸水层温度 70 ℃，采用常压笼统正注，截止到纤维防砂施工前日注水量仅为 4 m^3/d 左右。该井于 2006 年 4 月 22 日进行纤维复合防砂，防砂施工排量 900～1 000 L/min，平均携砂比为 30%，实际挤入纤维复合砂体 10 t，施工泵压由 8 MPa 上升至 15 MPa。该井于 2006 年 5 月 8 日开井，最高日注量达 49 m^3/d，后期日注量稳定在

20 m³/d,生产期间未见出砂现象。

⑤ GD1-12-317 井。

GD1-12-317 井为注水井,防砂层位 $Ng3^{4-5}$,平均孔隙度 30%,渗透率 1.3 μm²,粒度中值 0.107 mm,吸水层温度 70 ℃,采用常压笼统正注,截至纤维防砂施工前日注量为140 m³/d 左右。该井于 2006 年 4 月 10 日进行纤维复合防砂,防砂施工排量 900～1 000 L/min,平均携砂比为 35%,实际挤入纤维复合砂体 12 t,施工泵压由 7 MPa 上升至16 MPa。该井于 2006 年 4 月 22 日开井,最高日注量达 212 m³/d,后期日注量稳定在160 m³/d,生产期间未见出砂现象。

(2) 端部脱砂压裂纤维复合防砂试验。

目前在青海涩北气田已经完成 23 口井的纤维复合防砂试验。现场试验表明,纤维复合防砂施工方便,可操作性强,施工成功率达到 100%。防砂作业后,防砂效果明显,投入产出比达到 1∶17 以上,单井增产 1.83～2.75 倍,预计平均有效期达三年以上,试验井每年累计增加天然气 10 830×10⁴ m³。

现以涩 7-1-4 井为例进行说明。

涩北气田的涩 7-1-4 井防砂层段为 1 321.2～1 322.7 m 和 1 324.0～1 326.4 m 两段(见图 6-72),有效厚度 3 m,均为灰色泥质粉砂岩,泥质含量为 42%～45%,层段颗粒粒径为 20～40 μm,孔隙度为 28%,渗透率为 95×10^{-3} μm²,含气饱和度为 54%。

1 309.0～1 313.5 m 层段为水层,距防砂层约 7.0 m,其间没有很好的泥岩隔层,经模拟计算,如使用压裂作业,会将上面的水层压开,导致大量出水。因此,确定纤维复合充填防砂,控制排量低于 1.3 m³/min,不会将上面的水层压开。

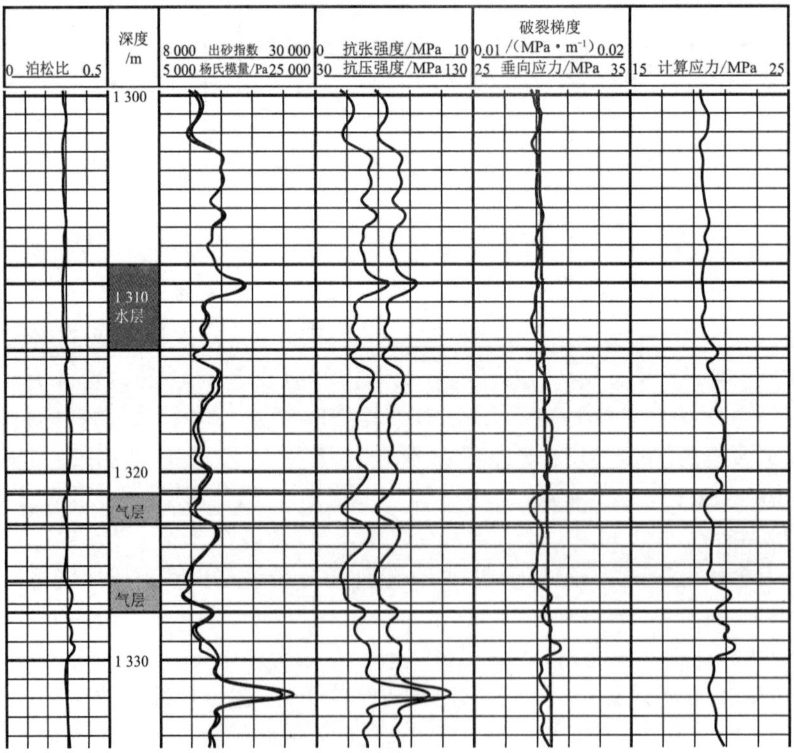

图 6-72 涩 7-1-4 井纤维复合防砂层段地应力剖面

以 0.3 m^3/min 的排量将 9 m^3 含有软纤维的预处理液挤到储层，对储层进行稳砂处理。用携砂液30 m^3，顶替液 2.0 m^3，施工排量为 0.5～1.2 m^3/min 进行纤维复合高压充填施工，施工压力为 7～20 MPa。使用树脂涂层砂共 5 m^3，特种防砂纤维 50 kg。纤维复合防砂主压裂的施工曲线如图 6-73 所示。

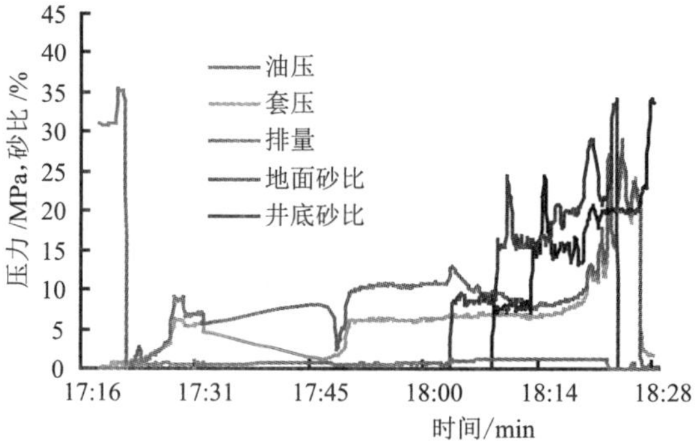

图 6-73 涩 7-1-4 井防砂施工曲线

防砂前日产气 3.63×10^4 m^3，出砂严重，影响气井正常生产，使用纤维复合高压无筛管防砂作业后，该井日产气 8.23×10^4 m^3，不产水，不出砂，产气量提高到原来的 2.3 倍。

(3) 纤维复合防砂效果总结。

① 油水井高压充填纤维复合防砂。

目前在中石化胜利油田孤岛采油厂、滨南采油厂、桩西采油厂、现河采油厂、石油开发中心以及江苏油田已完成 35 口井的纤维复合防砂试验。该技术于 2005 年 11 月进入现场试验阶段。

以胜利油田为例，GDN7N6、GD2-26-312、河 71-斜 10 三口油井平均单井日产液 33.52 m^3/d，平均单井日产油量 1.36 t/d，平均含水 95.94%，累计产液 20 474.16 m^3，累计产油 905.18 t，累计增油 679.68 t，约计 204 万元。GD1-12-317 和 GDX3-92 两口水井平均单井日注量 90 m^3/d，累计注水 59 600 m^3，见到了显著效果。措施前，三口油井平均单井日产液量 24.67 m^3/d，平均单井日产油量 0.9 t/d，平均含水 96.35%；措施后，三口油井平均单井日产液量 33.52 m^3/d，平均单井日产油量 1.36 t/d，平均含水 95.94%。仅就降含水一项，年油田水处理量就可减少 1 349.8 m^3/a，按污水处理费用为 1.5 元/t 计算，年节约 2 024.67 元。孤岛油田系粉细砂岩油藏，出砂尤为严重，部分井一个月就需进行一次冲砂作业。进行纤维防砂后，大大延长了防砂有效期，减少了作业次数，极大地节省了作业费用，单井作业费用约年节约 24 万元。该技术防砂作业占井周期缩短 2～3 d，投入产出比 1∶4.5，随着应用规模的扩大，综合经济效益将更加显著。

② 气藏端部脱砂压裂纤维复合防砂。

共完成 23 口井的端部脱砂压裂纤维复合防砂作业，其中老井 14 口(涩 3-18、涩 4-10、涩 4-16、涩 3-10、涩 3-12、涩 5-1-4、涩 7-1-4、涩 11、涩 2-29、涩 2-24、涩 3-24、涩 8-5-4、涩 1-1 和涩 2-1)，新井 9 口(涩 1-19、涩 2-7、涩 2-10、涩 2-15、涩 2-19、涩 1-11、涩 1-6、涩 3-4-3 和涩 7-3-3)。14 口老井经纤维复合防砂后，产气量平均增加到防砂前的 1.97 倍，只有涩 4-10 井防砂后产量有所降低，如图 6-74 所示。9 口新井与对应层相邻井的平均产气量进行比较，其结果如图 6-75 所示，这 9 口井防砂较邻井产气量增加到原来的 2.54 倍。这 23 口井防砂产气量平均增加到原来的 2.15 倍。

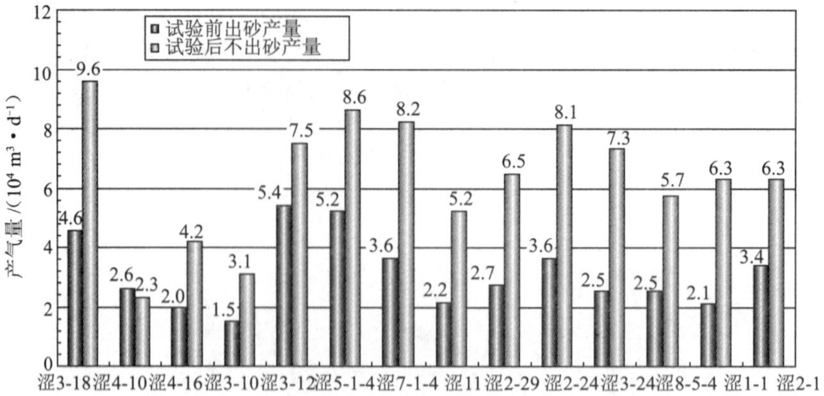

图 6-74　涩北气田 14 口老井防砂施工效果

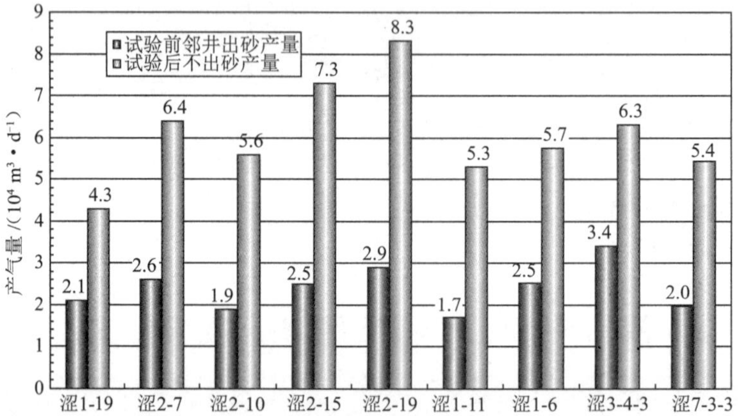

图 6-75　涩北气田 9 口新井防砂施工效果

参考文献

[1] 张琪. 油气开采技术新进展. 东营：中国石油大学出版社，2006.

[2] 周福建，杨贤友，熊春明，等. 青海涩北气田新型防细粉砂技术研究与应用. 石油天然气学报(江汉石油学院学报)，2005，27(5)：812-814.

[3] 周福建，熊春明，杨贤友，等. 纤维复合无筛管防细粉砂理论研究. 石油勘探与开发，2005，32(6)：72-74.

[4] 周福建，熊春明，宗贻平，等. 纤维复合无筛管防细粉砂技术在涩北气田的应用. 石油勘探与开发，2006，33(1)：111-114.

[5] PITONI E，DEVIA F，JAMES S G，et al. Screenless completions：cost-effective sand control in the Adriatic Sea. SPE 58787，2000.

[6] 齐宁，周福建，张琪，等. 纤维复合防砂技术在孤岛油田的应用. 钻采工艺，2006，29(6)：50-52.

[7] HOWARD P R，JAMES S G，MILTON-TAYLER D. High permeability channels in proppant packs containing random fibers. SPE 39591，1998.

[8] PITONI E，DEVIA F，JAMES S G，et al. Screenless completions：cost-effective sand control in the Adriatic Sea. SPE 67836，2000.

[9] ZHOU F J, YANG X Y, XIONG C M, et al. Application and study of fine-silty sand control technique for unconsolidation quaternary sand gas reservoir, Sebei Qinghai. SPE 86464, 2004.

[10] 齐宁,张琪,周福建,等. 纤维复合防砂技术的机理研究及应用. 中国石油大学学报(自然科学版),2007,31(2):98-101.

[11] 王兴业,肖加余,唐羽章,等. 复合材料力学分析与设计. 长沙:国防科技大学出版社,1999.

[12] 杨佑发,许绍乾,钟正华. 纤维混凝土中应力传递机制的三维弹性理论分析. 应用数学和力学,2001,22(4):425-434.

[13] 李金发,齐宁,张琪,等. 端部脱砂压裂纤维复合防砂技术的力学分析//陈勉,邓金根,吴志坚. 岩石力学在石油工程中的应用——第四届全国深层岩石力学学术会议论文集. 北京:石油工业出版社,2006.

[14] 李爱芬,姚军,寇永强. 砾石充填防砂井产能预测方法. 石油勘探与开发,2004,31(1):103-105.

[15] 董长银,李志芬,张琪. 基于油井流入动态曲线的防砂井产能预测方法. 石油钻探技术,2001,29(3):58-60.

[16] 蒋官澄,陈应淋,严进荣,等. 高压充填防砂过渡带对产能影响研究. 西安石油大学学报(自然科学版),2006,21(4):51-53.

[17] 曲占庆,张琪,董长银,等. 压裂充填防砂井产能预测方法. 石油钻采工艺,2003,25(5):51-53.

[18] 董长银,李志芬,张琪,等. 防砂井产能评价及预测方法. 石油钻采工艺,2002,24(6):45-48.

[19] 宋国君,舒文艺. 聚合物及纳米复合材料. 材料导报,1996(4):57-62.

[20] 曾戎,章明秋,曾汉民. 高分子纳米复合材料研究进展(Ⅰ)——高分子纳米复合材料的制备、表征和应用前景. 宇航材料工艺,1999(1):1-5.

[21] SY/T 5276—2000　化学防砂人工岩心抗折强度、抗压强度及气体渗透率的测定.

[22] 彭志刚,张炜,曾金芳. 纳米 SiO_2 粒子对环氧粘接剂力学性能影响研究. 固体火箭技术,2002,25(4):50-52.

[23] HARAGUCHI, KAZUTOSHI, DSANI, et al. Friction and wear characteristic of phenolic resin/silica hybrid materials. Japanese Journal of Polymer Science and Technology, 1998, 65(11): 715.

[24] 齐宁,张琪,王恒,等. 纳米 SiO_2 树脂涂敷砂的改性方法优选与制备. 特种铸造及有色合金,2009,29(12):1096-1098.

[25] 常崇义. 复合材料粘弹性性能预测的多尺度算法与数值模拟. 大连:大连理工大学,2003.

[26] BITTMANN B, HAU P F, SEHLARB A K. Ultrasonic dispersion of inorganic nano-particles epoxy resin. Ultrasonics Sonochemistry, 2009, 16(5): 622-628.

[27] LIU H T, MO J H. Study on nanosilica reinforced stereolithography resin. Journal of Reinforced Plastics and ComPosites, 2010, 29(6): 909-920.

[28] 张伟民,任国平,秦升益. 热塑性酚醛树脂覆膜砂的研究进展. 高分子通报,2004(3):99-105.

[29] 陈应淋,严锦根,黄煦,等. 低温油层涂覆砂防砂工艺研究与应用. 江汉石油学院学报,

2001,23(3):42-43.

[30] HASSAN I. EI-HASSAN,RAAFAT ABBAS,TREVOR MUNK. Using novel fiber cement system to control lost circulation:Case histories from the Middle East and the Far East. SPE/IADC 85324,2003.

[31] TALBOT D M,Hemke K A. Stimulation fracture height control above water or depleted zones. SPE 60318,2000.

[32] ZHOU F J,ZONG Y P,LIU Y Z,et al. Application and study of fine-silty sand control technique using fiber-complex high-pressure pack in Sebei Gas Reservoir. SPE 97832,2006.

[33] 周福建,杨贤友,熊春明,等. 涩北气田纤维复合高压充填无筛管防砂技术研究与应用. 天然气地球科学,2005,16(2):210-213.

◆◆◆ 第七章

纤维复合防砂技术集成

自2004年至今，中国石油大学(华东)与中国石油勘探开发研究院合力推动纤维复合防砂技术体系的创新与完善，衍生出纤维复合滤砂管防砂技术、疏松砂岩油藏高含水期控水防砂一体化技术，可满足不同储层条件与井况的防砂需求。

第一节　纤维复合滤砂管防砂技术

一、纤维复合滤体的性能

在前期纤维复合防砂技术的基础上，2009年底开始了纤维复合滤砂管技术的研究工作，关键技术已突破，制作出了过滤体小样，并对其孔隙分布、强度、渗透性、耐介质性、抗老化性等指标进行了室内测试与评价，各项指标均达到了设计要求。

通过一系列的室内实验研究，优选出了特种纤维(见图7-1)、树脂、改性剂、偶联剂和增韧剂，经配方优化实验确定了最佳配比，并通过特定的工艺制成纤维复合过滤体(见图7-2)。

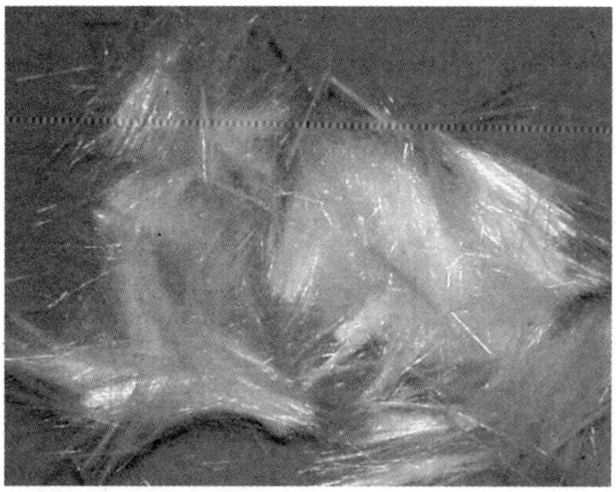

图7-1　滤砂管防砂用特质纤维实物照片

图7-2　纤维复合过滤体实物照片

(1) 孔隙分布较均匀，既具有较高的渗透性，又具有良好的防砂作用。

在室温下测量了纤维复合过滤体的孔隙分布和毛管压力曲线，测定结果如图 7-3 所示。

从曲线结果可以看出，滤芯的渗透性好，连通孔隙多，大孔道所占比例大。孔隙半径主要分布在 58.24～66.99 μm 之间，占孔隙总数的 51%。该组样品的平均孔隙半径为 62.52 μm。由此看出，该组样品的大孔道较多，渗透性好，孔隙分布较均匀，既具有较高的渗透性，又具有良好的防砂作用。

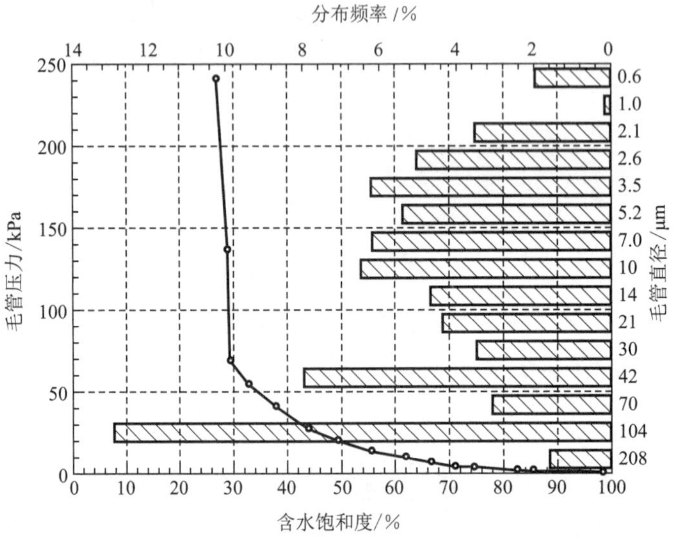

图 7-3 毛管压力曲线

(2) 渗透率的测定。

将制得的纤维复合滤体在室内进行渗透率测定，结果见表 7-1。

表 7-1 渗透率测定数据表

项目		1	2	3	4	5
水相渗透率 $K/\mu m^2$	环氧树脂滤体	16.96	17.71	15.35	15.05	15.80
	纤维复合滤体	22.18	23.75	22.16	24.66	23.44

(3) 强度高、韧性好。

① 抗折强度对比。

从纤维复合滤体和环氧树脂滤体的强度对比实验看，纤维复合滤体抗折强度达到 10.7 MPa，而环氧树脂滤体仅有 7.5 MPa，其强度远超过环氧树脂滤体。

表 7-2 不同滤体抗折强度

滤 体	纤维复合滤体	环氧树脂滤体	差 值
抗折强度/MPa	10.7	7.5	3.2

② 韧性对比。

从纤维复合滤体和环氧树脂滤体的韧性对比实验看，环氧树脂滤体断裂韧性仅2.8 GPa左右，而纤维复合过滤体可达到 7.5 GPa，这一指标远超过环氧树脂滤体，这样就大大降低了滤砂管在运输、作业过程中脆裂损坏的概率，进而大幅提高防砂的成功率。

表 7-3 不同滤体韧性对比

滤 体	纤维复合滤体	环氧树脂滤体	差 值
断裂韧性/GPa	7.5	2.8	4.7

(4) 耐介质性好。

为了检验该滤体材料在酸、碱环境中的性能，在 100 ℃条件下将其浸泡在质量分数为5%的盐酸溶液中 2 个月，取出后测试其抗压强度，发现抗压强度基本保持不变；在 100 ℃条件下浸泡在 5%的碱性溶液中浸泡 2 个月，取出后测抗压强度，发现同样基本保持不变，这充分说明所制成的纤维复合滤体具有较好的耐酸碱性能。

表 7-4 滤体耐酸、碱介质实验

实验时间/d	1	10	20	30	45	60	备 注
5%NaOH 水溶液	10.3	10.1	10.1	10.1	10.05	10.1	实验前滤体强度本身有差异，所以实验后强度不低于 9.5 MPa 视为无变化
5%盐酸溶液	10.7	10.5	10.5	10.1	10.6	10.4	
孤岛油田水（矿化度大于 8 000 mg/L）	10.4	10.4	10.3	10.4	10.2	10.3	

二、纤维加入工艺

将防砂用特质纤维通过鼓风机加入到搅拌釜中（见图 7-4），搅拌至纤维、支撑剂混合均匀，装模（见图 7-5）、入炉（见图 7-6），在 60～70 ℃条件下加热 60～72 h，取出后自然冷却至室温，制得纤维复合滤体（见图 7-7），进而组装成滤砂管（见图 7-8）。

图 7-4 纤维加入装置

图 7-5　装模

图 7-6　入炉加热

图 7-7　纤维滤体

图 7-8　组装成滤砂管

纤维加入比例低于1%时起不到滤体增强的作用，鼓风加入可使纤维均匀分散(见表7-5)，纤维滤体强度较原环氧树脂滤体最大可提高1倍左右，其强度计算可通过纤维滤体优化设计软件(见图7-9)获得。

表 7-5　纤维加入方式效果对比

纤维加入方式	加入纤维比例	加入纤维长度	分散效果
人工机械搅拌(干混)	低(0.5%)	短	差(纤维抱团)
纤维加入装置(鼓风加入)	高(1%～2%)	短—长	好

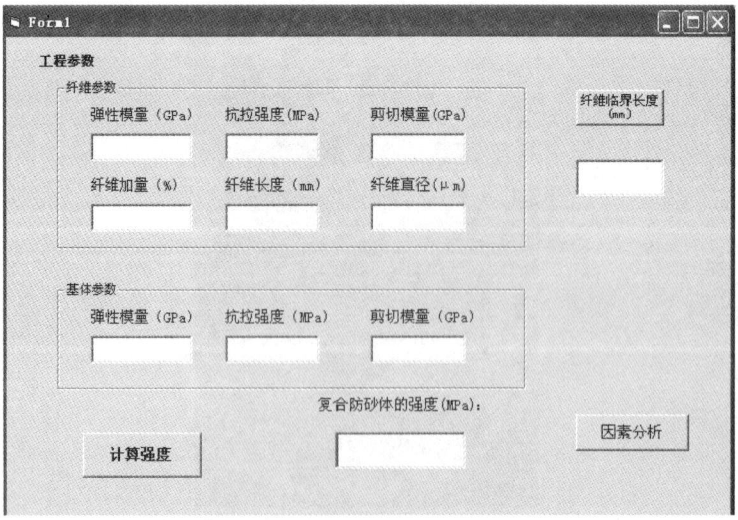

图 7-9　纤维滤体优化设计软件

三、纤维悬浮流的空气动力学特性

在纤维滤体的加工过程中，纤维的存在及其运动影响了流体(空气)的性质，而纤维在流体的作用下也在不断地运动和翻转，从而构成了一个非常复杂的动力系统。纤维砂浆的空气动力学特性直接影响着防砂参数的优选，可以对风机风量、风压等参数进行优化，因此纤维悬浮流的研究具有重要的理论与实际意义。本书仅将相关行业的研究进展做浅显介绍，以期起到抛砖引玉的作用。

1. 纤维悬浮流的基本理论和方法

纤维悬浮流是指固态的纤维包含在液体或气体中而形成的混合物，具有广阔的工程背景，在化工、纺织、复合材料、医药机械、造纸、环保等领域都有广泛的应用，并扮演着重要的角色。例如，短纤维复合材料的成型和加工与纤维悬浮流的动力学特性密切相关，加工过程中由流动引起的纤维取向分布决定了成品的质量；在注塑过程中，铸件的强度将决定纤维的最终取向排列；在环境保护方面，纤维悬浮流的性质将有助于了解污染物的扩散、沉积、分布等对环境的影响；在医学方面，研究纤维在肺中的运动，可以更好地了解相关职业病的发病原因及加强相应的保护措施；在气流纺纱中，纤维输送的均匀性、涡流的稳定性、纤维进入纺纱管的速度与涡流速度的相互匹配程度对纱线的匀度、捻度、张力等品质至关重要，等等。

研究纤维悬浮流的运动特征以及纤维的运动和取向，涉及多相流、非牛顿流体力学、统计力学、湍流、多体动力学等理论研究中的诸多难点。

(1) 纤维悬浮流的描述。

纤维悬浮流的性质主要与纤维的长径比、纤维的浓度、纤维在流场中的分布情况以及纤维的取向分布有关。纤维的长径比为 $r=L/d$，其中 L 是纤维长度，d 为直径。

纤维的浓度主要由纤维数密度 n 和纤维体积分数 φ 两个参数描述。n 是单位体积悬浮流中的纤维个数，φ 是单位体积悬浮流中所有纤维粒子所占的体积，对圆柱状粒子悬浮流，$\varphi=\left(\frac{\pi}{4}d^2L\right)n$。根据这两个参数可以对悬浮流进行分类：

① 当 $nL^3<1$ 时，为稀悬浮流，相应的 $\varphi<(d/L)^2$。它表示在以纤维长度为边长的立方体中纤维数少于1。

② 当 $1<nL^3<L/d$，即 $1<nL^3<r$，亦即 $d/L<nL^2d<1$ 时，为半稀悬浮流。它表示在上述立方体中纤维数多于1，而在包含纤维的任一以纤维长度为边长的平面内纤维数少于1，相应的 $(d/L)^2<\varphi<d/L$。

③ 当 $nL^3>r$，即 $nL^2d>1$ 时，悬浮流处于半浓或浓相状态。它表示在包含纤维的任一以纤维长度为边长的平面内纤维数大于1。一般情况下纤维之间会存在碰撞现象，相应的 $\varphi>d/L$。

可见进行悬浮流的分类时，不能单根据 n 或 φ 值的大小来判断，还必须考虑纤维的长径比，比如长径比较大时，半稀悬浮流的定义范围要宽泛些。

对纤维取向的描述主要有方向矢量、分布函数以及方向张量等几种方法。对于单根纤维的取向，方向矢量 $\boldsymbol{P}$ 可以很方便地描述。

$$\boldsymbol{P}=[\sin\theta\cos\varphi,\sin\theta\sin\varphi,\cos\theta]^{\mathrm{T}}$$

其中，θ 和 φ 分别为球坐标中纤维方向矢量与 z 轴和 x 轴的夹角。

为了描述大量粒子的分布状态，可以引入方向分布函数的概念。函数 $\varphi(\boldsymbol{r},\boldsymbol{P},t)$ 被定义为：时刻 t、位置 $\boldsymbol{r}$ 处，在方向 $\boldsymbol{P}$ 上存在离子的概率。这样，在 $\mathrm{d}\boldsymbol{P}$ 范围内，存在粒子的数目就可以简单地写为 $\varphi(\boldsymbol{r},\boldsymbol{P},t)\mathrm{d}\boldsymbol{P}$。根据分布函数的定义及其实际物理意义，分布函数必须满足归一化条件，即各个方向上的积分和为 1，即

$$\int\varphi(\boldsymbol{r},\boldsymbol{P},t)\mathrm{d}\boldsymbol{P}=\int_{0}^{\pi}\int_{0}^{2\pi}\varphi(\theta,\varphi)\sin\theta\mathrm{d}\varphi\mathrm{d}\theta=1$$

分布函数能完全而明确地描述纤维的方向状态，但它实际应用起来很麻烦，因此可以引入另一种简明易用的量——方向张量。用方向矢量 $\boldsymbol{P}$ 的分量组成偶数阶的张量，在各个方向下将它们与分布函数的乘积积分，得到的结果即为一系列的偶数阶方向张量，而此处奇数阶的张量积分结果为零。

(2) 基本理论和假设。

① 细长体理论。

细长体理论可计算细长体在流场中所受的黏性力和力矩以及计算纤维远距离的相互影响，它减少了计算量，为建立纤维悬浮流的本构方程打下了基础。但是细长体理论也有自身的局限性。首先，细长体理论采用纤维无限长的假设。尽管后来进行了修正，可以用于有限长的细长体，但细长体的端部效应始终无法给出较好的近似，特别是柱状粒子的端部效应比椭球形的粒子更大。其次，极低 Renoyld 数的假设。该假设使得细长体理论不适用于纤维尾流影响较大以及流体惯性影响不能忽略的情况。再次，难以准确描述纤维间的影响。当两根纤维靠得很近时，细长体理论可以通过润滑力的引入，使纤维的受力情况趋于合理，但周围的流场结构就难以较好地描述了。

② 纤维悬浮流的本构方程。

纤维对流体的影响体现在悬浮流的本构关系上：

$$\sigma=-pI+2\mu E+\sum_{n}\sigma_{\mathrm{p}} \tag{7-1}$$

式中，右边第一、第二项是牛顿流体流动的应力，第三项体现纤维的影响。在此基础上，纤维悬浮流的研究大致分为两个方向：

a. 纤维悬浮液视为一种单一的连续介质，进一步引入统计力学的理论，研究纤维悬浮流的流变特性，不再关心单根纤维的运动情况，主要着眼于流场中纤维的取向分布、等效黏度等悬浮液的宏观性质。

b. 对纤维和其周围的牛顿流体分别进行计算，研究纤维运动情况、在流场中的分布、纤维间的相对位置及相互影响、纤维各自对流场的影响等纤维悬浮液的微观结构。

③ 纤维悬浮流的连续介质理论。

在纤维悬浮流连续介质理论中，除了细长体理论的假设外，一般还假设纤维是刚性的，在流场中均匀分布。引入方向分布函数 $\psi(\boldsymbol{r},\boldsymbol{P},t)$，其意义为在 t 时刻、空间坐标 $\boldsymbol{r}$ 处，纤维取向为 $\boldsymbol{P}$ 的概率，并且有：

$$\int\psi(\boldsymbol{r},\boldsymbol{P},t)\mathrm{d}\boldsymbol{P}=1 \tag{7-2}$$

纤维悬浮流连续介质的假设之一是认为纤维在流场中是均匀分布的，但实际上在有些流场中这个假设并不总是成立，特别是在大尺度拟序结构控制的流场中。在一定条件下，原本在流场中均匀分布的纤维将由于拟序结构的作用而变得分布不均。

2. 多根纤维相互作用的理论模型

纤维悬浮流的性质与其微观结构密切相关，而纤维的取向和位置分布等都取决于在流场和各种力的作用下大量纤维的运动情况。以具有机械接触力相互作用的两根纤维的运动模拟为基础，依据细长体理论，建立适用于多根纤维相互作用的理论模型。

(1) 纤维运动方程。

考虑在一个由大量纤维组成的悬浮流(粒子系统)中，对于纤维 i，由三维刚体动力学，在笛卡儿坐标系下有：

$$m\frac{\mathrm{d}\boldsymbol{v}_i}{\mathrm{d}t}=\boldsymbol{F}_i \tag{7-3}$$

$$I_c\cdot\frac{\mathrm{d}\boldsymbol{\Omega}_i}{\mathrm{d}t}+\boldsymbol{\Omega}_i\times I_c\cdot\boldsymbol{\Omega}_i=\boldsymbol{T}_i \tag{7-4}$$

以上两个方程分别为纤维的三维平动与转动方程，其中 m，I_c 分别是单纤维的质量和绕质心的转动惯量；$\boldsymbol{v}_i$，$\boldsymbol{\Omega}_i$ 分别是纤维 i 的速度和角速度；$\boldsymbol{F}_i$，$\boldsymbol{T}_i$ 分别是纤维 i 所受的合力及合力矩，这里 $\boldsymbol{F}_i$，$\boldsymbol{T}_i$ 可以包含各种力的作用。

采用纤维三维转动的处理方法，对于任意给定初始状态，用时间差分办法选择适当的时间步长，就可以求出纤维的运动过程。

(2) 碰撞动力学。

对于大部分情况，刚性粒子间碰撞的力是很难给出的，很难做出比较合理的假设，而且往往需要对不同的情况做出不同的碰撞时间或速度前后关系的假设。因此使用式(7-3)和式(7-4)以合力的形式来处理纤维碰撞会有诸多不便。为此，我们做出对大部分刚体碰撞都具有一定合理性的(角)动量守恒和能量守恒假设，并假设碰撞是瞬间完成的。考虑两相碰撞的纤维在碰撞前瞬间的初动量和初角动量分别为 $\boldsymbol{p}_i$，$\boldsymbol{p}_j$ 和 $\boldsymbol{J}_i$，$\boldsymbol{J}_j$。在碰撞时，几何位置关系上有：

$$\boldsymbol{r}_0=\boldsymbol{r}_i+\alpha\boldsymbol{u}_i=\boldsymbol{r}_j+\beta\boldsymbol{u}_j \tag{7-5}$$

其中，$\boldsymbol{r}_0$ 是接触点位置；α，β 分别为接触点在纤维 i，j 上以各自质心为原点的坐标，且 $\alpha,\beta\in(-l,l)$。为方便起见，把坐标原点移到接触点 $\boldsymbol{r}_0$，则式(7-5)转化为：

$$\left.\begin{aligned}\boldsymbol{r}_i&=-\alpha\boldsymbol{u}_i\\ \boldsymbol{r}_j&=-\alpha\boldsymbol{u}_j\end{aligned}\right\} \tag{7-6}$$

碰撞后，两纤维会获得新的动量和角动量，分别设为 $\boldsymbol{p}_i'$，$\boldsymbol{p}_j'$ 和 $\boldsymbol{J}_i'$，$\boldsymbol{J}_j'$，由动量守恒可得：

$$\left.\begin{aligned}\boldsymbol{p}_i'&=\boldsymbol{p}_i+\Delta\boldsymbol{p}_{ij}\\ \boldsymbol{p}_j'&=\boldsymbol{p}_j+\Delta\boldsymbol{p}_{ij}\end{aligned}\right\} \tag{7-7}$$

其中，$\Delta\boldsymbol{p}_{ij}$ 是碰撞瞬间两纤维间传递的动量。由角动量守恒有：

$$\left.\begin{aligned}\boldsymbol{J}_i'&=\boldsymbol{J}_i+\alpha\boldsymbol{u}\times\Delta\boldsymbol{p}_{ij}\\ \boldsymbol{J}_j'&=\boldsymbol{J}_j-\beta\boldsymbol{u}\times\Delta\boldsymbol{p}_{ij}\end{aligned}\right\} \tag{7-8}$$

遵循能量守恒有：

$$p_i^2/(2m)+p_j^2/(2m)+J_i^2/(2I_c)+J_j^2/(2I_c)=(\boldsymbol{p}_i+\Delta\boldsymbol{p}_{ij})^2/(2m)+(\boldsymbol{p}_i-\Delta\boldsymbol{p}_{ij})^2/(2m)+(\boldsymbol{J}_i+\alpha\boldsymbol{u}_i\Delta\boldsymbol{p}_{ij})^2/(2I_c)+(\boldsymbol{J}_j-\beta\boldsymbol{u}_j\times\Delta\boldsymbol{p}_{ij})^2/(2I_c) \tag{7-9}$$

将式(7-9)化简可得：

$$\Delta\boldsymbol{p}_{ij}\cdot[(\boldsymbol{p}_i-\boldsymbol{p}_j)/(2m)+(\alpha\boldsymbol{J}_i\times\boldsymbol{u}_i-\beta\boldsymbol{J}_j\times\boldsymbol{u}_j)/I_c]=-\Delta\boldsymbol{p}_{ij}^2[1/m+(\alpha^2+\beta^2)/(2I_c)] \tag{7-10}$$

$(\boldsymbol{p}_i-\boldsymbol{p}_j)/(2m)+(\alpha\boldsymbol{J}_i\times\boldsymbol{u}_i-\beta\boldsymbol{J}_j\times\boldsymbol{u}_j)/I_c$ 实际上是两纤维碰撞前在接触点的速度差，设为 $\Delta\boldsymbol{v}_{ij}$。通常假设 $\Delta\boldsymbol{p}_{ij}$ 与 $\Delta\boldsymbol{v}_{ij}$ 具有相同的方向，则由式(7-10)可以得到：

$$\Delta\boldsymbol{p}_{ij}=-\Delta\boldsymbol{v}_{ij}/[1/m+(\alpha^2+\beta^2)/(2I_c)] \tag{7-11}$$

由式(7-11)可见，仅需知道碰撞前两纤维接触点的相对速度就可以求得碰撞过程中的动量传递，再由式(7-7)和式(7-8)求得碰撞后的动量与角动量，从而求得两纤维碰撞后各自的速度和角速度。

3. 求解包含纤维间水动力相互作用的斯托克斯(Stokes)力

由细长体理论，对于悬浮流里的任一根纤维 i，其上分布的斯托克斯力 $\boldsymbol{F}(s)$ 满足积分方程：

$$\begin{aligned}\boldsymbol{v}_{0i}+[\Omega_i\times ls_i\boldsymbol{p}_i]=&\frac{1}{4\pi\mu}\left[\frac{1}{\varepsilon}+\ln\frac{(1-s_i^2)^{\frac{1}{2}}}{R_s/R_0}\right](\boldsymbol{\delta}+\boldsymbol{p}_i\boldsymbol{p}_j)\cdot\boldsymbol{F}_i(ls_i)+\\&\frac{1}{8\pi\mu}(\boldsymbol{\delta}-3\boldsymbol{p}_i\boldsymbol{p}_j)\cdot\boldsymbol{F}_i(ls_i)+\frac{1}{8\pi\mu}(\boldsymbol{\delta}+\boldsymbol{p}_i\boldsymbol{p}_j)\cdot\int_{-1}^{1}\frac{\boldsymbol{F}_i(l\xi_i)-\boldsymbol{F}_i(ls_i)}{|s_i-\xi_i|}\mathrm{d}\xi_i+\\&\sum_{i,i\neq j}^{n}\int_{-1}^{1}H(\boldsymbol{x}_{0i}+s_i\boldsymbol{p}_i-\boldsymbol{x}_{0j}-s_j\boldsymbol{p}_j)\cdot\boldsymbol{F}_j(ls_j)l\,\mathrm{d}s_j+\boldsymbol{v}^{\infty}(\boldsymbol{x}_{0i}+ls_i\boldsymbol{p}_i)\end{aligned} \tag{7-12}$$

其中，$\boldsymbol{v}_0$ 为纤维质心速度；$\boldsymbol{p}$ 为纤维方向矢量；l 为纤维的半长；$s\boldsymbol{p}$ 是纤维上位置为 s 的点到质心的矢径。函数 H 是一个张量函数：

$$H(\boldsymbol{x})=\frac{1}{8\pi\mu}\left(\frac{\boldsymbol{\delta}}{|\boldsymbol{x}|}+\frac{\boldsymbol{x}\boldsymbol{x}}{|\boldsymbol{x}|^3}\right) \tag{7-13}$$

联立所有纤维的积分方程并用 Gauss-Legendre 求积公式离散，得到关于各高斯点上斯托克斯力线密度的线性代数方程组，求解可得这些散列点上的斯托克斯力线密度分布 $\boldsymbol{F}(s)$。求得各高斯点上的线密度后，再由高斯积分公式求出纤维 i 所受斯托克斯力的合力 $\boldsymbol{F}_i$ 和线分布力 $\boldsymbol{F}(s)$ 对纤维质心的转矩 $\boldsymbol{T}_i$。把 $\boldsymbol{F}_i$ 和 $\boldsymbol{T}_i$ 作为式(7-13)和式(7-6)右端项力和力矩的一部分，同时也考虑纤维间的水动力相互作用。

4. 浓纤维悬浮流模型

考虑在斯托克斯流场下的浓纤维悬浮流，在忽略纤维自重(重力与浮力相抵消)的情况下，纤维所受到的力主要有流场对纤维的斯托克斯力以及由于纤维运动导致碰撞所产生的机械接触力。当纤维之间的距离达到一定距离时，还需要引入短程水动力(润滑力)来弥补细长体理论的误差。

对于整个纤维悬浮流系统，给定任一初始状态(假设该时刻无碰撞)，步骤如下：

(1) 用式(7-12)计算每根纤维的斯托克斯力的合力和合力矩。

(2) 用式(7-3)、式(7-4)计算纤维的线加速度和角加速度。

(3) 基于分子动力学方法，预估此状态下的碰撞时间。

(4) 把整个系统(包括位移、速度、角速度等)都升级到碰撞前一刻。

(5) 用碰撞动力学方法跳过对机械接触力的求解，由碰前纤维的运动状态计算碰后纤维的线速度与角速度，同时保持无关纤维的运动状态不变。

(6) 以碰后的状态作为新的初始状态，从步骤(1)到(5)进行下一轮的循环就可以逐步对整个粒子系统的运动过程进行模拟。

需要注意的是，对于不同的流场，还要考虑不同的边界条件。对于润滑力的引入，可以采用 Yamane 等方法，当纤维 i 与 j 之间的距离小于纤维直径 d 时，引入润滑力，加入式(7-3)、式(7-4)的右端项中，可得：

$$f_{ij}^{\text{lub}} = -K(h_{ij})h_{ij}\boldsymbol{n}_{ij} \tag{7-14}$$

其中，$K(h_{ij})=\dfrac{3\pi\eta_s}{|\boldsymbol{u}_i\times\boldsymbol{u}_j|}\cdot\dfrac{d^2}{h_{ij}}$，$h_{ij}$ 是两纤维之间的最小距离，$h_{ij}=|(\boldsymbol{r}_i-\boldsymbol{r}_j)\cdot\boldsymbol{n}_{ij}|-d$。观察到润滑力与两纤维相对速度的线性关系，并且是以阻力("—"号)形式出现，在每根纤维的动力学方程右边加上一个与速度有关的附加阻力来等效润滑力的影响。

$$\boldsymbol{f}_i'=-\eta\boldsymbol{v}_i \tag{7-15}$$

式(7-15)除了具有等效润滑力的作用外，还能够抵消将纤维看作无厚细线产生的误差，而且具有表达式简单、引入方便的特点。

5. 简单剪切流下纤维砂浆的水动力学研究

以上提出了一种对浓纤维悬浮流模拟的一种理论模型，具体的形式需要根据应用的不同流场等情况给出，并可相应地进行适当简化。下面就以简单剪切流场来说明纤维砂浆的水动力学特性。

对于简单剪切流场，速度梯度只在一个方向上的分量不为零，设为 $\mathrm{d}u/\mathrm{d}y$。速度场：

$$\left.\begin{aligned} u &= v_0+\gamma y \\ v &= 0 \\ w &= 0 \end{aligned}\right\} \tag{7-16}$$

其中，v_0 为剪切中心的速度；γ 为剪切率，$\gamma=\partial u/\partial y$。

(1) 动力学模型。

上面从理论上建立了一个包含纤维间各种力作用的浓纤维悬浮流的模型，现在将该模型应用于简单剪切流场，并根据流场的特点进行适当简化。

纤维的长度为 L，半长为 l，直径为 d，半径分别为 r。考虑斯托克斯简单剪切流定常流场下的浓纤维悬浮流，采用高阶近似的细长体理论对纤维进行模拟，并对纤维做如下假设：

① 流体为连续介质；

② 所有纤维是形状大小相同的非布朗运动的刚性圆柱体；

③ 纤维的长径比 $\varphi=L/d\gg1$，忽略粒子端部效应；

④ 纤维特征长度远小于流场特征长度，故纤维附近流场可视为斯托克斯流；

⑤ 纤维表面光滑，不考虑纤维间的摩擦作用力。

纤维所受到的力主要有流体对纤维的作用，纤维之间的水动力作用(包括远程水动力及润滑力)，以及纤维之间的机械接触力(如果纤维之间发生碰撞)，则纤维动力方程可具体表示为：

$$m\frac{\mathrm{d}\boldsymbol{v}_i}{\mathrm{d}t}=\boldsymbol{F}_i^{\mathrm{s}}+\boldsymbol{F}_i^{\mathrm{h}}+\sum_{j\neq i}^{n_c}\boldsymbol{F}_{ij}^{\mathrm{c}} \tag{7-17}$$

$$I_c\cdot\frac{\mathrm{d}\boldsymbol{\Omega}_i}{\mathrm{d}t}+\boldsymbol{\Omega}_i\times I_c\cdot\boldsymbol{\Omega}_i=\boldsymbol{T}_i^{\mathrm{s}}+\boldsymbol{T}_i^{\mathrm{h}}+\sum_{k=0,j\neq i}^{n_c}\alpha_k\boldsymbol{p}_i\times\boldsymbol{F}_{ij}^{\mathrm{c}} \tag{7-18}$$

其中，$\boldsymbol{F}_i^{\mathrm{s}}$，$\boldsymbol{T}_i^{\mathrm{s}}$ 分别为流体对纤维 i 的作用力（斯托克斯合力的反作用力）及其对纤维质心的力矩；$\boldsymbol{F}_i^{\mathrm{h}}$，$\boldsymbol{T}_i^{\mathrm{h}}$ 分别为其他纤维对纤维 i 的水动力作用及对其质心的力矩；$\sum_{j\neq i}^{n_c}\boldsymbol{F}_{ij}^{\mathrm{c}}$，$\sum_{k=0,j\neq i}^{n_c}\alpha_k\boldsymbol{p}_i\times\boldsymbol{F}_{ij}^{\mathrm{c}}$ 分别为与纤维 i 相碰的其他纤维对纤维 i 的合力及对其质心的合力矩；n_c 表示在某一瞬间与纤维 i 相碰撞的纤维 j 的总个数。

因为流体的雷诺数极小，因此考虑忽略纤维的惯性力，即流体对纤维的作用、纤维之间的水动力作用以及纤维之间的机械接触力三者平衡。上述方程转化为：

$$\boldsymbol{F}_i^{\mathrm{s}}+\boldsymbol{F}_i^{\mathrm{h}}+\sum_{j\neq i}^{n_c}\boldsymbol{F}_{ij}^{\mathrm{c}}=0 \tag{7-19}$$

$$\boldsymbol{T}_i^{\mathrm{s}}+\boldsymbol{T}_i^{\mathrm{h}}+\sum_{k=0,j\neq i}^{n_c}\alpha_k\boldsymbol{p}_i\times\boldsymbol{F}_{ij}^{\mathrm{c}}=0 \tag{7-20}$$

对细长体理论高阶近似的方程进行分析，式(7-12)可写成如下形式：

$$\begin{aligned}&\boldsymbol{v}_{0i}+(\boldsymbol{\Omega}_i\times ls_i\boldsymbol{p}_i)-\boldsymbol{v}^{\infty}(\boldsymbol{x}_{0i}+ls_i\boldsymbol{p}_i)\\&=\frac{1}{4\pi\mu}\left[\frac{1}{\varepsilon}+\ln\frac{(1-s_i^2)^{\frac{1}{2}}}{R_s/R_0}\right](\boldsymbol{\delta}+\boldsymbol{p}_i\boldsymbol{p}_j)\cdot\boldsymbol{F}_i(ls_i)+\\&\frac{1}{8\pi\mu}(\boldsymbol{\delta}-3\boldsymbol{p}_i\boldsymbol{p}_j)\cdot\boldsymbol{F}_i(ls_i)+\frac{1}{8\pi\mu}(\boldsymbol{\delta}+\boldsymbol{p}_i\boldsymbol{p}_j)\cdot\int_{-1}^{1}\frac{\boldsymbol{F}_i(l\xi_i)-\boldsymbol{F}_i(ls_i)}{|s_i-\xi_i|}\mathrm{d}\xi_i+\\&\sum_{i,i\neq j}^{n}\int_{-1}^{1}H(\boldsymbol{x}_{0i}+s_i\boldsymbol{p}_i-\boldsymbol{x}_{0j}-s_j\boldsymbol{p}_j)\cdot\boldsymbol{F}_j(ls_j)l\,\mathrm{d}s_j\end{aligned} \tag{7-21}$$

左端项表示纤维相对于外部流场的运动速度，即纤维产生的诱导速度，记作 $\boldsymbol{V}^{\mathrm{induce}}$；右端前三项表示高阶精度下，用斯托克斯力奇点线分布表示纤维时的诱导速度，其中前两项是一阶精度下的诱导速度，记作 $\boldsymbol{V}^{\mathrm{s}}$，并将第三项记作 $\boldsymbol{V}_1'$；第四项表示其他纤维通过远程水动力对纤维 i 的影响，记作 $\boldsymbol{V}_2'$。则式(7-21)可以写为：

$$\boldsymbol{V}^{\mathrm{induce}}=\boldsymbol{V}^{\mathrm{s}}+\boldsymbol{V}_1'+\boldsymbol{V}_2' \tag{7-22}$$

细长理论的一阶近似整体形式为：

$$\boldsymbol{F}_i^{\mathrm{s}}=-4\pi\mu\varepsilon L\left(I-\frac{1}{2}\boldsymbol{p}_i\boldsymbol{p}_j\right)\cdot\boldsymbol{V}^{\mathrm{induce}}-\boldsymbol{V}_1'-\boldsymbol{V}_2' \tag{7-23}$$

由式(7-23)、式(7-17)，并注意到纤维间远程水动力作用已经包含在式(7-21)中，可得：

$$\dot{\boldsymbol{x}}=\boldsymbol{V}+\frac{1}{4\pi\mu\varepsilon L}(I+\boldsymbol{p}_i\boldsymbol{p}_j)\cdot\left(\boldsymbol{F}_i^{l}+\sum_{j\neq i}^{n_c}\boldsymbol{F}_{ij}^{\mathrm{c}}\right) \tag{7-24}$$

其中，$\dot{\boldsymbol{x}}_i$ 与 $\boldsymbol{V}^{\infty}$ 分别为纤维质心的速度与未受扰动的流场的速度，$\dot{\boldsymbol{x}}_i-\boldsymbol{V}^{\infty}=\boldsymbol{V}^{\mathrm{induce}}$，令 $\boldsymbol{V}'=\boldsymbol{V}_1'+\boldsymbol{V}_2'$，并称之为修正速度；$\boldsymbol{F}_i^{\mathrm{l}}$ 是纤维间的润滑力，而

$$\boldsymbol{V}_3'=\frac{1}{4\pi\mu\varepsilon L}(I+\boldsymbol{p}_i\boldsymbol{p}_j)\cdot\boldsymbol{F}_i^{\mathrm{l}} \tag{7-25}$$

也可以看作修正速度，并入 $\boldsymbol{V}'$ 中，即令 $\boldsymbol{V}'=\boldsymbol{V}_1'+\boldsymbol{V}_2'+\boldsymbol{V}_3'$。由此，式(7-23)可写成：

$$\dot{x}=V^{\infty}+V_1'+\frac{1}{4\pi\mu\varepsilon L}(I+p_ip_j)\cdot\sum_{j\neq i}^{n_c}F_{ij}^{c} \tag{7-26}$$

同理，由一阶近似的细长理论的转矩方程整体形式为：

$$T_i\times p=\frac{\pi\mu\varepsilon L^3}{3}\left[\dot{p}-\Omega\cdot p_i-\frac{r^2-1}{r^2+1}(I-p_ip_j)\cdot E\cdot p_i\right] \tag{7-27}$$

代入到式(7-18)，可得：

$$\dot{p}_i=\Omega\cdot p_i-\frac{r^2-1}{r^2+1}(I-p_ip_j)\cdot E\cdot p_i+\dot{p}_i'+\frac{3}{\pi\mu\varepsilon L^3}\sum_{k=0,j\neq i}^{n_c}\alpha_k p_i\times F_{ij}^{c}\times p_i \tag{7-28}$$

其中，p_i 为纤维取向的方向矢量；$\dot{p}_i$ 为纤维方向余弦的变化率；$\dot{p}_i'$ 为考虑了纤维间水动力相互作用后的纤维方向余弦变化率的修正量；α_k 为纤维i 上第k 个接触点，在以纤维 i 的自然坐标系下的坐标(接触点距纤维中心的长度)。式(7-26)和式(7-28)构成了纤维的动力学方程组，但还需要补充一个碰撞前后的能量关系方程才能求解。做如下简化：假设在碰撞完毕瞬间纤维 i 与 j 在接触点处具有相同的速度，即

$$(\dot{x}_\alpha+s^\alpha\dot{p}_\alpha-\dot{x}_\beta-s^\beta\dot{p}_\beta)\cdot(p_\alpha\times p_\beta) \tag{7-29}$$

(2) 碰撞处理及纤维悬浮流的宏观性质。

将 Frenkel 算法、Cell Method 以及 Neighbour Lists 方法和思想结合在一起来处理模型中的碰撞。

通过以上的模型可以得到纤维的微观结构随着时间的演变过程，但是我们更关心的是微观结构对悬浮流宏观性质的影响，为此必须对悬浮流的宏观性质进行计算。这里的宏观性质主要是指黏度、应力变化等，主要反映在流变学性质上。

Batchelor 计算了由于纤维的存在所引起的流场应力的增加：

$$S=-\frac{1}{V}\sum_{i=1}^{n}\int_{-L/2}^{L/2}(x_i+sp_i)F_i(s)\,\mathrm{d}s \tag{7-30}$$

其中，S 是由于纤维的存在所引起的附加应力张量；V 为整个计算域的体积；n 为纤维的总数；$F_i(s)$ 为斯托克斯力线密度沿纤维 i 长度上的分布。积分号内是(x_i+sp_i)与 $F_i(s)$ 的并矢运算。式(7-30)反映了纤维的分布 x_i 与纤维的取向 p_i 对纤维悬浮流性质的影响。

得到了 S，就可以求得纤维所引起的剪切应力 S_{xy} 和第一、第二主应力差 $N_1=S_{xx}-S_{yy}$，$N_2=S_{yy}-S_{xx}$。S_{xy} 除以剪切率便可以得到纤维引起的流场黏度的增加值，这些均是我们所关心的悬浮流特性。

(3) 对纤维间水动力相互作用的分析。

① 随着纤维浓度和剪切率的增加，悬浮流最终稳定下来时，纤维的取向都有向剪切方向靠拢的趋势。但是，其取向的发展过程有较大差别。在浓度较小时，纤维的取向需要经过较长时间的“振动”才达到最终的稳定值，并且剪切率越大，这种振荡的振幅越大。当浓度较大时，由于纤维间的相互作用力较强，纤维间的碰撞也更频繁，在这些相互作用的影响下，悬浮流能够在较短的时间内达到稳定状态。

② 随着纤维长径比的增加，纤维的取向也有向剪切方向靠拢的趋势，但这种趋势随着纤维长径比的增加而减小。

③ 随着纤维浓度和长径比的增加，悬浮流的特征黏度与主应力差有着类似的增长趋势，但是这两组量的大小与实验数据和三维情况相比有很大的增加。这是由于在二维情况下纤维被限定在一个平面中，纤维间的各种相互作用会明显增加。这些数据不能使我们从量的角度考查纤维流变性质的变化，但是可以提供一个定性的结果。

④ 在二维情况下，浓纤维悬浮流中纤维间的碰撞发生率不高。当浓度较高时，纤维间的水动力相互作用会阻止纤维的碰撞。因此，在处理二维浓纤维悬浮流问题时，纤维间的水动力相互作用应该予以考虑。

四、现场试验与效果

1. 适用范围与选井原则

(1) 适用范围。

纤维复合滤砂管防砂工艺适用于疏松砂岩油藏常规油水井防砂。

(2) 选井原则。

① 适用于不分层开采井早期和后期防砂。

② 适用于中、粗砂岩油井防砂。

③ 适用于原油黏度小于 3 000 mPa·s 的油井防砂。

④ 适用于套管完好的油井防砂。

2. 施工步骤与施工要求

(1) 施工准备。

① 压井，起原井管柱检查，丈量。

② 下光油管探砂面，冲砂至人工井底或水泥面。

③ 下通井规，通到油层底界以下 10 m(人工井底或水泥面)。

(2) 防砂施工。

① 检查防砂工具。

a. 封隔器清洁，表面无毛刺，各连接处无松动。

b. 防砂管外观清洁，焊接处无焊瘤，无砂眼。

c. 扶正器的扶正片分布均匀，焊接牢固。

d. 下井工具两端螺纹清洁、无锈蚀、无毛刺、无损伤。

② 配管柱。

a. 准确丈量下井工具的长度。

b. 按防砂管柱结构顺序把下井工具连接好。

c. 按设计深度调配好管柱，所有工具深度与设计深度的误差不得超过±0.5‰。

③ 下管柱。

a. 倒下套管四通，下入防砂工具，装上套管四通和自封。

b. 下防砂管、封隔器时需扶送，封隔器用油管短节提升。

c. 在井口连接工具和油管时井内管柱不能转动。

d. 封隔器坐封位置避开套管接箍。

④ 坐封、丢手。

a. 按封隔器要求操作，密封环形空间。

b. 起丢手管柱，详细检查工具的使用情况，做好记录。

3. 现场试验效果

纤维复合滤砂管现场试验 5 口井(其中斜井 2 口、轻度套变井 2 口)，可对比 5 口，有效 5 口，平均有效期 224 d，其中最长达 348 d，平均日产液由措施前的 37.2 t/d 增加至61.9 t/d，日产油由措施前的 2.1 t/d 增加至 3.4 t/d，累增产原油 1 602.5 t，措施后均正常生产，详见表 7-6。

表 7-6 纤维复合滤砂管现场应用效果统计表

井 号	射孔厚度/m	纤维复合滤砂管/m	措施前			措施后			累积生产时间/d	备 注
			日产液量/($t \cdot d^{-1}$)	日产油量/($t \cdot d^{-1}$)	含水/%	日产液量/($t \cdot d^{-1}$)	日产油量/($t \cdot d^{-1}$)	含水/%		
GD2-30NB20	11.5	13	85.1	2.8	96.7	109.2	4.6	95.8	331	
KXK71-112	8.3	11	15.3	0.4	97.3	60.3	2.9	92.2	348	套变井
GD1-6X505	7.6	10	22.0	2.1	90.0	29.1	2.8	90.4	303	
KXK71X59	9.1	11	25.8	3.6	86.0	48.6	4.1	91.5	83	
GDX6-81	8.1	10	37.8	1.7	95.5	62.3	2.4	96.4	56	套变井
合 计		55	37.2	2.1		61.9	3.4		224	

(1) 纤维复合滤砂管与原环氧树脂滤砂管相比提高了强度和韧性，满足现场运输及作业施工要求。

① 原滤砂管本体质地较脆，存放、运输过程中易出现损坏的情况，破损率达到 11.8%，而纤维复合滤砂管与原滤砂管相比强度和韧性大幅提高，5 口试验井所用的 55 m 纤维复合滤砂管在存放、运输过程中均未发现破裂损坏的情况。

② 原滤砂管强度较低，抗冲击和碰撞性能较差，下井作业过程中易碰撞损坏，造成防砂失败，开井即出砂，导致滤砂管防砂成功率较低，仅有 75%，应用于斜井、轻度套变井的成功率更低，不足 60%。新型纤维复合滤砂管的抗冲击和碰撞性能得到明显改善，其分别应用于 2 口斜井、2 口套变井的防砂施工均一次作业成功，平均防砂有效期 224 d，最长已达 348 d。

(2) 纤维复合滤砂管与原有滤砂管相比渗透性大幅提高，改善了油井的供液能力，达到了较好的增液、增油的效果。纤维复合滤砂管比原有滤砂管渗透率提高了 40%以上，试验井措施后液量有所增。5 口试验井措施前单井日产液 37.2 t/d、日产油 2.1 t/d，措施后单井日产液 61.9 t/d、日产油 3.4 t/d，平均单井日增液 24.7 t/d、日增油 1.3 t/d。

如 GD1-6X505 井，之前采用普通滤砂管防砂，平均日产液 22.0 t/d、日产油 2.1 t/d，防砂有效期仅为 207 d。2010 年 11 月采用纤维复合滤砂管防砂，开井后平均日产液2.8 t/d、日产油 2.8 t/d，截至统计日已累计生产了 303 d 并且仍在正常生产。

第二节 疏松砂岩油藏高含水期控水防砂一体化技术

疏松砂岩油藏控水防砂技术是针对疏松砂岩油藏高含水期不同出砂类型、不同出砂程度而提出的。对于轻微出砂油藏，采用最新研制的水介质分散型乳液进行固砂降含水；对于出砂严重、地层亏空油藏，采用高压充填复合乳液固砂技术进行固砂降含水，此时乳液既作为携砂液又作为控水固砂剂。

一、疏松砂岩油藏出砂与含水之间的相互影响

影响地层出砂的因素大体可以划分为两类，即地质因素和开采因素。地质因素是内因，由地层和油藏性质决定（包括沉积相、构造应力、砂岩颗粒大小及形状、胶结物类型及胶结程度、流体类型及性质等）；开采因素是外因，主要受生产条件及人为因素控制，包括油层压力、生产压差、液流速度、毛细管作用、含水饱和度变化、生产作业及射孔工艺条件等。对于高含水期疏松砂岩油藏，随着开发的深入和生产压差的加大，地层含水的升高势必引起地层出砂，而地层出砂进而会影响储层的物性参数（包括孔隙度、渗透率、含水饱和度等）。因此，寻找含水饱和度与出砂之间的内在关系，可以有目的地创造良好的生产条件，从而控制含水，减缓出砂。

1. 含水对出砂的影响

含水对出砂的影响可归结为以下两个方面：

（1）含水上升对地层强度的影响。

含水上升会降低地层岩石颗粒间的初始毛管力，从而导致地层强度降低，同时含水升高加剧了颗粒间泥质胶结物的溶解。特别地，黏土矿物如蒙脱石等遇水后膨胀、分散，使得地层的胶结强度大幅降低，即地层的内聚力降低，尤其是稠油油藏，当含水率达到60%以上时，地层骨架会发生坍塌性破坏，导致地层大量出砂。另外，注入水的反复冲刷和流体的摩擦携带作用使岩石发生拉伸破坏，导致剥离的骨架砂变成自由微粒大量溢出，造成严重出砂。流体流速同样影响出砂，流体速度越快，出砂越严重；同时流体的黏度也会对出砂产生影响，流体黏度越高，其悬砂、携砂能力也相应增强，流动过程中对颗粒的拖曳力增大，使得流体对砂体的冲刷和剥蚀加剧，从而加剧出砂。

随着油田进入开发后期，地层含水上升，油藏压力降低，地层内部的应力场平衡被破坏，作用于岩石上的有效应力增加，岩石力学性质也发生一定的变化。通过研究疏松砂岩一定条件下（地层水、孔隙压力和围压等）力学性质变化规律的试验发现，岩石力学参数（弹性模量和抗压强度）随含水饱和度的增加而急剧下降。

（2）含水上升对地层渗透率的影响。

通常情况下，疏松砂岩油藏胶结物含量较低，以泥质为主，孔隙表面吸附有大量的黏土矿物，其中高岭石分散在整个孔隙系统中，它的晶体具有分散层理性，在流体运动的条件下极易分散运移，运移的颗粒能够桥堵和阻塞细小的孔隙喉道，对渗透率起着不利的影响。成岩作用中最常见的绿泥石、伊利石和蒙脱石沉淀都是较连续地附着在岩石骨架颗粒表面上，并趋向于从颗粒表面向外生长进入到孔隙空间形成微孔隙，从而急剧地降低渗透率。

在注水过程中，岩石的单轴抗压强度和内聚强度都会产生明显降低的现象，为骨架砂变为自由砂创造条件；其次，水侵也会破坏孔隙内油流的连续性。研究得知，疏松砂岩颗粒周围一般都包有极薄的黏土膜，油层内部还有许多很薄的黏土夹层，砂层之间的微孔道非常多。由这些黏土夹层分隔开的各小层，其渗透率的差别也相当大。当油层含油饱和度较高时，油流在孔隙内部成连续状态，这时孔隙外围分布少量的束缚水，把微小的自由微粒固定在骨架表面，即使在油流速度比较大时也不会被冲走。随着注水开发步入后期，地层含水较

高时，油流的连续性被破坏，变成大小不等的油滴，从而将原油的单相流动变为油水两相流动，增加了油流阻力。当含水继续升高成为流动的连续相时，流动的剪切面为砂粒表面，只要流速稍增大，就会把原来稳定在骨架表面的自由微粒冲走，并在狭窄的孔喉部位发生堆积，堵塞流动孔隙，从而严重降低油层渗透率。另外砂粒周围的黏土吸水发生体积膨胀，使油流通道缩小，导致油相的相对渗透率降低，极大地增加了油流阻力和流体对砂粒的拖曳力，为自由砂的运移创造了条件。

(3) 含水对出砂影响的研究现状。

有关含水对出砂影响的室内模拟实验和出砂机理，国外学者做了大量的研究工作，B. Wu 和 C. P. Tan 等通过含水饱和度对射孔强度和出砂影响的室内实验得到以下的结论。

含水饱和度对射孔强度和出砂的影响与砂岩的矿物组成和残余油饱和度有很大的关系，对于黏土含量较高和剩余油饱和度较低的砂岩地层影响更大，而对于纯砂岩和剩余油饱和度较高的地层影响较小。由含水饱和度升高导致的岩石强度降低是引起射孔失效和出砂的重要原因，并且射孔失效不一定会引起出砂。含水饱和度升高导致岩石强度降低的程度与黏土含量成正比，同时还可以有效地减弱岩石颗粒的内聚力，但是内摩擦角没有改变。

实验通过测定不同含水饱和度下岩芯的无封闭抗压强度来评价含水饱和度的影响。岩石抗压强度主要在含水饱和度 0%～20%范围内降低，当含水饱和度大于 20%时，岩石抗压强度的进一步降低和黏土含量有关，并且实验发现无封闭抗压强度和射孔失效时多孔介质内压力成正比，因此可以通过评价含水饱和度与无封闭抗压强度之间的关系来分析含水饱和度与射孔失效和出砂间的关系。

G. Han 和 M. B. Duseault 等提出地层条件下砂岩和地层水处于一种化学平衡状态，具有不同化学组成的外来水侵入会破坏这种平衡状态，从而开始化学反应并形成一种新的平衡状态。可能的化学反应包括石英水解、碳酸盐溶蚀和黏土膨胀。黏土层的表面带有一层负电荷，水由于具有双极性会吸附到黏土表面，但自由水在黏土表面吸附性不强，如果通过化学反应使得水的组成发生变化则会引起离子交换作用，而交换的离子进一步吸附水，从而引起水化膨胀。

一般认为毛管力在砂粒之间起到了一种黏结作用，处于一系列的应力平衡状态。其中影响较大的是由 Bishop 得到的表达式(7-31)，常用来解释与毛管力有关的砂岩增强效应。

$$\sigma' = (\sigma - p_a) + x(p_a - p_w) \tag{7-31}$$

其中，σ' 和 σ 为有效应力和总应力；p_a 和 p_w 为空气和水的压力；x 为与含水饱和度有关的有效应力参数，对于干砂岩为 0，而对于完全饱和的岩芯为 1。式(7-31)右边的第二部分含有毛管力，右边第一部分为经典的 Terzaghi 有效应力。

图 7-10 是在无损伤的 Berea 砂岩岩芯上通过压汞法得到的毛管力和含水饱和度的典型曲线，毛管内聚力定义为式(7-32)：

$$c''(s) = x(p_a - p_w)\tan\varphi \tag{7-32}$$

其中，φ 为内摩擦角。随着含水饱和度的增加，毛管内聚力剧烈地降低。

从实验可以推测，毛管力的降低可能是由膨胀作用所导致的孔隙度增加引起的。

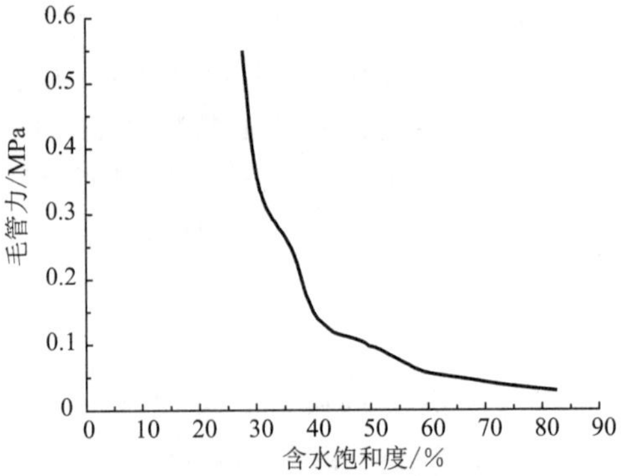

图 7-10 毛管力和含水饱和度关系曲线

水流通过岩石孔隙时会产生摩擦拖拽力(在水流动的方向上由于水的流动作用引起的单位体积岩石受到的剪切力),从而引起颗粒间压差的增加。对于颗粒来说,液流梯度会形成一个在液流方向的拖拽力,推动颗粒运动。这是让砂粒运移的一个主要动力。

假设颗粒是球形的,半径为 r,沿 x 一维方向压力分布为 $\mathrm{d}p/\mathrm{d}x$,则这个拖拽力 F_f 在 x 方向上的表达式为:

$$F_f=-\frac{4}{3}\pi(\mathrm{d}p/\mathrm{d}x)r^3 \tag{7-33}$$

室内实验表明这个液流拖拽力总是小于毛细管黏结力,所差数量级为 1～3,依据颗粒粒径的不同而改变,粒径越大,这个数量级越小。

颗粒粒径不仅影响毛管力和液流梯度拖拽力的比值,而且直接影响岩石的强度。图 7-11表明,随着颗粒粒径降低到一定的临界值(大约 $r=0.15$ mm),岩石的抗拉强度显著增加。由于砂岩油藏的颗粒粒径一般小于 0.5 mm,因此这种影响很有意义。

颗粒的运移发生在砂岩地层的孔隙网络当中,因此了解岩石孔隙空间里的矿物组成非常重要。砂粒或者是被基质黏结着,或者是疏松地散布在孔喉网络空间当中。没有黏土的颗粒一般是没有胶结的,高岭石和伊利石附着较弱,很可能会由于物理流动作用而发生运移。矿化度改变而造成的离子交换作用引起了颗粒和基质间胶结的疏松或颗粒的运移,或者弱的酸性环境的存在造成了胶结物质的破坏。

由于物理或化学因素的影响,颗粒可能会运移,一般说来包括三个步骤:

① 在岩石的孔喉网络当中存在较小颗粒。

② 必须存在一种作用力使颗粒与孔喉网络间的黏结力或吸引力被破坏。

③ 在井筒附近存在捕集的机理,比如架桥,离子吸附或者润湿性。

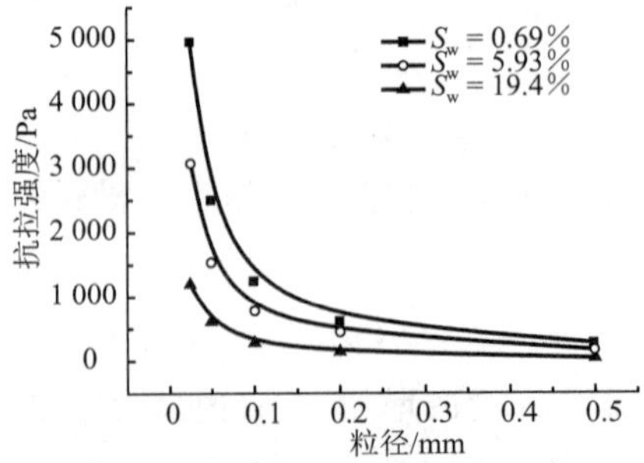

图 7-11 颗粒粒径对饱和水砂岩强度的影响

Bianco 等通过室内模拟实验分析了在弱胶结疏松砂岩中实际应力、流体流动速率和含水饱和度对砂拱稳定性的影响，并用 CT 观察砂拱变化。

实验条件下，单相流体饱和的砂岩中没有形成稳定的砂拱；在油水两相环境中，当含水饱和度大于 3%时形成稳定的砂拱，当含水饱和度小于 20%时开始微量出砂，当含水饱和度大于 20%小于 32%时，出砂更加连续，当含水饱和度大于 32%时，开始大量出砂。此外，实验发现，在油水两相环境中只有可以运移的润湿相携砂。当含水饱和度较低时，随着流速的增加，砂拱增大，但是当流速降低时，砂拱仍然稳定；当保持流速和含水饱和度稳定时，砂拱处于一种稳定状态；当含水饱和度达到一个临界值时，砂拱失效。

2. 出砂对含水的影响

有关含水对出砂的影响因素及机理研究，国内外学者已经做了大量的研究工作和室内实验，理论研究已经相当完善。对于疏松砂岩油藏，在胶结疏松、非均质性严重、不利油水黏度比的三维驱替条件下，微粒运移很容易形成高渗透带，并进一步发展成为大孔道，大幅降低油藏的采收率，其后果是灾难性的。

王凤清等通过疏松砂岩油层出砂实验，认为疏松砂岩油层出砂是由于岩石结构变化和破坏导致渗流场变化引起的。

刘景亮通过玻璃板填砂模型进行平面驱替模拟实验，分析了水动力冲刷作用、流体摩擦携带作用、地层胶结程度、渗透率、原油黏度、沉积韵律等因素对地层微粒运移出砂的影响。结果显示，在以上因素的影响下地层易发生大量出砂，而出砂反过来又加剧了各因素的作用效果，在一定条件下地层会形成高渗透条带进而发展成为大孔道。大孔道一旦形成，后果是灾难性的。

尽管国内学者做了大量的理论研究和室内实验，但都是针对疏松砂岩油藏的出砂机理、含水对出砂的室内实验和大孔道的形成，却缺乏有关出砂对孔隙度、渗透率、含水饱和度等物性参数影响的室内实验及理论研究，因此需要通过室内实验研究出砂对孔隙度、渗透率、含水饱和度的影响规律，为高含水期疏松砂岩油藏的开发提供理论指导。

中国石油大学(华东)通过填砂管耐冲刷实验，深入分析了不同出砂量条件下石英砂充填体的含水饱和度、孔隙度及渗透率等物性参数的变化规律。实验发现，出砂会影响近井地带多孔介质的孔喉尺寸以及孔隙度的大小，进而影响优势通道的发育过程，从而对含水的变化造成影响。储层胶结越疏松，出砂对含水的影响也越明显。

二、控水防砂剂中聚合物成胶性能与砂体固结性能之间的影响

对于出砂严重、地层亏空的油藏，采用高压充填复合乳液固砂技术进行固砂降含水，乳液(水介质分散型聚丙烯酰胺乳液)既作为携砂液又作为控水固砂剂。

水介质分散型乳液是指一种(或几种)水溶性单体在一种水溶性聚合物的溶液中进行聚合反应而生成的另一种水溶性聚合物。在一定条件下，这两种水溶性聚合物互不相溶，其中一种聚合物及其所携带的水化水作为连续相(外相)包裹着作为分散相(内相)的另一种聚合物及其水化水，由于内相和外相都是水相且两相互不混溶，因此所得到的乳液称之为水介质分散型乳液，俗称“水包水”乳液。水介质分散型乳液是一种新型的乳液体系，在一定的条件下能得到聚合物相对分子质量较大且体系黏度相对较低的乳液体系。它实质上是通过水溶性单体在水介质中聚合得到的一种聚合物水分散体系。这种乳液体系中含有聚合物(聚丙烯酰胺)，那么在矿场施工的过程中乳液会通过纤维复合体中的孔隙流动，这势必造成乳液

中的高分子聚合物(相对分子质量在673万左右)的剪切破坏(高压充填工艺施工泵注排量大),从而影响乳液的成胶控水性能。另一方面,乳液中的高分子聚合物也会在纤维复合体的孔隙中吸附滞留下来,从而影响纤维复合体的固结性能。因此,需要通过实验评价控水防砂剂中聚合物成胶性能与砂体固结性能之间的影响,以优化施工工艺,确保措施的成功率。

1. 实验仪器及试剂

实验仪器及试剂见表7-7和表7-8。

表 7-7 实验仪器

仪器名称	仪器型号	仪器产地
流变仪	PHBOLAB MC1	德　国
酸度计	PHs-25 型	上海精科雷磁
变频高速搅拌机	GJSS-B12K	青岛海通达石油仪器厂
电动搅拌器	JJ-1 型	江苏金坛医疗仪器厂
突破真空度测定装置	—	实验室自制
精密电子天平	AE-20 型	瑞士 METTLER 公司

表 7-8 主要实验试剂

试剂名称	纯　度	生产厂家
水溶性酚醛树脂	工业品	石大宇光科技有限公司
氯化钠	分析纯	淄博天德精细化工
氯化钙	分析纯	山东莱阳双双化工有限公司
氢氧化钠	分析纯	淄博天德精细化工
盐　酸	分析纯	济南化学试剂总厂
甘　油	分析纯	上海试验试剂有限公司
聚丙烯酰胺乳液	工业品	胜利化工集团

2. 固砂体的制备

将纤维复合体装入内径25 mm、长300 mm的玻璃管中,两端塞入带孔胶塞,一端接乳液配制而成的0.1%,0.2%,0.3%,0.4%(质量分数)的聚丙烯酰胺水溶液,一端接真空泵。开启真空泵,让聚丙烯酰胺水溶液流经纤维复合体,待玻璃管体中充满聚丙烯酰胺水溶液后,停泵静置30 min,再用清水冲洗玻璃管体三遍后,置于70 ℃水浴中固化72 h,打碎玻璃管取出固结砂样,测试纤维复合体的强度以及聚丙烯酰胺水溶液的成胶性能。

3. 控水防砂体系的评价方法

(1) 成冻时间。

成冻时间一般指冻胶体系的初凝时间。成冻时间评价方法有目测代码法、黏弹模量法、黏度法。

目测代码法,即通过观察体系状态的变化来确定成冻时间。该方法的优点是直观且易于操作,但实验与观测时间及人为因素有很大关系,不同的人员进行观察时存在误差。室内需要大量瓶试实验时,多采用该方法。

黏度法是利用黏度计以较短的均匀时间间隔连续取样测定体系的黏度，并作出黏度与时间的关系曲线，从而确定成冻时间。其缺点是用旋转黏度计搅拌冻胶时常出现爬秆、冻胶破碎等现象，使黏度测定值异常，另外溶液黏度值受温度、压力、矿化度、剪切速率、时间等多种因素的影响，因而用黏度法评价冻胶体系时需要指明溶解介质，并限定测试条件。

黏弹模量法通过测试体系黏度的突变或弹性模量 G' 和黏性模量 G'' 的交会点（成胶点）来确定成冻时间。该方法能科学、准确地测定聚合物冻胶的成冻时间。其中，弹性模量 G' 体现冻胶的强度，黏性模量 G'' 体现冻胶的黏性，用流变仪测试冻胶体系的弹性模量 G' 和黏性模量 G''，比较两者之间的大小来确定交联体系的成冻时间。当 G' 小于 G'' 时，交联体系未形成冻胶，体系以溶液形式体现；当 G' 大于 G'' 时，交联体系已形成冻胶，体系以冻胶形式体现。

（2）成胶强度。

成胶强度的测试表征方法很多，如强度等级法、黏度法、黏弹模量法、落球法、岩芯封堵突破压力法等。室内大量瓶试实验配方筛选时多采用强度等级法（见表 7-9）和突破真空度法，定量评价时常用黏度法和黏弹模量法。

表 7-9　冻胶强度等级划分标准

强度等级	冻胶名称	划分标准
A	检查不出连续冻胶形成	成冻体系黏度与不加交联剂的相同浓度的聚合物溶液黏度相当，肉眼观察不到冻胶的形成
B	高度流动冻胶	冻胶黏度略高于不加交联剂的相同浓度聚合物溶液
C	流动冻胶	将试样瓶垂直倒置时，大部分冻胶流至瓶盖
D	中等流动冻胶	将试样瓶垂直倒置时，只有少部分（10%～15%）的冻胶不容易流至瓶盖（通常描述为带舌长型冻胶）
E	难流动冻胶	将试样瓶垂直倒置时，冻胶很平缓流至瓶盖或很大一部分（>15%）不流至瓶盖
F	高度变形不流动冻胶	将试样瓶垂直倒置时，冻胶不能流至瓶盖
G	中等变形不流动冻胶	将试样瓶垂直倒置时，冻胶向下变形至约一半的位置处
H	轻微变形不流动冻胶	将试样瓶垂直倒置时，只有冻胶表面轻微发生变形
I	刚性冻胶	将试样瓶垂直倒置时，冻胶表面不发生变形

突破真空度法也可以表征冻胶强度的相对大小，具体方法如下。

按图 7-12 将突破真空度测试装置连接起来，开动真空泵，测定空气突破冻胶时真空表上真空度最大的读数，即突破真空度。每种条件下每个样品均平行测试三次，然后取平均值作为该样品的突破真空度。

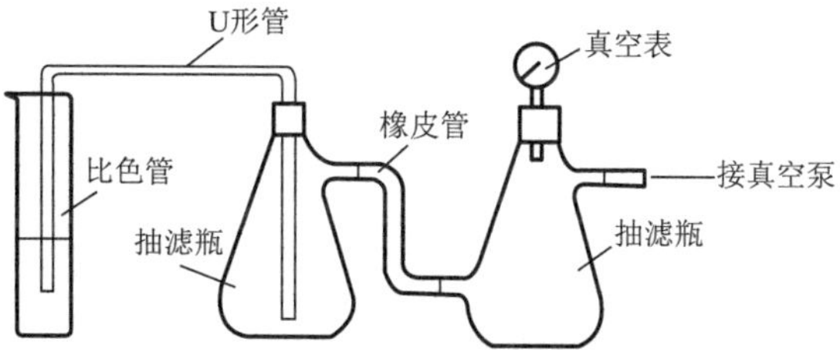

图 7-12　突破真空度测试装置图

室内采用目测代码法进行定性实验，采用突破真空度和黏度法定量测定体系的成冻时间和成冻强度。

4. 实验结果分析

纤维复合体抗压强度测试结果见表 7-10。

表 7-10　纤维复合体抗压强度测试结果

实验项目	抗压强度/MPa						
	1	2	3	4	5	6	平均值
无 HPAM	3.425 0	3.168 0	4.036 0	3.479 0	3.031 0	4.104 0	3.540 5
0.1%HPAM(冲洗)	2.055 0	2.158 0	2.523 0	2.542 0	2.800 0	2.441 0	2.419 8
0.2%HPAM(冲洗)	2.185 0	1.976 0	2.332 0	1.731 0	2.052 0	2.161 0	2.072 8
0.3%HPAM(冲洗)	1.118 0	1.380 0	1.680 0	1.695 0	1.596 0	1.471 0	1.490 0
0.4%HPAM(冲洗)	0.942 4	1.033 0	0.893 8	1.186 0	0.772 5	0.653 4	0.913 5
0.1%HPAM(不洗)	1.846 0	1.932 0	2.108 0	2.227 0	2.590 0	2.116 0	2.136 5
0.2%HPAM(不洗)	1.933 0	1.745 0	2.011 0	1.496 0	1.731 0	1.824 0	1.790 0
0.3%HPAM(不洗)	0.998 0	1.035 0	1.306 0	1.339 0	1.173 0	1.126 0	1.162 8
0.4%HPAM(不洗)	0.845 6	0.899 7	0.672 0	0.931 0	0.529 3	0.421 0	0.716 4

(1) 未冲洗条件下聚合物浓度对纤维复合体抗压强度的影响。

从图 7-13 可以看出，聚合物浓度越大，样品抗压强度越低。这说明聚合物浓度的大小会影响纤维复合体的抗压性能。

(2) 冲洗 30 min 后聚合物浓度对纤维复合体抗压强度的影响。

从图 7-14 可以看出，经过清水冲洗 30 min 后的样品抗压强度仍然随着聚合物浓度的升高而降低。但相较图 7-13 而言，经过冲洗的样品抗压强度稍微高于未冲洗条件下的样品抗压强度，由此可见，优化施工工艺(例如适当增大后续顶替液的用量)可以减小聚合物吸附滞留对纤维复合体的固结性能的影响。

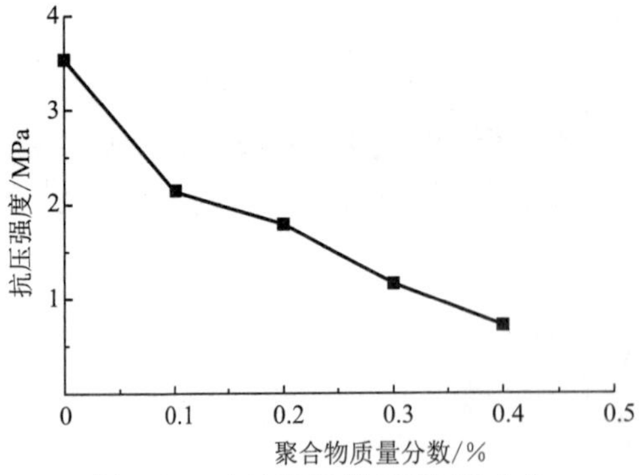

图 7-13　未冲洗条件下不同聚合物质量分数下的抗压强度

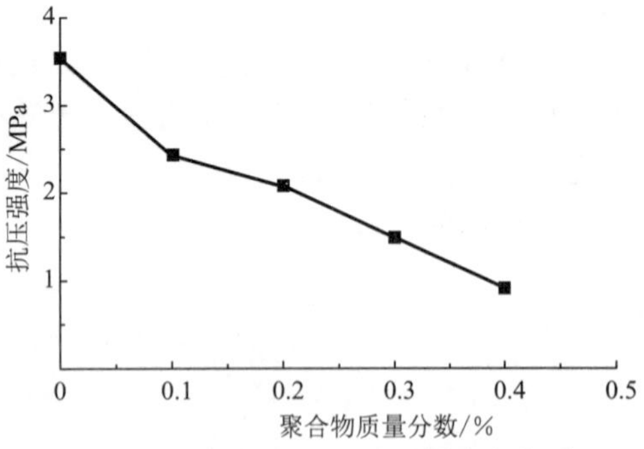

图 7-14　冲洗 30 min 后不同聚合物质量分数下的抗压强度

(3) 流经填砂管的聚合物滤液的成胶性能。

在 25 ℃下，测量 0.1%的聚丙烯酰胺剪切前和剪切后的黏度，并用不同浓度的有机铬交联剂交联，用强度等级法测试成冻时间，用突破真空度法测试成冻强度，测试结果见表7-11。

表7-11 聚丙烯酰胺的成冻性能

聚合物质量分数/%	剪切状况	黏度/(mPa·s)	交联剂质量分数/%	成冻时间/h	成冻强度/MPa
0.1	未剪切	30	0.1	4	−0.055
0.1	未剪切	30	0.2	2	−0.085
0.1	已剪切	28	0.1	4.5	−0.050
0.1	已剪切	28	0.2	2.5	−0.082

从表7-11可以看出，经过剪切后聚合物溶液的黏度略有降低，成胶强度也有所损失。由于乳液中聚丙烯酰胺的相对分子质量相对较小(与干粉类聚丙烯酰胺相比)，因而其抗剪切能力强，因此试验过程中无须考虑乳液中聚合物的剪切破坏，只需尽可能减轻聚合物的吸附滞留对纤维复合体固结性能的影响即可。

三、现场试验效果分析

该项目于2011年5月16日进入现场试验阶段，现场施工2口井(周43-10井、周43-6井)，取得了很好的控水防砂效果。

1. 周43-10井控水防砂施工及效果评价

(1) 周43-10井概况。

该井目前产层为$k_2t_1$1-3#层，于2007年2月射孔投产，初期日产油7 t/d，综合含水率5%，措施前平均日产液28.2 t/d，日产油2.0 t/d，综合含水率92.5%。由于该井出砂严重及高含水，因此进行防砂控水工艺试验。

(2) 周43-10井施工工艺设计。

① 起出井下生产管柱，下ϕ73 mm防砂控水药剂注入管柱。

② 清水配置乳液复合堵剂前置段塞60 m^3，主段塞120 m^3，后置段塞90 m^3。

③ 控制施工排量小于20 m^3/h，依次将复合堵剂注入地层，再正挤入地层水10 m^3，关井反应8 d后下泵生产。

(3) 周43-10井现场施工概况。

该井于2011年5月16日进行控水防砂施工，现场施工排量250～332 L/min，实际挤入控水防砂剂270 m^3，施工泵压由6 MPa上升至20 MPa。

(4) 周43-10井防砂控水措施效果分析。

周43-10井于2011年5月26日开井生产，生产正常后，日产液11.6 t/d，日产油峰值达到5.3 t/d，含水率最低降到54%。前三个月平均日产液10.0 t/d，日产油4.3 t/d，综合含水率56.9%。截至2012年2月11日，已正常生产8个月以上，平均日产液9.0 t/d，日产油3.5 t/d，综合含水率61.5%。与措施前相比，日产液平均下降19.2 t/d，日产油平均上升1.5 t/d，综合含水率下降了31%，累计增油368 t，少产水5 072 t，控水增油效果明显(见图7-15)。措施后日产液9.4 t/d，日产油3.3 t/d，含水率64.8%。

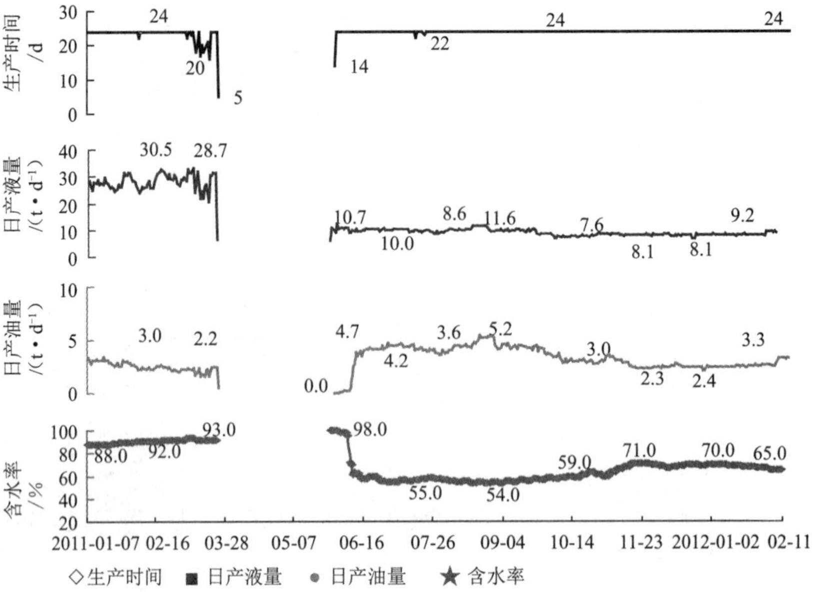

图 7-15　周 43-10 井采油曲线

2. 周 43-6 井控水防砂施工及效果评价

(1) 周 43-6 井概况。

该井目前产层为 $k_2t_15^{\#}$ 层，于 2010 年 11 月射孔投产，初期日产油 18 t/d，综合含水率为 0，生产三个月之后见水，此后综合含水率快速上升，措施前日均产液量 30.4 t/d，日产油 1.9 t/d，综合含水率 93.7%。该井在快速达到高含水开采期的同时伴随严重的出砂问题，因此进行防砂控水工艺试验。

(2) 周 43-6 井施工工艺设计。

① 起出井下生产管柱，下 ϕ73 mm 防砂控水药剂注入管柱。

② 清水配置乳液复合堵剂前置段塞 60 m^3，主段塞 90 m^3，后置段塞 90 m^3。

③ 控制施工排量小于 20 m^3/h，依次将复合堵剂注入地层，再正挤入地层水 10 m^3，关井反应 10 d 后下泵生产。

(3) 周 43-6 井现场施工概况。

该井于 2010 年 11 月 23 日进行控水防砂施工，现场施工排量 275 L/min，实际挤入控水防砂剂 240 m^3，施工泵压由 8 MPa 上升至 14 MPa。

(4) 周 43-6 井防砂控水措施效果分析。

周 43-6 井在 2011 年 12 月 4 日开井生产，生产正常后，日产液 9.2 t/d，日产油峰值达到 6.9 t/d，含水率最低降到 25%。截至 2012 年 2 月 11 日，已正常生产 2 个月以上，平均日产液 9.1 t/d，日产油 5.5 t/d，综合含水率 39.1%。与措施前相比，日产液平均下降 21.3 t/d，日产油平均上升 3.6 t/d，综合含水率下降 54.6%，累计增油 227 t，少产水 1 569 t，控水增油效果明显(见图 7-16)。措施后日产液 8.6 t/d，日产油 5.1 t/d，含水率 41%。

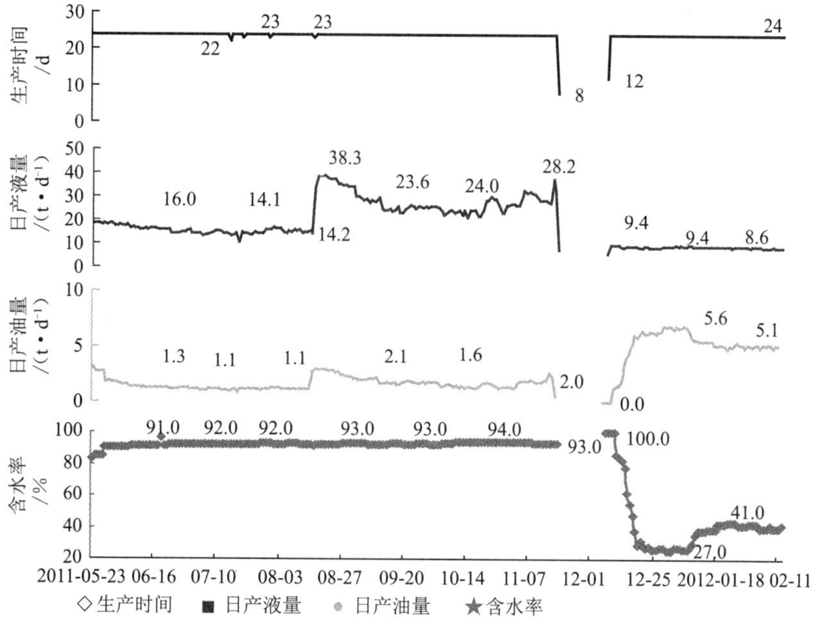

图 7-16 周 43-6 井采油曲线

参考文献

[1] 齐宁,刘帅,吴凯凯. 防砂用纤维复合滤体、滤砂管及制备方法. 中国专利,ZL201410535991. 3,2014-10.

[2] 齐宁,刘帅,吴凯凯. 防砂用纤维复合滤砂管. 中国专利,ZL201420588576. X,2014-10.

[3] 张建国. 水侵对油井出砂的影响.石油钻探技术,2001,29(1):45-47.

[4] ESSAM I ,WALLY A. Effect of water injection on sand production associated with oil production in sandstone reservoirs. Cairo:SPE/IADC 108297,2007.

[5] 王正茂,胡海燕. 出砂储层物性参数动态模型. 天然气工业,2005,25(6):75-77.

[6] 张永昌. 水驱油田高含水期控水防砂一体化技术研究. 青岛:中国石油大学(华东),2011.

◆◆◆ 第八章

抑水支撑剂防砂技术

目前我国东部多数油田已经陆续进入高含水或者特高含水开发期。在开发实践中发现,含水上升对地层出砂有明显的影响。油水两相流动中,含量较少的一相流体会由于另一相含量较多流体的存在而出现间断性,从而以液滴的形式存在于孔隙中。这些液滴通过孔隙喉道时会出现贾敏效应,致使其通过孔喉时阻力增大,即对砂粒的拖拽力增加。当水相作为含量较多的连续相流体时,流速的小幅度上升就容易引起附着在作为剪切面的砂粒表面上的微粒的脱落。微粒随水相流动,在孔隙吼道等部位沉淀堆积,造成堵塞从而降低渗透率。另外,注入水或边、底水对油层的浸泡也使得储层的胶结物强度降低,造成近井地带出砂。

近年来,随着防砂技术不断发展,压裂防砂在当前成为广泛研究和应用的防砂工艺。压裂防砂作为一种兼顾增产与防砂的新技术,具有增产与防止地层出砂的双重效果,弥补了传统防砂技术的缺陷,在防止或抑制地层出砂、提高产能方面发挥了极其重要的作用。目前该项技术已在胜利、大港、辽河及江苏等油田试验应用,取得了良好的效果。这正展现了防砂方面大的发展方向,即将防砂与增产相结合以取代传统的单纯防止出砂。压裂防砂技术不仅大大提高了防砂效果,同时使油井产液量大幅度提高。该技术利用压裂在地层中形成具有高导流能力的支撑剂充填层,使得流体在地层中的渗流由原来的径向流变为地层到裂缝、裂缝到井筒的双线性流,降低流动阻力与生产压差;同时由于具有较大面积裂缝的产生,增大了原油的渗流面积,对流体起到一定程度上的分流作用,从而大大降低了流速,减小了流体对地层颗粒的冲蚀携带作用,稳定了地层砂;压裂石英砂充填层对地层砂的桥堵作用与井底砾石充填相似,通过压裂砂粒径的选择以及覆膜砂与石英砂充填选择,从而实现裂缝内充填砂对地层砂的桥堵,起到油井防砂效果。

压裂防砂中的石英砂既需要支撑裂缝又需要起到挡砂的作用。通过改变石英砂表面润湿性,改变油水在充填层中的渗流状况,达到降低含水、控水增油的效果。表面性质改变后的石英砂需要能够降低油的流动阻力,同时提高水的流动阻力,成为透油疏水的抑水石英砂,从而增加油井产能,实现压裂、防砂、堵水功能一体,做到一砂多能,实现由单一的“支撑裂缝”向“控水”“支撑”双作用的转变。

第一节 石英砂抑水处理方法

地层开采后期含水的上升对于地层出砂有着明显的影响，通过对石英砂表面进行抑水处理，改变充填层中的油水流动状态，有利于减少地层出砂。而疏水表面的研究及制备多集中于化工领域。本节根据接触角的大小将其制备方法分为两大类，每一类根据材料或制备手段的不同再进行分类介绍。

一、含水上升对地层出砂的影响

有关含水对出砂影响的室内模拟实验和出砂机理，国外学者做了大量的研究工作，B. Wu 和 C. Tan 等通过一系列实验得到以下结论：砂岩油藏的残余油饱和度与矿物组成对含水与出砂关系有较大的影响。在低残余油饱和度及高黏土含量的油藏中尤其如此。出砂的主要原因是含水饱和度上升造成的岩石强度降低。

实验对于含水饱和度的影响评价是通过测定不同含水饱和度数值下的岩石抗压强度实现的。在 0%～20%的含水饱和度下，岩石抗压强度降低；而高于 20%含水饱和度时，黏土含量成为岩石强度降低的主要影响因素。

G. Han 和 M. B. Dusseault 等提出，外来水与地层中岩石、流体的化学反应会打破地层条件下岩石、流体长久以来的平衡状态，并渐渐形成新的化学平衡。黏土颗粒的膨胀、碳酸盐类的溶解腐蚀或者石英的水解作用都是可能发生的物理化学反应。由于水的双极性特点，其容易吸附到带有负电荷的黏土颗粒表层。吸附上的自由水中发生化学反应的可能性增大，反应引起的离子交换作用加剧了水的吸附，使得水化膨胀现象更加严重。

颗粒的运移发生在砂岩地层的孔隙网络当中，因此了解岩石孔隙空间里的矿物组成非常重要。高岭石和伊利石在基质中的附着性较弱，很可能会由于物理流动作用而发生运移。矿化度改变引起的离子交换作用导致颗粒和基质间胶结疏松或者由于弱酸性环境的存在，会造成胶结物质的破坏。

含水上升后岩石胶结强度降低的原因有以下几种：

(1) 发生在水与矿物间的化学反应增多。

(2) 黏土膨胀作用。

(3) 流体具有了更高的压力梯度，从而导致岩石表面剪切力和流速增大。

(4) 岩石颗粒间毛管力和岩石表面张力的改变。

以上原因归纳起来主要有两个方面：一方面是含水上升造成的毛管力变化；另一方面是岩石与流体间的化学反应。

二、疏水表面处理国内外研究现状

1. 疏水表面分类

静态接触角是衡量固体表面疏水性的标准之一。亲水与疏水表面的划分通常使用 90°的接触角作为界定，将接触角小于 90°的表面定义为亲水表面，大于 90°的表面定义为疏水表面。其中，接触角大于 150°的表面称为超疏水表面。普通疏水表面的制备分为三大类：

(1) 表面活性剂。

表面活性剂同时具有极性的亲水链和疏水链的结构使其具有改变固体表面的润湿性的能力。对于表面活性剂改变固体表面润湿性的研究较多，曲岩涛等通过 Washburn 法和微观实验对十六烷基三甲基溴化铵(CTAB)对砂岩表面润湿性的影响机理做了探讨，发现 CTAB 与带负电的砂岩表面可以发生化学作用或通过剥离砂岩表面的油膜而改变润湿性。鄢捷年等研究了 CTAB 和十二烷基苯磺酸钠在水湿和油湿硅石上的吸附量，并用 Amott/USBM 法测定了这两种表面活性剂引起的砂岩岩样润湿性的改变。

(2) 有机硅材料。

有机硅化合物在建筑防水涂料中应用较广。其中有机氯代硅烷十八烷基三氯硅烷(OTS)较多的用于表面疏水的实验研究。OTS 可以在材料表面形成具有疏水性能的自组装层，1980 年第一次报道了 OTS 在硅片上形成的自组装单分子膜(SAMs)。徐国华等利用 AFM 及接触角测定仪等分析手段研究了 OTS 自组装单分子膜的形成与反应时间之间的关系，发现 OTS 自组装单分子膜在 15 min 内即可基本形成。但是在实验过程中，OTS 表面的利用率较低，所以贾东辉使用辛基三乙氧基硅烷在硅片表面制备了可多次重复使用的稳定疏水自组装膜。王国建等将甲基三甲氧基硅烷(MTMS)接枝于酸性硅溶胶。再与丙烯酸羟丙酯反应，使其具有了有光敏特性的丙烯酸酯基团。经紫外光照射后，形成了具有高憎水性能的憎水膜，并分析了 pH 值、反应时间、MTMS 用量、水解温度等变量与薄膜憎水性的关系。王利亚等分别用浸镀法和擦镀法实验了多种有机硅化合物在玻璃表面形成憎水膜的效果，最后得出具有—OCH_3 基团的癸基三甲氧基硅烷的憎水性和化学稳定性最好。

一些专利中也使用硅烷制造憎水膜，戴克功混合十三氟辛烷基三乙氧基硅烷、正硅酸乙酯和无水乙醇制出憎水膜，适用于制造汽车前挡风玻璃；Henry A. Luten 等将 OTS 溶解于石蜡溶剂，涂覆于玻璃表面。

(3) 含氟材料。

在有机氟化合物中，主要利用的是 C—F 键的性质。Samuel Beckforda 在玻璃表面喷涂 10 nm 厚的氟化碳膜，接触角达到 100°以上，并使用自动摩擦磨损分析仪进行了测试。常用于涂敷表面的化合物是聚四氟乙烯，宋付权使用一步表面拉膜法在玻璃表面吸附聚四氟乙烯，将其接触角增大到 138°。禹营等在铝表面涂敷聚四氟乙烯涂层，研究其摩擦阻力，发现聚四氟乙烯疏水涂层具有较好的减阻效果。张庆勇等以聚四氟乙烯、硅溶胶为材料，利用溶胶-凝胶法在玻璃表面制备了 SiO_2/聚四氟乙烯有机/无机复合薄膜，呈现出良好的疏水效果。近年来，溶胶-凝胶法成为制造疏水表面的常用方法之一，杨觉民、陈国平均采用溶胶-凝胶法复合具有氟烷基团的氟代烷基硅烷(FAS)和 SiO_2 溶胶，FAS 分子充填至 SiO_2 薄膜网络间隙中发生缩聚反应，使玻璃表面牢固覆盖一层氟烷基团，其性能远优于有机硅化合物制造的疏水表面。陈国平采用正交设计法分析了影响疏水表面接触角大小的工艺因素。许京丽在其玻璃表面的疏水膜制备专利中也采用溶胶-凝胶法合成了硅氟类涂层，应用于汽车玻璃，经测试可经汽车雨刷刮擦 40 万次。

2. 超疏水表面的制备方法

超疏水表面的研究始于人们对水黾腿、莲属科叶面等的观察。自 1996 年首次报道 Onda等在实验室合成出人造超疏水表面以来，超疏水表面的制备技术发展迅速。研究较多的有以下几种方法。

(1) 溶胶-凝胶法。

溶胶-凝胶法是使用含有高化学活性组分的化合物作前驱体进行水解，得到溶胶后使其发生缩合反应，再将生成的凝胶干燥以形成微/纳米孔状结构。该法多采用正硅酸乙酯(TEOS)、MTMS作为前驱体，再经氟硅烷修饰，可在玻璃等基底上形成150°～170°的超疏水薄膜。该法工艺设备简单，薄膜制备所需温度低，很容易在不同形状、不同材料的基底上制备大面积薄膜，还可以有效地控制薄膜的成分及结构等特点，有利于规模化应用。

(2) 电纺法。

电纺法是在高压静电场中，由于聚合物液滴带电，其在库仑力的作用下被拉伸成为喷射的细流，细流落于基板上从而形成微/纳米纤维膜。聚苯乙烯是常见的原料，江雷等以聚苯乙烯为原料，使用该法制备出一种具有多孔微球与纳米纤维复合结构的超疏水薄膜，其静态接触角为160.5°，他们还通过混合电纺丝法制备了既具有导电性又具有超疏水性能的聚苯乙烯与聚苯胺复合薄膜。Kang等使用聚苯乙烯纤维构造出具有疏水性的聚苯乙烯织物膜层，研究表明通过此方法制备的织物膜层的接触角大小与制备电纺纤维的溶液相关。朱美芳等用亲水性的聚羟基丁酸戊酸共聚物，通过电纺丝的方法制备得到了具有多级结构的聚合物表面，无须进行疏水处理，该表面即可实现超疏水性。电纺法的应用价值主要集中在服装和无纺布方面。

(3) 模板法。

一般分为模板印刷法和模板挤压法。Sun等以荷叶为模板制出了聚二甲基硅氧烷凹模板，再使用该凹模板得到相同材料的凸模板，其具有类似荷叶的良好疏水性能。Lee等使用类似方法获得以竹叶为模板、金属镍为凹模板的高分子材料凸模板，镍模板的性能更好，更易准确复制。

模板挤压法多以孔径接近纳米级的多孔阳极氧化铝为模板，将高分子溶解于溶剂后滴于模板上，干燥后即得到超疏水表面。江雷等使用该方法制备出了聚丙烯腈(PAN)纳米纤维阵列、聚乙烯醇纳米纤维表面、聚苯乙烯纳米管阵列和聚甲基丙烯酸甲酯纳米阵列柱薄膜。其中，PAN纳米纤维经热处理后在所有pH值范围环境中都可保持超疏水的性能。Lee也使用多孔阳极氧化铝制备了聚丙乙烯纳米纤维阵列，并通过改变模板大小和形状来调整纤维的表面粗糙度以实现对疏水性能的控制。模板法简单有效，容易大面积复制，有望成为超疏水材料制备的重要方法，但是如何制得更加易用、性能稳定的模板是关键。

(4) 层层自组装法。

层层自组装法是指在静电作用及键位结合作用下通过疏水分子在基质表面的层层排布、沉积构造出疏水膜的一种技术。一般先通过在表面自组装微米级别的聚电解质，再在其上静电组装SiO_2颗粒，也可使用氟硅烷等进一步修饰，最终得到超疏水表面。

(5) 刻蚀法。

刻蚀在广义上的定义是指使用物理或者化学的手段去除材料的一部分。制造疏水表面的刻蚀法一般先在基底的表面通过化学或物理方法制备出不同的微细结构，再在其上进一步进行修饰以获得超疏水表面。其主要包括化学刻蚀、激光刻蚀、等离子刻蚀等。化学刻蚀多用于金属特别是铝合金表面。激光、等离子刻蚀的研究较多，Song、管自生等都使用激光刻蚀硅片表面，再使用氟硅烷加以修饰，得到的超疏水表面接触角可达156°以上。Sun等又采用表面引发原子转移自由基聚合技术，在刻蚀后的硅片微槽表面接枝了一层聚异丙基丙烯酰胺，从而得到具有温度响应的超疏水-超亲水可逆“开关”表面。等离子刻蚀多与自组装法相结合，可制造出尺寸很小的超疏水表面。刻蚀法中的一些方法有助于润湿性与疏水表面微观结构的理论研究，但其相对成本较高，不易广泛应用。

超疏水表面的制备方法还有很多，如蒸汽诱导分离法、粒子充填法等。

国内对抑水石英砂的研究已应用于现场并取得了良好的效果。杨金明等使用甲基乙烯基硅氧烷等材料通过高分子膜自组装技术制备了 VFM 超疏水界面砂，使用油田现场油水对该抑水石英砂与普通石英砂的渗透率、导流能力做了对比试验及水油阻力比值评价。抑水石英砂表现出了良好的油相渗透率和导流能力，其破碎率和单颗粒抗压强度也高于普通石英砂。金智荣等研究了一种抑水石英砂的性能并将其应用于现场的两口井，在累计生产 24 个月和 16 个月后，含水率都仅上升 10%左右，实现了控水增油的目的。

大庆的腰英台油田在 2007 年首次使用抑水石英砂并于 2008 年全面推广，两年共进行了 142 井次的成功施工，压后三个月内单井增油 15%以上，区块平均含水下降了 3.6%。使用抑水石英砂的投入产出比达到了 1∶5.4。仁创集团的选择性孚盛砂产品是一款较为成熟的适用于高含水油井开发的抑水石英砂，其应用于大庆、长庆、胜利等 10 多家油田，可降低油田含水达到 5%以上。特别是对胜利油田 5 口井的应用，含水降低率可达 15%，产能提升 2 倍以上。宋金波等将石英砂与表面修饰改性的纳米氧化锌微粒及氟硅树脂混合经高温处理制备了超疏水控水砂，水在砂表面的静态接触角达 158°，滚动角约为 5°。合成的控水砂在胜利油田高含水区块进行了 4 井次的现场先导试验，现场应用效果明显，初期平均含水降低率达 16.55%。吴建平利用溶胶-凝胶法制备氟化硅化合物，结合活性炭粒子喷浇于砂砾表面，在表面粗糙和低表面张力的共同作用下使其表面具有超疏水性。该砂砾应用于现场后，平均含水降低率可达 15.5%。

第二节　表面活性剂石英表面的疏水效果评价

表面活性剂一般直接应用于注入地层进行驱油，其中阴离子表面活性剂的应用最广。但在疏水改性方面，需要结合其他因素来决定使用何种表面活性剂更加合适。在改变石英砂表面润湿性方面，阳离子表面活性剂比阴离子表面活性剂更有优势，其亲水头基带正电，易与石英砂表面产生静电吸附，形成扩散双电层，疏水基朝外，从而有效地改变石英砂表面润湿性。另外，阳离子表面活性剂具有抗盐能力强的优点，在高矿化度的地层水条件下具有更好的应用前景。本实验选用了常见的阳离子及阴离子表面活性剂各一种分别对石英表面进行处理，以接触角大小作为评价标准，研究表面活性剂浓度、温度、pH 值、表面活性剂作用时间以及金属阳离子的存在等对润湿性的影响规律和程度，最后进行表面张力和吸附量的测定。

一、表面活性剂在石英表面的作用机理

润湿性的变化对储层内流体的流动或充填层自发渗吸有明显影响。对于水湿体系，渗吸为受毛管力控制的逆向流动，在加入阴离子表面活性剂时，只在初始时呈逆向流动，渗吸减弱，驱油缓慢且受重力控制，而在油湿岩芯中加入阳离子表面活性剂，逆向流动可自发地

把油驱出。目前采油中的润湿性研究多集中在储层岩石表面润湿性方面，而关于润湿性与原油采收率的关系并没有统一的观点。

压裂防砂技术中主要通过石英砂实现支撑裂缝及挡砂的作用。石英砂表面有两个特性：

(1) 表面羟基化，即石英砂表面与水作用而产生的羟基化，如图 8-1 和 8-2 所示。

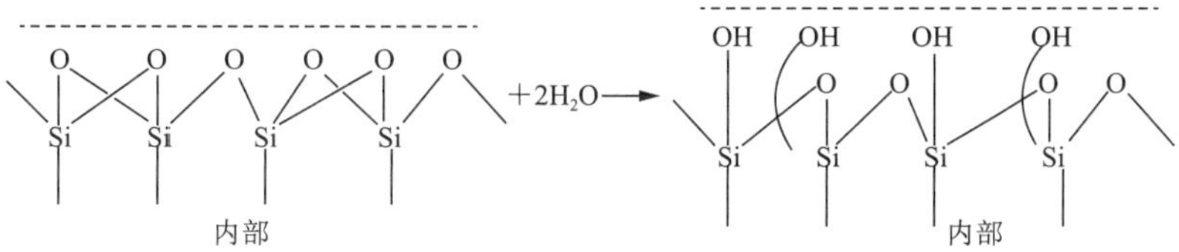

图 8-1 石英砂表面羟基化示意图

(2) 表面带负电。例如正三价铝取代正四价硅，此时电价不平衡使其表面带负电。除晶格取代，可能使表面呈现负电的原因还包括石英砂表面的选择性负离子吸附或者羟基的解离。

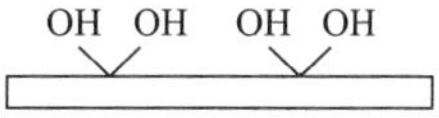

图 8-2 羟基化简化图

以上两个特性及极性相近原则使得表面活性剂对于石英砂表面性质的改造成为可能。位于一端的疏水基团与位于另一端的亲水基团共同组成了表面活性剂分子，与石英砂表面极性相近的一端规则排列于原表面，极性相反的链条组成新表面，即表面活性剂的润湿反转作用。

二、阳离子表面活性剂作用后的固体润湿性

与石英砂成分相近的干净的石英表面带负电，易于与阳离子表面活性剂产生静电吸附，形成扩散双电层，有效地减弱石英表面的亲水性。溶液条件和外界环境都会影响表面活性剂的吸附，且不同因素影响机理不同，本部分着重论述各因素对经 CTAB 阳离子表面活性剂作用后的固体润湿性的影响。

1. 金属离子的存在对表面润湿性的影响

与去离子水不同，地层水含有大量的金属离子，有较高的矿化度，当向地层中注入表面活性剂时，金属离子会影响表面活性剂的吸附作用，从而影响表面活性剂作用后固体表面润湿性。

为了分析不同价态的金属离子对表面活性剂作用效果的异同，在表面活性剂溶液体系中分别添加氯化钠和氯化钙，采用去离子水配制的表面活性剂溶液作为空白对比实验，分析比较金属离子存在及价态对固体润湿性的影响。

如图 8-3 所示，溶液中没有金属离子时，当 CTAB 浓度小于 0.3 mmol/L 时，处理后的石英表面接触角随 CTAB 浓度增大而增加；当 CTAB 浓度大于 0.3 mmol/L 时，接触角随其浓度增大而减小。原因是在溶液中的 CTAB 解离为带正电的 CTA^+ 和带负电的溴，此时 CTA^+ 会主动与带负电的石英表面相结合。干净的石英表面是强亲水的，吸附了单分子层的 CTAB 后，亲水性有所减弱，而当吸附成为双层时亲水性又有所增强。单层吸附发生时，基底表面疏水性的增强是由于表面活性剂疏水端向外，宏观表现为表面接触角的增大；当该单层达到排列较为紧密时接触角较大，为 62.1°。此时表面活性剂浓度为 0.3 mmol/L。伴随着表面活性剂浓度在溶液中的不断上升，双层吸附出现。此时双层中靠外层的表面活性

剂中疏水基与内层即第一层的疏水基因极性相同而相互作用，造成外层的表面活性剂亲水基朝外，宏观上表现为表面亲水性增强。

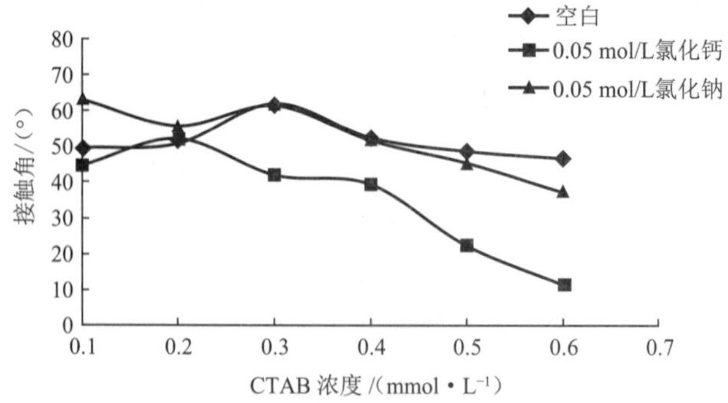

图 8-3 钙钠离子对润湿性的影响

当溶液中存在钠离子时，在 CTAB 的低浓度溶液中，钠离子的加入导致相同表面活性剂浓度下石英表面的接触角增加。这是由于亲水的石英表面带负电，吸附了 CTAB 解离出来的 CTA^{+} 阳离子，形成扩散双电层，钠离子的加入使得扩散双电层紧缩，被吸附的表面活性剂离子之间的斥力减弱，在相同的面积上容易吸附更多的十六烷基三甲基铵阳离子，表面排列达到更紧密的程度，从而使得 CTAB 改变固液界面润湿性的能力增强。在高浓度的 CTAB 溶液中，固体表面出现了双层吸附，钠离子压缩扩散双电层的作用减弱，竞争吸附作用相对增强，表面活性剂的吸附量减少，因此，相同的 CTAB 浓度下，石英表面接触角变小。当 CTAB 浓度为 0.3 mmol/L 时，压缩扩散双电层的作用与其竞争吸附的作用互相抵消，因此，与同浓度的空白组实验结果几乎相等。

当溶液中存在钙离子时，相同表面活性剂浓度下接触角均有所下降。这是由于钙离子价态较高，竞争吸附作用较强，钙离子在石英表面的吸附中和了部分负电荷，抑制了 CTAB 在石英表面的吸附，使得同浓度下表面活性剂的吸附量减少，因此 CTAB 改变固体表面润湿性能力减弱。当 CTAB 浓度为 0.2 mmol/L 时，钙离子的竞争吸附作用与压缩扩散双电层作用强度相等，因此与同浓度下的空白实验对比接触角相差不大。从图中 8-3 可以看出，含有同浓度的钙钠金属阳离子的溶液对 CTAB 吸附效果影响更大的是钙离子，这说明高价态金属离子对润湿性影响更强。

2. 浸泡时间对表面润湿性的影响

表面活性剂作用于固体表面时，需要一定时间的浸泡才能达到吸附平衡，因此浸泡时间的长短对固体表面润湿性也有一定的影响。配制 0.1 mmol/L 的 CTAB 溶液，调节 pH=8，在室温下分别反应 5 h，12 h，24 h，48 h，72 h，反应结束后测其接触角。

如图 8-4 所示，在吸附平衡之前，随着浸泡时间变长，接触角的数值也逐渐变大。这是由于随着表活剂分子吸附量的增多，石英表面形成的 CTAB 单分子层越来越致密，因此接触角随之增大。当时间超过 12 h 后，接触角有所下降，原因是固体表面出现了双层吸附。第二层吸附的表面活性剂的极性基朝外，固体表面亲水性有一定增强。当浸泡时间达到 72 h 后，固体表面的吸附层由双层变为三层，第三层吸附的 CTAB 的疏水基朝外，且比单层吸附更为致密，因此，接触角增大达到 73.2°，接近中性。

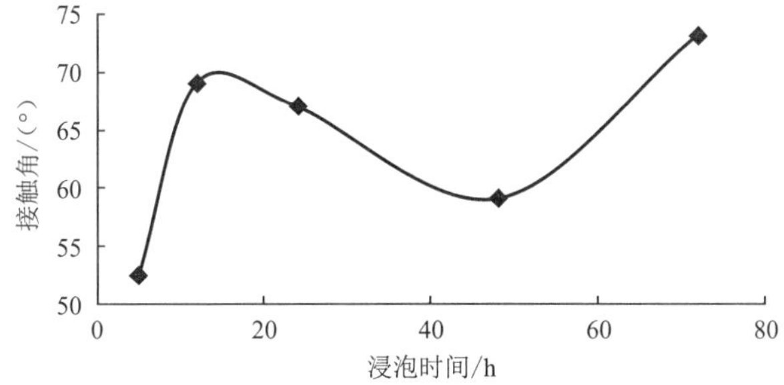

图 8-4 接触角随浸泡时间变化情况

3. 溶液浓度、pH 值和温度对表面润湿性的影响

地层条件下，表面活性剂浓度、流体的 pH 值和地层温度都会对岩石表面的表面活性剂附着浓度产生影响。为了探究这三个影响因素中的主导因素，选择 CTAB 系列浓度为 0.1 mmol/L，0.2 mmol/L，0.3 mmol/L，选择 pH 值为 5，8，11，选择温度为 30 ℃，60 ℃，90 ℃，采用三因素三水平的正交实验进行考察，见表 8-1，每一组的反应时间均为 12 h。

表 8-1 影响润湿性的因素表

序 号	CTAB 浓度/(mmol·L^{-1})	pH 值	温度/ ℃	原始接触角/(°)	处理后的接触角/(°)
1	0.1	5	30	13.75	55.5
2	0.1	8	60	13.75	73.2
3	0.1	11	90	13.75	17.6
4	0.2	5	60	13.24	52.5
5	0.2	8	90	13.24	58.5
6	0.2	11	30	13.24	40.7
7	0.3	5	90	13.59	54.7
8	0.3	8	30	13.59	51.7
9	0.3	11	60	13.59	57.7

以实验 1 为例，测得石英表面的原始接触角为 13.75°，表现为强亲水性，在 30 ℃的条件下，经过 pH 值为 5，浓度为 0.1 mmol/L 的 CTAB 溶液处理 12 h 后，石英表面的接触角变为 55.5°，表现为弱亲水性，如图 8-5 和 8-6 所示。通过图片也能清晰地看出，经过 CTAB 溶液处理后的表面接触角有较大改变，亲水性有一定程度的减弱。

图 8-5 原始接触角为 13.75°

图 8-6 经 CTAB 处理后的接触角为 55.5°

采用极差分析方法分析这三个因素对固体表面润湿性的影响程度和规律，做极差分析表，结果见表8-2。

表8-2 极差分析表

序号	CTAB浓度	pH值	温度	接触角/(°)
1	1	1	1	55.5
2	1	2	2	73.2
3	1	3	3	17.6
4	2	1	2	52.5
5	2	2	3	58.5
6	2	3	1	40.7
7	3	1	3	54.7
8	3	2	1	51.7
9	3	3	2	57.7
均值1	47.167 mmol/L	54.233	49.300 ℃	—
均值2	50.567 mmol/L	59.533	59.533 ℃	—
均值3	54.700 mmol/L	38.667	43.600 ℃	—
极差	7.533	20.866	15.933	—

极差值的大小顺序为pH值>温度>CTAB浓度，说明pH值对实验结果的影响最大，其次为温度，CTAB浓度对实验结果造成的影响最小。

从均值结果可以看出，随着CTAB浓度增加，固体表面接触角变大，这是由于CTAB浓度增加使得CTAB吸附量增大，形成的CTAB单分子层越来越致密，因此亲水性越来越弱。

溶液呈酸性时，表面活性剂改变固体表面接触角的程度较小，当溶液接近中性时，表面活性剂改变固体表面接触角的程度最大，而当溶液呈碱性时，对实验结果的影响最小。当溶液pH值较低时，石英表面负电荷的量不多，使得CTAB阳离子的吸附量较少，因此固体表面亲水性减弱程度小；随着溶液pH值的增加，石英表面电荷向负方向增加，有利于十六烷基三甲铵阳离子的吸附，因此在pH值为8时，亲水性有所减弱，接触角增加；溶液碱性较强时，碱水的侵入破坏了吸附在固体表面的表面活性剂膜层，再加上碱性溶液中，十六烷基三甲铵阳离子的浓度随pH值增加而下降，致使CTAB的吸附量降低，表现为接触角变小。

环境温度较低时，固体表面润湿性变化不明显；当环境温度达到60 ℃接近油藏温度时，固体表面接触角变化最大；当温度较高，达到90 ℃时，接触角又有所变小。其原因是：温度较低时，表面活性剂分子运动缓慢，12 h之内吸附未完全平衡，吸附量较小，形成的单分子层稀疏；当温度接近油藏温度时，表面活性剂分子运动加快，同样时间内吸附接近平衡，接触角改变最大；温度较高时，由于表面活性剂在固体表面解吸作用加剧，表面活性剂的吸附量减少，使得其亲水性增强。

综合分析可以看出，在所给实验条件下，溶液浓度为0.1 mmol/L，pH=8，环境温度为60 ℃时，石英表面亲水性最弱。

三、阴离子表面活性剂作用后的固体润湿性

一般情况下石英表面带负电，阴离子表面活性剂不易吸附在固体表面，原亲水的固体表面润湿性变化不大。但是当溶液 pH 值较低时，石英表面会带有少量正电荷，当溶液中加入高价态金属离子后，阴离子表面活性剂的吸附变得很复杂，对基底润湿性的改造效果根据其浓度的不同而不同，同时阴离子表面活性剂抗盐能力较差，易与高价态无机阳离子产生沉淀，因此只能采用低浓度的无机阳离子溶液进行实验。此外，溶液的 pH 值、处理时间和环境温度也同样对阴离子表面活性剂作用效果有一定影响。本实验采用十二烷基苯磺酸钠(SDBS)进行实验。

1. 金属离子的存在对表面润湿性的影响

与阳离子表面活性剂相比，加入无机阳离子后的阴离子表面活性剂吸附机理较为复杂，不能用简单的静电吸附来解释。由于 SDBS 抗盐能力差，在探究不同价态无机阳离子对润湿性的影响的同时，也探究了阴离子表面活性剂对钙镁离子的敏感程度的差异。

根据文献选择了五个具有代表性的 SDBS 浓度点(分别为0.5 mmol/L，1 mmol/L，4 mmol/L，7 mmol/L，10 mmol/L)进行实验，调节 pH 值为 3。

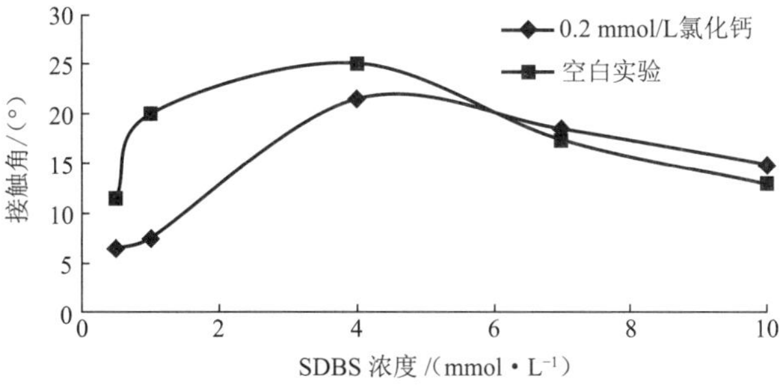

图 8-7　钙离子的存在对表面润湿性的影响

如图 8-7 所示，在不含无机阳离子的溶液中，低浓度时，固体表面的接触角随 SDBS 浓度增大而增加，高浓度时，接触角随 SDBS 浓度增大而减小。这是由于低浓度时，随着 SDBS 浓度增加，石英表面吸附的阴离子表面活性剂的量随之增加，SDBS 减弱石英表面亲水性的能力增强，接触角随浓度增加而变大；根据质量作用定律，只有单个分子能在固-液界面被吸附，高浓度时，由于超过了临界胶束浓度，胶束同吸附表面层之间的静电排斥力高于表面层与单个带电表面活性剂离子之间的斥力。单个分子向固-液界面的跃迁势降低，胶束自临近固体表面的区域被排斥，对表面吸附的单个分子也有排斥作用，致使表面活性剂吸附量降低。其次是由于过量表面活性剂被吸附改变了表面形态，引起了表面不同部位之间的斥力，从而改变了固体表面的性质。最终表面吸附的阴离子表面活性剂较少，SDBS 的作用效果减弱，接触角变小。

由于 SDBS 与钙离子容易生成 $Ca(DBS)_2$ 沉淀，因此选取低浓度的氯化钙来配制 SDBS 溶液。根据图中曲线，使用 0.2 mmol/L 氯化钙溶液配制的低浓度 SDBS 在固体表面处理后，与使用去离子水配制的同浓度的 SDBS(空白实验)相比，处理后的接触角变小，而高浓度的 SDBS，使用氯化钙配制的表面活性剂处理后的接触角增大。分析其原因，主要是钙离子与 DBS^- 发生如下络合反应：

$$Ca^{2+} + DBS^- \Longleftrightarrow Ca(DBS)^+$$

石英表面的主要成分石英属于氧化物，它们表面的水解受 pH 值影响，主要支配作用的机理如下：

$$—M(H_2O)^+ \underset{H^+}{\longleftrightarrow} MON \overset{OH^-}{\longleftrightarrow} —MO^- + H_2O$$

从上述方程可以看出，在左边 pH 值较小时主要进行带正电离子的反应，故固体表面带正电荷，而高 pH 值时主要进行带负电离子的化学反应，使表面带负电荷。在实验所选的条件下，石英表面带少量正电荷，因此生成的带正电荷的络离子与固体表面带正电部分产生静电排斥，减少了 SDBS 在固体表面的吸附量，因此低浓度时钙离子的存在会减弱SDBS在石英表面作用后的疏水效果。而在高浓度的 SDBS 溶液中，钙离子与 DBS^- 生成带正电络离子的趋势增大，虽然会有部分络合离子同固体表面带正电部分产生静电斥力，但是仍然有更多的络合离子与固体表面带负电的部分发生静电吸附，这些离子被紧密束缚于负电荷表面，有效地中和电性斥力，它们也能够通过与负电荷表面以及表面活性剂的阴离子端基相结合，起到一个有效的架桥离子的作用，这样可以增加阴离子表面活性剂在固体表面的吸附，使阴离子表面活性剂在固体表面上吸附量增大。因此，SDBS 的疏水作用效果有所增强，石英表面接触角增大。

使用 0.05～7 mmol/L 的氯化钠溶液配制的 SDBS 在石英表面作用后，固体表面仍为强亲水，接触角过小，使用接触角测定仪测不出其接触角的准确数值。

如图 8-8～图 8-10，水滴基本完全铺在石英表面上，这是由于钠离子的加入降低了表面活性剂的临界胶束浓度，使胶束更容易形成，而钠离子与表面的相互作用强于阴离子表面活性剂，在阴离子表面活性剂存在时成为结构离子，促进了胶束排斥作用，使表面活性剂在一定浓度后开始发生脱附，使得石英表面更亲水。另外，钠离子浓度的增大，使 SDBS 的离解反应向反方向进行，抑制了 SDBS 的离解，溶液中的 DBS^- 浓度降低，吸附过程中起主要作用的离子减少，也会造成石英表面更亲水的现象。

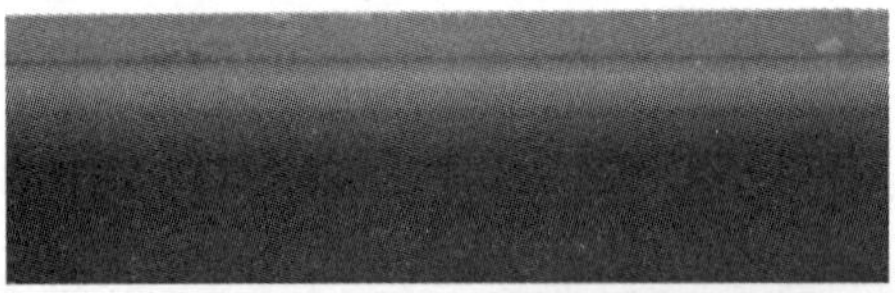

图 8-8　0.5 mmol/L 的 SDBS 处理后的固体表面

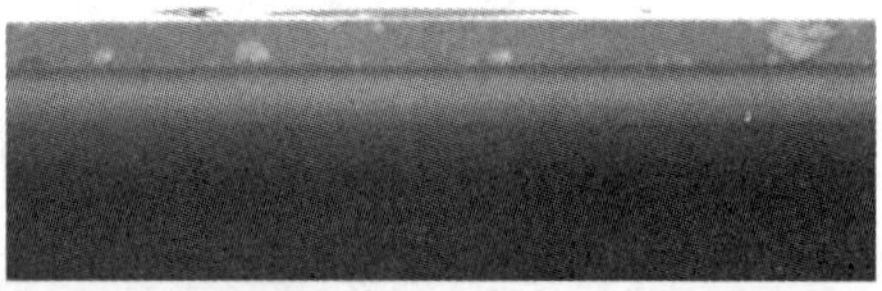

图 8-9　4 mmol/L 的 SDBS 处理后的固体表面

图 8-10　7 mmol/L 的 SDBS 处理后的固体表面

鉴于阴离子表面活性剂对无机阳离子较为敏感，且机理更复杂，本实验又采用 0.02 mmol/L氯化镁配制的 SDBS 溶液进行了对比实验，比较钙镁离子对固体表面润湿性的影响差异，结果见表 8-3。

表 8-3 钙镁离子对润湿性影响差异

SDBS 溶液浓度/(mmol·L^{-1})	接触角/(°)	
	0.02 mmol/L 的钙离子配制的 SDBS 溶液	0.02 mmol/L 的镁离子配制的 SDBS 溶液
4	21.5	23.5
7	18.5	13.1
10	14.9	小于 10

根据表中的对比可以看出，SDBS 浓度越高，镁离子改变固体表面润湿性的能力越不及钙离子，甚至在 SDBS 浓度达到 10 mmol/L 时，接触角过小，接触角测定仪无法准确测出其数值，如图 8-11～图 8-12 所示。原因是 SDBS 与镁离子的相互作用强度大于其与钙离子的相互作用强度，使 SDBS 的疏水能力变差。

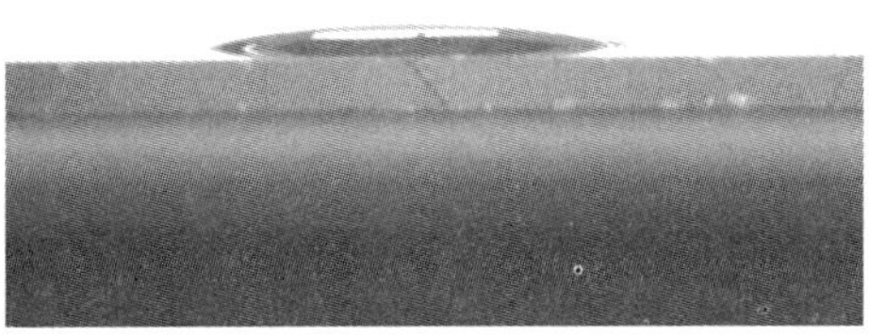

图 8-11 含钙离子的 10 mmol/L 溶液作用后的固体表面

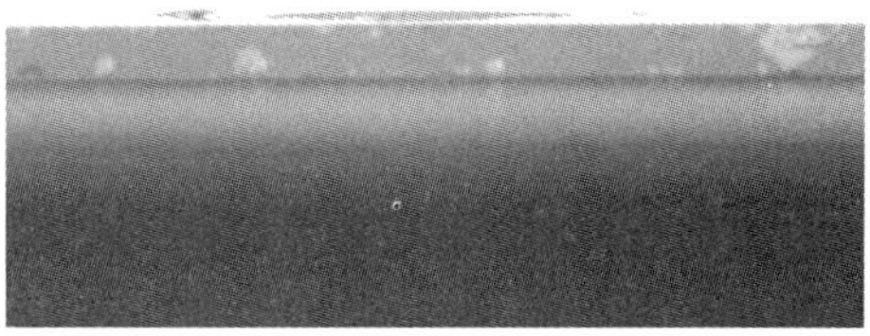

图 8-12 含镁离子的 10 mmol/L 溶液作用后的固体表面

2. 浸泡时间对表面润湿性的影响

与阳离子表面活性剂一样，浸泡时间对阴离子表面活性剂的效果也有一定影响，配制 7 mmol/L的 SDBS 溶液，调节 pH＝3，在室温下分别反应 5 h，12 h，24 h，48 h，72 h，反应结束后测其接触角。

如图 8-13 所示，在 12 h 之前，随着时间的延长，由于 SDBS 在固体表面吸附量的增加，SDBS 作用的固体表面亲水性越来越弱，直观反映为接触角增大。阴离子表面活性剂的作用机理与阳离子表面活性剂不同，阴离子表面活性剂并不能使极性分子从固体表面脱附，而是表面活性剂吸附在固体表面，与原来吸附在表面的极性物质形成混合吸附层，由于混合吸附层较疏松且具有不均匀性，因此只能在一定范围内改变润湿性。由于阴离子表面活性剂并不能使极性物质从固体表面彻底脱附，吸附层与固体表面的吸附力较弱，所以其对润湿性的改变是暂时的，因此时间超过 12 h 后，SDBS 脱附下来，固体表面接触角变小。

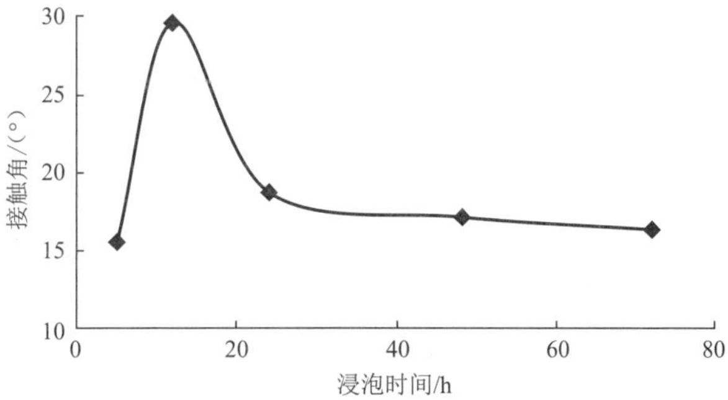

图 8-13 接触角随浸泡时间变化情况

3. 溶液浓度、pH 值和温度对表面润湿性的影响

除了无机阳离子的存在和浸泡时间的影响，表面活性剂浓度、pH 值和温度同样影响阴离子表面活性剂的作用效果。为了探究三个因素中的主导因素，采用三因素三水平的实验进行考察，见表 8-4。根据上述分析结果，SDBS 浓度采用 4 mmol/L，7 mmol/L，10 mmol/L，pH 值选择 3，6，9，温度选择 30 ℃，60 ℃，90 ℃，每组反应时间均为 12 h。

表 8-4　影响表面润湿性的因素表

序　号	SDBS 浓度/($mmol \cdot L^{-1}$)	pH 值	温度/℃	原始接触角/(°)	处理后的接触角/(°)
1	4	3	30	15.4	25.9
2	4	6	60	15.4	14.7
3	4	9	90	15.4	11.3
4	7	3	60	15.7	13.0
5	7	6	90	15.7	22.4
6	7	9	30	15.7	10.9
7	10	3	90	15.9	13.8
8	10	6	30	15.9	9.66
9	10	9	60	15.9	11.2

从正交分析表可以看出，阴离子表面活性剂处理石英表面的效果并不稳定，有时甚至使固体表面更亲水，以实验 3 为例，测得石英表面的原始接触角为 15.4°，表现为强亲水性，在 90 ℃的条件下，经过 pH 值为 9，浓度为 4mmol/L 的 SDBS 溶液处理 12 h 后，石英表面的接触角变为 11.3°，亲水性反而更强。使用接触角测定仪拍照，图片如图 8-14 和图 8-15 所示。通过图片也能看出经过 SDBS 溶液处理后的石英表面的接触角有小幅变小。

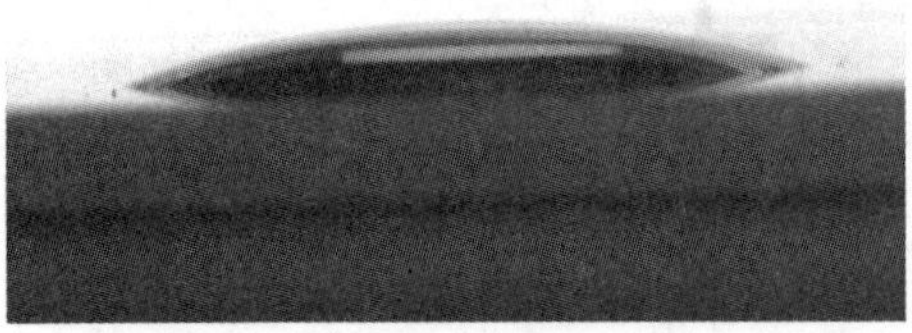

图 8-14　原始接触角为 15.4°

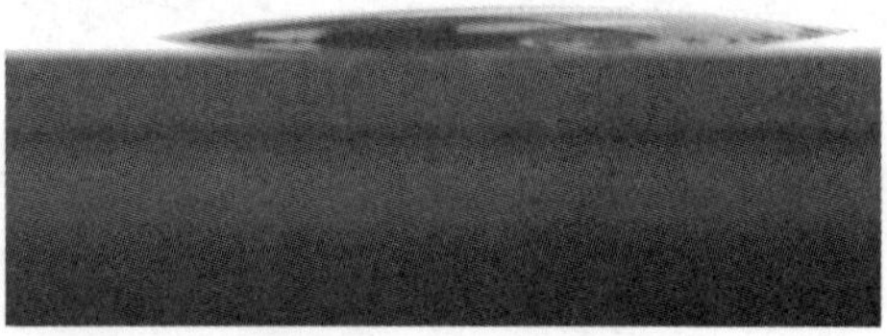

图 8-15　经 SDBS 处理后的接触角为 11.3°

溶液中表面活性剂浓度达到一定值时，表面活性剂就会聚集形成胶束，胶束表面所带电荷及其增溶作用对固体表面已有吸附分子有极大影响。对溶液的 pH 值、温度这两个因素进行调整，不仅会造成溶液胶束的化学性质的改变，还会影响基底表面的双电层的性质。这些都会引起表面活性剂在固体表面上吸附值的变化。因此，随着实验条件的变化，SDBS 的疏水效果并不稳定。

采用极差分析方法分析这三个因素对固体表面润湿性的影响程度和规律，做极差分析表，见表 8-5。

表 8-5 极差分析表

序 号	SDBS 浓度	pH 值	温 度	接触角/(°)
1	1	1	1	25.9
2	1	2	2	14.7
3	1	3	3	11.3
4	2	1	2	13
5	2	2	3	22.4
6	2	3	1	10.9
7	3	1	3	13.8
8	3	2	1	9.66
9	3	3	2	15.2
均值 1	17.300 mmol/L	17.567	15.487 ℃	—
均值 2	15.433 mmol/L	15.587	14.300 ℃	—
均值 3	12.887 mmol/L	12.467	15.833 ℃	—
极 差	4.413	5.100	1.533	—

从极差分析表可以看出，各因素的极差大小顺序为 pH 值>SDBS 浓度>温度，说明 pH 值对实验结果影响最大，其次为 SDBS 浓度，温度对实验结果影响最小。

均值结果表明，随着 pH 值的增大，固体表面接触角变小，这是因为 pH 值较低时，石英表面带一定量正电荷，随着 pH 值增大，正电荷密度下降，最终带负电荷。溶液 pH 值为 6 时，负电荷的密度比较低，但是当 pH 值为 6～11 时，负电荷密度则快速增加。又 SDBS 的亲水头基带负电，因此，低 pH 值时，SDBS 更易吸附在固体表面，随着 pH 增大，SDBS 与固体表面静电斥力变大，不易吸附其上，因此改变润湿性的能力随 pH 值的增大而下降。

由前面分析可知，超过了临界胶束浓度之后，随着表面活性剂浓度的增大，固体表面吸附的阴离子表面活性剂减少，SDBS 的作用效果减弱，接触角变小。

温度的均值结果表明，温度对实验结果影响并不大，不同温度的接触角均值没有明显变化。

综合以上分析，在实验所给条件下，选择 pH=3，实验温度 30 ℃，SDBS 浓度为 4 mmol/L，处理石英砂会使其表面亲水性减弱，但改变幅度不大。

四、表面张力和吸附量的测定

评价表面活性剂性能，大多测定其表面张力和吸附量。表面张力的大小可以反映表面活性剂的活性，吸附量的多少可以显示表面活性剂在石英砂表面作用效果。一般驱油用表面活性剂都追求可以达到 10^{-3} mN/m 的超低界面张力值，但是在改变石英砂表面润湿性方面，同一种表面活性剂降低表面张力和增加接触角很难兼顾，低表面张力对润湿性的改变是否能起到较大的作用是本实验研究的主要内容。采油过程中，一般都选择在砂岩表面吸附量低的表面活性剂，这样的表面活性剂吸附损失小。而石英砂要有好的疏水效果，则需要在表面吸附一定量的表面活性剂才能使润湿性有所改变。对于阳离子表面活性剂，如果吸附过量，可能会出现双层吸附，使疏水效果减弱；阴离子表面活性剂在亲水表面的吸附则只是暂时的，改变润湿性的效果也是在较小的范围内。因此，不能仅凭吸附量的多少来判定表面活性剂的作用效果，需要综合其他因素共同评价。本部分将对表面活性剂表面张力和吸附量的探究作为其改变固体表面润湿性评价的辅助标准。

测定表面张力的方法在诸多文献中都有论述，比如吊环法、毛细管上升法、最大气泡压力法、滴体积法、振荡射流法和悬滴法，其中悬滴法操作简单且结果精确。

吸附量的测定方法有很多，常见的有分光光度法、示波极谱法、原子吸收光度法等，其中分光光度法较为简便，测量时间短。本实验在测量阴阳离子表面活性剂的吸附量时采用的就是分光光度法。

1. 阳离子表面活性剂

(1) 表面张力测定。

配制系列浓度为 0.1 mmol/L，0.2 mmol/L，0.3 mmol/L，0.4 mmol/L，0.5 mmol/L，0.6 mmol/L 的阳离子表面活性剂 CTAB 溶液，测出各浓度下的表面张力值，结果如图 8-16 所示。

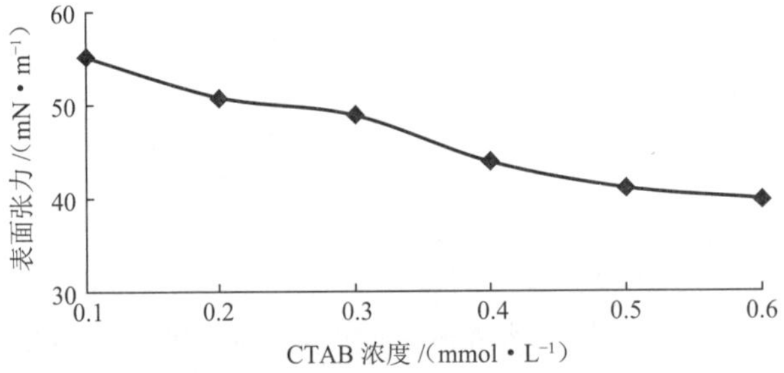

图 8-16 表面张力随 CTAB 浓度变化曲线

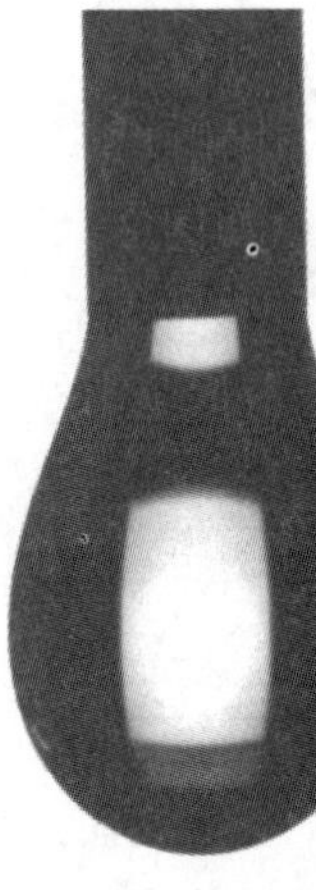

图 8-17 悬滴法测量表面张力图片

以第一组数据为例，CTAB 浓度为 0.1 mmol/L 时，表面张力为 55.13 mN/m，拍照图片如图 8-17 所示。测量过程中，图片上会出现一条曲线将液滴轮廓圈出，曲线与液滴外形轮廓重合度越好，测量结果越精准。测量时，尽量使悬出的液滴处于将滴未滴的状态，这样能够保证测出的表面张力值精确，一般测量三次，选取其中较为准确的数值。

根据图 8-16 可知，随着表面活性剂浓度的增加，表面张力也随之下降，这是因为浓度的增大会使表面活性剂降低表面张力的能力加强。CTAB 浓度从 0.1 mmol/L 增大到 0.6 mmol/L，表面张力由55.13 mN/m 降低到 39.9 mN/m，远没有达到超低界面张力的要求，但是根据之前的实验结果，CTAB 浓度为 0.3 mmol/L 时，处理后的固体表面的润湿性已经有较为明显的改变，虽然此时表面张力较高(48.88 mN/m)，但是并不影响其改变润湿性的能力。低表面张力值并不意味着润湿性的改变，因此，研究抑水石英砂的过程中不必追求低表面张力。

(2) 吸附量测定。

为测量阳离子表面活性剂在石英砂表面的吸附量大小，采用较为简便的分光光度法测量了 CTAB 溶液在石英砂表面吸附后的浓度，算出 CTAB 在石英砂表面的吸附量。

根据之前的实验结果，CTAB 浓度为 0.3 mmol/L 时，固体表面亲水性最弱，为探究增大接触角与吸附量之间的关系，测定此浓度下的 CTAB 在石英砂表面的吸附量。

配制 0.3 mmol/L 的 CTAB 溶液，称取 2.5 g 石英砂放入 50 mL 锥形瓶中，按固液质量比为 20∶1 将石英砂颗粒浸入溶液中，摇匀，放入 60 ℃恒温水浴振荡器中振荡 24 h，离心除去固体。采用甲酚红法测吸附后的表面活性剂浓度。向比色管中依次加入 0.5 mmol/L 的甲酚红上清液和 3 mol/L 的磷酸溶液，摇匀，取适量试液放入比色皿中，测其吸光度 $A_{待}$，以不加阳离子表面活性剂为空白，在 519 nm 处测定其吸光度 A_0，计算 $\Delta A = A_0 - A_{待}$。为拟合出 CTAB 的工作曲线，配制了系列浓度为 0.1 mmol/L，0.2 mmol/L，0.25 mmol/L，0.3 mmol/L 的 CTAB 溶液，仍按照上述方法，测定各浓度下的吸光度，计算递减值。

在磷酸介质中，甲酚红的最大吸收峰位于 519 nm 处，随着阳离子表面活性剂的加入，由于二者在静电引力的作用下形成了离子缔合物，从而使得溶液吸光度值降低，故选择测定波长为 519 nm。

实验中阳离子表面活性剂、甲酚红和磷酸的不同加入顺序对体系有一定的影响，其中以“甲酚红＋阳离子表面活性剂＋磷酸”加入顺序体系较稳定且灵敏度较高。

绘制出的吸光度递减值曲线如图 8-18 所示。

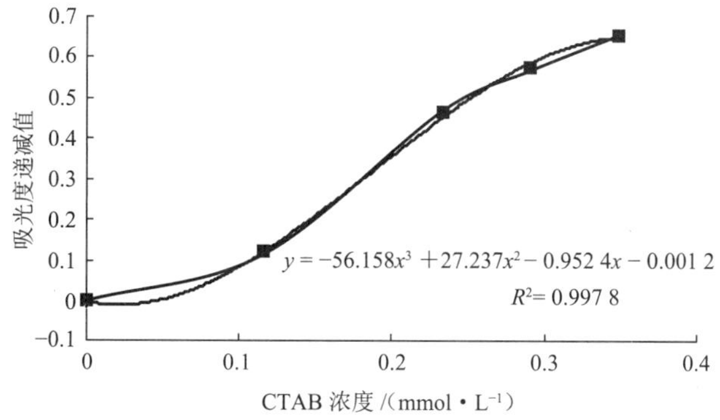

图 8-18 CTAB 的吸光度递减值曲线

拟合出方程 $y = -56.158x^3 + 27.237x^2 - 0.952\ 4x - 0.001\ 2$，$R^2 = 0.997\ 8$，将待测液吸光度的递减值代入方程，求出待测液浓度约为 0.26 mmol/L。用公式(8-1)计算吸附量。

$$\Gamma = \frac{(c_0 - c)V}{m} 10^{-3} \tag{8-1}$$

式中 Γ——单位质量的石英砂吸附表面活性剂的表观吸附量，mg/g；

c_0——吸附前表面活性剂的浓度，mg/L；

c——饱和吸附后表面活性剂的平衡浓度，mg/L；

V——表面活性剂溶液的体积，mL；

m——石英砂的质量，g。

经计算，吸附量 $\Gamma = 0.292$ mg/g，可以看出这一值并不高。当 CTAB 浓度达到 600 mg/L时，吸附达到平衡时吸附量最大，约 1.7 mg/g，此时接触角变小，这是由于形成了双层吸附，而当接触角最大时对应 CTAB 浓度的吸附量在 0.25 mg/g 左右，这与本实验结果相符，即固体表面接触角较大时，对应的吸附量值并不一定高。但不能以低吸附量作为评价阳离子表面活性剂改变固体表面润湿性能力的标准，如果固体表面出现三层吸附，虽然接触角会增大，但会有较高的吸附量。

综合上述实验结果，利用阳离子表面活性剂来处理石英砂的过程中不需要低表面张力就可以较大程度地增加固体表面接触角。吸附量的高低不能直接判断固体表面润湿性改变的程度。

2. 阴离子表面活性剂

（1）表面张力测定。

配制系列浓度为 0.5 mmol/L，1 mmol/L，4 mmol/L，7 mmol/L，10 mmol/L 的 SDBS 溶液，测定各浓度下的表面张力值。

如图 8-19 所示，SDBS 浓度较低时随浓度增加表面张力下降较快，SDBS 浓度较高时，表面张力变化不大。这是由于在稀溶液中，表面活性剂在液体表面上的吸附未达到饱和，随着表面活性剂浓度的增加，液体表面上吸附的表面活性剂分子增多，因此可以明显地降低表面张力。当 SDBS 超过临界胶束浓度时，表面活性剂分子在液体表面上的吸附达到饱和状态，此时分子在液体表面紧密排列在一起。随着表面活性剂浓度的增加，表面活性剂分子将主要分布在溶液内部而不是分布在吸附层，所以对表面张力的影响大大减小。图中曲线后半部分出现的近似水平正是由于表面吸附达到饱和后，表面活性剂的加入主要用于增加其在溶液内部的浓度，从而使表面活性剂的缔合分子转变为结合体。

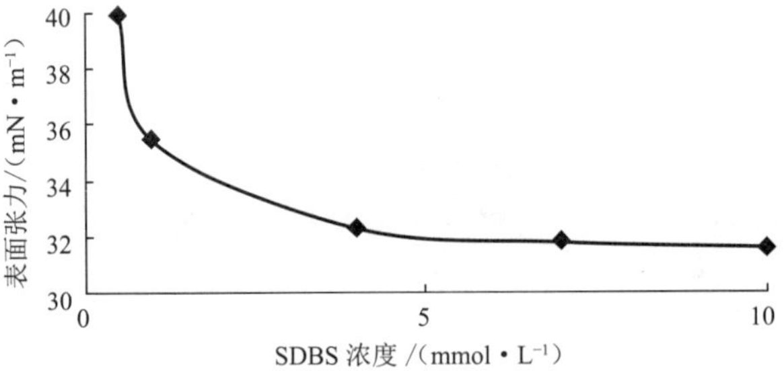

图 8-19　表面张力随 SDBS 浓度变化曲线

同阳离子表面活性剂一样，SDBS 的表面张力也没有达到超低值。虽然 SDBS 改变亲水表面润湿性的能力一般，但并不是由较高的表面张力造成的，而是由表面活性剂类型、固体表面所带电荷、pH 值和环境温度等综合因素的影响造成的。

（2）吸附量测定。

阴离子表面活性剂在石英砂表面的吸附量的测定同样采用分光光度法，使用亚甲蓝做吸附指示剂，与阴离子表面活性剂作用，生成显色物被三氯甲烷萃取后比色定量。

根据之前的实验结果，虽然 SDBS 浓度为 4 mmol/L 时固体表面亲水性最弱，但是效果并不明显，且随着浓度的增大，接触角减小的幅度不大，因此为了减小实验误差，得到较明显的实验结果，采用中间浓度 7 mmol/L 来研究表面活性剂减弱亲水性与吸附量之间的关系，测定此浓度下的 SDBS 在石英砂表面的吸附量。

配制 4 mmol/L 的 SDBS 溶液，称取 2.5 g 石英砂放入 50 mL 锥形瓶中，按固液质量比为 20∶1 将石英砂颗粒浸入溶液中，摇匀，放入 30 ℃恒温水浴振荡器中振荡 24 h，离心除去固体。采用亚甲蓝法测吸附后的表面活性剂浓度。预先配制好 0.04 g/mL 的氢氧化钠溶液，0.03 g/mL 的硫酸溶液，30 mg/L 的亚甲蓝溶液和洗涤液。配制亚甲蓝溶液时需加入适量磷酸二氢钠和浓硫酸，加水稀释溶解，再称取 30 mg 亚甲蓝用适量水溶解后，并入容量瓶中，定容。洗涤液是用适量的磷酸二氢钠和浓硫酸加水稀释溶解制得的。实验过程中使用三氯甲烷萃取上清液中的阴离子表面活性剂三次，萃取后的溶液转入洗涤液中，再用三氯甲烷萃取洗涤液两次，此时上清液中大部分的阴离子表面活性剂都被三氯甲烷萃取出来了。取适量试液于比色皿中，测其吸光度 $A_{待}$，以三氯甲烷为参比，测定 652 nm 处的吸光度 A_0，计算扣除空白值后的吸光度 $\Delta A = A_{待} - A_0$。

为拟合出 SDBS 的工作曲线，配制了系列浓度为 5 mmol/L，6 mmol/L，7 mmol/L，8 mmol/L的 CTAB 溶液，仍按照上述方法测定各浓度下的吸光度，计算扣除空白值后的吸光度。

在酸性环境下，一些干扰离子会与亚甲蓝反应，影响实验结果，而在碱性条件下这些离子不与亚甲蓝反应，因此实验过程中应控制溶液的酸碱性。在使用三氯甲烷萃取之前，先以酚酞为指示剂，滴加氢氧化钠溶液使溶液变成桃红色，再滴加硫酸溶液使红色刚好褪去，这样可以排除干扰离子的影响。

按照实验结果绘制出的 SDBS 吸光度递减值曲线如图 8-20 所示。

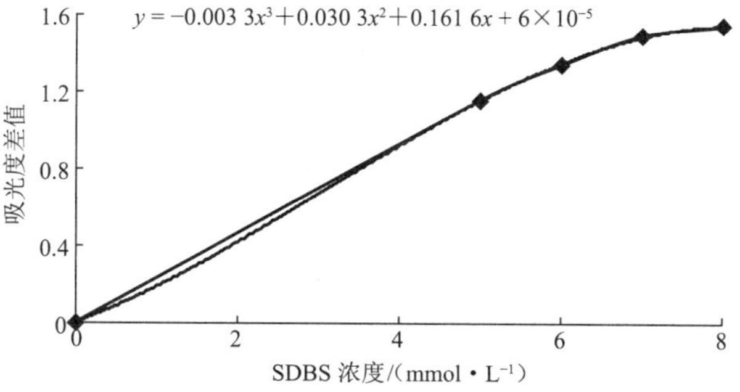

图 8-20 SDBS 的吸光度递减值曲线

根据拟合出的方程，将待测液吸光度的差值代入方程，求出待测液浓度约为6.89 mmol/L。用公式 $\Gamma = \dfrac{(c_0 - c)V}{m} \times 10^{-3}$ 计算吸附量，得 $\Gamma = 0.31$ mg/g。与阳离子表面活性剂相比，吸附量相差不大，但改变润湿性的能力远不及阳离子表面活性剂，由此说明吸附量不能直接反应润湿性改变程度，需要同时考虑表面活性剂类型等因素。

第三节 OTS 自组装法制备抑水石英砂

自组装分子膜(SAMs)成膜技术多应用于化学化工及电工电子方面的疏水防腐表面制备。其基本原理是通过固-液界面间的化学吸附或化学反应，在基片上形成化学键连接、取向紧密排列的二维有序单层膜。十八烷基三氯硅烷(OTS)是最为常见的有机氯代硅烷，常用来在羟基化的 SiO_2、Al_2O_3、玻璃等基底表面上形成自组装单分子层。成膜过程中 OTS 的—$SiCl_3$ 头基先发生水解反应生成硅醇基，再与基底表面以共价键结合，同时成膜的分子之间以聚硅氧烷链聚合且链与链间存在范德华力及静电力，使得成膜分子得以在基底上呈现致密有序的排列。OTS 的十八碳长链在使表面保持疏水性能的同时在摩擦中增大了摆动幅度,提高了抗摩擦性能。OTS 自组装法的以上性质使其可应用于抑水石英砂的制备。采用正交试验的方法对石英砂表面进行处理,测定其酸溶解度及破碎率。

一、分子自组装技术

1. 自组装单分子膜特征

自组装单分子膜的主要表现形式为单层膜和多层膜。单层膜有两种体系,第一种体系的驱动力为共价键,主要基团有两种,分别是活性基团(如—COOH,—SH,—S—S,—OH,—CN等)以及相应的基底,二者相互作用可形成致密有序的自组装单层膜。例如,有机硅烷(包括烷基氯硅烷,烷基氧硅烷,烷基胺硅烷等)是通过吸附在玻璃、石英或硅、二氧化硅的表面起作用的,经过吸附过程,依靠 Si—O—Si 键形成一种膜。第二种体系的驱动力是离子键,主要指在金属或金属氧化物作为基底的表面上发生吸附的脂肪酸可以发生酸碱反应,而反应的对象就是吸附层上的两种物质,分别是羧酸阴离子与金属氧化物,从而形成单分子膜。

2. 自组装分子膜成膜机理

自组装分子膜是分子通过化学键相互作用自发吸附在存在固相的两相界面上形成的有序膜。即使表面上的部分区域形成的是无序膜层,只要该吸附分子仍然存在,自组装膜就可以自发再生,最终形成具有稳定热力学性质的有序完善膜。其主要特征如下:

(1) 高密度堆积和低缺陷浓度;

(2) 为达到所需的表面物理化学性质,可以自行规划设计所需要的分子或表面结构;

(3) 分子有序排列;

(4) 原位自发形成;

(5) 表面最终可以形成均匀有序的膜层而不受基底表面粗糙度等因素的影响;

(6) 有机合成方法与膜的制备方法种类繁多;

(7) 热力学稳定。

如图 8-21 所示,自组装单分子膜单层膜是有序可循的:首先在含有活性物质的溶液中或者内部具有活性物质的蒸汽中放入基片,伴随着化学或物理反应的吸附持续发生,最终形成稳定的二维有序单层膜。分子排列有序是其中的一大特点,此外,“缺陷少”“结晶态”也是其优点之一,为研究化学表征参数提供了基础。

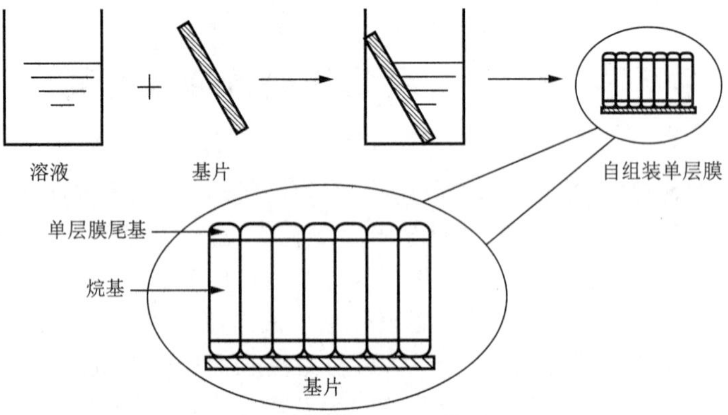

图 8-21　自组装单层膜的形成示意图

3. 有机硅烷/羟基化表面自组装膜的制备和应用

文献指出，有机硅烷自组装膜层的形成过程如下：首先，有机硅烷一端的官能团会发生水解、缩合，得到水解产物—SiOH，基底物羟基可以同得到的水解产物发生水化吸附，得到键能大于100 kJ/mol的吸附化学键，缩合反应发生在其他硅氧键之间；再则，自组装单层膜的化学性质（例如亲水或疏水等）由单分子朝外一端的官能团来展现。图8-22和图8-23说明了自组装分子膜的形成。

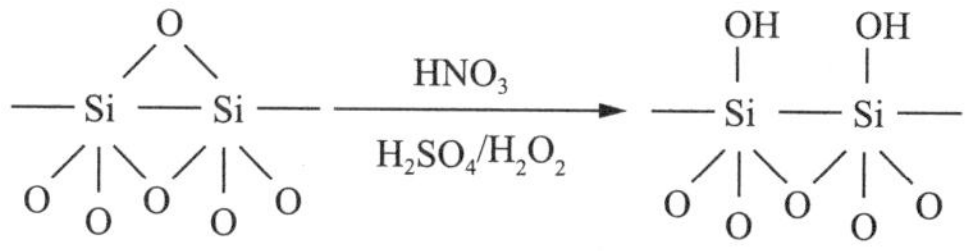

图8-22 硅基质的预处理示意图

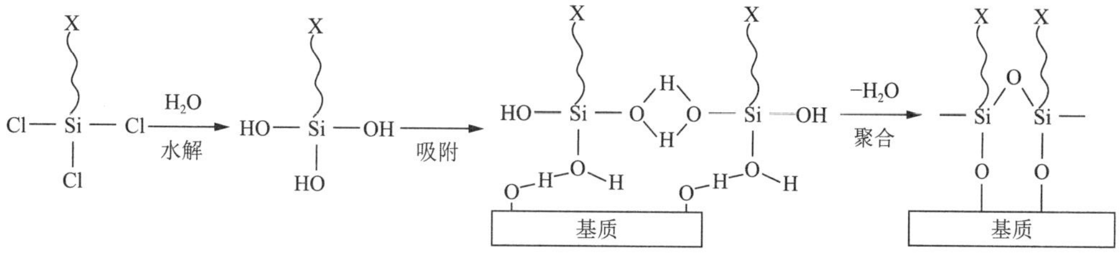

图8-23 有机硅烷单层膜在基底表面自组装过程示意图

硅烷在基底上自组装膜的形成受到了众多要素的影响，其中有溶剂中含水量、不同有机硅烷的水解性能、不同溶剂的性质、不同基底的特性、成膜控制温度等，所以要在基底表面形成结构完整、致密有序的硅烷自组装单层膜是相当困难的。此外，空间位阻等因素对自组装膜也有非常明显的影响，特别是带有功能头基（如氨基、乙烯基、苯基等）的硅烷分子，由于自身的性质常常形成双层或多层膜结构，而不能像以烷基为头基硅烷分子那样形成紧密稳定的单层膜。

二、实验步骤

1. 实验药品及仪器

20～40目石英砂，铬酸洗液，OTS溶液，甲苯，丙酮，乙醇，环己烷，去离子水；电热鼓风干燥箱，HH-S4数显恒温水浴锅，精密电子天平。

2. 实验方法

选择OTS/甲苯溶液浓度、反应时间、放置时间作为变量，进行正交实验。实验所需各变量的具体数值见表8-6。

表8-6 实验变量数值表

OTS/甲苯溶液浓度/(mmol·L^{-1})	反应时间/h	放置时间/h
6	0.5	48
8	1.0	60
10	1.5	72
12	2.0	84

由实验变量数据表 8-6 设计三因素四水平的正交实验，见表 8-7。

表 8-7　正交实验表

序　号	OTS/甲苯溶液浓度/(mmol·L^{-1})	反应时间/h	放置时间/h
1	6	0.5	48
2	6	1.0	60
3	6	1.5	72
4	6	2.0	84
5	8	0.5	60
6	8	1.0	48
7	8	1.5	84
8	8	2.0	72
9	10	0.5	72
10	10	1.0	84
11	10	1.5	48
12	10	2.0	60
13	12	0.5	84
14	12	1.0	72
15	12	1.5	60
16	12	2.0	48

由表 8-7 可知要进行 16 组实验，每次实验 OTS/甲苯溶液的用量为 100 mL。

(1) 取 4 个 500 mL 的清洁烧杯，在精度为 0.001 g 的天平上分别称取 0.931 g，1.241 g，1.552 g，1.862 g 的 OTS 于 4 个烧杯中，立即分别向 4 个烧杯中倒入甲苯配制浓度为 6 mmol/L，8 mmol/L，10 mmol/L，12 mmol/L 的 OTS /甲苯溶液各400 mL。4 种溶液充分搅拌到无悬浮物为止。

(2) 在天平称取 16 份 300 g 石英砂放入 16 个 250 mL 的烧杯中，并分别标记 1～16 号。

(3) 按照表 8-7 的顺序进行实验，向 1～4 号烧杯中分别倒入 100 mL 浓度为 6 mmol/L OTS/甲苯溶液，5～8 号烧杯中分别倒入 100 mL 浓度为 8 mmol/L OTS/甲苯溶液，9～12 号烧杯中分别倒入 100 mL 浓度为 10 mmol/L OTS/甲苯溶液，13～16 号烧杯中分别倒入 100 mL 浓度为 12 mmol/L OTS/甲苯溶液。

(4) 按照表 8-7 中的要求控制反应时间。

(5) 反应结束后依次用甲苯、丙酮、乙醇和去离子水对所形成膜层的基底表面进行多次冲洗。

(6) 将淋洗后的 16 份石英砂放置于空气中并放置表 8-7 中所要求的时间，即完成自组装膜层的制备。

三、性能指标

1. 酸溶解度的测定

(1) 药品及试剂。

① 质量分数为36%～38%的纯盐酸；

② 质量分数为40%的纯氢氟酸。

(2) 按盐酸与氢氟酸质量比为12∶3配制盐酸与氢氟酸的混合液。

在温度为20 ℃的条件下，使用经标定的37%的纯盐酸和40%的纯氢氟酸按12∶3(质量比)配制200 mL盐酸与氢氟酸混合液。

① 计算纯盐酸与纯氢氟酸的用量。

将已知密度的纯盐酸与纯氢氟酸相按12∶3混合比相混合后，密度为1.066 g/cm^3。

37%的纯盐酸用量(V_y)计算：

$$V_y=(12\% \times 1.066\ g/cm^3 \times 200\ mL)/(37\% \times 1.190\ g/cm^3)=58.2\ (mL)$$

40%的纯氢氟酸用量(V_h)计算：

$$V_h=(3\% \times 1.066\ g/cm^3 \times 200\ mL)/(40\% \times 1.128\ g/cm^3)=14.2\ (mL)$$

② 取使用容量为500 mL的聚四氟乙烯量筒，先向其中加入去离子水100 mL，再加入58.2 mL质量分数为37%的纯盐酸，然后加入14.2 mL质量分数为40%的纯氢氟酸。

③ 用去离子水将上述溶液稀释至200 mL，并搅拌均匀。

(3) 实验方法与步骤。

① 准备石英砂样品。将适量的石英砂样品在100 ℃下烘干，取出后置于干燥器内进行冷却，称量。

② 称取上述经过处理的石英砂样品5 g±0.1 g。

③ 在20 ℃下向500 mL的聚四氟乙烯烧杯中加入100 mL盐酸与氢氟酸混合液，再向烧杯中加入②中称取的样品。

④ 在60 ℃的水浴锅内保持③中的烧杯恒温加热0.5 h。此过程中不能扰动，也不能使其受到污染。

⑤ 将定性滤纸放入聚四氟乙烯漏斗内，在100 ℃条件下在聚四氟乙烯漏斗中放入定性滤纸，置于烘干机中烘干1 h，再放入干燥器中冷却0.5 h，称量并记录其质量，然后放在真空过滤设备上待用。

⑥ 将石英砂样品及酸液倒入聚四氟乙烯漏斗中，确保烧杯内的所有石英砂颗粒倒入漏斗中，然后进行真空抽滤。

⑦ 在抽滤过程中用去离子水将石英砂样品分别反复冲洗5～6次，每次使用30 mL的去离子水，直到冲洗液显示中性为止。

⑧ 将聚四氟乙烯漏斗和漏斗内的石英砂样品一起放入烘干箱内于100 ℃烘干1 h，然后放入干燥器内冷却0.5 h。

⑨ 取出漏斗及石英砂样品后，立即将冷却的漏斗和石英砂样品一起称量并记录其质

量。

按照式(8-2)计算石英砂样品的酸溶解度。

$$S=\frac{m_{\mathrm{p}}+m_{\mathrm{hf}}-m_t}{m_{\mathrm{p}}}\times 100\% \tag{8-2}$$

式中 S——石英砂样品的酸溶解度,%;

m_{p}——石英砂样品质量,g;

m_{hf}——聚四氟乙烯漏斗和滤纸的质量,g;

m_t——聚四氟乙烯漏斗、滤纸及酸后样品总质量,g。

按以上步骤测得的各组抑水石英砂溶解度见表 8-8。

表 8-8 经处理的石英砂酸溶解度

序 号	OTS/甲苯溶液浓度/($mmol \cdot L^{-1}$)	反应时间/h	放置时间/h	酸溶解度/%
1	6	0.5	48	11.12
2	6	1.0	60	10.46
3	6	1.5	72	10.12
4	6	2.0	84	9.48
5	8	0.5	60	11.01
6	8	1.0	48	10.13
7	8	1.5	84	9.56
8	8	2.0	72	8.79
9	10	0.5	72	10.69
10	10	1.0	84	9.47
11	10	1.5	48	9.15
12	10	2.0	60	8.27
13	12	0.5	84	10.43
14	12	1.0	72	9.39
15	12	1.5	60	9.03
16	12	2.0	48	8.21

酸溶解度与各因素的极差值见表 8-9。

表 8-9 酸溶解度与各因素的极差值

因 素	浓 度	反应时间	放置时间
极 差	1.030	2.125	0.095

极差值越大,则该因素对酸溶解度的影响越大。从表 8-9 可以看出,对酸溶解度影响最大的是 OTS/甲苯溶液与石英砂的反应时间,其次是 OTS/甲苯溶液的浓度,最后是反应后

石英砂的放置时间。

作出酸溶解度与 OTS/甲苯溶液的浓度、OTS/甲苯溶液与石英砂的反应时间、反应后石英砂的放置时间三个因素之间的曲线图，如图 8-24～图 8-26 所示。

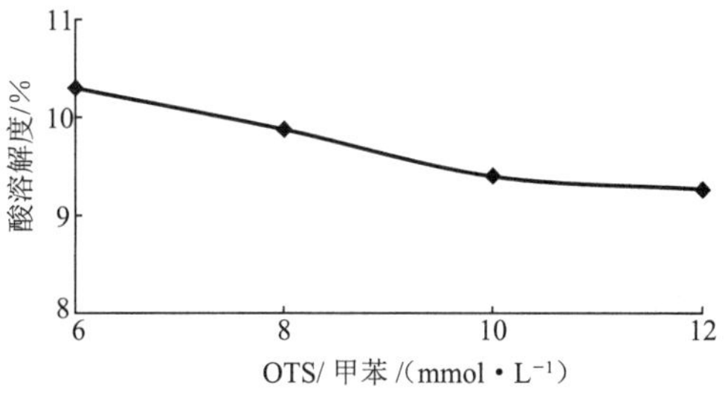

图 8-24　酸溶解度随 OTS/甲苯溶液浓度的变化曲线

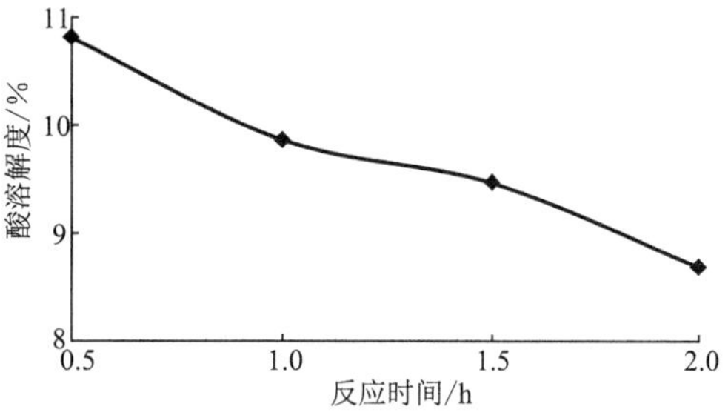

图 8-25　酸溶解度随反应时间的变化曲线

从图中可以看出，各因素对酸溶解度的影响分别为：

① 酸溶解度随 OTS/甲苯溶液的浓度的增大而减小，并逐渐趋于稳定。

② 酸溶解度随 OTS/甲苯溶液与石英砂的反应时间的增长而不断地减小。

③ 酸溶解度随反应后放置时间的延长基本保持不变。

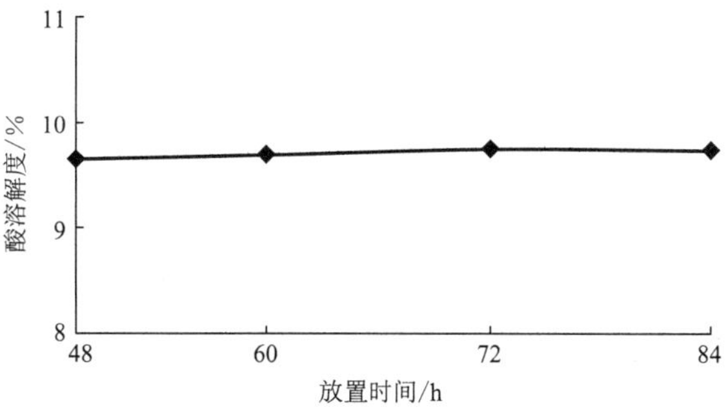

图 8-26　酸溶解度随放置时间的变化曲线

石英砂在地下长期充填，它需面对地层中自身酸碱度变化或外来流体可能带来的溶解腐蚀，所以其耐酸性成为石英砂能否保持长期导流能力的一项重要标准。未处理石英砂的酸溶解度为 14.58%。不同处理方式下石英砂的酸溶解度测试结果与各因素的关系如以上几图所示，曲线变化规律与破碎率变化曲线类似。OTS 自组装分子膜的包覆使得酸液不易接触砂表面，减小了与酸液反应的概率，宏观表现为石英砂酸溶解度的降低。对三因素进行极差分析，发现反应时间的极差值 2.125 远大于 OTS 浓度的极差值 1.03 及放置时间的极差值 0.095，可见选取合适的反应时间对减小砂的酸溶解度，增强石英砂支撑剂在地下酸性环境中的性质稳定会有较大帮助。

将在环境温度为 60 ℃、pH＝8 条件下经 0.1 mmol/L CTAB 溶液处理后的石英砂进行酸溶解度实验，发现其酸溶解度与未处理石英砂的酸溶解度几乎一致。可见阳离子表面活性剂的处理方法对于石英砂酸溶解度的降低无明显帮助。

2. 破碎率的测定

(1) 实验仪器及石英砂的抗破碎能力。

石英砂的抗破碎能力测试应使用规定尺寸范围的破碎室，如图 8-27 所示，与该图所示的破碎室相适用的粒径规格、规定的闭合压力及破碎率指标见表 8-10。

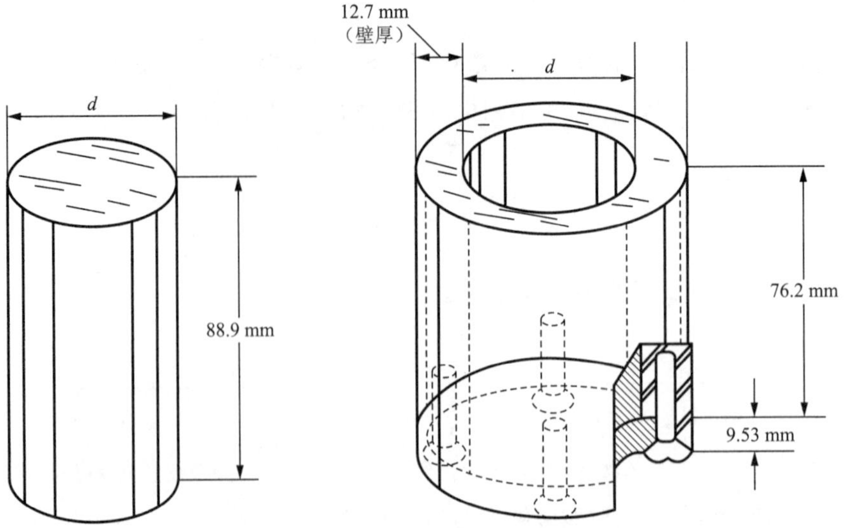

图 8-27　支撑剂破碎室

支撑剂破碎室直径 d 的推荐尺寸为 50.8 mm，根据需要，破碎室直径可以适当地调整，支撑剂破碎室壁厚应不小于 12.7 mm。

表 8-10　支撑剂抗破碎测试压力及指标

粒径规格/μm	闭合压力/MPa	破碎室受力/kN	破碎率/%
1180～850(16/20 目)	21	42	≤14.0
850～425(20/40 目)	28	57	≤14.0
600～300(30/50 目)	35	71	≤10.0
425～250(40/60 目)	35	71	≤8.0
425～212(40/70 目)	35	71	≤8.0
212～106(70/140 目)	35	71	≤8.0

(2) 支撑剂抗破碎测试。

① 称取待测定的石英砂 200 g。

② 向两个标准筛的顶筛中分两次倒入颗粒粒径相对应的石英砂颗粒，每次振筛 10 min。

③ 按照式(8-3)计算石英砂抗破碎实验所需的样品的质量。

$$m_p = C_1 d^2 \tag{8-3}$$

式中　m_p——石英砂样品质量，g；

C_1——计算系数，$C_1=1.54\ g/cm^3$；

d——石英砂破碎室直径，cm。

④ 使用精度为 0.01 g 的天平称取所需的样品。

⑤ 将样品倒入破碎室，然后放入破碎室的活塞，旋转 180°。将装有样品的破碎室放在压机台面。用 1 min 的恒定加载时间将额定载荷匀速加到受压破碎室上，稳载 2 min 后卸掉载荷。

⑥ 将压后的石英砂样品倒入粒径规范下限的筛子中，振筛 10 min，称取底盘中的破碎颗粒，按照式(8-4)计算石英砂破碎率的百分比。

$$\eta = \frac{m_c}{m_p} \times 100\% \tag{8-4}$$

式中 η——石英砂破碎率；

m_c——破碎样品的质量，g；

m_p——石英砂样品的质量，g。

⑦ 若破碎室直径与标准给出值不相符，则按照式(8-5)计算相应的破碎室受力 F。

$$F = 0.0785 pd^2 \tag{8-5}$$

式中 F——破碎室受力，kN；

p——额定闭合压力，MPa；

d——破碎室直径，cm。

本次实验采用的破碎室直径为 50.8 mm，取闭合压力为 28 MPa，按照以上实验步骤进行试验，测量破碎率结果见表 8-11。

表 8-11 经处理的石英砂破碎率

序　号	OTS/甲苯溶液浓度/($mmol \cdot L^{-1}$)	反应时间/h	放置时间/h	破碎率/%
1	6	0.5	48	11.87
2	6	1.0	60	11.55
3	6	1.5	72	11.10
4	6	2.0	84	11.02
5	8	0.5	60	11.24
6	8	1.0	48	10.98
7	8	1.5	84	10.84
8	8	2.0	72	10.71
9	10	0.5	72	11.04
10	10	1.0	84	10.86
11	10	1.5	48	10.72
12	10	2.0	60	10.66
13	12	0.5	84	10.96
14	12	1.0	72	10.79
15	12	1.5	60	10.61
16	12	2.0	48	10.43

破碎率与各因素的极差值见表 8-12。

表 8-12 破碎率与各因素的极差值

因　素	浓　度	反应时间	放置时间
极　差	0.688	0.572	0.105

极差值越大，则对破碎率的影响越大。从上表可以看出，对于破碎率影响最大的是OTS/甲苯溶液的浓度，其次是OTS/甲苯溶液与石英砂的反应时间，最后是反应后石英砂的放置时间。

破碎率与各因素的效应曲线图如图8-28～图8-30所示。

从图8-28～图8-30可以看出，各因素对酸溶解度的影响分别为：

① 破碎率随OTS/甲苯溶液的浓度的增大略有减小。

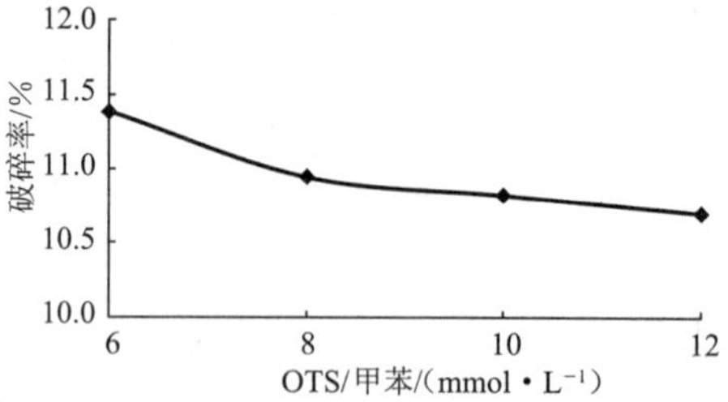

图8-28 破碎率随OTS/甲苯溶液浓度变化曲线

② 破碎率随OTS/甲苯溶液与石英砂的反应时间的增长稍有减小，并趋于稳定。

③ 破碎率随反应后放置时间的延长基本保持不变。

破碎率是石英砂性能评价的一项关键指标。地层压力下的石英砂破碎情况影响着油水在充填层中的流动，碎屑的产生及运移也会堵塞孔隙喉道。所使用的20～40目未处理石英砂在28 MPa闭合压力下破碎率为11.96%，处理后的石英砂破碎率均有不同程度降低。进行极差分析，可得OTS浓度对破碎率的变化影响最大。由图可知，随OTS浓度升高、反应时间增加，石英砂破碎率缓慢下降，而随放置时间的延长石英砂破碎率基本无变化。这是由于OTS自组装分子膜在砂表面的均匀铺展和分子间的链接及静电吸引，使得表面柔韧性增加，开裂所需的应力加大，从而减小了破裂概率。自组装表面的完成度与浓度、反应时间基本成正比，所以破碎率随这两个因素的增加而下降。而随放置时间的延长，已完成的自组装膜稳定不易脱落，图8-30表现为一条直线。

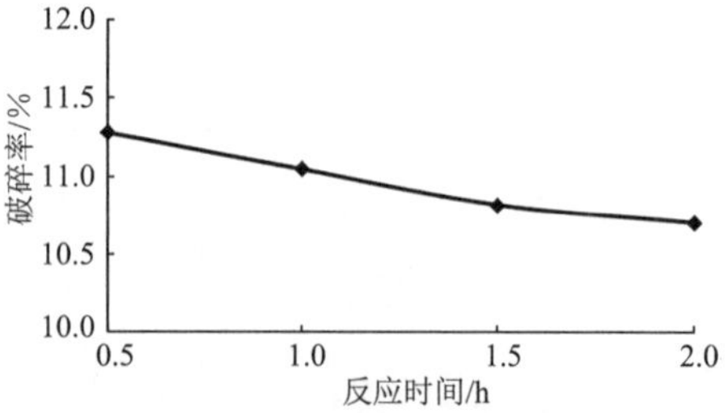

图8-29 破碎率随反应时间变化曲线

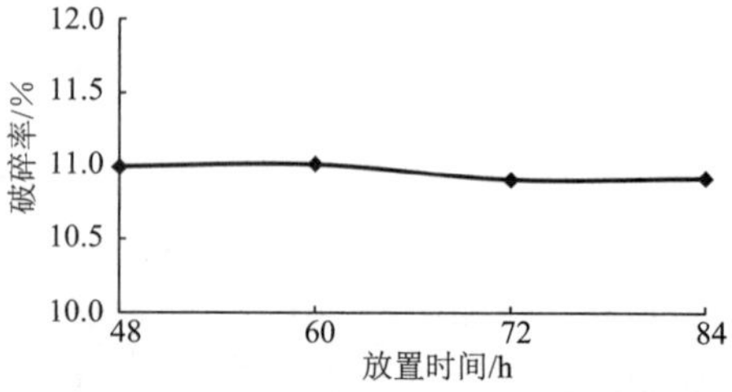

图8-30 破碎率随放置时间变化曲线

将在环境温度为60 ℃、pH=8条件下经0.1 mmol/L CTAB溶液处理后的石英砂进行破碎率实验，发现其与未处理石英砂的破碎率基本相同，由此可见阳离子表面活性剂的处理方法对于石英砂破碎率的影响很小。

第四节 抑水石英砂物理模拟研究与评价

OTS自组装法制备的抑水石英砂的抑水效果主要来自两个方面：一是来自表面疏水长链造成的低表面能，其增大了界面张力，对水相施加大的反向毛细管力，宏观表现为紧密排列后形成的毛细孔隙产生强大的疏水作用；二是由于分子紧密排列后的微细粗糙结构使得固液相实际接触面大于观察到的面积，增强了疏水能力。在上一节制备完成抑水石英砂并测量其酸溶解度及破碎率的基础上，引入流体阻力比（*NFRR* 值）的概念，对每组石英砂进行测定及优选，采用直观的实验方法将抑水石英砂与未处理石英砂、经 CTAB 处理石英砂进行对比，同时采用连续水驱的方法观察其驱替过程中不同流速下渗透率的变化。

一、分子膜抑水技术的基本原理

岩石润湿性是岩石矿物与油藏流体相互作用的结果，是一种综合特征，它是储层基本特性参数之一。岩石的润湿性决定着油藏流体在岩石孔道内的微观分布和原始分布状态，也决定着地层注入流体渗流的难易程度及驱油效率等，在提高油田开发效果和提高采收率等方面都有十分重要的意义。润湿性是物质的一种基本性质，它决定着某种流体在物质表面的分布状态。固液分子间静电力、范德华力、结构力等互相作用，最终的宏观表现就是固体表面的润湿性，而岩石矿物的润湿性是流体在地层中渗流状况的主要决定因素。

油水在通过抑水石英砂充填层时，相对于未处理的石英砂，孔隙间的油相流动得到促进。最终达到降低油田产出液含水率、增产稳产的目的。而相对于普通石英砂支撑剂，表面疏水特性还带来许多方面的优势，例如，以砂表层水为反应环境的物理化学反应会加剧石英砂间的压实作用，反应生成的碎屑等也会随着流体运移造成堵塞，疏水特性使得表层水减少，降低了反应发生的可能性。疏水表面也减少了压裂液中高聚物的吸附，提高了返排率，从而减少了对储层的损害。另外，石英砂表面的疏水改造使颗粒间的范德华力增大，宏观表现为黏性的增加，降低了石英砂回流率和碎屑颗粒运移概率。

二、抑水石英砂抑水效果实验评价

采用正交实验法进行表 8-7 所示的 16 组实验。称取每组处理后的石英砂 220 g 洗净烘干后全部倒入填砂管中，将填砂管充满并压实。先使用去离子水驱替填砂管得到去离子水在管中的渗透率实验数据，再使用环己烷驱替填砂管得到环己烷在管中的渗透率实验数据，实验流程如图 8-31 所示。

虽然液体在固体颗粒和粉末上的接触角在实际应用中非常重要，但是其接触角的测量要比液体在平面材料上的接触角测量困难得多，至今未有很好的测量方法。目前文献中经常提到的方法有静态法和 Washburn 动态法。通常用的是静态法，但是由于静态法中多孔介质充填层内孔隙的有效半径很难确定，所以计算颗粒和粉末的绝对接触角较困难。为此，引用流体阻力比（*NFRR* 值）的概念，用于比较油和水对于同一种颗粒材料的润湿性差异。计算式为：

$$NFRR=\frac{RRF_{\mathrm{w}}}{RRF_{\mathrm{o}}}=\frac{K_{\mathrm{w0}}}{K_{\mathrm{w1}}}\cdot\frac{K_{\mathrm{o1}}}{K_{\mathrm{o0}}} \tag{8-6}$$

式中　RRF_{w}——水相残留阻力系数；

RRF_{o}——油相残留阻力系数；

K_{w0}——处理前石英砂水相渗透率，$10^{-3}\mu\mathrm{m}^2$；

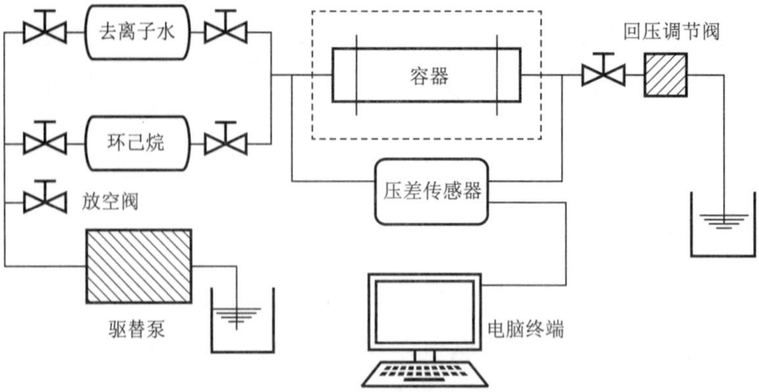

图 8-31　填砂管驱替装置流程图

K_{o0}——处理前石英砂油相渗透率，$10^{-3}\mu m^2$；

K_{w1}——处理后石英砂水相渗透率，$10^{-3}\mu m^2$；

K_{o1}——处理后石英砂油相渗透率，$10^{-3}\mu m^2$。

当 $NFRR>1$ 时，说明材料对水相渗流能力的抑制作用大于对油相的抑制作用，其值越大，则抑水性能越好。*NFRR* 值兼顾了材料对水相、油相渗流能力的改变情况，能够对抑水效果进行综合评价。

采用加权平均的方法处理实验数据，结果见表 8-13。

表 8-13　经处理后的石英砂 *NFRR* 值

序　号	OTS/甲苯溶液浓度/(mmol·L⁻¹)	反应时间/h	放置时间/h	*NFRR* 值
1	6	0.5	48	1.712
2	6	1.0	60	2.082
3	6	1.5	72	1.949
4	6	2.0	84	1.634
5	8	0.5	60	1.781
6	8	1.0	48	2.275
7	8	1.5	84	1.936
8	8	2.0	72	1.786
9	10	0.5	72	1.884
10	10	1.0	84	2.531
11	10	1.5	48	2.152
12	10	2.0	60	2.395
13	12	0.5	84	1.879
14	12	1.0	72	2.362
15	12	1.5	60	1.938
16	12	2.0	48	2.070

数据处理得到 *NFRR* 值与各因素的极差值见表 8-14。

表 8-14 *NFRR* 值与各因素的极差值

因 素	浓 度	反应时间	放置时间
极 差	0.396	0.499	0.057

某一因素的极差值越大，则该因素对 *NFRR* 值的影响越大。从表 5-3 可以看出，对 *NFRR* 值影响最大的是 OTS/甲苯溶液与石英砂的反应时间，其次是 OTS/甲苯溶液浓度，最后是反应后石英砂的放置时间。

作出 *NFRR* 值与 OTS/甲苯溶液的浓度、OTS/甲苯溶液与石英砂的反应时间、反应后石英砂的放置时间三个因素之间的曲线图，如图 8-32～图 8-34 所示。

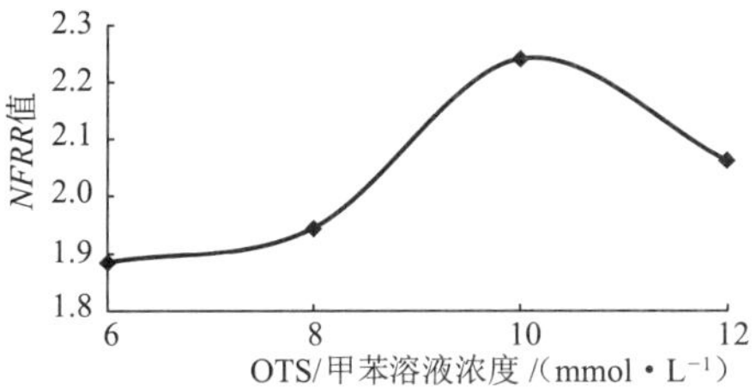

图 8-32 *NFRR* 值随 OTS/甲苯溶液浓度变化曲线

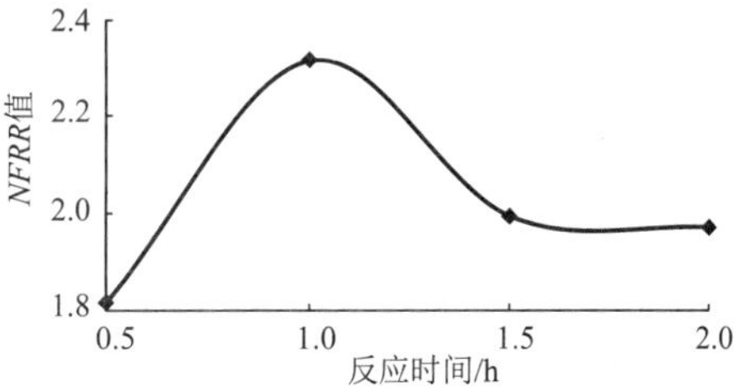

图 8-33 *NFRR* 值随反应时间的变化曲线

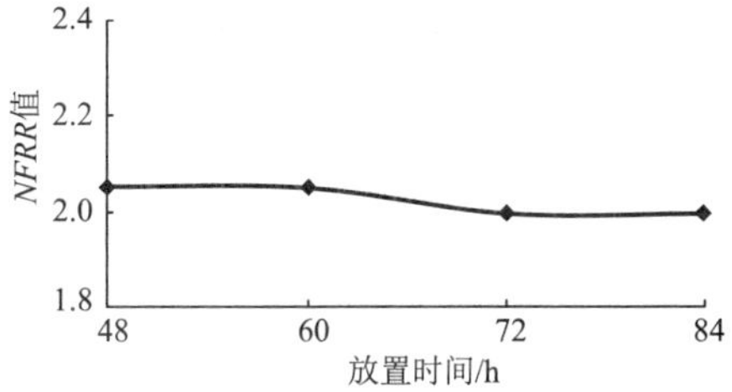

图 8-34 *NFRR* 值随放置时间的变化曲线

如图 8-32 所示，随 OTS/甲苯溶液浓度升高，OTS 分子水解后与砂体表面以共价键结合的概率加大，*NFRR* 值增大；而过高的浓度又使得 OTS 分子自身水解后先自聚成为聚合物，影响其在砂表面自组装膜的形成。对正交实验数据进行极差分析，得到 OTS/甲苯溶液浓度、反应时间、放置时间的极差值分别为 0.396，0.499，0.057，说明反应时间对最终的 *NFRR* 值影响最大。相较于广泛认同的甲苯溶液中 OTS 自组装膜形成时间 80～90 min，本实验得出的时间较短，为 60 min 左右。图 8-33 中石英砂与 OTS 溶液接触后，先有部分物理吸附于砂表面，后水解的 OTS 分子与羟基化的表面形成共价键，烷基链间主要依靠范德华力吸引，使得 OTS 分子得以有序且紧密排列于固体表面，60 min 左右稳定的 OTS 自组装分子膜基本形成，此时 *NFRR* 值达到最大。随着反应时间的延长，*NFRR* 值减小可能是由于发生自聚反应的 OTS 分子充填于缺陷表面，在粗糙度等方面从一定程度上改变了表面性质。图 8-34 显示不同放置时间下的 *NFRR* 值基本保持不变，说明通过化学键结合形成的 OTS 自组装分子膜较稳定，在一般环境中不易发生变化。

将处理后的石英砂放置数月后，选取表 8-13 中 *NFRR* 值最大的第 10 组抑水石英砂与未处理石英砂和经 CTAB 处理石英砂进行比较。分别取样品若干放入量筒至 50 mL 刻度处，同时分别向各量筒缓缓加入 40 mL 去离子水，静置 10 min 待液面不发生改变，如图 8-35 所示，自左至右依次为① 未处理石英砂，② 经 CTAB 处理石英砂，③ 抑水石英砂。

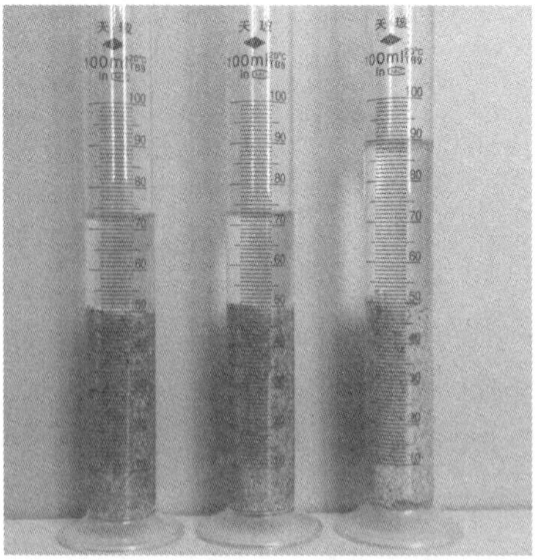

图 8-35 样品分别加入 40 mL 水后的状态

可以看出,①号量筒中去离子水液面在 2 min 后不再变化,液面高度为 72 mL;②号量筒中去离子水液面在约 3 min 后不再变化,液面高度为 72 mL;③号量筒中去离子水液面一直停留在接近 90 mL 处。将石英砂取出后发现,①号与②号量筒中石英砂全部润湿,而③号量筒中石英砂只有表层与水接触处的砂粒润湿,去离子水未进入砂体内部。由此可知,在重力与毛细作用下,未处理石英砂、经 CTAB 处理石英砂不能起到疏水的作用,水珠在缝隙间快速渗入,迅速润湿全部砂体,但是 CTAB 对石英砂表面亲水向中性润湿的改造造成润湿速度变慢;而经 OTS 自组装处理后的抑水石英砂则使砂粒表面由亲水变为疏水,水珠不易透过表层砂粒向下部润湿,使得液面保持在接近 90 mL 处。

对最优制备条件(表 8-13 中的第 10 组)下的 OTS 自组装抑水石英砂进行不同流速下去离子水的冲刷实验,结果发现,定流速下连续去离子水冲刷 5 d 后,填砂管水测渗透率基本无变化。以初始水测渗透率为 1 832×10^{-3} μm^2 的填砂管为例进行说明,观察定流速 9 mL·s^{-1}连续冲刷 5 d 过程中填砂管水测渗透率的变化情况,结果见表 8-15。

表 8-15 定流速 9 mL·s^{-1}连续冲刷 5 d 过程中填砂管水测渗透率的变化情况

冲刷时间/d	1	2	3	4	5
水测渗透率/(10^{-3} mm^2)	1 832	1 836	1 835	1 836	1 836

由表 8-15 可以看出,连续冲刷过程中该填砂管水测渗透率基本为定值,说明经过 OTS 自组装法疏水改造后的抑水石英砂表面性质稳定,这是由于其抑水改性是通过化学键的断开及重新组合完成的,不易受储层环境的影响。

参考文献

[1] WU B, TAN C, LU N. Effect of water-cut on sand production—an experimental study. SPE Production & Operations, 2006, 21(3): 349-356.

[2] HAN G, DUSSEAULT M B. Quantitative analysis of mechanisms for water-related sand production//International Symposium and Exhibition on Formation Damage

Control. Society of Petroleum Engineers，2002.

[3] 曲岩涛，李继山，王宗礼. CTAB改变固体表面润湿性的机理探讨. 大庆石油地质与开发，2006，25(2)：52-53.

[4] 徐国华，HIGASHITANI KO. OTS自组装单分子膜在玻璃表面形成过程的AFM研究. 高等学校化学学报，2000，21(8)：1257-1260.

[5] SAMUEL BECKFORD，NICHOLAS LANGSTON，MIN ZOU，et al. Fabrication of durable hydrophobic surfaces through surface texturing. Applied Surface Science，2011，257(13)：5688-5693.

[6] 陈国平，王永鹏. 氟代烷基硅烷在玻璃表面形成憎水膜层的研究. 云南大学学报(自然科学版)，2005(S1)：302-304.

[7] SATOH K，NAKAZUMI H，MORITA M. Preparation of super-water-repellent fluorinated inorganic-organic coating films on nylon 66 by the sol-gel method using microphase separation. Journal of Sol-gel Science and Technology，2003，27(3)：327-332.

[8] 杨金明，杨金丽. 压裂用VFM超疏水高分子覆膜砂的制备及其性能研究. 青岛科技大学学报(自然科学版)，2011，32(1)：67-71.

[9] 何利敏. 抑水型石英砂制备方法及抑水性能研究. 青岛：中国石油大学(华东)，2014.

第九章

管内人工井壁无筛管防砂技术

环氧树脂滤砂管防砂技术具有防砂后对产能影响小、施工简单、失效后易处理、成本低的特点，是疏松砂岩油藏的常用防砂工艺。但随油田开发的深入，井筒状况恶化，套损加剧，复杂结构井逐年增多，因环氧树脂滤砂管管体材质较脆，运输和下井过程中易受到碰撞而被严重损坏，致使防砂成功率偏低。此外，现有的防砂技术多数会在井下留有金属管具，这给后续的措施与施工带来诸多不便。为此，研制了一种新型的可脱离式充填筛管，它可以在井筒油层部位生成类似滤砂管的防砂体系，从而避免下井过程损坏的风险，提高防砂成功率。

第一节　可脱离式充填筛管的结构特点与设计

管内人工井壁无筛管防砂采用一种新型防砂理念，下入可脱离式充填筛管实现管内充填，在可脱离式充填筛管与井壁之间形成类似滤砂管的人工井壁防砂体系，而后泵注降解剂将可脱离管体降解，在树脂涂覆砂充填体与筛管之间形成“环空”，使筛管实现有效“脱离”，从而将筛管从井筒中顺利起出，实现无筛管防砂，防砂示意图如图 9-1 所示。

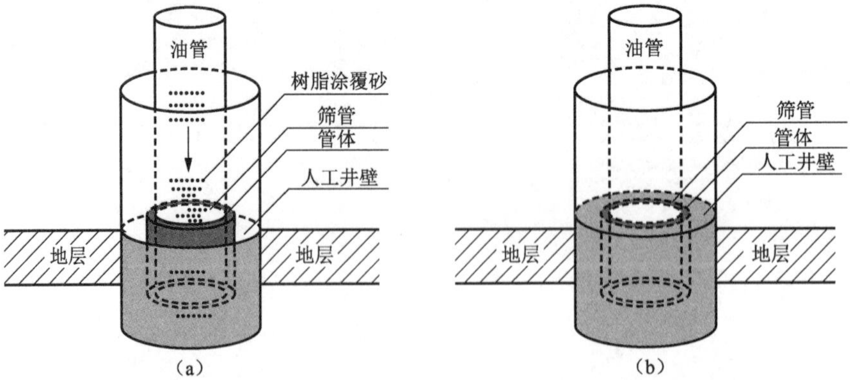

图 9-1　管内人工井壁无筛管防砂施工过程

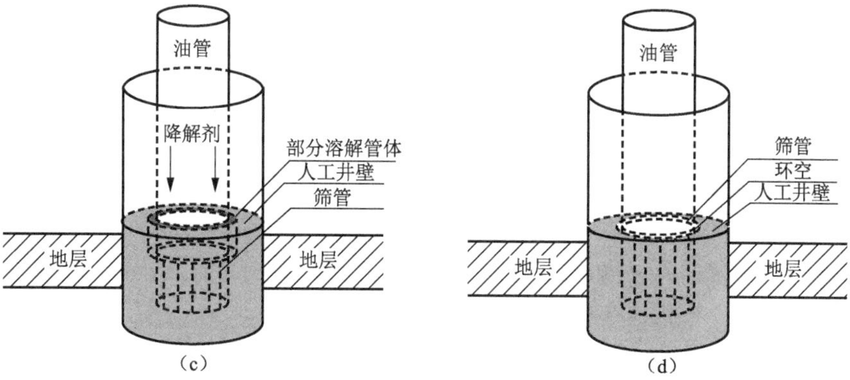

图 9-1(续)　管内人工井壁无筛管防砂施工过程

管内人工井壁无筛管防砂体系的核心是可脱离式充填筛管，由可脱离管体与充填筛管构成。可脱离管体表面割缝，两端分别为凸缘和凹缘结构，如图 9-2 所示，将可脱离管体套覆并固定在充填筛管(绕丝筛管或割缝衬管)外表面，组成可脱离式充填筛管管柱。

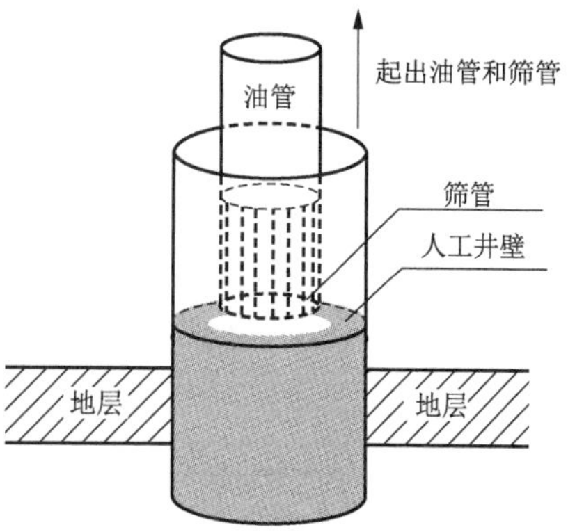

图 9-2　管内人工井壁示意图

一、可脱离管体结构设计

如图 9-3 所示，设计的可脱离管体为一空心圆筒状结构，筒壁上设置有割缝，割缝贯穿可脱离管体的内外表面，可脱离管体的一端设置有凸缘，另一端设置有凹缘，凸缘与凹缘的形状、尺寸相对应。割缝位于可脱离管体外表面的宽度小于割缝位于可脱离管体内表面的宽度，即割缝的横截面为外表面割缝宽度窄、内表面割缝宽度宽的等腰梯形。可脱离管体长度为 125～135 mm，内径为68 ～78 mm，外径为 80～86 mm；表面割缝缝长为 110～120 mm，表面割缝缝宽为 1～1.2 mm；割缝数量为 20～28 条；凸缘的高度为 2～4 mm，直径为 78～80 mm；凹缘的深度为 2～4 mm，直径为 78～80 mm。

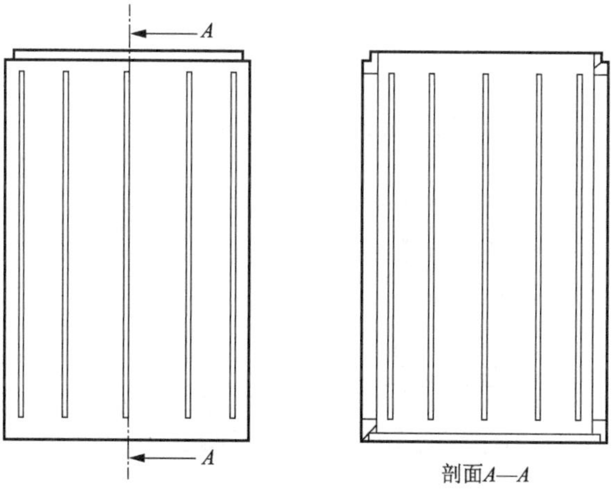

图 9-3　可脱离管体结构主视图及剖面图

可脱离管体的制备方法如下：

(1) 称取一定量 PLA-T(碳酸钙改性聚乳酸)，将其加热至熔融状态，制得熔融 PLA-T。

(2) 将步骤(1)制得的 PLA-T 注入空心圆柱形模具中，冷却、脱模，制得空心柱状 PLA-T。

(3) 采用激光割缝法对步骤(2)制得的空心柱状 PLA-T 管进行表面割缝，制得割缝 PLA-T 管。

(4) 将步骤(3)制备的割缝 PLA-T 管的两端加工出凸缘和凹缘，制得可脱离管体。

采用 Solidworks 软件绘制了可脱离管体三维模型，如图 9-4～图 9-6 所示，特征尺寸如下：可脱离管体长 130 mm、内径 74 mm、外径 84 mm，表面割缝缝长 115 mm、割缝缝宽 1 mm、内表面缝宽 1.1 mm、外表面缝宽 0.9 mm，割缝数量 24 条，凸缘外径 79 mm、高度 3 mm，凹缘内径 79 mm、深度 3 mm。

图 9-4　可脱离管体立体图

图 9-5　可脱离管体立体纵剖图

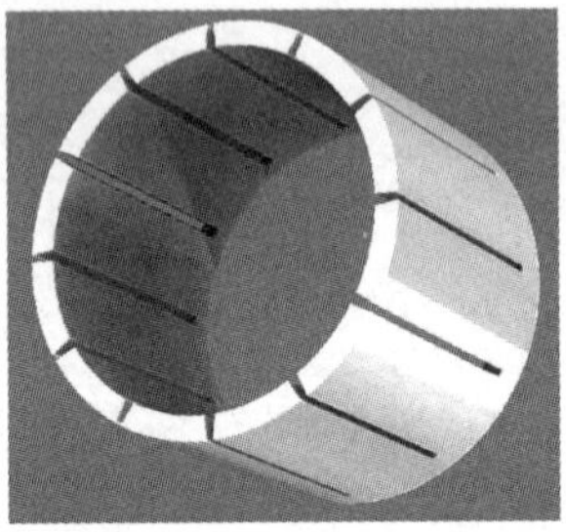

图 9-6　可脱离管体立体横剖图

二、可脱离式充填筛管结构设计

如图 9-7 所示，可脱离式充填筛管包括可脱离管体、中心管、可溶性扶正器和固定装置。可脱离管体为上述研制的管体，可溶性扶正器采用 PLA-T 作为制作材料，中心管的渗透区设置有中心管割缝，中心管的渗透区外表面套覆可脱离管体，中心管的非渗透区外表面通过固定装置固定可溶性扶正器。固定装置按本领域现有技术，可以是螺纹端环、销钉、焊接挡环或铆接箍圈等；中心管按本领域现有技术，一般是选用特定尺寸的油管，采用激光割缝法在其表面割缝，制得设计的中心管。中心管可以是割缝衬管、绕丝筛管或具有相同功能的类似管体。

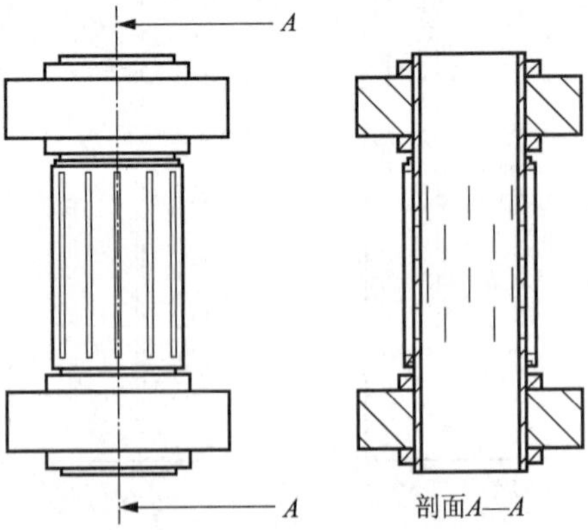

图 9-7　可脱离式充填筛管结构主视图及剖面图

设计中心管外径为 70～76 mm，中心管内径为 60～66 mm，中心管割缝缝长为 18～22 mm，中心管割缝缝宽为 0.1～0.3 mm，中心管割缝为 20～28 条。

可脱离式充填筛管的制备方法如下：

（1）制备可脱离管体。

（2）采用熔融浇注法制备可溶性扶正器。

（3）制备中心管。

（4）将可脱离管体套覆在中心管渗透区，在可脱离管体两端和中部加热固定，使其连接紧密。

（5）将可溶性扶正器套覆在中心管两端非渗透区，并用固定装置固定，制得可脱离式充填筛管。

可脱离式充填筛管三维模型如图 9-8～图 9-11 所示，所绘制筛管的特征尺寸如下：中心管外径 73 mm、内径 63 mm；中心管割缝缝长 20 mm、缝宽0.2 mm，中心管割缝 24 条；可脱离管体长 130 mm、内径 74 mm、外径 84 mm；表面割缝缝长 115 mm、缝宽 1 mm，内表面缝宽 1.1 mm、外表面缝宽 0.9 mm，割缝数量为 24 条；凸缘外径 79 mm、高度 3 mm，凹缘内径 79 mm、深度 3 mm。

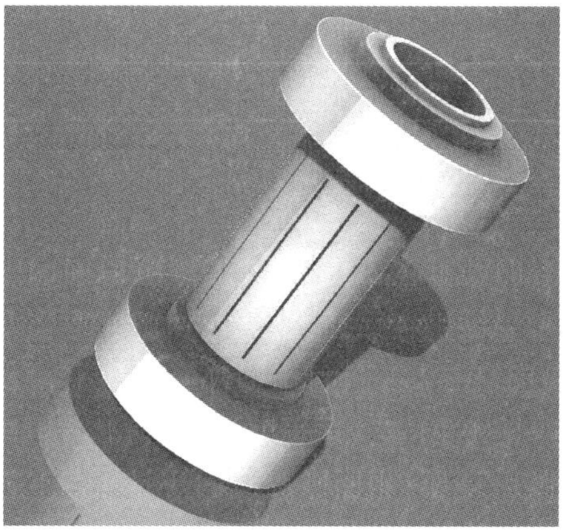

图 9-8 可脱离式充填筛管立体图

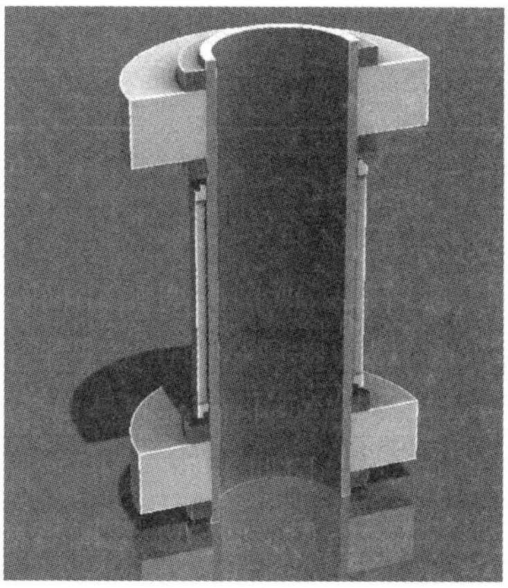

图 9-9 可脱离式充填筛管立体纵剖图

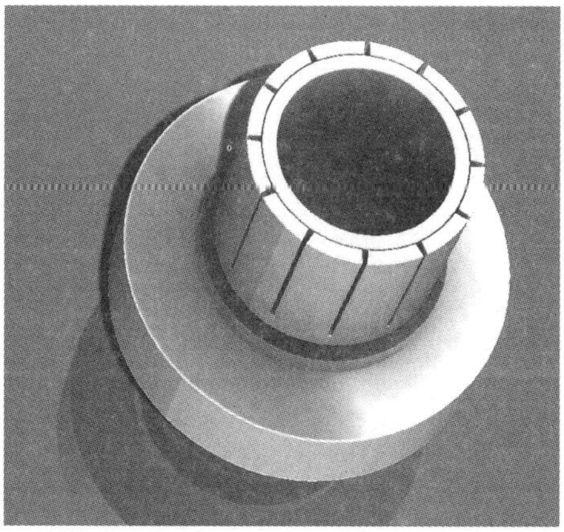

图 9-10 可脱离式充填筛管立体横剖图

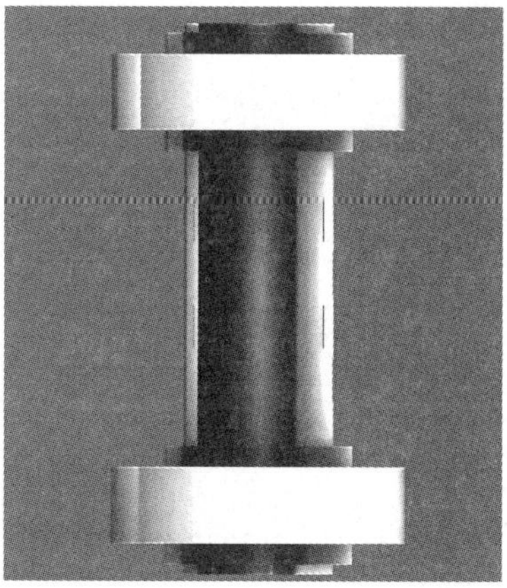

图 9-11 可脱离式充填筛管“脱离”立体图

第二节　可脱离管体材质优选

一、可脱离管体材质优选标准

可脱离管体的选材标准应综合考虑材料的抗压强度、降解性能、加工性能、成本以及安全环保等因素，从而优选出适合于可脱离式充填筛管人工井壁防砂技术的管体制作材料。

1. 抗压强度

可脱离式充填筛管人工井壁防砂技术的基础在于可脱离管体能够满足人工井壁防砂的工艺要求，即在替代传统滤砂管发挥滤砂、挡砂、循环充填等作用的同时必须具有一定的强度，以保证在下井、防砂过程中其功能结构的完整性，这就要求可脱离管体制作材料的抗压强度符合该技术体系的要求。以孤岛油田主力油层防砂层位为例，1 300 m 地层压力为 13 MPa左右，因而在该区块采用可脱离式充填筛管人工井壁防砂技术时，可脱离管体所选材料的抗压强度应在 13 MPa 以上。为保证施工成功率，考虑一定的安全余量，抗压强度应至少达到 15 MPa。

2. 降解性能

可脱离式充填筛管人工井壁防砂技术采用新型防砂理念，即下入井筒中防砂层位的管柱，在可脱离式充填筛管与井壁之间形成类似滤砂管的防砂体系，而后将可脱离管体溶解，在树脂涂覆砂充填体与筛管之间形成“环空”，使筛管实现有效“脱离”，将筛管从井筒中起出，实现无筛管防砂。为了实现这一新型防砂理念，可脱离管体的制作材料应具有良好的降解性能，在降解剂作用下，一定关井时间内可脱离管体能够完全或大部分溶解。一般情况下，可脱离式充填筛管人工井壁防砂技术要求在降解时间 3 h 内，可脱离管体的降解程度大于 70%。

3. 加工性能

为了适于油田现场的大范围推广和应用，可脱离式充填筛管人工井壁防砂技术要求可脱离管体制作材料应具有良好的机械加工性能，如应适用于挤出、拉伸、注塑等加工工艺。

4. 成本及安全环保

在保证可脱离管体制作材料的抗压强度、降解性能和加工性能满足技术要求的前提下，还应考虑其成本，同时应确保可脱离管体及其降解产物无毒害，不会污染储层；另外，可脱离管体制作材料必须不能为易燃易爆等危险或潜在危险物质。

二、可脱离管体材料优选

根据上述可脱离管体的选材标准，初步确定聚乳酸(poly lactic acid，简称 PLA)和碳酸钙改性聚乳酸(PLA-T)作为制作可脱离管体的材料，下面进一步对其进行分析优选。

1. 新型材料聚乳酸

聚乳酸是一种合成的脂肪族聚酯类高分子材料，其聚合单体为乳酸(lactic acid，简称 LA)。聚乳酸为线性聚合物，亲水性差，具有良好的降解、生物水解、生物相容和生物分解吸收等特性。

聚乳酸在酸、碱、自然界中的微生物、动植物体内的酶等条件的作用下分解，产物为二氧化碳和水。合成聚乳酸的单体乳酸可由自然界中的玉米、小麦或其他秸秆发酵而成。可以说聚乳酸来自自然，最后又重新返回自然，是一种无污染、环境友好的材料。随着世界石油资源的日益枯竭，我国石油资源供不应求，与此同时石油基产品所造成的白色污染日益严重，加上可持续发展战略的要求，聚乳酸已成为替代石油基产品的新型环境友好材料。

聚乳酸无毒、无刺激性，通透性、耐热性良好，是具有一定透明度的环境友好型高分子材料。聚乳酸为乳白色固体，密度为 1.15～1.25 g/cm^3，抗拉强度≥48 MPa，断裂伸长度≥4.0%，冲击强度≥2.0 J/cm^2，特性黏数为 0.2～8，玻璃化转变温度为 60～65 ℃，传热系数为 0.025 W/(m^2·K)，熔点为 175～185 ℃。真空条件下温度超过 200 ℃时聚乳酸才会出现明显的热降解，其降解的速率取决于降解的时间、温度、相对分子质量及外界条件(如降解剂的种类和浓度)等。热降解后聚乳酸的性能会受到影响，因此选择加工成型聚乳酸的温度范围为 175～200 ℃。

2. 抗压强度分析

以孤岛油田主力产油层为例，其油层温度一般在 50～100 ℃，远小于聚乳酸的热降解温度(200 ℃)和熔点，因此，选用聚乳酸制作可脱离管体的结构和性能如抗压强度、抗拉强度、断裂伸长度等在井筒中不会受到影响。

选取聚乳酸的类型为相对分子质量 20×10^4、结晶度 34%、左旋聚乳酸，由美国 NatureWorks 生产。根据可脱离式充填筛管人工井壁防砂技术要求，设计可脱离管体的结构，制作可脱离管体物模，如图 9-12 所示。

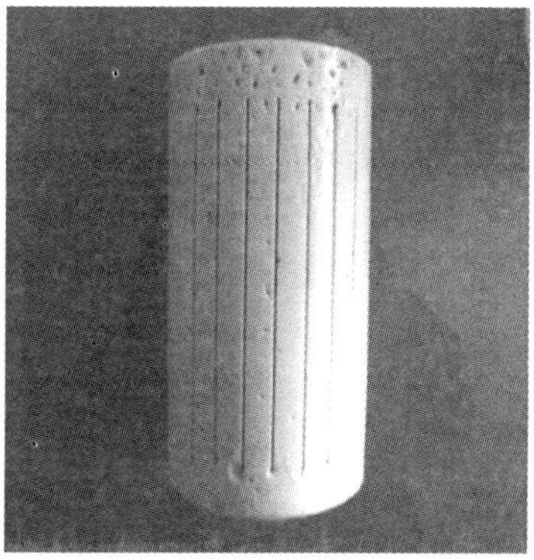

图 9-12 可脱离管体物模

采用万能强度试验机对上述物模进行强度测试，室温(17 ℃)时其抗压强度可达 18.25 MPa，相应地选用PLA-T(实验室自制，70%聚乳酸和 30%碳酸钙粉末熔融共混制得)作为材料制作相同尺寸结构的可脱离管体物模，测量其抗压强度为 17.68 MPa，均满足可脱离管体的抗压强度要求。

3. 降解性能分析

聚乳酸具有良好的降解性，而碳酸钙改性聚乳酸是由碳酸钙粉末与聚乳酸熔融共混制得的混合物，它是由物理改性得到的，因而理论上也具有良好的降解性能。为了进一步对比分析 PLA 与 PLA-T 的降解性能，进行降解性能评价实验。

(1) 实验药品及仪器。

① 实验药品：氢氧化钠、碳酸钙(分析纯)；聚乳酸(美国 NatureWorks，相对分子质量 20×10^4，结晶度 34%，左旋聚乳酸)；PLA-T(实验室自制，70%聚乳酸和 30%碳酸钙粉末熔融共混制得)；蒸馏水等。

② 实验仪器：电热恒温水浴锅、电子天平(BSA423S)等。

(2) 实验方法。

① 分别称取相近质量的 PLA 和 PLA-T 颗粒。

② 配制质量分数为 25%的氢氧化钠溶液作为降解剂。

③ 在 60 ℃水浴条件下降解 PLA 和 PLA-T，降解剂与 PLA(或 PLA-T)的质量比为

100∶1。

④ 分别在0 h,1 h,2 h,3 h时记录PLA(或PLA-T)的质量,按式(9-1)计算降解程度:

$$DD=\frac{m_1-m_2}{m_1}\times 100\% \tag{9-1}$$

式中 DD——降解程度,%;

m_1——降解前质量,g;

m_2——降解后质量,g。

⑤ 记录数据,画出图表。

(3) 实验结果与分析。

实验结果如表9-1和图9-13所示。实验结果表明,两种可降解材料PLA和PLA-T在3 h之内的降解程度均大于70%,具有良好的降解性能;相同降解时间条件下,PLA-T的降解程度略大于PLA,因而PLA-T的降解性能略优于PLA。这是因为PLA-T是由碳酸钙粉末与聚乳酸在熔融状态下均匀混合后冷却制得的,PLA-T材料中的碳酸钙粉末均匀分散在聚乳酸基质中,在降解过程中碳酸粉末本身不参与降解反应而直接脱落,脱落后聚乳酸基质增大了与降解剂的反应接触面积,因此PLA-T的降解反应更快,相同降解时间的降解程度更大,降解性能更优。

表9-1 PLA/PLA-T降解性能评价实验结果

材 料	指 标	时间/h			
		0	1	2	3
PLA	质量/g	0.387	0.268	0.167	0.095
	降解程度/%	0	30.75	56.85	75.45
PLA-T	质量/g	0.364	0.225	0.131	0.060
	降解程度/%	0	38.19	64.01	83.52

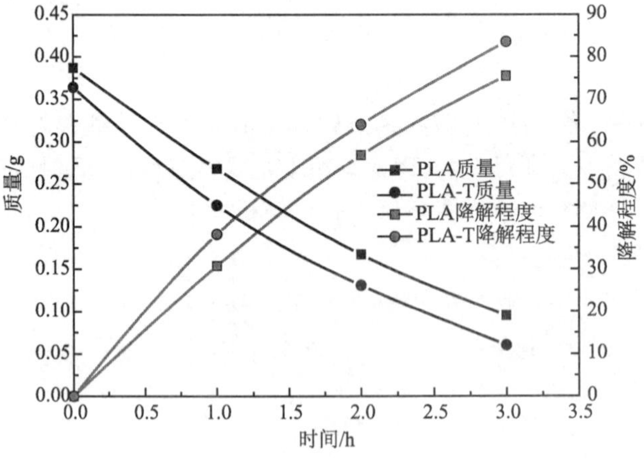

图9-13 PLA/PLA-T质量和降解程度与时间的关系曲线

4. 加工性能分析

聚乳酸具有良好的物理性能和机械性能,其强度高、可塑性强,易于加工成型,适用于吹塑、热塑、挤出、拉伸、注射等各种加工方法，加工方便，应用十分广泛。它可用于加工从工业到民用的各种塑料制品如无纺布、食品包装、卫生用品等，目前已经被广泛应用于医疗、药学、农业、包装和服装等领域，被认为是最有希望的材料。碳酸钙共混改性聚乳酸，其基质分子结构并未发生本质性改变，依然为聚乳酸分子，而均匀分散于其中的碳酸钙粉末起到“桥接”的作用，能够增加基质间应力的传导，从而改善基质的力学性能。因此，碳酸钙改性聚乳酸也具有良好的物理性能和机械性能。

5. 成本及安全环保分析

(1) 成本分析。

聚乳酸是一种脂肪族聚酯类高分子聚合物，是由乳酸分子在一定条件下缩聚而成的，乳酸可由自然界中的玉米、小麦或植物秸秆发酵而成，来源广泛，成本低廉，目前已在医药卫生、包装服装等领域广泛应用。碳酸钙是一种常用的建筑材料，相比聚乳酸成本更低。因而，材料 PLA-T 相比 PLA 具有明显的成本优势。

(2) 安全环保分析。

如(1)中所述，聚乳酸属于可再生资源，其合成原料来自农作物。聚乳酸无毒、无刺激性，具有良好的生物相容性，可以被用作手术缝合线、药物缓释剂、骨骼固定材料以及组织工程支架等，在医学领域得到了成功应用。聚乳酸的降解产物无论是中间产物乳酸单体还是最终降解产物二氧化碳和水，均是环境友好、无毒无害的物质。碳酸钙、聚乳酸均不属于危险品。因此，PLA-T 和 PLA 均属于环保、安全材料。

6. 材料的选取

综合上述实验结果及分析，材料 PLA-T 的抗压强度略小于 PLA，但是仍然满足可脱离式充填筛管人工井壁防砂技术的要求；PLA 和 PLA-T 的降解性能均达到降解所需标准，但是 PLA-T 的降解性能更优于 PLA；材料 PLA-T 和 PLA 均安全环保，而 PLA-T 的成本更低，见表 9-2。因此，综合考虑材料性能，确定选取 PLA-T 作为可脱离管体的制作材料。

表 9-2 可脱离管体材料综合分析与优选

材 料	抗压强度/MPa	降解程度/%	成 本	安全环保
PLA-T	17.68	83.52	√	√
PLA	18.25	75.45	—	√
筛选参考标准	15	70	—	

注：“√”表示符合选择要求；“—”表示不建议选用。

第三节 可脱离式充填筛管用降解剂及其降解机理研究

一、PLA-T 管体降解实验方法

1. 实验药品及仪器

(1) 实验药品。

PLA-T(实验室自制，70%聚乳酸和 30%碳酸钙粉末熔融共混制得)，聚乳酸(美国

NatureWorks，相对分子质量 20×10^4，结晶度 34%，左旋聚乳酸）；氢氧化钠、乙酸、盐酸、苯酚、乙醇、甘油、丙酮、乙酸乙酯、二甲基甲酰胺、二甲亚砜、丁酮、乙二胺、氯化钠、碳酸钙（国药集团化学试剂有限公司，分析纯）；YDBE（多元醇混合酯，主要成分为二乙酸乙二酯，常州海正化学试剂有限公司）；去离子水等。

(2) 实验仪器。

赛多利斯电子天平 BSA423S、电热恒温水浴锅、HITACHI S-4800 SEM。

2. 降解剂最优配方筛选

(1) 按质量比 100∶1 称取初选的复配降解剂与 PLA-T，评价 60 ℃水浴条件下放置3 h 后 PLA-T 的降解情况。

(2) 以降解程度为初选指标，若 3 h 内 PLA-T 的降解质量超过 70%，则将其作为降解剂备选配方，否则调整试剂种类及复配比例，并重复实验直至筛选出符合实验要求的配方。

(3) 以降解速率为优选指标，优化(2)中筛选出的备选配方中的各组分配比，筛选出降解速率快的体系作为降解剂优化配方。

(4) 考虑井液稀释时最优配方的确定：用去离子水稀释(3)中筛选出的降解剂至 70%，评价稀释后降解剂水溶液的稳定性（搅拌、静置后是否分层）及其降解性能，重复步骤(2)和(3)，直至筛选出可脱离式充填筛管的最优降解体系。

降解程度计算方法见公式(9-1)，降解速率计算方法见公式(9-2)。

$$DV=\frac{\Delta m}{\Delta T} \tag{9-2}$$

式中 DV——降解速率，mg/min；

ΔT——降解时间，min；

Δm——质量变化量，mg。

3. 降解剂性能评价

(1) 评价 50 ℃，60 ℃，70 ℃，80 ℃油藏温度下降解剂的耐温性能。

(2) 在 60 ℃条件下加入去离子水模拟井液稀释，评价降解剂稀释后质量分数分别为 90%，80%，70%时的降解性能。

(3) 在 60 ℃、降解剂质量分数 70%的条件下配制模拟地层水，评价 10 000 mg/L，50 000 mg/L，100 000 mg/L 矿化度下降解剂的耐盐性能。

4. 降解剂降解机理研究

按质量比 100∶1 称取一定质量的 PLA-T 和降解剂，在 60 ℃、质量分数为 100%的条件下进行降解实验，分别制得反应时间为 0 min，5 min，10 min，15 min，20 min 的 5 组样品，采用 SEM 方法观察 5 组样品的表面结构，研究降解剂的降解机理。

二、PLA-T 管体降解试验分析

1. 降解剂最优配方

进行降解剂最优配方的筛选实验，实验结果见表 9-3。

表 9-3 降解剂初步筛选实验结果

序号	药品	比例(质量比)	结果
1	YDBE∶氢氧化钠∶水	89.1∶1∶9.9	180 min,降解程度<70%
2	YDBE∶氢氧化钠∶水	85∶5∶10	180 min,降解程度<70%
3	YDBE∶乙酸∶水	85∶5∶10	180 min,降解程度<70%
4	YDBE∶HCl∶水	86.8∶1.3∶11.9	180 min,降解程度<70%
5	YDBE∶水	99∶1	180 min,降解程度<70%
6	YDBE∶苯酚	99∶1	180 min,降解程度<70%
7	YDBE∶苯酚∶水	74∶1∶25	180 min,降解程度<70%
8	YDBE∶二甲基甲酰胺	99∶1	180 min,降解程度<70%
9	YDBE∶二甲基甲酰胺∶水	74∶1∶25	180 min,降解程度<70%
10	YDBE∶二甲亚砜	90∶10	180 min,降解程度<70%
11	YDBE∶甘油∶氢氧化钠∶水	50∶29∶1∶20	180 min,降解程度<70%
12	YDBE∶乙醇∶氢氧化钠∶水	70∶15∶5∶10	180 min,降解程度<70%
13	YDBE∶二甲亚砜∶氢氧化钠∶水	50∶20∶10∶20	180 min,降解程度<70%
14	YDBE∶二甲亚砜∶氢氧化钠∶水	60∶5∶15∶20	180 min,降解程度<70%
15	YDBE∶乙醇∶苯酚∶水	81∶10∶3∶6	180 min,降解程度<70%
16	丙酮∶YDBE	30∶70	70 min,完全降解
17	丙酮∶乙酸乙酯	30∶70	30 min,完全降解
18	丙酮∶二甲基甲酰胺	50∶50	30 min,完全降解
19	丙酮∶二甲亚砜	50∶50	31 min,完全降解

依据 PLA-T 的材料特性,选取 YDBE、丙酮为基液,分别与酸性、碱性、中性以及强氧化性等原料组合,并调整配比制备出有机降解剂进行降解实验,结果见表 9-3。初步筛选出降解剂配方为丙酮∶YDBE=30∶70,丙酮∶乙酸乙酯=30∶70,丙酮∶二甲基甲酰胺=50∶50,丙酮∶二甲亚砜=50∶50(均为质量比)。

针对初选出的 4 种降解剂,通过降解实验优选各组分配比,结果见表 9-4。实验发现,第 2 组~第 10 组降解剂配方在 3 h 内的降解程度均达到 100%,完全降解时间相差不大,均具有良好的降解性能。但考虑到丙酮的挥发性较强,因而选取配方为丙酮∶乙酸乙酯=0.5∶99.5,丙酮∶二甲基甲酰胺=0.5∶99.5(均为质量比)。

表 9-4 降解剂优化配比实验结果

序号	药品	比例(质量比)	结果
1	丙酮∶YDBE	15∶85	180 min,降解程度小于 70%
2	丙酮∶乙酸乙酯	15∶85	32 min,完全降解
3	丙酮∶乙酸乙酯	5∶95	33 min,完全降解
4	丙酮∶乙酸乙酯	1∶99	43 min,完全降解

续表

序　号	药　品	比例(质量比)	结　果
5	丙酮：乙酸乙酯	0.5：99.5	41 min,完全降解
6	丙酮：二甲基甲酰胺	30：70	30 min,完全降解
7	丙酮：二甲基甲酰胺	15：85	30 min,完全降解
8	丙酮：二甲基甲酰胺	1：99	37 min,完全降解
9	丙酮：二甲基甲酰胺	0.5：99.5	42 min,完全降解
10	丙酮：二甲亚砜	30：70	50 min,完全降解
11	丙酮：二甲亚砜	15：85	180 min,降解程度小于 70%

考虑井筒积液会稀释降解剂的有效浓度,从而影响其降解性能,因此将表 9-4 中确定的降解剂按质量比 70：30 与蒸馏水混合,以模拟井筒积液的稀释影响。由表 9-5 所示稀释实验结果发现,第 1 组实验中降解剂(丙酮：乙酸乙酯＝0.5：99.5)与蒸馏水混合静置后分层不互溶,故排除。降解剂(丙酮：二甲基甲酰胺＝0.5：99.5)与蒸馏水混合静置后完全互溶,但 3 h 内降解程度小于 70%,故调整其组分和配比进行降解实验。综合考虑降解程度(≥70%)与降解速率,确定可脱离式充填筛管降解剂配方为丙酮：二甲基甲酰胺：乙二胺＝21：14：35(3：2：5)。

表 9-5　降解剂最优配方实验结果

序　号	药　品	比例(质量比)	结　果
1	丙酮：乙酸乙酯：去离子水	0.05：69.65：30	不混溶
2	丙酮：二甲基甲酰胺：去离子水	0.05：69.65：30	混溶,但 180 min 降解程度小于 70%
3	丙酮：二甲基甲酰胺：去离子水	35：35：30	混溶,但 180 min 降解程度小于 70%
4	丙酮：二甲基甲酰胺：去离子水	21：49：30	混溶,但 180 min 降解程度小于 70%
5	丙酮：二甲基甲酰胺：丁酮：去离子水	21：28：21：30	混溶,但 180 min 降解程度小于 70%
6	丙酮：二甲基甲酰胺：丁酮：去离子水	28：7：35：30	混溶,但 180 min 降解程度小于 70%
7	丙酮：二甲基甲酰胺：乙二胺：去离子水	21：14：35：30	混溶,180 min 内完全降解

2. 不同温度条件下降解性能的评价

降解剂的降解性能受温度影响显著。温度越高,经过相同的降解时间 PLA-T 的剩余质量越少,降解程度越高;温度越高,降解速率随时间的波动越明显,峰值越大,70%降解(或100%降解)时间越短,如图 9-14～图 9-16 所示。

当油藏温度为 50～80 ℃,降解时间为 6～24 min 时,降解剂的温度适用范围较广,降解效率高,具有良好的耐温性能。

3. 不同矿化度条件下降解性能的评价

降解剂的降解性能受矿化度的影响较小:矿化度为 10 000 mg/L,50 000 mg/L,100 000 mg/L的条件下,PLA-T 的剩余质量、降解程度随时间的变化规律基本一致,70%降解时间、100%降解时间略有下降;矿化度为 10 000 mg/L,50 000 mg/L 的条件下,降解速率随时间的变化规律基本一致,当矿化度为 100 000 mg/L 时,降解速率的峰值略有增大,如图 9-17～图 9-19 所示。

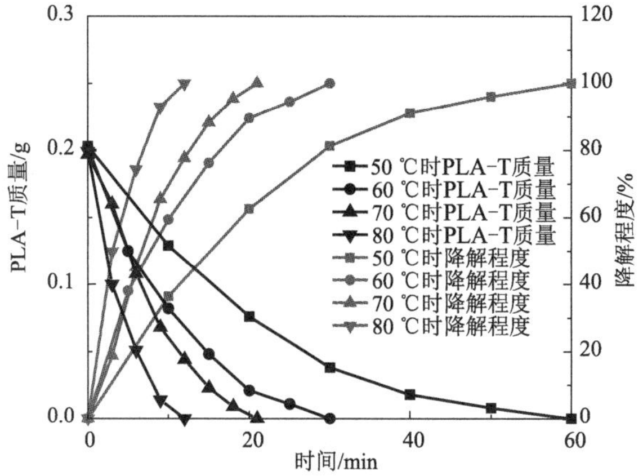

图 9-14 50～80 ℃时 PLA-T 质量、降解程度与时间的关系曲线

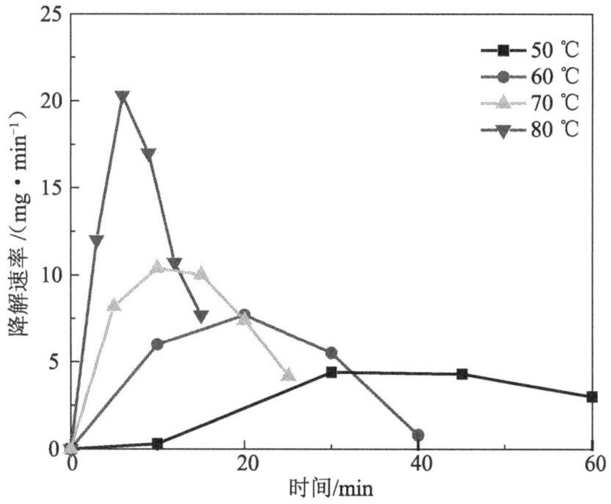

图 9-15 50～80 ℃时 PLA-T 降解速率与时间的关系曲线

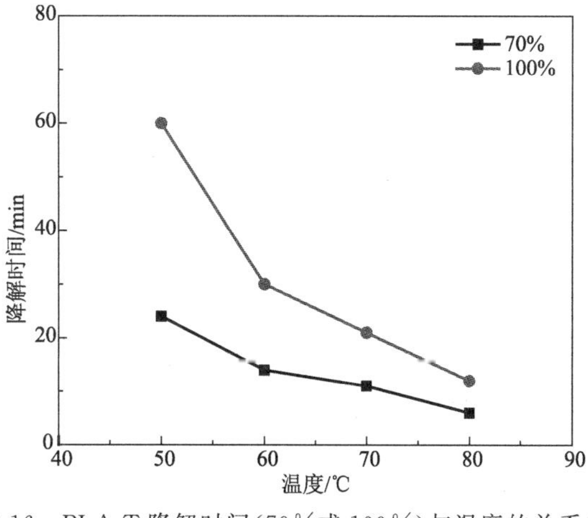

图 9-16 PLA-T 降解时间(70%或 100%)与温度的关系曲线

矿化度在 10 000～100 000 mg/L 时，其降解时间为 80～92 min，降解剂在矿化度高达 100 000 mg/L的地层水(或井筒积液)中依然具有良好的降解性能；在矿化度为 10 000～100 000 mg/L时，降解时间基本不变，降解性能受矿化度的影响较小，降解剂具有良好的耐

盐性能。

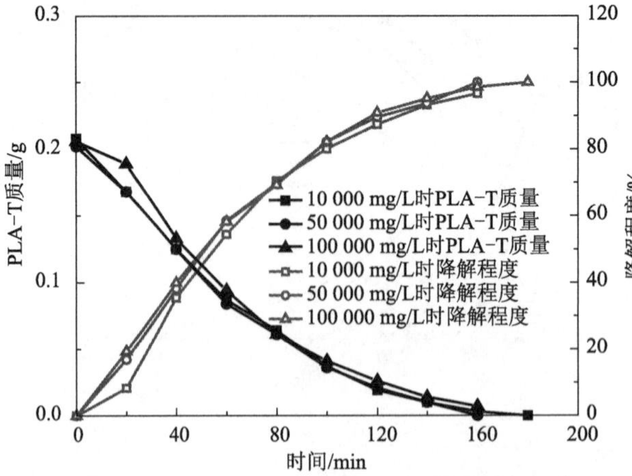

图 9-17　10 000～100 000 mg/L 矿化度时 PLA-T 质量、降解程度与时间的关系曲线

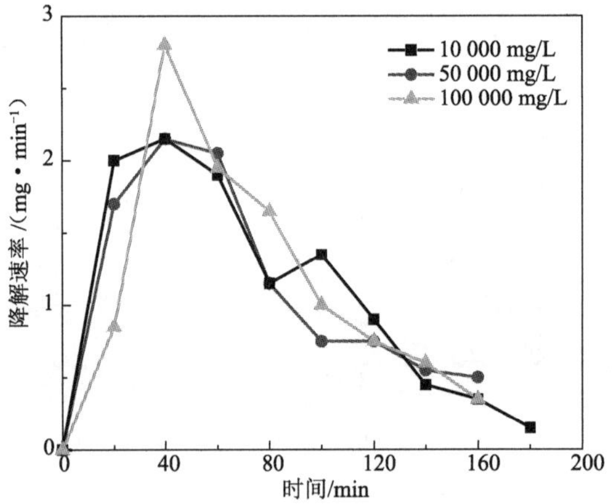

图 9-18　10 000～100 000 mg/L 矿化度时 PLA-T 降解速率与时间的关系曲线

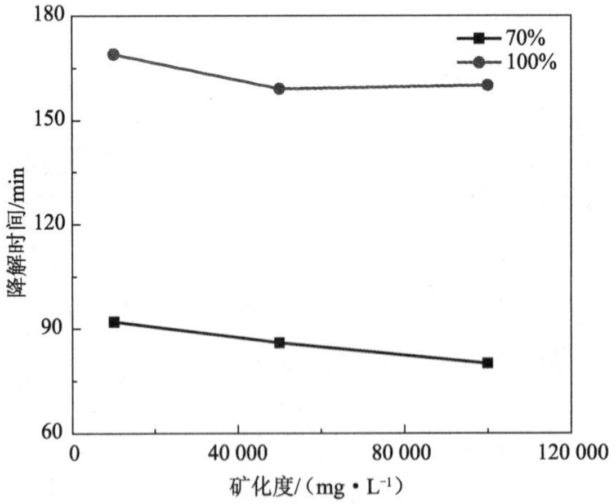

图 9-19　PLA-T 降解时间(70%或 100%)与矿化度的关系曲线

4. 不同质量分数条件下降解性能的评价

降解剂的降解性能受质量分数影响也较为显著：质量分数越大，经过相同的降解时间，PLA-T 的剩余质量越小，降解程度越高；质量分数越大，降解速率随时间的波动越明显，峰值越大，70％降解(或 100％降解)时间越短，如图 9-20～图 9-22 所示。

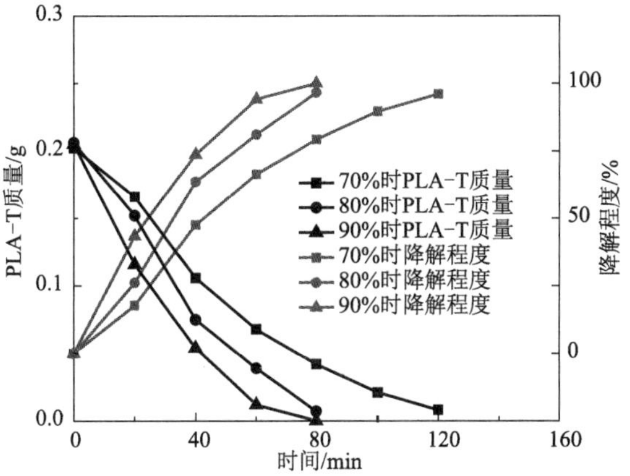

图 9-20 70％～90％时 PLA-T 的质量、降解程度与时间的关系曲线

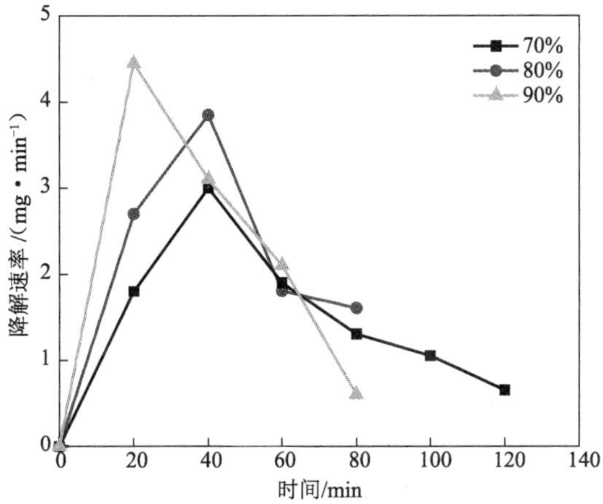

图 9-21 70％～90％时 PLA-T 的降解速率与时间的关系曲线

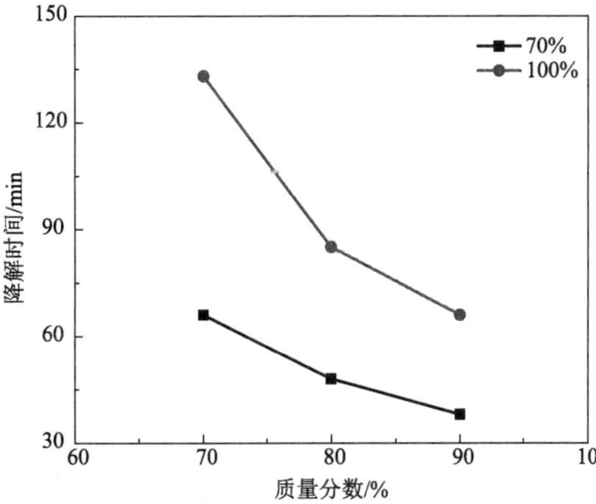

图 9-22 PLA-T 的降解时间(70％或 100％)与质量分数的关系曲线

降解剂质量分数为70%～90%时，降解时间为38～66 min，降解剂质量分数稀释到70%时，依然能够对PLA-T实现高效降解，具有良好的耐稀释性能。

三、PLA-T管体降解机理分析

从化学角度来讲，PLA-T的主体成分是聚乳酸，降解剂的加入能够使聚乳酸的酯键水解成乳酸单体，从而实现PLA-T的降解。

从表面结构形态变化来看，在降解剂的作用下，PLA-T的表面结构随时间的变化情况如图9-23所示。

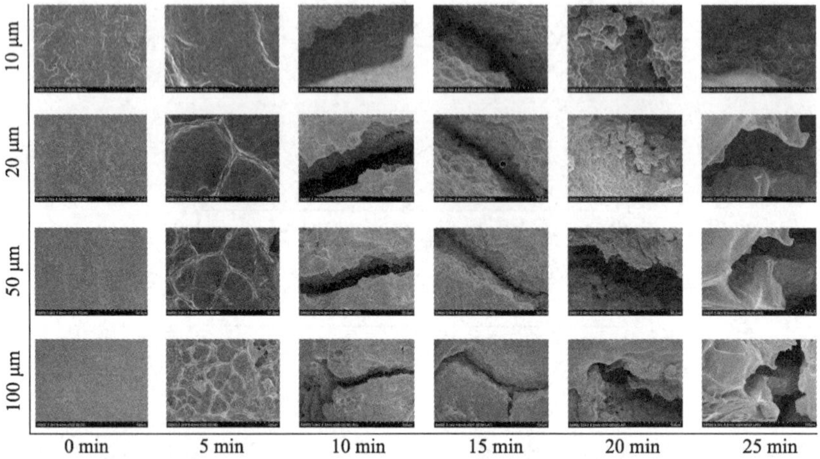

图9-23　60 ℃，100%时通过SEM观察PLA-T表面结构随反应时间的变化情况

反应前，PLA-T的表面结构光滑平整，无明显裂纹；反应5 min时，PLA-T的表面产生明显裂纹，并逐渐开始产生裂缝；当反应进行到10 min时，PLA-T表面的裂纹发育成裂缝；随着反应的进行，降解剂开始作用于缝口边缘，同时沿裂缝深入到PLA-T内部，对缝壁及内部结构产生破坏，从15 min的反应情况可以看出，此时的裂缝宽度变大，裂缝边缘及壁面变得粗糙；而后随着反应的继续进行，降解剂不断地沿裂缝进入PLA-T的内部，同时继续破坏已有的裂缝结构，导致裂缝结构变得不规则(20 min)；随着反应的进行，这种趋势逐渐向四周扩散，最终形成裂缝—孔洞结构(25 min)；当反应进行到30 min时，PLA-T几乎完全降解，不能观察其表面结构。

在降解的0～20 min，PLA-T表面结构经历的变化过程为光滑表面—裂纹—裂缝—不规则裂缝。在此过程中，PLA-T与降解剂反应的接触面积逐渐增大，虽然降解剂的质量分数一直在减小，但是反应接触面积的影响显然强于质量分数变化，因此反应速率逐渐增大；从20 min开始，PLA-T的表面结构从不规则裂缝过渡到裂缝—孔洞结构，虽然这一结构变化过程增加了反应接触面积，但是相比0～20 min，其增加量明显减小，与此同时，降解剂的质量分数一直降低，其对降解速率的影响逐渐增强，因此，反应20 min时降解速率达到峰值，从20 min开始降解速率逐渐降低，这与图9-15所示的宏观降解规律相符。

根据实验结果，降解剂首先作用于PLA-T的表面，破坏其结构，致使其产生裂缝；然后纵向上沿裂缝深入到PLA-T的内部并破坏其内部结构，同时横向上沿裂缝壁面、裂缝边缘破坏PLA-T的表面结构，这两者几乎同时进行，此过程中裂缝进一步发育为不规则裂缝、裂缝—孔洞；随着反应的进行，微观上PLA-T的结构由表及里逐渐被破坏，宏观上PLA-T的体积、质量逐渐减小，最终 PLA-T 的结构被破坏完全，其体积、质量减小为零，降解过程结束。

四、矿场应用实例

GDN10X52 井生产层位 $Ng3^3$，砂厚及有效厚度均为 10.30 m，射孔段为 1 215.60～1 221.00 m，孔隙度为 31.50%，渗透率为 575×10^{-3} μm^2，粒径中值为 0.125 mm，泥质含量为 7.95%，1 220 m 处有套变。该井因套变于 2015 年 8 月 6 日挂滤生产，至 2015 年 10 月 6 日出砂躺井，有效期仅为 60 d。分析发现是由滤砂管下入过程中的碰撞损坏而导致的防砂失效。2015 年 10 月 4 日采用管内人工井壁无筛管防砂，施工过程泵注排量为1.5 m^3/min，充填树脂涂覆砂 10 t，施工泵压上升至 20 MPa，于 2015 年 10 月 9 日开井生产，采油曲线如图 9-24 所示，目前防砂有效期已达 328 d，至今未见出砂现象。

表 9-6 可脱离式充填筛管防砂施工程序表

防砂阶段	防砂程序	注入排量/($m^3\cdot min^{-1}$)	阶段时间/min	阶段总液量/m^3	树脂涂覆砂总用量/t
1	下入可脱离式充填筛管	—	—	—	—
2	泵注前置液(防膨抑砂剂)	1.2	10	12	—
3	泵注携砂液	1.5	20	30	10
4	泵注顶替液	1.5	3	4.5	—
5	关井候凝	—	2880	—	—
6	泵注降解剂	0.3	180	10	—
7	起出可脱离式充填筛管	—	—	—	—
8	下 泵	—	—	—	—
9	开井生产	—	—	—	—

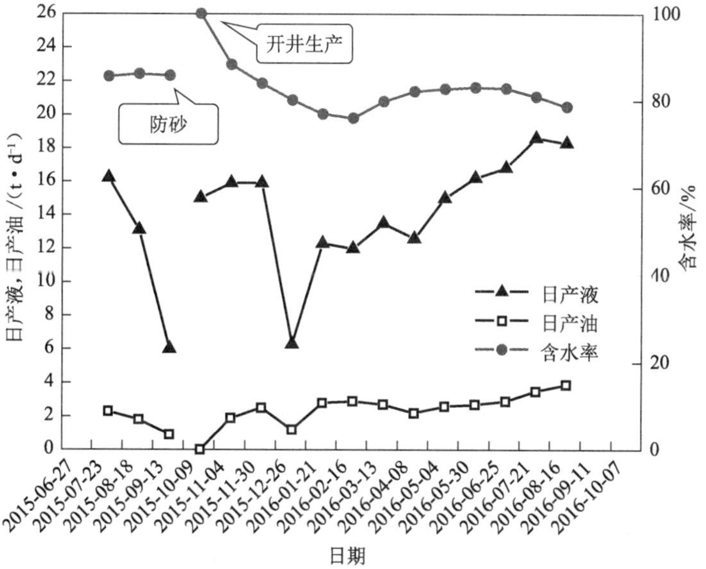

图 9-24 GDN10X52 井采油曲线

参考文献

[1] 齐宁. 疏松砂岩油藏防砂增产一体化技术研究. 青岛:中国石油大学(华东),2007.

[2] 何生厚,张琪. 油气井防砂理论及其应用. 北京:中国石化出版社, 2003.

[3] 邓金根,李萍,周建良,等. 中国海上疏松砂岩适度出砂井防砂方式优选. 石油学报,2012,33(4):676-679.

[4] 郑伟林. 水平井可钻滤砂管的研制与应用. 石油钻采工艺,2012,34(3):94-97.

[5] 施进,李鹏,贾江鸿. 筛网式滤砂管挡砂效果室内试验. 石油钻探技术, 2013,41(3):104-108.

[6] 龚宁,戈旭博,张志涛. 孤岛油田绕丝筛管充填防砂常见故障分析与处理. 石油天然气学报,2011,33(3):144-147.

[7] 董长银,贾碧霞,刘春苗,等. 机械防砂筛管挡砂介质堵塞机制及堵塞规律试验. 中国石油大学学报(自然科学版),2011,35(5):82-88.

[8] TOELSIE S, GOERDAJAL P. Sand control in shallow unconsolidated sandstone oil reservoirs at Staatsolie N. V. Suriname. SPE 165188, 2013.

[9] 张晶. 适合于套变井的新型化学防砂技术研究.北京:中国石油大学(北京),2007.

[10] 刘帅,齐宁. 一种可溶性环保滤砂管. 中国:ZL201520504177. 5, 2016. 01. 13.

[11] 曹雪波,王远亮,潘君,等. 马来酸酐改性聚乳酸的力学性能研究. 高分子材料科学与工程,2002,18(1):115-118.

[12] 蔡艳华,颜世峰,尹静波,等. 聚 L-乳酸/二氧化硅纳米复合材料的降解性能研究. 功能材料,2010,12(41):2213-2215.

[13] 徐晓强. 改性剑麻纤维增强聚乳酸复合材料的性能和降解行为研究. 广州:华南理工大学,2013.

[14] ZOU H T, YI C H, WANG L X, et al. Crystallization, hydrolytic degradation, and mechanical properties of poly(trimethylene terephthalate)/poly(lactic acid) blends. Polym. Bull. ,2010,64:471-481.

[15] 张敏,崔春娜,宋洁. 聚乳酸降解的影响因素和降解机理的分析. 包装工程,2008,29(8):16-18.

[16] TISSERAT B, FINLKENSTADT V L. Degradation of poly (*L*-lactic acid) and biocomposites by alkaline medium under various temperatures. J Polym Environ, 2011, 19: 766-775.

[17] Piemonte V, Gironi F. Kinetics of hydrolytic degradation of PLA. J Polym Environ, 2013, 21: 313-318.

[18] PARK K I, XANTHOS M. A Study on the degradation of polylactic acid in the presence of phosphonium ionic liquids. Polymer Degradation and Stability, 2009, 94: 834-844.

[19] Ning Qi, Boyang Li, Wenbin Cai, et al. An optimal degrading agent formulation for detachable packing screens applicable for screenless sand control. Journal of Petroleum Science and Engineering,2018,(162):813-821.

第十章

冲砂技术

第一节　水力冲砂

一、常规冲砂工艺

我国各大油田相继进入开采中后期，各油田普遍采用水力冲砂的方式将油井中的积砂冲到地面，一般采用大排量的冲砂液进行冲砂，使井底砂子排出。

常规的冲砂方式按照冲砂液和携砂液的流动通道分布，可以分为正冲砂和反冲砂两类。但对于地层压力比较低的油气藏，在冲砂过程中常常出现大量冲砂液进入地层，对油气层造成污染和伤害的情况。例如在油田事故井冲砂作业过程中，开泵后大量的冲砂液进入地层，致使井口返出量很少，甚至完全没有返出，所以在冲砂时需采用负压冲砂或是采用双层管柱将油层封隔开。

下面分别介绍几种常见的冲砂管柱结构。

1. 负压冲砂管柱

如图 10-1 所示，来自地面动力泵的高压冲砂液由动力液管下行，越过桥式筒，进入高压腔，分为两路：30％的高压冲砂液由搅砂喷嘴喷出，冲击井底，搅动沉砂后上返到桥式筒的入口；70 ％的高压冲砂液由喷射嘴高速喷出，由于液流速度高，使液柱周围压力降低，形成负压区。在井底压力与负压区之间的压差作用下，搅砂喷嘴搅起的沉砂与工作过的废动力液一起被吸入扩压器喉管，在高速射流的携带下进入扩压器，速度降低，压力升高到喷射泵应有的排出压力。混合后的携砂液沿冲砂管返回地面，随着冲砂器的逐渐下放，完成整个油井的冲砂工作。

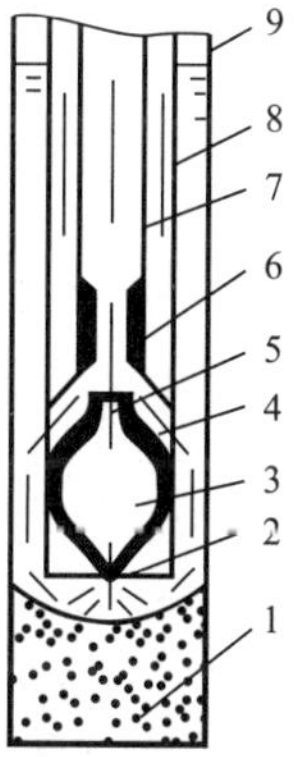

图 10-1　负压冲砂管柱示意图

1—井底沉砂；2—搅砂喷嘴；3—高压腔；4—桥式筒；5—喷射嘴；6—扩压器喉管；7—冲砂管；8—动力液管；9—油层套管

2. 空心杆分段冲砂管柱

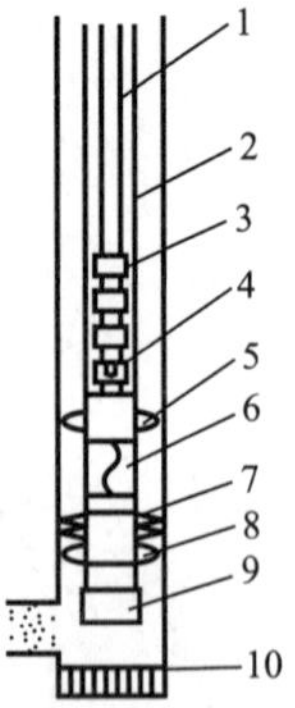

图 10-2 空心杆分段冲砂管柱示意图

1—空心杆；2—油管；3—分段冲砂器；4—单流阀；5—扶正器；6—螺杆泵；7—油管锚；8—扶正器；9—十字叉；10—人工井底

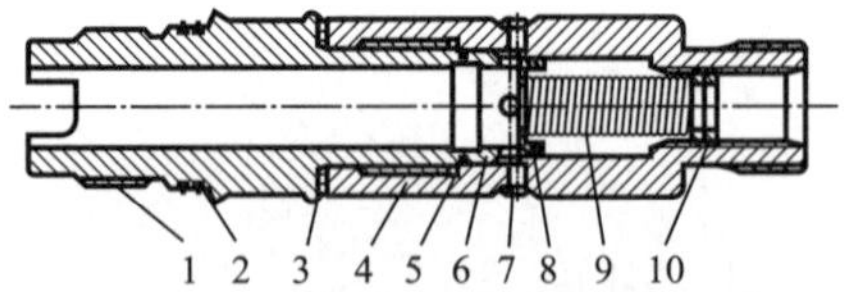

图 10-3 空心杆分段冲砂器结构示意图

1—上接头；2，5，8—盘根；3—铜垫；4—主体；6—节流滑套；7—橡胶套；9—弹簧；10—调节螺母

3. 同心双管双封隔器冲砂管柱

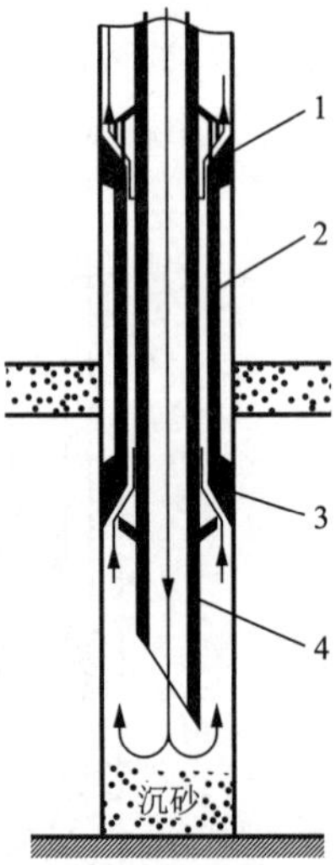

图 10-4 同心双管双封隔器冲砂管柱示意图

1—上封隔器；2—外冲砂管；3—下封隔器；4—内冲砂

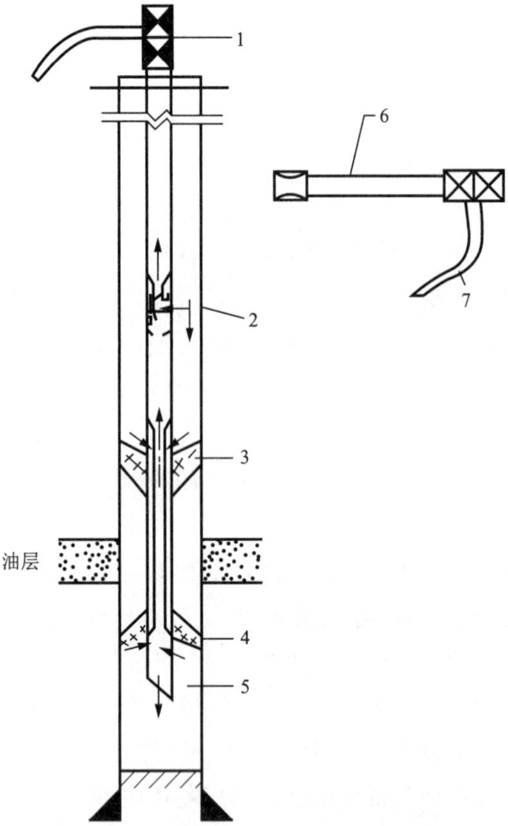

图 10-5 防污染连续冲砂管柱示意图

1—液流控制组合阀；2—负压举升装置；3—B-F 封隔器；4—Z-F 封隔器；5—冲砂喷嘴；6—待接油管；7—软管线

二、砂粒水动力学分析及固液两相管流计算方法

在冲砂设计中，作业液环空上返流速的确定具有重要意义。如果选择的冲砂排量较小，由于井眼中上返流速小，不能有效地携带砂粒，井底砂子就很难排出，致使作业时间过长，甚至作业失败。因此，很有必要从水力学角度对冲砂作业过程中流体力学进行理论分析，建立力学模型，确定合理的临界上返速度，同时建立固液两相流动模型，为排砂作业相关参数的系统设计提供基础。

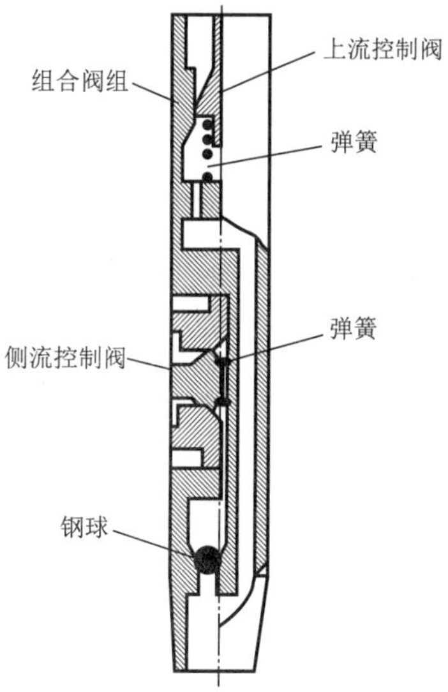

图 10-6　液流控制组合阀

1. *砂粒受力分析*

综合前人的研究成果，可将固液两相流中颗粒的受力分为：与流体-颗粒相对运动无关的力，如重力；依赖于流体-颗粒间相对运动，且方向与运动方向一致的力，如阻力、附加质量力及 Basset 力等；依赖于流体-颗粒间相对运动，且方向与运动方向垂直的力，如 Magnus 力、Saffman 力等。

（1）阻力。

颗粒在液相中的阻力是颗粒与液体间相互作用的最基本形式。物体在流体中运动，流体的黏度对物体运动发生了阻抗作用，消耗了机械能，对运动着的物体产生了阻力。流体的黏性是产生阻力的根本原因。运动物体的阻力分为两部分：一部分是由切应力产生的摩擦阻力；另一部分是由法应力产生的压力阻力。黏性流体中，切应力及法应力的大小是由不同因素决定的，一般地说，阻力是雷诺数和物体形状的函数。当雷诺数较小时，摩擦阻力占主要地位，压力阻力次之；当雷诺数中等时，摩擦阻力与压力阻力均起作用；当雷诺数较大时，压力阻力起主要作用，而摩擦阻力占次要地位。

Stokes(1851)最早研究了单个圆球、圆柱体和无限长平板在黏性流体中的简谐直线运动。Stokes 假设流体绕球流动的速度极慢，以致其惯性力可以忽略不计，由此推导出的黏性流体对圆球作等速运动所产生的阻力 F_D 为：

$$F_D = 3\pi\mu d u \tag{10-1}$$

式中　μ——黏度，Pa · s；

u——圆球运动速度，m/s；

d——圆球的直径，m。

当雷诺数 $Re<1$ 时，Stokes 的圆球阻力计算公式基本与实验相符。但当 $Re>1$ 时，由于惯性力加强，仅考虑黏性力而忽略惯性项的 Stokes 运动方程就与实验不符了。此后，许多研究者对 Stocks 运动方程作了不同程度的改进，但基本上都没有对 Stocks 理论做出实质性的改进，适用范围都受到严格的限制。

通过引入阻力系数 C_D 的球形颗粒阻力半经验公式为：

$$F_D = \frac{\pi}{8} C_D \rho_l d_s^2 (u_l - u_s) \left| u_l - u_s \right| \tag{10-2}$$

式中　C_D——阻力系数，无因次；

ρ_l——流体密度，kg/m³；

d_s——圆球颗粒的直径，m；

u_l——流体的运动速度，m/s；

u_s——颗粒的运动速度，m/s。

（2）颗粒重力。

$$F_{重力}=\frac{1}{6}\pi d_s^3\rho_s g \tag{10-3}$$

式中 ρ_s——固相颗粒的密度，kg/m³，

g——重力加速度，m/s²。

颗粒在流体中所受的浮力为：

$$F_{浮力}=\frac{1}{6}\pi d_s^3\rho_l g \tag{10-4}$$

由式(10-3)和式(10-4)可得固相颗粒在液相流体中的有效重力(浮重)为：

$$F_{浮重}=\frac{\pi d_s^3}{6}(\rho_s-\rho_l)g \tag{10-5}$$

（3）附加质量力。

当颗粒相对于流体作加速运动时，不但颗粒的速度越来越大，而且在颗粒周围的液体速度也会增大。推动颗粒运动的力不但使颗粒本身的动能增加，而且使流体的动能增加，这个力将大于使颗粒加速的力 $m_s a_s$，其效应等价于颗粒的质量增加，称之为虚质量力或附加质量力。

一般来说，附加质量力 F_a 的表达式为：

$$F_a=\frac{1}{6}\pi d_s^3\rho_l k\left(\frac{du_l}{dt}-\frac{du_s}{dt}\right) \tag{10-6}$$

式中 $\frac{du_l}{dt}-\frac{du_s}{dt}$—— 相对加速度，m/s²。

式(10-6)中，k 与颗粒形状有关，当颗粒为球体时，k 取$\frac{1}{2}$；对于与流动同向的短长轴之比为$\frac{1}{2}$的椭球，k 取$\frac{1}{5}$。

（4）Basset 力。

当颗粒在静止的黏性流体中做直线运动时，由于黏性的存在，即当颗粒有加速度时，颗粒周围的流场不能马上达到稳定。因此，流体这个计及颗粒加速度历程(时间 t' 由 $t_0\sim t$)的瞬时阻力为 Basset 加速度力。

$$F_B=-\frac{3}{2}d_s^2\rho_l\sqrt{\pi\nu}\int_{t_0}^{t}\frac{\frac{du_s}{dt}-\frac{du_l}{dt}}{\sqrt{t-t'}}dt' \tag{10-7}$$

式中 ν——运动黏滞系数，m²/s。

（5）升力。

升力包括 Magnus 力和 Saffman 力。

① Magnus 力：颗粒在流场中运动时不可避免地会发生旋转，同时产生一个作用于颗粒的侧向力，这种由于颗粒旋转而产生的侧向力称为 Magnus 升力。

颗粒在流体中所受的 Magnus 力为：

$$F_{M}=\frac{1}{8}\pi d_{s}^{3}\rho_{l}\omega(u_{l}-u_{s}) \tag{10-8}$$

式中 ω——颗粒角速度，rad/s。

② Saffman 力：如果颗粒足够大，并且绕过颗粒的流场有很大的速度梯度（如在近壁区），则会产生垂直于颗粒与流体相对速度方向的升力，称为 Saffman 力。

颗粒在流体中所受的 Saffman 力为：

$$F_{S}=1.62d_{s}^{2}\sqrt{\rho_{l}\mu}(u_{l}-u_{s})\sqrt{\left|\frac{du_{l}}{dy}\right|} \tag{10-9}$$

式中 $\frac{du_{l}}{dy}$——流场速度梯度，1/s。

该表达式是在 Re 数很小，且球形颗粒处于无界的均匀剪切流场的条件下求得的，一般来说只有当两相流中固体壁面附近速度梯度较大时才需考虑 Saffman 力。

根据受力分析可以得到固液两相流中固相颗粒的运动方程为：

$$\frac{1}{6}\pi d_{s}^{3}\rho_{s}\frac{du_{s}}{dt}=F_{D}+F_{浮重}+F_{a}+F_{B}+F_{M}+F_{S} \tag{10-10}$$

2. 颗粒在液体中沉降速度的计算

(1) 颗粒沉降的不同形式。

颗粒在静止液体中等速下沉时的速度称为颗粒的沉降速度，简称沉速。颗粒愈粗，沉降速度愈大。

一般来说，由于颗粒的密度大于液体的密度，在液体中的颗粒将受重力作用下沉。在开始下沉的一瞬间，初速度为零，抗拒下沉的阻力也为零，这时只有重力起作用，颗粒的下沉具有加速度；随着下沉速度的增大，抗拒下沉的阻力也将增大，最终会使下沉速度达到某一极限值，此时颗粒所受的有效重力和阻力恰好相等，颗粒以等速下沉。

颗粒在液体中沉降时，从加速到等速所经历的时间十分短暂。例如在水中沉降时，当颗粒直径 $d=3$ mm 时，这一时间不到 1/10 s；当 $d=1$ mm，时间不到 1/20 s。粒径愈小，这一加速度时间愈短。

实验表明，颗粒在液体中下沉时的运动状态与颗粒雷诺数 $(Re)_{s}=\frac{\rho_{l}u_{s}d_{s}}{\mu}$ 有关。当 $(Re)_{s}$ 比较小（约小于1）时，颗粒基本上沿铅垂线下沉，附近的液体几乎不发生紊乱现象，这时的运动状态属于滞性状态；当 $(Re)_{s}$ 较大（约大于 1 000）时，颗粒脱离铅垂线，以极大的紊动状态下沉，附近的液体产生强烈的绕动和涡动，这时的状态属于紊动状态；当 $(Re)_{s}$ 介于 1～1 000 时，颗粒下沉时的运动状态为过渡状态。

(2) 圆球形颗粒在静止流体中的沉降末速。

前面对运动物体阻力产生的原因及阻力大小的确定进行了一些研究，目的是要解决颗粒的沉降问题。沉降速度的大小与颗粒在介质中的阻力有直接的关系。颗粒的沉降速度是两相流动中重要的理论基础之一。

生产实践中颗粒的沉降有自由沉降与干涉沉降两种形式。自由沉降是指单个颗粒在无限的流体空间内的沉降；但当固体体积分数很小时，颗粒彼此间不发生严重干扰的沉降，也可当作自由沉降处理。干涉沉降是粒群在有限流体空间内的沉降，此时，颗粒除受重力和阻力外，还有颗粒与颗粒之间、颗粒与器壁之间的相互作用力。

① 球形颗粒在牛顿液体中的沉降末速。

当球形颗粒在静止流体中沉降时，作用于球形颗粒上的力有两种：一种是颗粒的重力与浮力，它只取决于颗粒的密度与流体的密度，与颗粒的运动速度无关，静止流体中颗粒的有效重力见式(10-5)；另一种是流体作用于球体的阻力，静止流体时，$u_1=0$，则有：

$$F_D=\frac{\pi}{8}C_D\rho_1 d_s^2(u_1-u_s)\left|u_1-u_s\right|=\frac{\pi}{8}C_D\rho_1 d_s^2 u_s^2 \tag{10-11}$$

在既定条件下，颗粒的运动速度与流体阻力的关系可由颗粒在静止流体中的运动方程表示，即

$$F_{浮容重}-F_D=m\frac{du}{dt} \tag{10-12}$$

式中 m——球形颗粒的质量，kg；

$\frac{du}{dt}$——球形颗粒的加速度，m/s^2。

当颗粒开始下降时，固体颗粒的运动速度为零，其沉降的动力大于阻力，此时加速度最大，随固体颗粒速度的增大，阻力加大，颗粒运动加速度逐渐减小。当运动经过一段时间后，颗粒的阻力与动力平衡，加速度为零，颗粒以等速下沉，该速度称为沉降末速，以 u_0 表示。由式(10-5)、式(10-11)、式(10-12)可得沉降末速的一般计算公式为：

$$u_0=\sqrt{\frac{4g}{3}\frac{d_s(\rho_s-\rho_1)}{C_D\rho_1}} \tag{10-13}$$

由式(10-13)可明显看出，沉降末速与球形颗粒直径以及颗粒与流体的密度差成正比，而与球体的阻力系数成反比，也就是说，不同的流态与物体形状，沉降末速也不同。阻力系数是颗粒雷诺数的单值函数，固相颗粒雷诺数$(Re)_s$可由下式计算：

$$(Re)_s=\frac{\rho_1 u_s d_s}{\mu} \tag{10-14}$$

据雷诺数可以将阻力系数曲线分为4个区，如图10-7所示。

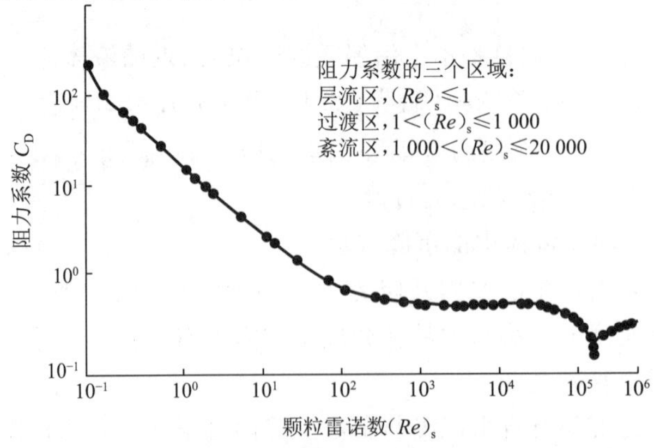

图10-7 颗粒阻力系数与雷诺数相关图版

a. 层流区沉降。

$(Re)_s \leqslant 1$，此时颗粒和流体之间的相对运动是层流。

· 斯托克斯公式。

早在1851年，斯托克斯就给出了作层流沉降圆球形固体颗粒的阻力系数：

$$C_D = \frac{24}{(Re)_s} \tag{10-15}$$

将式(10-14)、式(10-15)代入式(10-13)中得自由沉降末速为：

$$u_0 = \frac{g d_s^2 (\rho_s - \rho_l)}{18\mu} \tag{10-16}$$

上式的适用范围是$(Re)_s \leqslant 1$。

· 奥森公式。

奥森在斯托克斯的基础上作了一些改进，导出阻力系数的近似解为：

$$C_D = \frac{24}{(Re)_s}\left[1 + \frac{3}{16}(Re)_s\right] \tag{10-17}$$

上式的适用范围是$(Re)_s \leqslant 1$。

· 戈尔斯坦公式。

戈尔斯坦则在斯托克斯和奥森的基础上进行了进一步推导，得出阻力系数的严格解：

$$C_D = \frac{24}{(Re)_s}\left[1 + \frac{3}{16}(Re)_s - \frac{19}{1\,280}(Re)_s^2 + \frac{71}{20\,480}(Re)_s^3 - \cdots\right] \tag{10-18}$$

将式(10-17)、式(10-18)分别代入式(10-13)中，即可得出固体颗粒的沉降末速。

b. 过渡区沉降。

当$1 < (Re)_s \leqslant 1\,000$时，是过渡区，描述在运动中逐渐发展的紊流。

· Allen公式。

Allen给出的阻力系数公式为：

$$\psi = \frac{5\pi}{4\sqrt{(Re)_s}} \tag{10-19}$$

其中：

由以上两式可得阻力系数为：

$$\psi = \frac{\pi}{8} C_D \tag{10-20}$$

$$C_D = \frac{10}{\sqrt{(Re)_s}} \tag{10-21}$$

将式(10-21)、式(10-14)代入式(10-13)，可得：

$$u_0 = d_s \sqrt[3]{\left[\frac{2g}{15}(\rho_s - \rho_l)\right]^2 \frac{1}{\rho_l \mu}} \tag{10-22}$$

上式的适用范围是$25 \leqslant (Re)_s \leqslant 500$。

· 窦国仁公式。

南京水利科学研究所窦国仁提出了一种处理过渡状态泥沙沉降末速的计算方法，其公式为：

$$u_0 = \left\{\frac{4}{3}\frac{1}{\dfrac{32}{(Re)_s}\left[1 + \dfrac{3}{16}(Re)_s\right]\dfrac{1}{2}(1 + \cos\theta) + 1.2\sin^2\theta}\right\}^{\frac{1}{2}} \sqrt{\frac{\rho_s - \rho_l}{\rho_l} g d_s} \tag{10-23}$$

式(10-23)就是过渡状态时泥沙的沉降末速与其直径的关系。从该式可以看出 u_0 和 d_s 的关系与雷诺数有关,通过该式可以由已知的泥沙直径去计算其沉降末速,也可以根据实测的沉降末速去计算泥沙的直径。但由于式中右边的雷诺数中包括沉降末速,需要试算,过于烦琐。

式(10-23)中,θ 为分离角,$\theta = \lg 4(Re)_s$,适用范围是 $0.25 \leqslant (Re)_s \leqslant 300$。若取 15 ℃为常用水温,则公式适用于 $d_s = 0.2 \sim 2$ mm。

c. 紊流区沉降。

当 $1\,000 < (Re)_s \leqslant 2 \times 10^5$ 时,描述除边界层外完全发展的紊流,在此区域描述固体颗粒在液体运动中的方法为常数近似法。

由图 10-7 可以看到,作紊流沉降的圆球形颗粒的阻力系数接近一常数:

$$C_D = 0.47 \tag{10-24}$$

将式(10-24)代入式(10-13)得:

$$u_0 = 1.68 \times \sqrt{\left(\frac{\rho_s - \rho_l}{\rho_l}\right) g d_s} \tag{10-25}$$

d. 边界层紊流区。

此时 $(Re)_s > 2 \times 10^5$。当砂粒处于紊流沉降区时,球体表面边界层内的液体流动仍属层流;随着雷诺数的增加,到了另一个临界状态,边界层液体流动也由层流变成了紊流。液流分离点忽然后移,分离区缩小,区内压力增大,这样就使阻力系数忽然下降。发生这一现象的雷诺数临界值与球体的表面性质有关,当球体表面光滑时,上述现象出现在雷诺数为 2×10^5 时,随着球体表面粗糙度的增加,临界雷诺数相应减小。

人们对该区域内的研究成果较少,对该区域内描述边界层紊流区的计算公式,在岳湘安的《液-固两相流基础》中有所提到,但这一情形在现场实际应用中很少出现,计算方法从略。

② 球形颗粒在非牛顿液体中的沉降末速。

实验表明,所有的气体和小分子液体(包括单质、简单化合物和简单溶液)均属于牛顿流体,如空气、水、各种机械油等;所有的长分子液体(包括各种聚合物及其溶液)、乳化液和悬浮液属于非牛顿流体,如奶油、高分子溶液、血液蛋白、石灰水等。在石油开采过程中,经常会遇到非牛顿液体。

a. 颗粒在幂律液体中的沉降末速。

幂律流体的表观黏度为:

$$\mu_a = K\dot{\gamma}^{n-1} \tag{10-26}$$

式中 K——稠度系数,Pa·s;

n——幂律指数,无因次;

$\dot{\gamma}$——颗粒沉降时的剪切速率,m/s。

当 $(Re)_s \leqslant 1.0$ 时,将式(10-26)、式(10-15)、式(10-14)代入式(10-13)中可得:

$$u_0 = d_s \left[\frac{g d_s (\rho_s - \rho_l)}{18K}\right]^{\frac{1}{n}} \tag{10-27}$$

当 $25 \leqslant (Re)_s \leqslant 500$ 时,根据 Allen 公式可得:

$$u_0 = d_s \left\{\left[\frac{2g}{15\rho_l}(\rho_s - \rho_l)\right]^2 \frac{\rho_l}{K}\right\}^{\frac{1}{n+2}} \tag{10-28}$$

当 $1\,000<(Re)_s\leqslant 2\times 10^5$ 时，阻力系数仍接近一常数，此时：

$$u_0=1.68\times\sqrt{\left(\frac{\rho_s-\rho_1}{\rho_1}\right)gd_s} \tag{10-29}$$

b. 颗粒在宾汉液体中的沉降末速。

宾汉流体的表观黏度为：

$$\mu_a=\frac{\tau_0}{\dot{\gamma}}+\eta \tag{10-30}$$

式中 τ_0——屈服应力，Pa；

η——结构黏度，Pa · s。

同理可得颗粒在宾汉流体中的自由沉降末速。

当 $(Re)_s\leqslant 1.0$ 时：

$$u_0=\frac{d_s^2(\rho_s-\rho_1)g}{18\eta}-\frac{\tau_0 d_s}{\eta} \tag{10-31}$$

当 $25\leqslant(Re)_s\leqslant 500$ 时：

$$\rho_1\eta u_0^3+\rho_1\tau_0 d_s u_0^2-\left[\frac{2}{15}(\rho_s-\rho_1)g\right]^2 d_s^3=0 \tag{10-32}$$

当 $1\,000<(Re)_s\leqslant 2\times 10^5$ 时：

$$u_0=1.68\times\sqrt{\left(\frac{\rho_s-\rho_1}{\rho_1}\right)gd_s} \tag{10-33}$$

(3) 影响沉降速度的几个主要因素。

① 颗粒的形状对沉降速度的影响。

实际上，颗粒形状都是不规则的，因此不能直接应用球体的自由沉降末速来计算固体颗粒的沉降速度。麦克诺恩等对各种规则几何体在静水中沉降过程所受的阻力进行了实验研究，发现作用于非球形颗粒上的阻力取决于颗粒形状及它相对于运动方向的方位，一般来说，在同样的条件下，非球形颗粒的阻力系数较大，沉降速度较小，图 10-8 给出了球形度和 $(Re)_s$ 对沉降速度的影响。由图可见，当 $(Re)_s$ 相同时，与球形颗粒相比，球形度越小的颗粒，其沉降速度也越小。

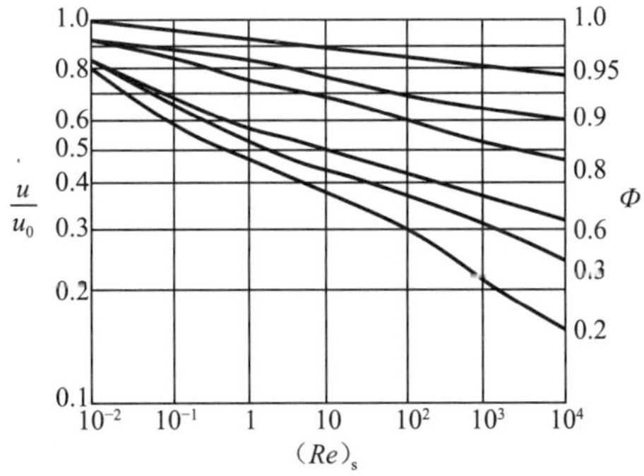

图 10-8 球形度 Φ 和 $(Re)_s$ 与无因次沉降速度关系图

$$\text{球形度}\ \Phi=\frac{\text{与颗粒相同体积的球体表面积}}{\text{颗粒表面积}}$$

对于几何形状规则、各向尺寸已定的颗粒，Φ 可以直接求得。在颗粒形状不规则的情况下，可以对其进行筛析，Φ 可用下式求得：

$$\Phi=\frac{d_{av}}{nd_s} \tag{10-34}$$

式中 d_{av}——颗粒的平均筛目尺寸，m；

d_s——与颗粒同体积的球体直径，m；

n——单位质量颗粒表面积与直径为 d_{av} 的球体表面积之比。

利用图 10-8 可以近似计算非球形的自由沉降速度，即先假定颗粒为球形颗粒，按有关公式求出沉降速度后，再利用图 10-8 进行校正。

在计算非球形颗粒的沉降末速时，也可以用颗粒的等效直径代入球形颗粒公式得到其沉降末速，然后采用形状系数进行修正得非球形颗粒的沉降末速：

$$u_\alpha=\alpha u_0 \tag{10-35}$$

实验证明(见表 10-1)，颗粒的球形系数与其形状系数非常接近，一般可取固体颗粒的球形系数作为不规则固体颗粒沉降末速的修正系数。

表 10-1　不规则固体颗粒的形状系数

颗粒形状	球形系数(球形度)Φ	形状系数 α
球　形	1.00	1.00
类球形	0.91～0.75	1.00～0.80
多角形	0.82～0.67	0.80～0.65
长条形	0.71～0.58	0.65～0.50
扁平形	0.58～0.47	<0.50

② 边界条件对沉降速度的影响。

前述的沉降末速都是假设颗粒在无限大的液体范围中沉降，这在实际情况下并不存在。当颗粒在有管壁限制的有限空间中沉降时，由于颗粒占据了一定的管道截面而使过流截面变小，颗粒与液体的相对速度增大，从而使颗粒得到附加的流体阻力，因此对于同等粒径的颗粒，由于受管壁影响，其沉降末速将小于自由沉降末速。

垂直井筒中，设井筒直径为 D，不考虑浓度、颗粒形状的影响，其沉降速度可以用下式表述：

$$u_w=u_0\left[1-\left(\frac{d_s}{D}\right)^m\right] \tag{10-36}$$

式中 m——系数，无因次，层流时为 2.25，紊流时为 1.5，过渡区时可取为 2.0。

③ 浓度对沉降速度的影响。

当浓度很小时，颗粒在沉降过程中彼此干扰很小，可以看成是自由沉降，随着流体中颗粒浓度的增加，水力干扰和颗粒碰撞问题凸显出来，颗粒的相互干扰渐趋严重，这种情况下的沉降速度计算公式必须考虑浓度的影响。浓度对沉降末速的影响涉及的因素较多，是一个复杂而未彻底解决的问题。

在实际生产中所碰到的大多是颗粒群体的沉降，由于其现象复杂，严格的理论分析很难进行，目前大都采用实验的方法进行。常用的实验方法有沉降法和流态化法。沉降法就是固体颗粒在盛有介质的柱体容器中沉降，颗粒均匀下沉的速度即是颗粒沉速。流态化法就是让流体在一个垂直柱体容器中由下而上流动，冲起一定量的颗粒群体并使之具有某种浓度而悬浮在液体中，根据相对运动原理，此时流体的断面平均流速即为相应浓度的颗粒群体沉速。

3. 最小携砂流速(临界流速)的确定

在出砂井的实际分析中，所关心的是井液所能携带的砂粒的最大粒径和数量，因而必须进行流体携带砂粒临界流速的确定。理想情况下认为，只要流体以等于颗粒沉降末速的流速向上运动，颗粒就会处于悬浮状态，因而在理想情况下，流体携带砂粒的临界流速就等于砂粒的最终沉降速度。

流体在管道中流动时，由于受到管壁的影响，流体速度在横截面上的分布并不均匀，管道中心处的流速最大，接近管壁处的流速较小，在管壁处的流速为 0。层流条件下，管道断面上液流速度的分布为：

$$u(r)=\frac{\Delta p}{4\mu l}(r_0^2-r^2) \tag{10-37}$$

式中 $u(r)$——距管道中心 r 处的流体速度，m/s；

$\frac{\Delta p}{l}$——流体沿管道流动的压力梯度，Pa/m；

μ——流体的黏度，Pa · s；

r_0——管道的半径，m。

由式(10-37)可知，层流条件下，管道中流体的最大值出现在管道的轴心，其数值为：

$$u_{\max}=\frac{\Delta p}{4\mu l}r_0^2 \tag{10-38}$$

管道中的平均流速为：

$$\bar{u}=\frac{Q}{A}=\frac{\int_A u\,\mathrm{d}A}{A}=\frac{\int_0^{r_0}\frac{\Delta p}{4\mu l}(r_0^2-r^2)2\pi r\,\mathrm{d}r}{\pi r_0^2}=\frac{\Delta p}{8\mu l}r_0^2=\frac{u_{\max}}{2} \tag{10-39}$$

可见管中流体的最大速度是平均流速的两倍，而在近管壁处有一个低流速。砂粒在管道中沉降时总是沿着流体速度较小的近管壁处向下运动，因而在确定临界携带速度时必须考虑流体速度分布的影响。实际生产情况下流场的情况较为复杂，很难得到速度分布解析表达式，只能借用一定的实验手段，利用统计分析和理论计算相结合的方法来确定临界携带砂的速度。中国石油大学(华东)采油工程系通过实验方法得到了砂粒在流体中沉降速度的统计计算式：

$$u'_\alpha=u_\alpha-0.298\,8u_1 \tag{10-40}$$

由此可得，流体携带砂粒的临界流速约为颗粒沉降速度的 3.347 倍。

4. 固液两相管流计算

固体-流体混合物在垂直管道中的输送是一项古老的技术，但它在现代工业设备中得到了非常频繁的应用。

当流体的速度较低时，固体颗粒是静止不动的，而流体的流动是曲折地通过松散的颗粒床层。随着流体流量的增加，当达到一定的速度时，压降即和单位面积上的床层重量相等，此时颗粒即悬浮在流体之中但并不随之流动，其滑移速度将与流体速度相等。当流体流动的速度稍高于使颗粒完全悬浮的速度时，颗粒得到一个有限的上升速度，这才开始真正的流体-固体的输送。在最低输送速度下，固体的滞留量是较高的。对于各种粒径的颗粒混合物来说，较小颗粒的输送速度较低，只有当流体速度必须超过较大颗粒的滑移速度时，真正的输送才算开始。在真正输送条件下，体系中的颗粒将不会聚集，流入和流出该体系的混合物组成是相同的。

(1) 流型。

在固体-流体混合物的垂直上升流动中，观察到的流型涉及在流体中处于分散状态的固体颗粒，其浓度分布是以管道轴线对称的，但只有在有限的条件下在截面上才是均匀的，这种流型可以描绘为轴对称悬浮。

Durand(1953)发现当固体浓度达到8%时，水中的悬浮液对水的速度分布无影响，固相的平均速度将落后于液相速度，其差值为最终沉降速度 u_0；Newitt(1961)等发现砂粒低速(4 ft/s)在水中流动时浓度分布是很均匀的，高速(约11 ft/s)时颗粒明显集中在被水环绕的芯区。

预测流型的关键一般是预测最低输送速度，因为该速度就是载带流体中固体颗粒的最终沉降速度。实际上总是要求稍高一点的速度，否则颗粒只会悬浮而不会流动。

(2) 垂直井筒流体温度分布预测模型。

油气水在管中流动时，由于管内外的温度不均衡，流体会与管周围环境进行热交换，同时流体流动过程中也会发生摩擦、相变等现象，结果导致温度发生变化。

两相管流中温度的计算一般都是从基本方程出发，利用热力学和传热学的知识，结合一定的假设，经过一系列的推导，得到温度预测的公式。主要方法有Shiu方法、Sagar方法、Hasan方法，但这些方法的计算过程相当复杂，难以应用。对固液两相流来说，虽然固体颗粒的碰撞、摩擦也会造成热量的变化，但影响较小。

① 主要假设条件。

a. 气体质量忽略不计；

b. 井筒中液体流动为准稳定状态，体积和流态变化的影响忽略不计；

c. 流体对地层放热，其总传热系数 K 为常数；

d. 因天然气析出及膨胀吸热忽略不计；

e. 油流在油管中流动时因摩擦而产生的热量忽略不计，颗粒相互碰撞产生的热量忽略不计。

② 公式的推导。

如图10-9所示，在井筒内取一微元段 dh，在这一微元段中，单位时间散热量为 dq。当油流过 dh 井段时，油温降低 dT，油损失的热量为：

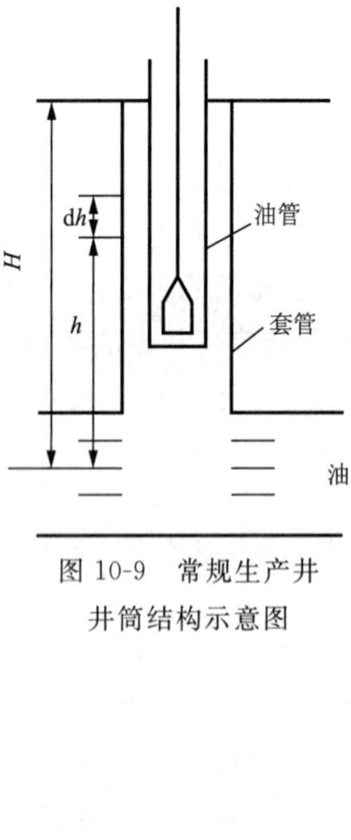

图10-9 常规生产井井筒结构示意图

$$dq = -GCdT \tag{10-41}$$

式中 G——原油质量流量，kg/s；

C——原油比热容，kJ/(kg·℃)。

由传热公式知：

$$dq = K(T - T_s)\pi D' dh \tag{10-42}$$

式中　K——总传热系数，kJ/(m^2·h·℃)；

T——dh 井段内油温度，℃；

T_s——dh 井段内地层温度，℃；

D'——套管外径，m。

由于热量守恒，由式(10-41)、式(10-42)可得：

$$K(T - T_s)\pi D' dh = -GC dT \tag{10-43}$$

由地温梯度公式可知，地层温度与地层深度基本上呈直线关系，即

$$T_s = T_1 - ah \tag{10-44}$$

式中　T_1——井底油温，℃；

a——地温梯度，℃/m；

h——所求点井筒高度(距井底的高度)，m。

将式(10-44)代入式(10-43)并求解可得：

$$T = (T_1 - ah) + \frac{aGC}{K\pi D'}(1 - e^{\frac{K\pi D'h}{GC}}) \tag{10-45}$$

式(10-45)即井筒任意点油温计算公式。

③ 相关参数的计算。

a. 井底油温 T_1。

井底油温也就是油层的温度，同一油田相同深度处油层的温度基本一致。

b. 地温梯度。

地质学上一般认为 $a = 0.03$ ℃/m，由于地温有差异，不同地区的地温梯度也不同，对同一地区可取实测平均值。

c. 井深 H。

取油层中部至井口的距离。

d. 原油质量流量 G。

油井生产时可实测油量，可由地质部门或作业者提供。

e. 原油比热容 C。

一般取值为 $C = 2.1$ kJ/(kg·℃)。当原油含水时，GC 的乘积可由下式计算：

$$GC = G_{油} C_{油} + G_{水} C_{水} \tag{10-46}$$

式中，$C_{水} = 4.2$ kJ/(kg·℃)。

f. 总传热系数 K。

$$K = \frac{1}{\frac{1}{a'_1} + \frac{\delta_i}{\lambda_i} + \frac{1}{a'_2} + R_0} \tag{10-47}$$

式中　R_0——油、套管环间热阻，当油、套管紧挨时其值约为 0，当油、套管间有扶正器时为 0.040 6～0.045 3 (m^2·h·℃)/kJ；

a'_1——内部换热系数，kJ/(m^2·h·℃)；

a'_2——外部换热系数，取决于岩石的传热系数，kJ/(m^2·h·℃)；

δ_i——油、套管的厚度，m；

λ_i——油、套管的导热系数，kJ/(m^2 · h · ℃)。

总传热系数的计算较复杂，往往需要实际测定，且测定后在同一地区可推广应用。

g. 套管外径 D'。

完井后，当采用不同外径套管的井身结构时，即可根据每种套管的外径及相关高度逐段推算至井口。

(3) 垂直井筒内压降模型。

不同于一般的管道物粒输送，在油田生产中，砂粒的平均粒径较小，同时在垂直管道中流体的运动和颗粒沉降的方向在同一轴上，不存在推移运动和淤积现象，固体颗粒悬浮的机理也不同于水平管路的输送。下面将对颗粒提升过程中压力损失组成部分及变化规律进行分析。

① 固液两相流动压力损失研究概述。

压力损失的预测和计算是两相流动理论研究的重要内容。有关压力损失的计算公式很多，基本上都是建立在实验的基础上，为经验性或半经验性公式，理论依据主要是重力理论、扩散理论和重力-扩散理论。现有的压力损失计算公式大致有以下几种：

a. 按照输送浆体的流型来分析压力损失的构成，这是一种较常用的方法。

b. 把浆体划分为“沉降性”和“非沉降性”浆体，前者认为固体颗粒的沉降速度显著，把浆体视为一种固液两相混合流，而后者认为固体颗粒的沉降趋势可以忽略，将浆体按均质流处理。对这两类浆体分别进行研究，计算其压力损失。

c. 先确定若干影响压力损失的主要因素，然后按照实验结果进行回归分析，得出计算公式。

第Ⅰ类公式的形式为：

$$\frac{i_m - i_w}{C_v i_w} = N\left[\frac{V^2\sqrt{C_D}}{gD(S-1)}\right]^m \tag{10-48}$$

式中，N 为常数，m 为指数，S 为颗粒与介质密度的比，V 为混合物的速度，C_v 为颗粒体积分数；C_D 为阻力系数。这类形式的公式类似于 Durand 公式，不同的学者对 N 值和 m 值的取法不一样。

第Ⅱ类公式的形式为：

$$i_m = i_w \xi' \tag{10-49}$$

式中，ξ' 为不同参数的组合。这类公式用于细颗粒和中粒径物料的输送，特点是结构简单、计算方便。目前我国水平管道中物料输送设计中选用的公式大都属于此类。

第Ⅲ类公式的形式为：

$$i = i_s + \Delta i \tag{10-50}$$

该公式可用于中粒径或粗颗粒的浆体垂直输送计算。这方面比较系统的研究工作是从 Korn 开始的，他考虑到压降的两个主要分量，单位压降可以表达为：

$$i_t = i_s + i_m \tag{10-51}$$

式中 i_t——单位压降，Pa/m；

i_s——由于固体加入引起的重力压头损失，Pa/m；

i_m——混合液的沿程摩擦损失，Pa/m。

Engelmann 等(1978)采用了直径 200 mm，高 30 m 管道提升实验装置进行了模拟实验，颗粒的范围为 13～52 mm，分别对单一和混合粒径的颗粒进行阻力损失实验。实验结果表明：当液相浓度较高时，固体颗粒浓度对摩阻影响很小；随着固相浓度的增加，颗粒间及颗粒与管壁的接触机会加大，摩擦阻力也增加。Engelmann 还指出，对于混合粒径情况来说，可采用平均粒径来进行计算。

$$d=\sum_{i=1}^{m}X_i d_i \tag{10-52}$$

式中 X_i——各级粒径颗粒所占的质量分数；

d_i——各级粒径值，m。

② 固液两相流输送能量耗散主要原因。

引起固液两相流体输送压力损失的内在原因是两相流在运动过程中的能量损耗。这种能量损耗表现为在管道输送过程中沿程压力的降低。两相流动的能量损耗是一个极为复杂的过程，采取叠加的模型综合表达是一种较为常用的方法。

一般来说，固液两相流在垂直管中运动时能量损耗的主要途径有以下几种：

a. 载体与管壁的摩擦损失，以 Δp_f 表示；

b. 固相颗粒自重引起的压降，以 Δp_s 表示；

c. 颗粒碰撞损失，以 Δp_c 表示，包括颗粒间碰撞及颗粒与边界的碰撞冲量及摩擦损失。

综合分析，垂直管道输送压力损失 Δp_t 可用式(10-53)表达：

$$\Delta p_t=\Delta p_f+\Delta p_s+\Delta p_c \tag{10-53}$$

③ 压力损失计算公式探讨。

a. 摩阻损失的计算。

在长距离管道输送中，摩阻损失是压力损失的主要组成部分。影响摩阻损失的因素很多，主要包括管径、粗糙度、流体的密度和黏度、流体速度、颗粒的密度及表征尺寸等。对于固液两相流体，加入固体颗粒的一个重要作用是影响整个系统的黏度。固液两相流体的流动不同于均质流体的流动。

当固体颗粒含量高且粒径较细时，固体颗粒可能均匀分布在整个介质之间，形成均质流，此时会使黏度迅速增大，往往呈现非牛顿流变特性。但在工程应用中，均质流的实例是很少见的，固体颗粒的含量比较大，流体和固体在很大程度上保持它们各自的特性，固体颗粒也不是均匀分布于介质之中，这种固液两相流为非均质流。

出砂油井中颗粒的含量较低，粒径比较细，可以将其看成均质流，根据范宁方程，其摩阻损失可用式(10-54)计算：

$$\Delta p_f=\lambda_f\frac{1}{D}\frac{\rho_l u_l^2}{2} \tag{10-54}$$

式中 Δp_f——流体引起的压降，Pa/m；

ρ_l——流体密度，kg/m^3；

u_l——流体速度，m/s；

λ_f——摩擦阻力系数，无因次；

D——管道直径，m。

λ_f 与雷诺数和管道粗糙度有关，对于光滑管，λ_f 仅为雷诺数 Re 的函数，可用经验公式(10-55)计算：

$$\lambda_f = \frac{0.3164}{\sqrt[4]{Re}} \tag{10-55}$$

b. 固相颗粒自重引起的压力损失。

与流体质点密度不同的固体颗粒在紊流场中运动时，由于其密度不同，表面形状不像流体质点那样随周围压力变化，固体颗粒在紊流场中的跟随性反映了固体颗粒与流体之间的作用情况，梁在潮经过计算后得出：若取水流的紊动频率 $f=1$ Hz，颗粒密度为2.65 g/cm^3，水流密度为 1 g/cm^3，当颗粒粒径为 0.25 mm 时，$u_s/u_l=0.525$；当颗粒粒径为 0.025 mm 时，$u_s/u_l=0.87$，基本上能跟随水流质点的运动。对于出砂井的固体颗粒来说，其颗粒粒径较小，基本上可以满足这样的要求。

固相颗粒自重引起的压降 Δp_s 实际为 L 长管路单位截面积上固相颗粒的重量，可以用式(10-56)计算：

$$\Delta p_s = \rho_s g C_v \tag{10-56}$$

c. 颗粒碰撞能量损失。

颗粒的碰撞问题涉及颗粒流的研究，由此而消耗的能量在以往的管道输送压力损失中一般都未做专项考虑，这是因为一方面以往的两相流体研究主要集中在宏观运动方面，而对流体内部颗粒碰撞之类的微观现象研究较少；另一方面，颗粒碰撞对两相流动的影响与颗粒尺寸有着密切的关系，什么情况下必须考虑颗粒碰撞对能耗的影响，什么时候可以不考虑，目前还没有完全澄清这个问题。

倪晋仁等认为，在工业上粗颗粒物料的管道输送，当颗粒浓度较高时，粒间碰撞占主导地位。根据颗粒流研究中关于弥散应力和碰撞应力的差别准则，当颗粒浓度小于 0.04 时，可以不考虑颗粒碰撞影响，否则颗粒碰撞不能忽略。

颗粒群碰撞能耗 γ 可以用下式表达：

$$\gamma = N_c \Delta E \tag{10-57}$$

式中 N_c——单位时间内单位体积颗粒碰撞次数；

ΔE——每次碰撞的能量损失。

假设颗粒粒径为 d，速度为 U，浓度为 N(个数/m^3)，则碰撞频率 f 为：

$$f = \frac{1}{\sqrt{2}} \pi N d^2 U \tag{10-58}$$

其中，$N = \frac{6C_v}{\pi d^3}$。

对于颗粒群，有：

$$N_c = fN \tag{10-59}$$

假定颗粒碰撞仅在两两之间发生，不考虑两个以上颗粒同时碰撞。考虑颗粒的光滑非弹性碰撞，颗粒的碰撞恢复系数为 e，颗粒 Ⅰ 碰撞前后的速度为 u_1，u_2，矢量 $\boldsymbol{k}$ 方向为碰撞点穿过颗粒质心射线方向，根据动量守恒定律，两颗粒碰撞后动能变化为：

$$\Delta E = \frac{1}{2}\frac{m_1 m_2}{m_1 + m_2}(e^2 - 1)[\boldsymbol{k}(u_1 - u_2)]^2 \tag{10-60}$$

将 N_c 和 ΔE 代入式(10-57)可得：

$$\gamma = \frac{\pi}{2\sqrt{2}}\frac{m_1 m_2}{m_1 + m_2} d^2 N^2 u_m (1 - e^2)(u_1 - u_2)^2 \tag{10-61}$$

式中，对非均匀颗粒，m 和 d 取颗粒加权平均值，(u_1-u_2)是颗粒间的相对速度，它由两部分组成：一是与流体紊动有关的脉动速度，约为流体速度的20%；二是与颗粒本身直径、形状及密度有关的滑移速度。(u_1-u_2)可用式(10-62)来表达：

$$u_1-u_2=0.2u_1+\alpha\left(\sum_{i=1}^{n}x_iu_i-u_0\right) \tag{10-62}$$

其中，α 为系数，与流体速度有关，当流速小于1 m/s时取1，当流速大于3 m/s时约为0.3；u_i 和 u_0 分别为不同粒径和平均直径颗粒的自由沉降速度；x_i 为分组粒径颗粒的质量分数。

单位时间内流经某断面的颗粒碰撞能耗量 E 为：

$$E=\gamma\pi\frac{D^2}{4}u_m \tag{10-63}$$

根据能量守恒原理，有：

$$E=\rho_m Q_m \Delta p_c g \tag{10-64}$$

联立式(10-63)、式(10-64)可得：

$$\Delta p_c=\frac{\gamma}{\rho_m g} \tag{10-65}$$

d. 总压力损失。

综合以上分析，可得总压力损失为：

$$\Delta p_t=\lambda_f\frac{\rho_1u_1^2}{2D}+\rho_s gC_v+\frac{\gamma}{\rho_m g} \tag{10-66}$$

④ 垂直井筒内压降模型。

在出砂油井中，可以把垂直井筒内的流动看成在垂直环管内砂粒与流体的固液两相流动。综合以上分析，匀速段两相流压降模型为：

$$\Delta p_t=\lambda_f\frac{\rho_1u_1^2}{2(d_{t2}-d_r)}+\rho_s gC_v+\frac{\gamma}{\rho_m g} \tag{10-67}$$

式中 d_{t2}——油管内径，m；

d_r——抽油杆直径，m；

u_1——井筒内流体平均速度，m/s。

第二节 泡沫冲砂

对于疏松砂岩油藏，油层出砂是油田开采过程中的常见问题之一，也是提高采油速度的主要障碍。砂岩油层中的砂粒随流体的产出被携带到井筒中，一部分细颗粒的砂被携带到地面，沉积在管线或罐中，需要定期清除；而一部分颗粒较粗的砂粒则沉积在井底堆积起来，随着地层砂的产出，井底堆积的粗砂颗粒越来越多，最终埋住产层和井下管柱，使得油井产量降低，泵被严重磨损，不得不提前进入检修期。因此，井下砂粒堆积到一定程度时必须用冲砂液冲砂洗井，把沉积在井底的砂粒冲到地面，这一作业称为冲砂作业。

一般的冲砂作业是用清水作为冲砂液，其优点是成本低廉，容易处理。但是随着油田长期开采，油层压力降低很多，当压力系数降低到比水的当量压力系数还低时，采用清水冲砂洗井会导致大量水进入地层，使井筒中上返的液体流量和流速降低，冲砂效率降低，粗砂颗粒不能有效地被带到地面，严重时注入水会全部进入油层而不能上返，导致冲砂作业失败。造成的后果是油层被严重污染，油井产量降低，油井检修间隔缩短，油井检修费用增加。因此，在低压油井中用清水冲砂洗井是不合适的。

例如，在辽河油田的一些稠油油藏，油层压力系数降低到 0.4～0.7，油井出砂现象相当普遍，每隔几个月就要进行一次冲砂作业。用清水冲砂时，大量的水进入油层，有时清水注入油井只进不出，井底的砂粒不能有效冲出，使井底沉砂严重，并且在用清水冲砂后的一段时间内油井中只产水不产油，使得油井产量降低。据有关资料介绍，锦 2-2-115 井曾用90 m^3 清水冲砂，有进无出，用注水干线 12.5 MPa 的高压水冲洗 15 h 仍不返出。辽河油田海 20 为东营组稠油井，为替出井筒稠油，三次清水作业无效，共漏失清水约 200 m^3。

在胜利油田的胜利采油厂，油井平均动液面为 692 m，油层压力较低，且大多数油层为高渗油层。在冲砂和洗井作业施工中 85%的油井存在着不同程度的漏失，无法建立起正常的油套循环，从而造成作业后油井恢复正常产量的时间延长，冲砂不彻底或部分砂粒进入地层，生产后短期内导致砂卡或泵磨损。1997 年到 1998 年，三个月统计期内砂卡井为 266 口，泵磨损井为 67 口，造成近 100 万元的作业返工损失和近 5 000 t 的原油产量损失。

在我国，许多油田都已进入生产后期，出砂现象非常普遍，因此研究一种适用于低压层的冲砂洗井的工艺技术是非常有意义的，并能创造相当大的经济效益。

泡沫流体与水相比有其自身的优势，它的密度小，可以减轻冲砂作业时冲砂液向地层的漏失；携砂能力强，能更有效地把出砂携带到地面。根据泡沫流体密度低、携砂及清洗井底杂物能力强等优点，对油井实施特殊的泡沫冲砂作业，清洗井底杂物、剥落结蜡层，在井底油层处造成负压或低压循环，激励产层，顺畅通道，是诱喷求产或恢复老井产能的一项有效工艺技术。泡沫流体冲砂洗井有如下特性：

(1) 泡沫密度低，常压下其最低密度可达 0.03～0.04 g/cm^3，在井眼中其平均密度一般均低于 0.5～0.8 g/cm^3；在大多数油层中不致发生井漏污染，堵塞油层，并且较高的地层压力与较低的液柱压力之间的差值，对地层堵塞物形成了一个“推动”作用，对顺畅油流通道极为有利。

(2) 泡沫流体的黏度高，在较低的返速下其携砂能力要大大高于空气、清水甚至普通钻井液。

(3) 泡沫流体良好的分散性及乳化性，使之对附着在油管内外壁、套管内壁及井下工具上的石蜡及黏结物有较好的剥离清除作用。

(4) 泡沫流体中无固相，这可使其对地层的损害减少到最小。

(5) 泡沫柱所形成的低液柱压力，使之避免了将井壁及井眼中的污染堵塞物挤入产层，而高压挤注作业及低密度洗井液洗井作业都极有可能将堵塞物挤入产层通道，从而加重油层堵塞损害。

(6) 泡沫是一种液包气乳化液，具有更可靠的安全性。

泡沫流体冲砂和洗井技术的研究目的在于实现冲砂洗井时建立正常的油套循环，提高冲砂质量，保护油气层，缩短油井产量恢复期，对最终延长油井免修期具有重要意义。

一、泡沫流体携砂能力的数值模拟

泡沫流体由于具有密度小、滤失量小、携砂性能好、助排能力强、对地层伤害小等优良特性，广泛应用于低压、漏失和水敏性地层的钻井、完井、修井和油气井增产措施中。在泡沫流体的应用中，携砂能力是衡量其性能的一项重要指标。在这方面的研究有的学者从建立多相流模型入手，有的学者进行实验研究，但是国内外的相关文献较少，而且研究结果与工程实际应用相差较远。利用流体力学数值计算软件FLUENT对冲砂洗井过程中泡沫流体的携砂能力进行了数值模拟，研究了不同直径的砂粒在泡沫中的携砂率随环空倾角的变化关系，并讨论了泡沫流速和环空偏心对泡沫携砂能力的影响。

1. 冲砂洗井工艺流程

冲砂洗井分正循环和反循环两种工艺流程。直井、斜井和水平井冲砂洗井的正循环工艺流程如图 10-10 所示，冲砂液从井口的油管注入，到达井底后携带砂粒从环空返回，达到清除井底出砂的目的。

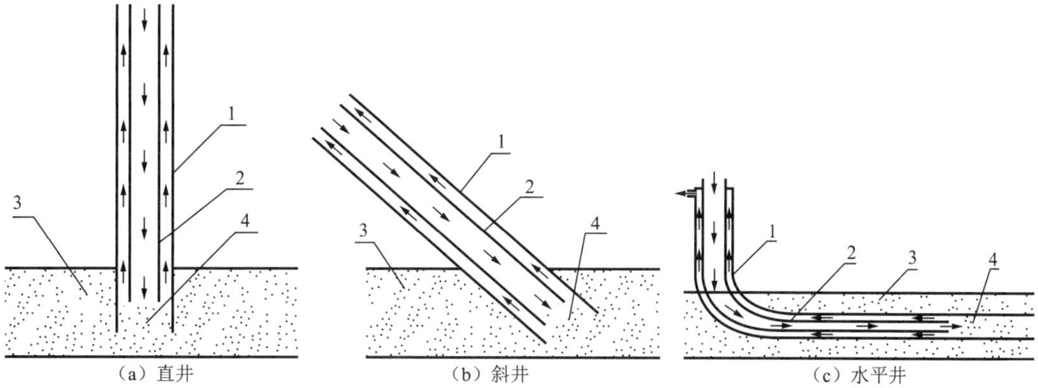

图 10-10 冲砂洗井正循环流程图

1—套管；2—油管；3—地层；4—地层出砂

2. 冲砂洗井物理模型

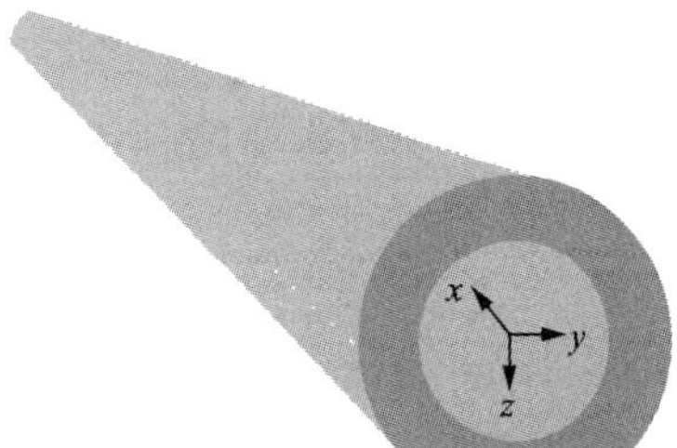

图 10-11 同心环空物理模型

建立了如图 10-11 所示的环空管道流动模型，其内径 0.076 m，外径 0.128 m，长度 10 m。环空管道横断面划分的面网格数为 6 666，体网格数为 166 650。环空的倾角可以在 0°～90°之间任意改变，当环空管道水平放置时，倾角为 0°，当环空管道竖直放置时，倾角为 90°。环空入口边界设定为速度入口，环空出口边界设定为自由出流边界，壁面处采用无滑移边界条件。采用离散相模型计算砂粒在泡沫流体中的运动规律，在环空入口处砂粒的体积百分比设定为 3%，砂粒均匀分布在入口截面上，并与流体具有相同的入口速度。泡沫流体采用幂律非牛顿流体模型，其稠度系数和幂律指数根据实验测得的数据 $K=1.355\ \text{Pa}\cdot\text{s}^n$，$n=0.324$，密度取500 kg/m^3。

3. 冲砂洗井数学模型

对于所有流动，FLUENT 都是求解质量守恒方程和动量守恒方程。对于包括热传导或可压性的流动，需要解能量守恒的附加方程。对于包括组分混合和反应的流动，需要解组分守恒方程或者使用 PDF 模型来解混合分数的守恒方程以及其方差。当流动为湍流时，还要解附加的输运方程。

(1) 质量守恒方程。

质量守恒方程又称为连续性方程,其形式为:

$$\frac{\partial \rho}{\partial t}+\frac{\partial}{\partial x_i}(\rho u_i)=S_m \tag{10-68}$$

式中,S_m 为源项,kg/(m^3 · s)。该方程是质量守恒方程的一般形式,它适用于可压缩流动和不可压缩流动。源项是从分散相中加入到连续相的质量,比如液滴的蒸发,也可以是任何的自定义源项。

(2) 动量守恒方程。

在惯性(非加速)坐标系中,i 方向上的动量守恒方程为:

$$\frac{\partial}{\partial t}(\rho u_i)+u_j\frac{\partial}{\partial x_j}(\rho u_i)=\rho g_i+F_i-\frac{\partial p}{\partial x_i}+\frac{\partial \tau_{ij}}{\partial x_{ji}} \tag{10-69}$$

式中,ρg_i 和 F_i 分别为 i 方向上的重力体积力和外部体积力(如离散相相互作用产生的升力),N/m^3,F_i 包含了其他的与模型相关源项;如多孔介质和自定义源项;p 是静压力,Pa;τ_{ij} 是应力张量,kg/(m · s^2)。应力张量可由下式给出:

$$\tau_{ij}=\left[\mu\left(\frac{\partial u_i}{\partial x_j}+\frac{\partial u_j}{\partial x_i}\right)\right]-\frac{2}{3}\mu\frac{\partial u_i}{\partial x_i}\delta_{ij} \tag{10-70}$$

(3) 非牛顿流体的本构方程。

对于牛顿流体,剪切应力和剪切速率成正比,其本构方程为:

$$\tau=\mu\dot{\gamma} \tag{10-71}$$

其中:

$$\dot{\gamma}=\frac{\partial u_i}{\partial x_j}+\frac{\partial u_j}{\partial x_i} \tag{10-72}$$

式中,μ 是黏度,Pa · s,它与 $\dot{\gamma}$ 无关。

对于非牛顿流来说,黏度 μ 是 $\dot{\gamma}$ 的函数,并由变量 $\mu_e(\dot{\gamma})$ 所描述,称为表观黏度,其本构方程为:

$$\tau=\mu_e(\dot{\gamma})\cdot\dot{\gamma} \tag{10-73}$$

幂律非牛顿流体的本构方程为:

$$\tau=K\mathrm{e}^{\frac{T_0}{T}}\dot{\gamma}^n=(K\mathrm{e}^{\frac{T_0}{T}}\dot{\gamma}^{n-1})\dot{\gamma} \tag{10-74}$$

幂律流体的表观黏度表达式为:

$$\mu_e(\dot{\gamma})=K\mathrm{e}^{\frac{T_0}{T}}\dot{\gamma}^{n-1} \tag{10-75}$$

FLUENT 还允许设置表观黏度上下限,产生如下方程:

$$\mu_{e,\min}<\mu_e=K\mathrm{e}^{\frac{T_0}{T}}\dot{\gamma}^{n-1}<\mu_{e,\max} \tag{10-76}$$

式中,K,n,T_0,$\mu_{e,\min}$ 和 $\mu_{e,\max}$ 为输入参数。K 是稠度系数,Pa · s^n;n 是幂律指数(偏离牛顿流体的度量);T_0 是参考温度,K;$\mu_{e,\max}$ 和 $\mu_{e,\min}$ 分别为黏度的上限和下限,Pa · s。如果根据幂律模型计算出的表观黏度超出了黏度的上下限,就用 $\mu_{e,\max}$ 和 $\mu_{e,\min}$ 值取代计算出的黏度值。

(4) 颗粒的作用力平衡方程。

FLUENT 中通过积分拉氏坐标系下的颗粒作用力微分方程来求解离散相颗粒(液滴或气泡)的轨道。颗粒的作用力平衡方程表示为颗粒惯性力等于作用在颗粒上的各种力之和的形式,x 方向上的作用力方程为:

$$\frac{\mathrm{d}u_{\mathrm{p}}}{\mathrm{d}t}=F_{\mathrm{D}}(u-u_{\mathrm{p}})+\frac{g_{x}(\rho_{\mathrm{p}}-\rho)}{\rho_{\mathrm{p}}}+F_{x} \tag{10-77}$$

① 曳力。

方程(10-77)中 $F_{\mathrm{D}}(u-u_{\mathrm{p}})$ 为流体作用在颗粒上的单位质量曳力,即

$$F_{\mathrm{D}}=\frac{18\mu}{\rho_{\mathrm{p}}d_{\mathrm{p}}^{2}}\frac{C_{\mathrm{D}}Re}{24} \tag{10-78}$$

式中,μ 为流体动力黏度,Pa·s;ρ_{p} 为颗粒密度,kg/m^3;d_{p} 为颗粒直径,m;C_{D} 为阻力系数,Re 为颗粒雷诺数,其定义为:

$$Re=\frac{\rho d_{\mathrm{p}}\left|u_{\mathrm{p}}-u\right|}{\mu} \tag{10-79}$$

式中,u 为流体速度,m/s;u_{p} 为颗粒速度,m/s。

阻力系数 C_{D} 的表达式如下:

$$C_{\mathrm{D}}=a_{1}+\frac{a_{2}}{Re}+\frac{a_{3}}{Re} \tag{10-80}$$

对于球形颗粒,在一定雷诺数范围内,式(10-80)中的 a_1,a_2,a_3 为常数。

② 重力的影响。

方程(10-77)中包含重力的影响 $\frac{g_{x}(\rho_{\mathrm{p}}-\rho)}{\rho_{\mathrm{p}}}$,可以设定重力的大小和方向。

③ 其他作用力。

方程(10-77)中 F_x 为其他作用力。其他作用力在某些情况下可能很重要,主要包括以下几种。

a. 视质量力。

其他作用力中最重要的项是所谓的视质量力或附加质量力,它是由于要使颗粒周围流体加速而引起的附加作用力。视质量力的表达式为:

$$F_{x}=\frac{1}{2}\frac{\rho}{\rho_{\mathrm{p}}}\frac{\mathrm{d}}{\mathrm{d}t}(u-u_{\mathrm{p}}) \tag{10-81}$$

当 $\rho>\rho_{\mathrm{p}}$ 时,视质量力不容忽视。

b. Saffman 力。

在附加质量力中也可以考虑由于横向速度梯度(剪切层流动)引起的 Saffman 力 F_{S}。Saffman 给出了这种表达式的一般形式:

$$F_{\mathrm{S}}=\frac{K\mu v d^{2}G_{v}^{1/2}}{4\nu^{1/2}} \tag{10-82}$$

式中,K 为常数,$K=6.46$,μ 为运动黏度,Pa·s;ν 为动力黏度,m^2/s;d 为颗粒直径,m;v 为颗粒相对流体的速度,m/s;G_v 为速度梯度,s^{-1}。这个升力表达式仅对较小的颗粒雷诺数流动适用。

c. Brownian 力。

对于亚微观粒子,附加作用力也包括 Brownian 力。颗粒在流体中作随机运动,由于浓度梯度的存在而产生一种 Brownian 扩散效应,一般将这种作用于颗粒上使之发生扩散的力称为 Brownian 力。

4. 数值模拟计算结果

(1) 泡沫流体在环空中的表观黏度分布。

图 10-12 和 10-13 给出了泡沫流体在环空中流动时纵剖面上的表观黏度分布,其中泡沫流体的入口速度为 0.3 m/s。

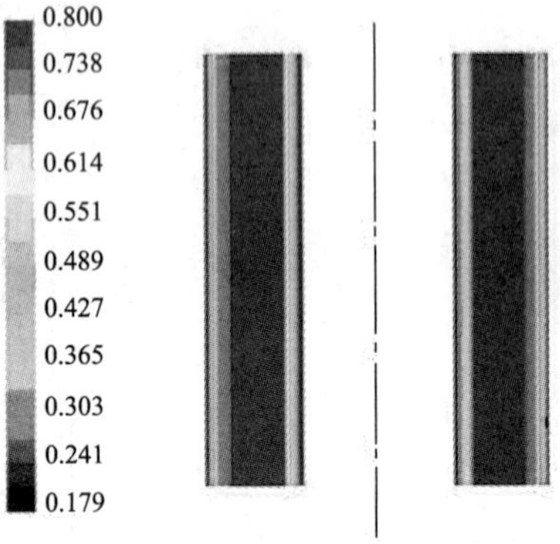

图 10-12 泡沫流体在环空纵剖面上的表观黏度分布

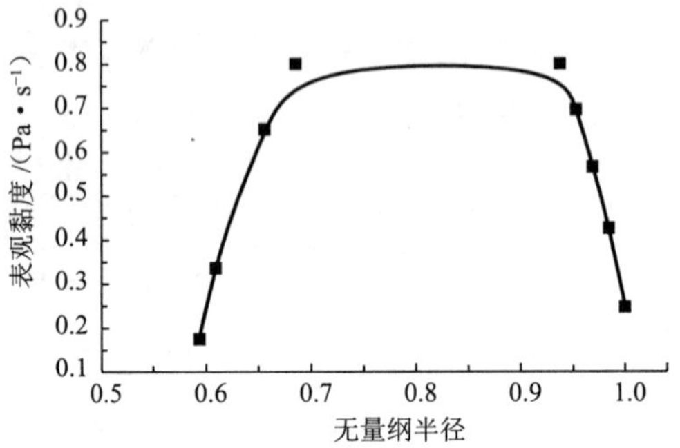

图 10-13 泡沫流体在环空纵剖面上的表观黏度分布曲线

从图 10-13 可以看出,泡沫流体在环空内流动时,靠近壁面处的剪切速率大,表观黏度小;远离壁面处剪切速率小,表观黏度大。这与幂律流体在管内的流动规律相符。在环空中心处的表观黏度为一定值,这是由于在 FLUENT 设置了黏度上下限,见式(10-76)。

(2) 泡沫流体和水在环空中的速度分布。

图 10-14 和 10-15 给出了泡沫流体和水在环空中流动时纵剖面上的速度分布,其中泡沫流体和水的入口速度都为 0.3 m/s。

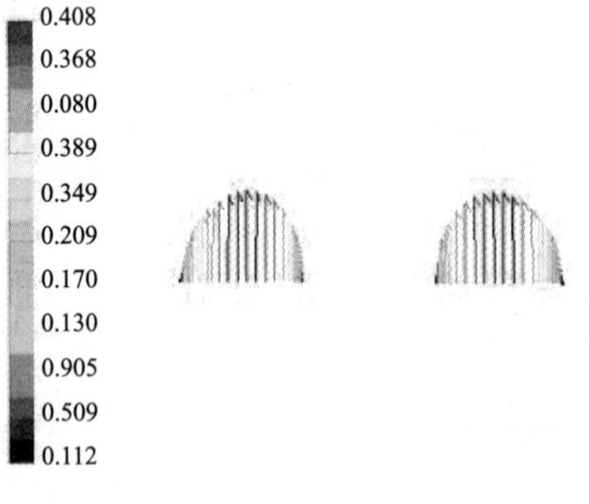

图 10-14 泡沫流体在环空纵剖面上的速度分布

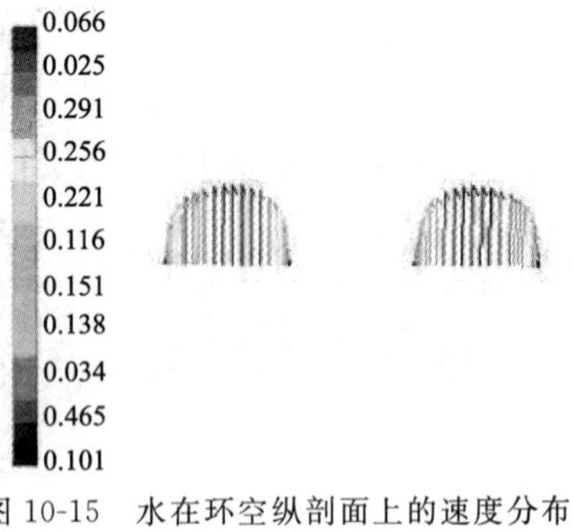

图 10-15 水在环空纵剖面上的速度分布

从图 10-16 可以看出,环空入口速度同为 0.3 m/s,但泡沫流体和水在环空内的速度分布有很大的不同。泡沫流体处于层流状态,速度剖面图较尖,最大速度达到 0.408 m/s,而且最大速度的位置明显偏向内壁,与理论结果相符,说明该模型的选择和边界条件的设置是合理的;水处于紊流状态,速度剖面图较平缓,最大速度为 0.36 m/s,与理论结果相符。

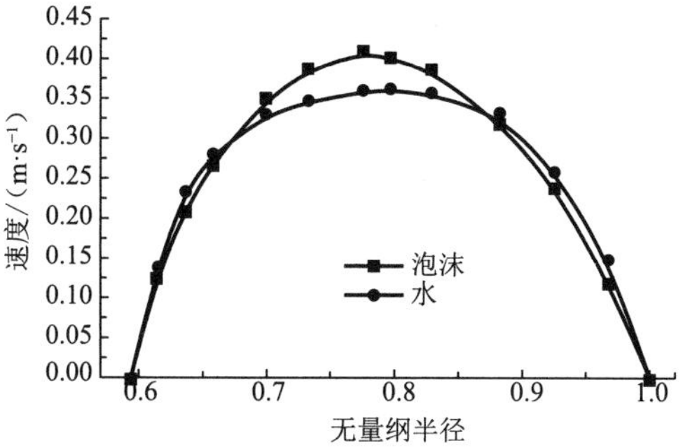

图 10-16 泡沫流体和水在环空纵剖面上的速度分布曲线

(3) 砂粒在泡沫流体和水中的运动轨迹。

图 10-17～图 10-24 给出了环空水平放置时,砂粒在泡沫流体和水中的运动轨迹。泡沫流体和水的入口速度均为 0.3 m/s,砂粒和流体具有相同的入口速度,并且砂粒均匀分布在环空入口截面上,z 轴方向为重力方向。

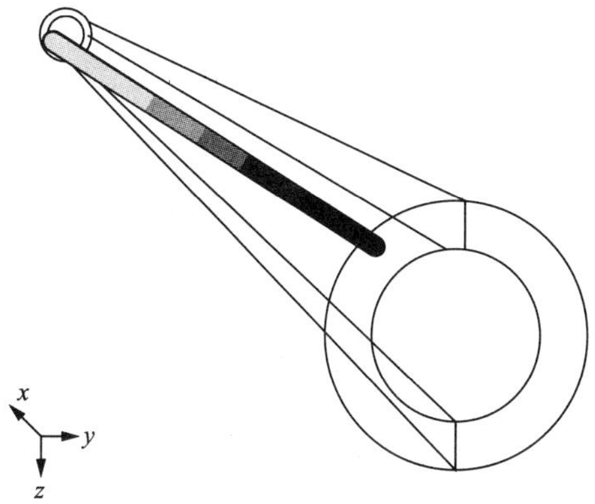

图 10-17 砂粒在泡沫中的运动轨迹
(砂粒通过环空,d_p=0.2 mm,水平井段)

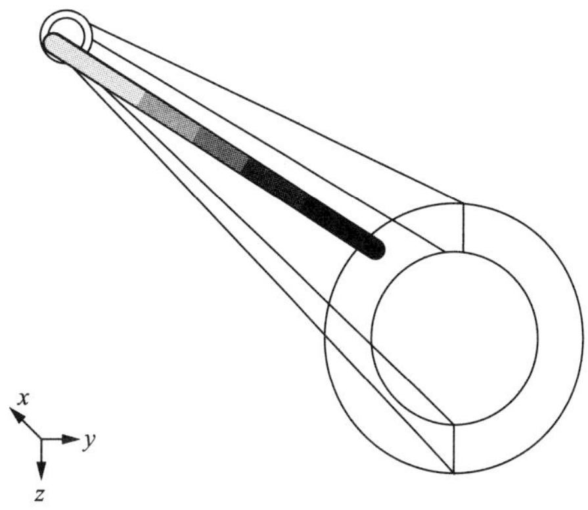

图 10-18 砂粒在泡沫中的运动轨迹
(砂粒通过环空,d_p=0.7 mm,水平井段)

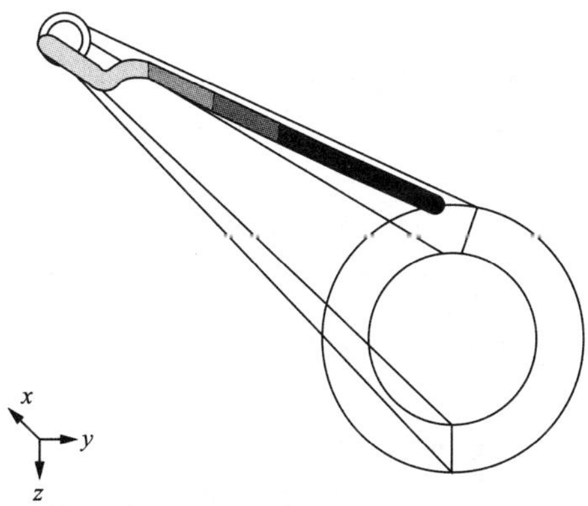

图 10-19 砂粒在泡沫中的运动轨迹
(砂粒通过环空,d_p=1.5 mm,水平井段)

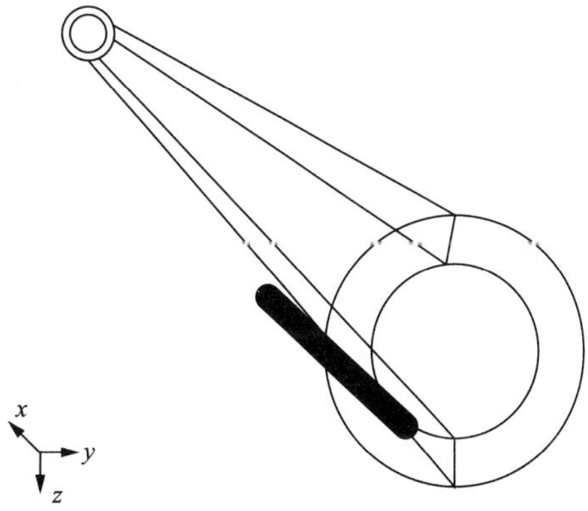

图 10-20 砂粒在泡沫中的运动轨迹
(砂粒滞留在环空中,d_p=0.7 mm,水平井段)

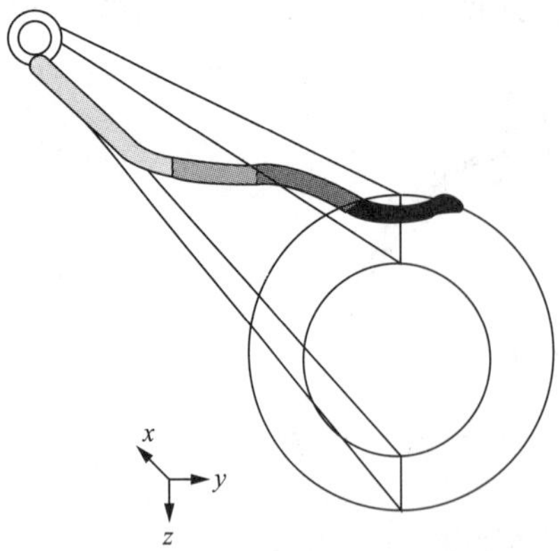

图 10-21　砂粒在水中的运动轨迹
（砂粒通过环空，d_p=0.2 mm，水平井段）

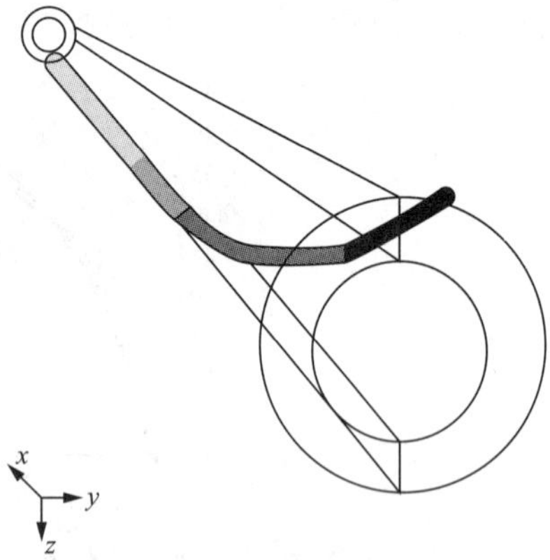

图 10-22　砂粒在水中的运动轨迹
（砂粒通过环空，d_p=0.7 mm，水平井段）

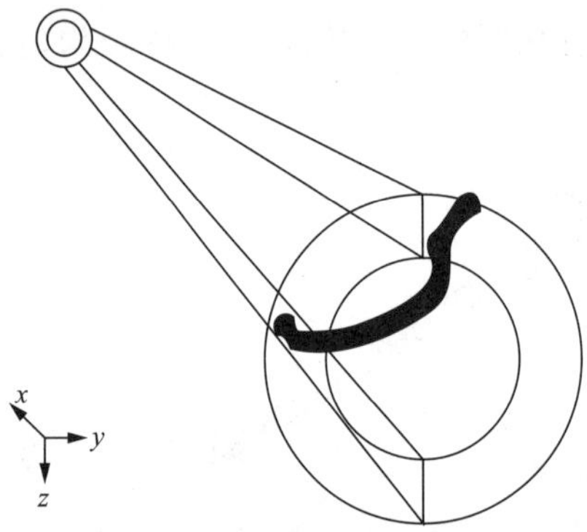

图 10-23　砂粒在水中的运动轨迹
（砂粒滞留在环空中，d_p=1.5 mm，水平井段）

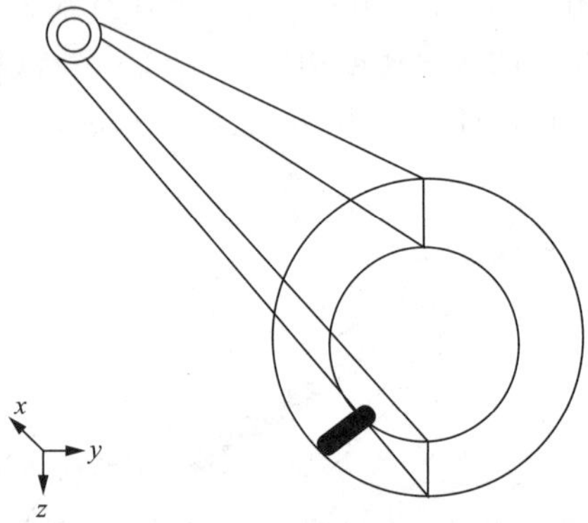

图 10-24　砂粒在水中的运动轨迹
（砂粒滞留在环空中，d_p=0.7 mm，水平井段）

从砂粒在泡沫流体和水中的运动轨迹可以看出，泡沫流体的悬浮能力很强，直径较小的砂粒基本上可以悬浮在泡沫流体中随泡沫一起运动，通过环空，没有沉降现象（图 10-17，10-18）；但砂粒直径较大时，由于重力的作用，也会出现沉降（图 10-19）；靠近环空底部的砂粒运动时会和壁面产生摩擦，砂粒会滞留在环空中（图 10-20）。砂粒在水中运动时，由于水的黏度小，悬浮能力小，即使直径很小的砂粒也会沉积在环空底部（图 10-21、图 10-22）；当砂粒直径较大时，就会沉积在环空底部，不能通过环空（图 10-23、图 10-24）。通过以上定性的比较可以看出，泡沫流体与水相比具有较强的悬浮能力，具有较好的携砂性能。

（4）砂粒在泡沫和水中的携砂率和停留时间。

为了表征流体携砂能力的大小，定义了携砂率和停留时间两个参数。携砂率是指流体携带出环空管道的砂粒质量与环空入口砂粒总质量之比，它表示流体的携砂性能的好坏。停留时间是指可以被流体携带出环空管道的砂粒从环空管道入口运动到出口所经历的时间，它表示砂粒在流体中运动速度的大小。

① 入口速度为 0.3 m/s 时砂粒在泡沫和水中的携砂率和停留时间。

从图 10-25、图 10-26、图 10-27 可以看出，直径小于 0.5 mm 的砂粒，携砂率随倾角变化不大；直径 0.6～1.0 mm 的砂粒，携砂率随倾角的增大而增大；直径 1.2～1.8 mm的砂粒，携砂率随倾角的增大先减小后增大，倾角在 45°左右时携砂率最小。在相同倾角情况下，大直径砂粒的携砂率小于小直径砂粒的携砂率，即砂粒直径越大，越不容易被携带。

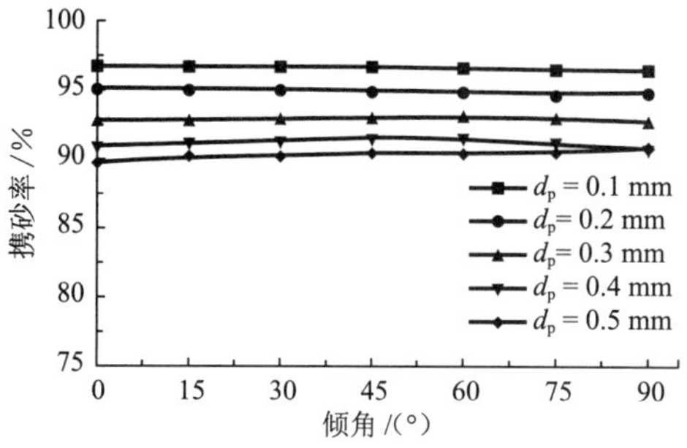

图 10-25 泡沫流体的携砂率（$d_p \leqslant 0.5$ mm）

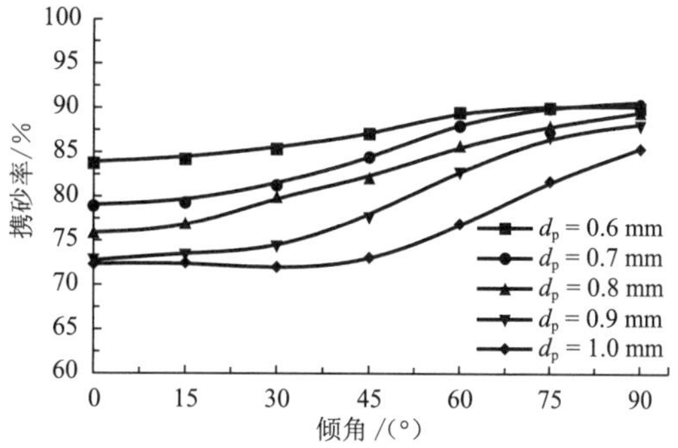

图 10-26 泡沫流体的携砂率（0.6 mm$\leqslant d_p \leqslant$1.0 mm）

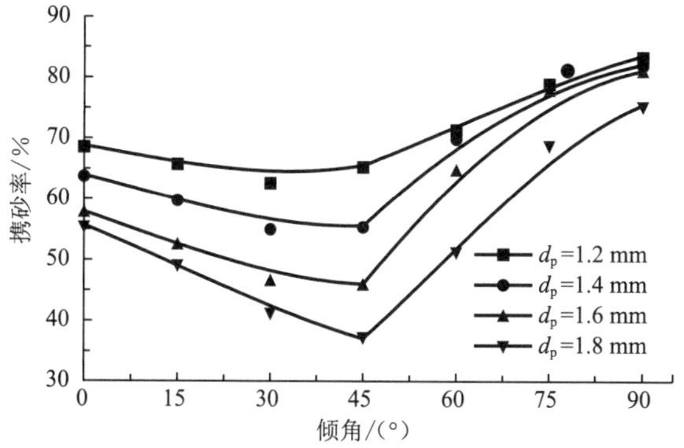

图 10-27 泡沫流体的携砂率（1.2 mm$\leqslant d_p \leqslant$1.8 mm）

针对泡沫流体对不同直径的砂粒的携砂率随倾角的变化规律做如下定性分析：当砂粒直径很小时（$d_p \leqslant 0.5$ mm），砂粒基本上可以悬浮在泡沫中，随泡沫一起运动，所以环空倾角对携砂率基本上没有影响；当砂粒直径较大时（0.6 mm$\leqslant d_p \leqslant$1.0 mm），砂粒会沉在环空底侧，与壁面产生一定的摩擦，倾角小时重力在垂直壁面方向的分力大，摩擦力大，倾角大时重力在垂直壁面方向的分力小，摩擦力小，所以携砂率会随倾角的增大而增大；当砂粒直径大到一定程度时（1.2 mm$\leqslant d_p \leqslant$1.8 mm），倾角为 45°左右时，如果泡沫流体不能将砂粒携带出环空管道，砂粒会沿环空底部向下滑，使得 45°时砂粒最不容易被携带，携砂率最低，这与文献中的结论一致。

从图 10-28、图 10-29、图 10-30 可以看出，直径小于 0.8 mm 的砂粒，在环空管道中的停留时间随倾角的变化不大；直径从 0.9～1.8 mm 的砂粒，在环空管道中的停留时间随倾角的增大而减小。对于相同的倾角，直径大的砂粒的停留时间大于直径小的砂粒。这是由于直径较小的砂粒可以较好地悬浮在泡沫中，随泡沫一起运动，所以停留时间随环空管道倾角的变化不大。直径较大的砂粒，在接近水平的环空管道中会沉积在管道底侧，与壁面产生摩擦力，使得运动速度减慢，停留时间变长；而在接近竖直的环空管道中，不会出现沉积在管道底侧的现象，不会与壁面产生摩擦力，运动速度较快，停留时间较短。

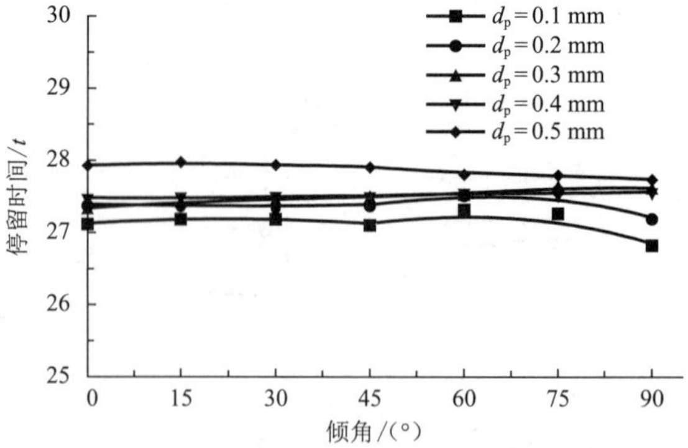

图 10-28　砂粒在泡沫流体中的停留时间($d_p \leqslant 0.5$ mm)

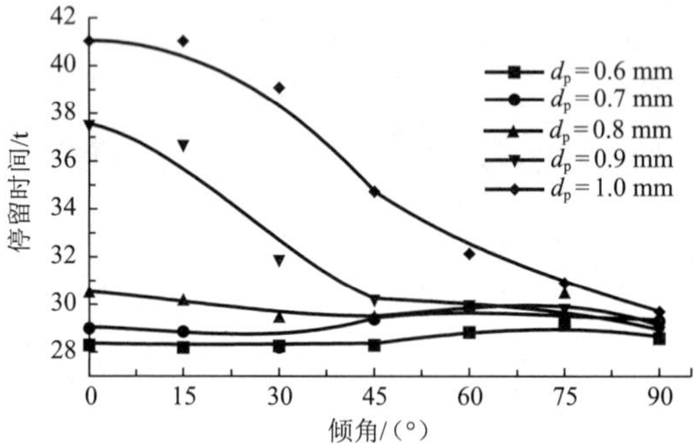

图 10-29　砂粒在泡沫流体中的停留时间(0.6 mm$\leqslant d_p \leqslant$1.0 mm)

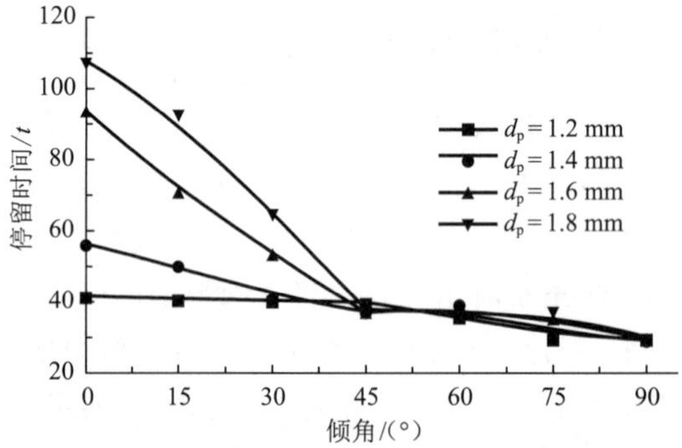

图 10-30　砂粒在泡沫流体中的停留时间(1.2 mm$\leqslant d_p \leqslant$1.8 mm)

从图 10-31、图 10-32 可以看出,直径很小的砂粒($d_p \leqslant$0.2 mm)携砂率随倾角的增大而增大;直径大于 0.5 mm 的砂粒,在倾角较小时携砂率为零,当倾角大于某一个角度时,携砂率迅速增加。直径小于 0.2 mm 的砂粒,在环空中的停留时间随倾角的变化不大,但要大于相同条件下在泡沫流体中的停留时间。这是由于与泡沫流体相比,水的悬浮能力较差,在环空倾角较小时,砂粒会沉积在环空底侧,而水的黏度较小,对砂粒的曳力不足以克服砂粒与壁面之间的摩擦力,使得携砂率较小,甚至为零。当倾角大于某一值,水对砂粒的曳力可以克服砂粒与壁面之间的摩擦力时,携砂率会迅速增大。

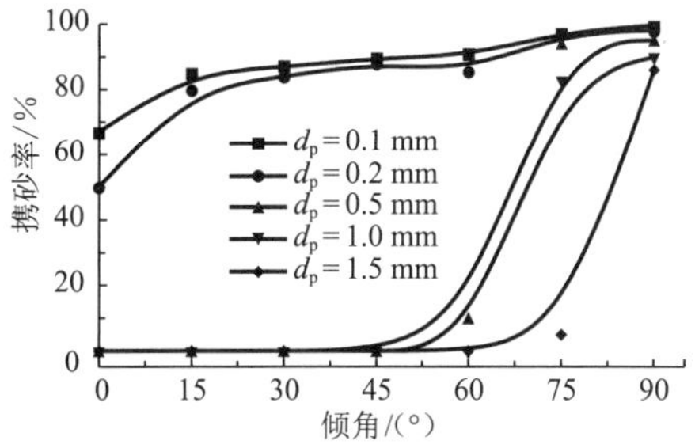

图 10-31 水的携砂率

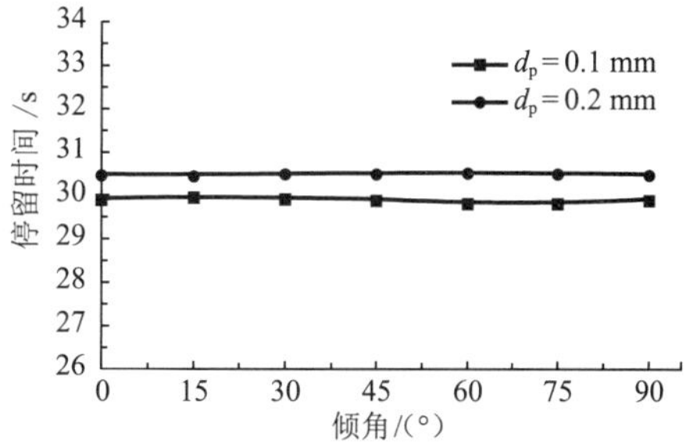

图 10-32 砂粒在水中的停留时间

② 砂粒在泡沫和水中的携砂性能的比较。

图 10-33～图 10-37 通过比较泡沫流体和水在环空管道中的携砂性能(h)可以看出，在接近水平的环空管道(倾角小于 60°)中，泡沫流体的携砂性能远远大于水的携砂性能；而在接近竖直的环空管道(倾角大于 60°)中，水的携砂性能稍大于泡沫的携砂性能。水平段的差别是由于泡沫具有较大的黏度和较好的悬浮能力，在水平段砂粒能较好地悬浮在泡沫流体中，随泡沫一起运动，而在水中砂粒会很快沉积在管道底侧，与壁面产生摩擦，难于被携带。在竖直段水的携砂率稍大于泡沫流体的携砂率，这是由于流态不同造成的。泡沫流体黏度较大，流速为 0.3 m/s 时处于层流状态，具有较厚的速度边界层，边界层内流速较小，携砂率较小；而水处于紊流状态，边界层较薄，边界层的存在对携砂率的影响较小。这表明泡沫流体更适用于水平井冲砂洗井，与文献中结论一致。

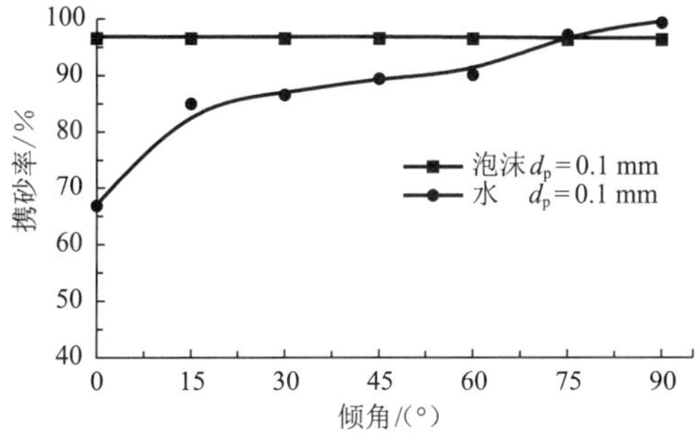

图 10-33 泡沫和水携砂性能的比较(d_p=0.1 mm)

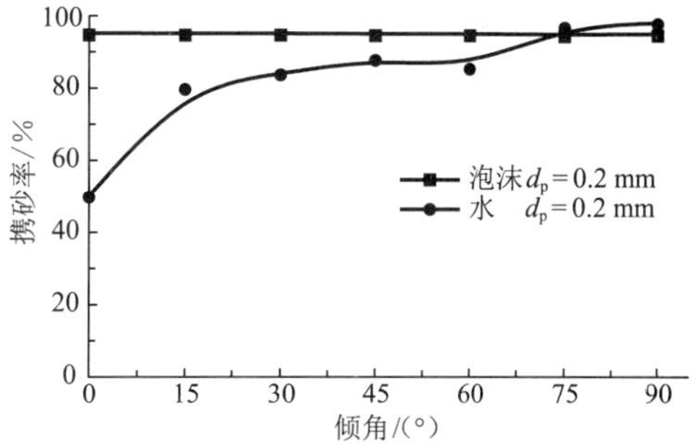

图 10-34 泡沫和水携砂性能的比较(d_p=0.2 mm)

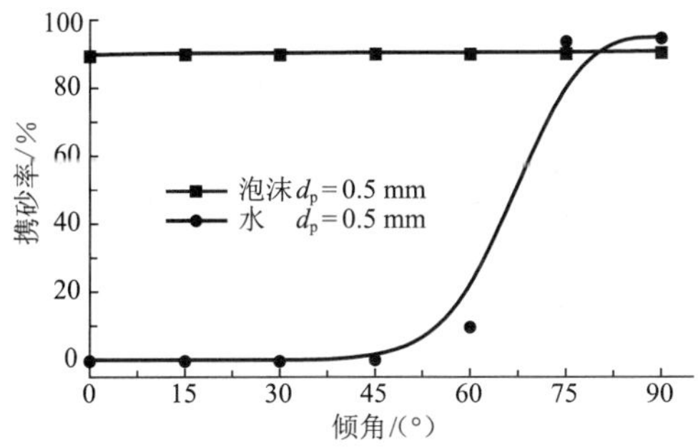

图 10-35 泡沫和水携砂性能的比较(d_p=0.5 mm)

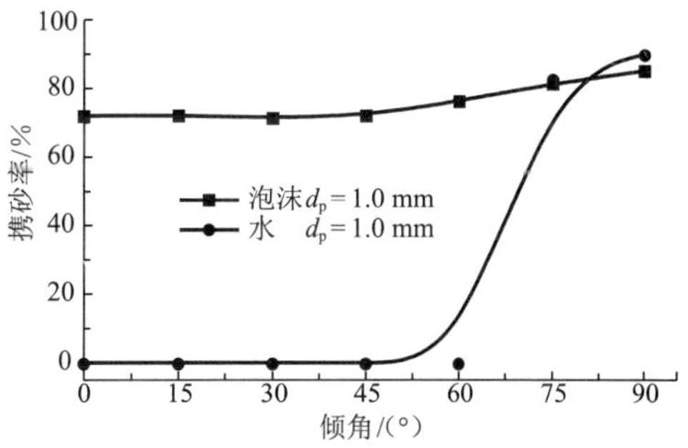

图 10-36 泡沫和水携砂性能的比较(d_p=1.0 mm)

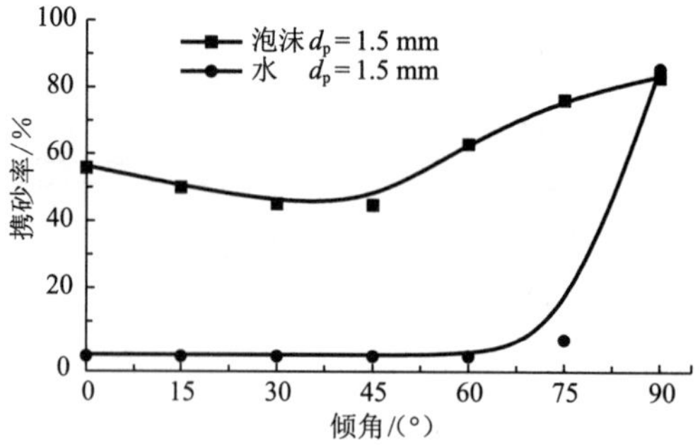

图 10-37　泡沫和水携砂性能的比较(d_p=1.5 mm)

③ 入口速度为 0.6 m/s 时砂粒在泡沫中的携砂率(图 10-38～图 10-40)。

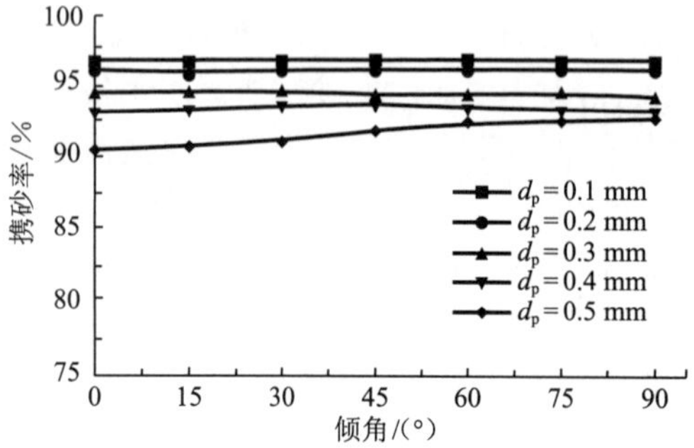

图 10-38　泡沫流体的携砂率(d_p≤0.5 mm)

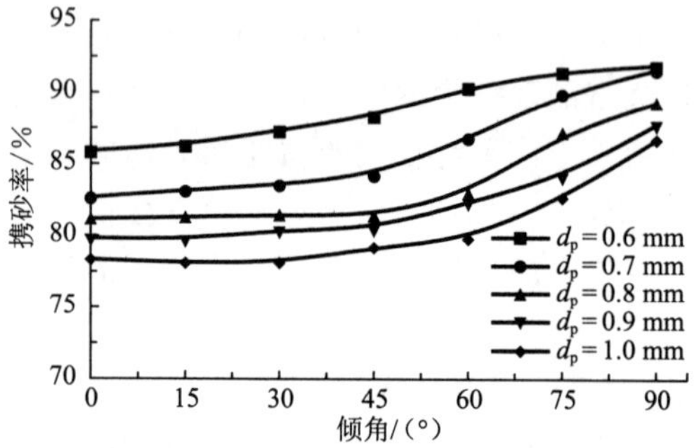

图 10-39　泡沫流体的携砂率(0.6 mm≤d_p≤1.0 mm)

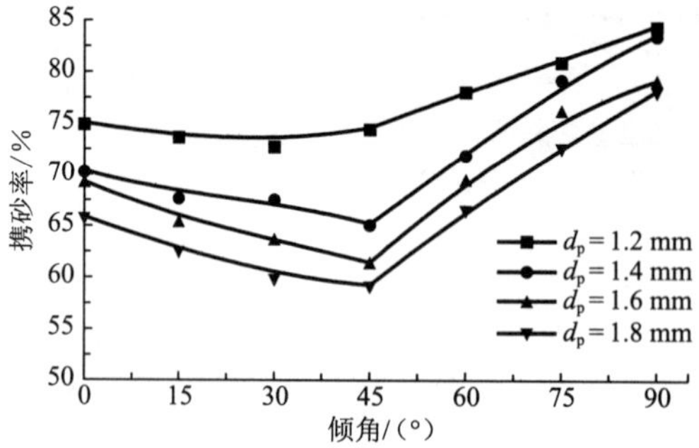

图 10-40　泡沫流体的携砂率(1.2 mm≤d_p≤1.8 mm)

④ 入口速度为 0.9 m/s 时砂粒在泡沫中的携砂率(图 10-41～图 10-43)。

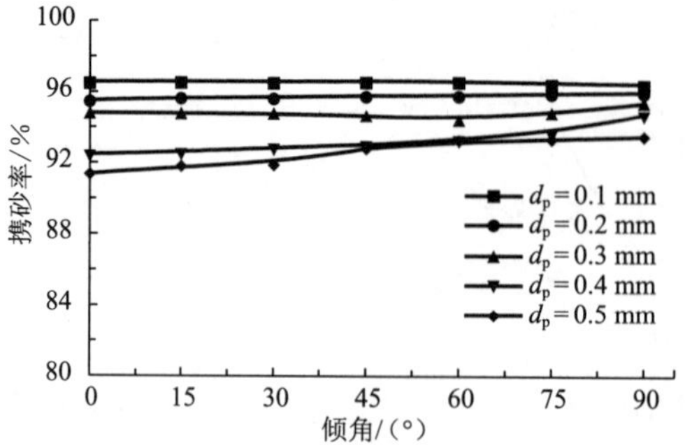

图 10-41　泡沫流体的携砂率(d_p≤0.5 mm)

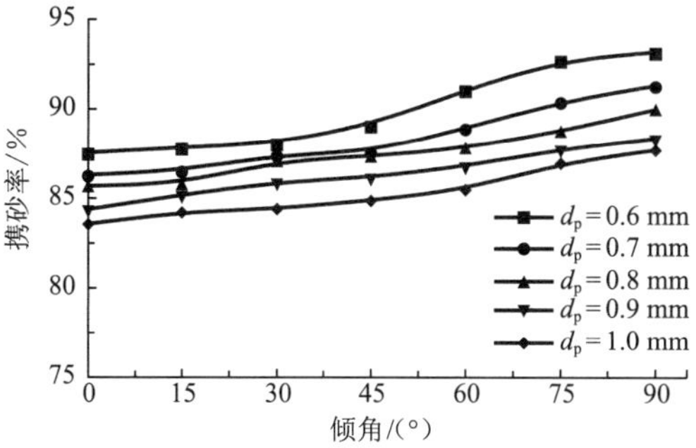

图 10-42　泡沫流体的携砂率
（0.6 mm≤d_p≤1.0 mm）

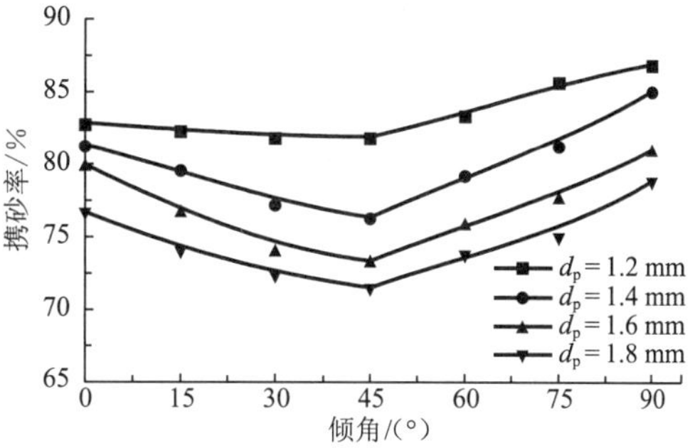

图 10-43　泡沫流体的携砂率
（1.2 mm≤d_p≤1.8 mm）

⑤ 相同粒径的砂粒在不同流速泡沫中携砂率的比较。

由图 10-44～图 10-48 可以看出，直径相同的砂粒，在流速越大的泡沫中携砂率越高，这说明为了提高泡沫流体的携带能力，应保持较高的流速。当砂粒直径小于 0.5 mm 时，流速的增加对携砂率的影响不是很大；当砂粒直径为 0.6～1.8 mm 时，携砂率随泡沫流速的增加提高很快，流速对倾角小于 45°的接近水平井段的携砂率影响更为强烈。

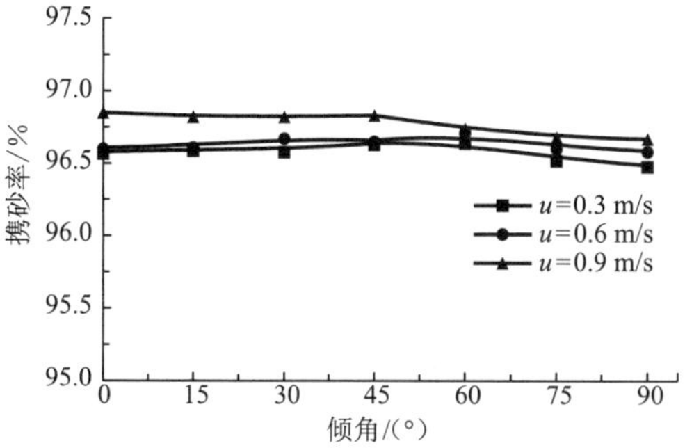

图 10-44　不同泡沫流速的携砂率（d_p=0.1 mm）

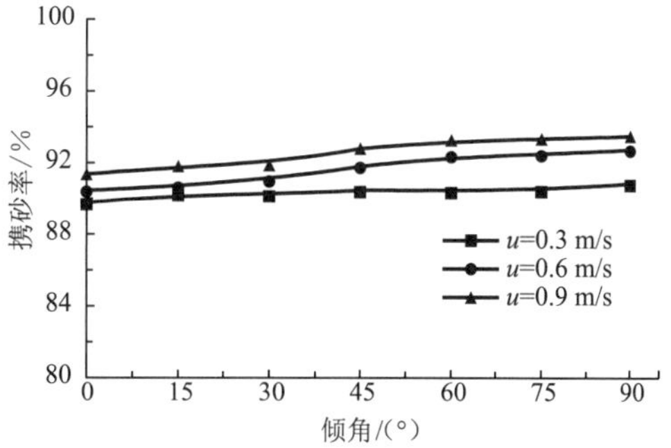

图 10-45　不同泡沫流速的携砂率（d_p=0.5 mm）

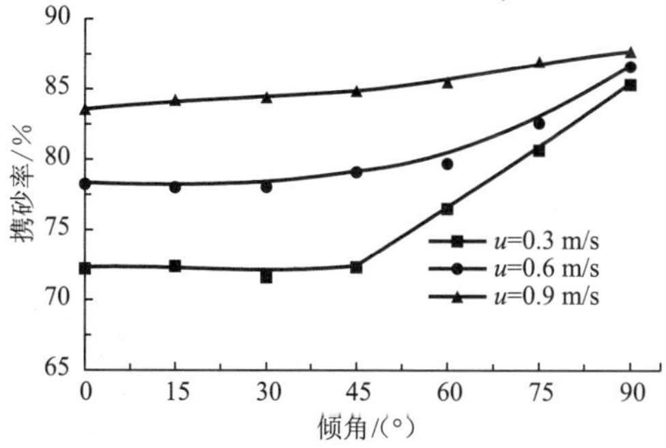

图 10-46　不同泡沫流速的携砂率（d_p=1.0 mm）

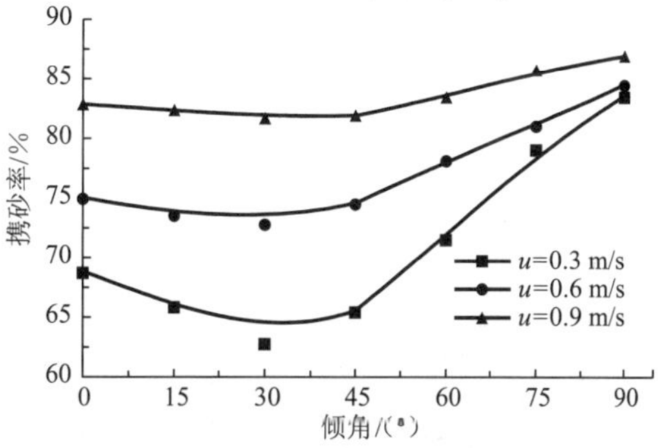

图 10-47　不同泡沫流速的携砂率（d_p=1.2 mm）

（5）环空偏心对泡沫流体携砂率的影响。

① 物理模型。

建立了如图 10-49 所示的偏心环空管道流动模型，相对偏心度为 0.3，z 轴方向为重力方向。其他设置与同心环空管道流动模型相同。

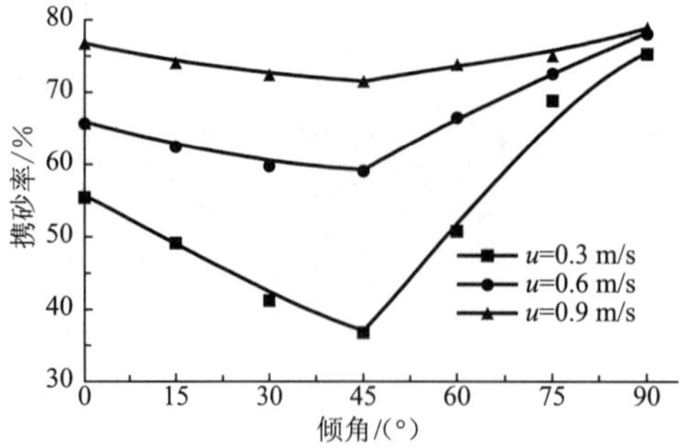

图 10-48　不同泡沫流速的携砂率(d_p=1.8 mm)

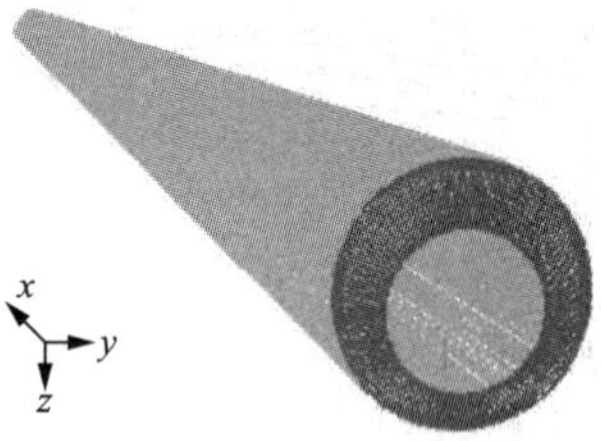

图 10-49　偏心环空物理模型

② 偏心环空中泡沫流体的携砂率。

研究了环空管道的偏心对泡沫流体携砂率的影响，相对偏心度为 0.3，泡沫流体的流速为 0.3 m/s。

由图 10-50 和 10-51 和可以看出，环空偏心使得泡沫流体的携砂率降低，而对接近水平段的影响尤为突出，对接近竖直段的影响较小，这是由于在重力的作用下水平段油管会偏向底侧，这样会使得泡沫流体在环空中流动时，环空间隙小处流速小，而环空间隙大处流速大。在水平段砂粒在重力的所用下也会沉向环孔底侧，砂粒在流速较小的泡沫中流动会使得携砂率降低。在接近竖直的环空管道中，砂粒不会由于重力的作用而沉向一侧，流速较小的环空侧携砂率降低会由流速较大的环空侧携砂率提高所弥补，所以偏心对携砂率的影响较小。在现场泡沫流体冲砂作业中应尽量减小油管的偏心，保证较高的携砂率。

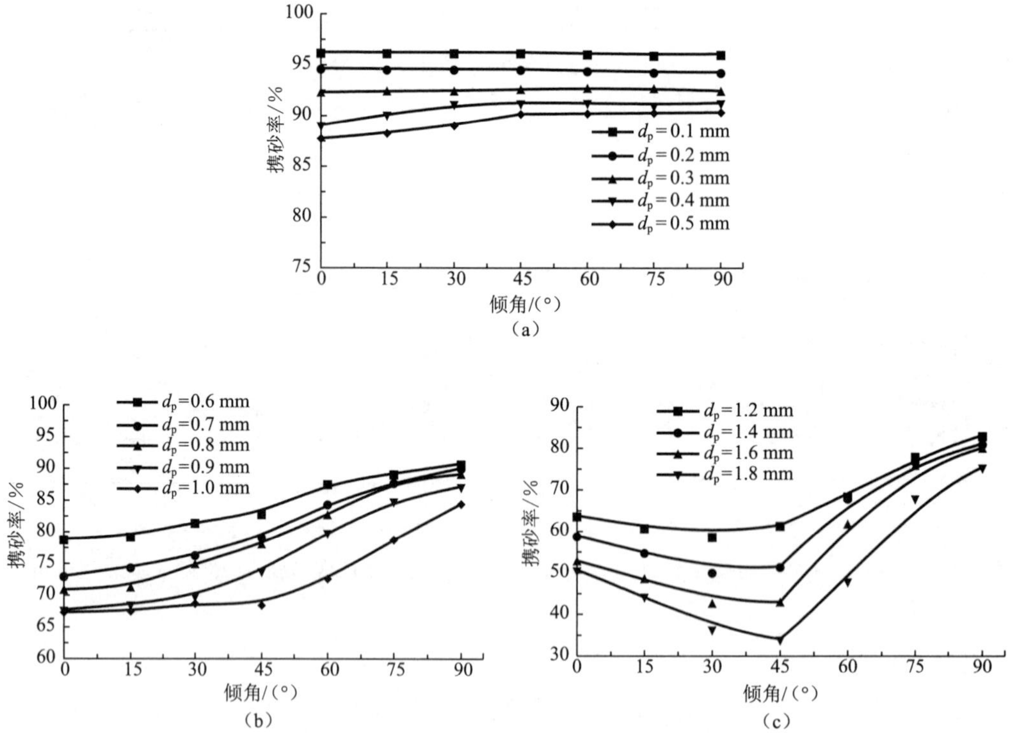

图 10-50　偏心环空中泡沫流体的携砂率

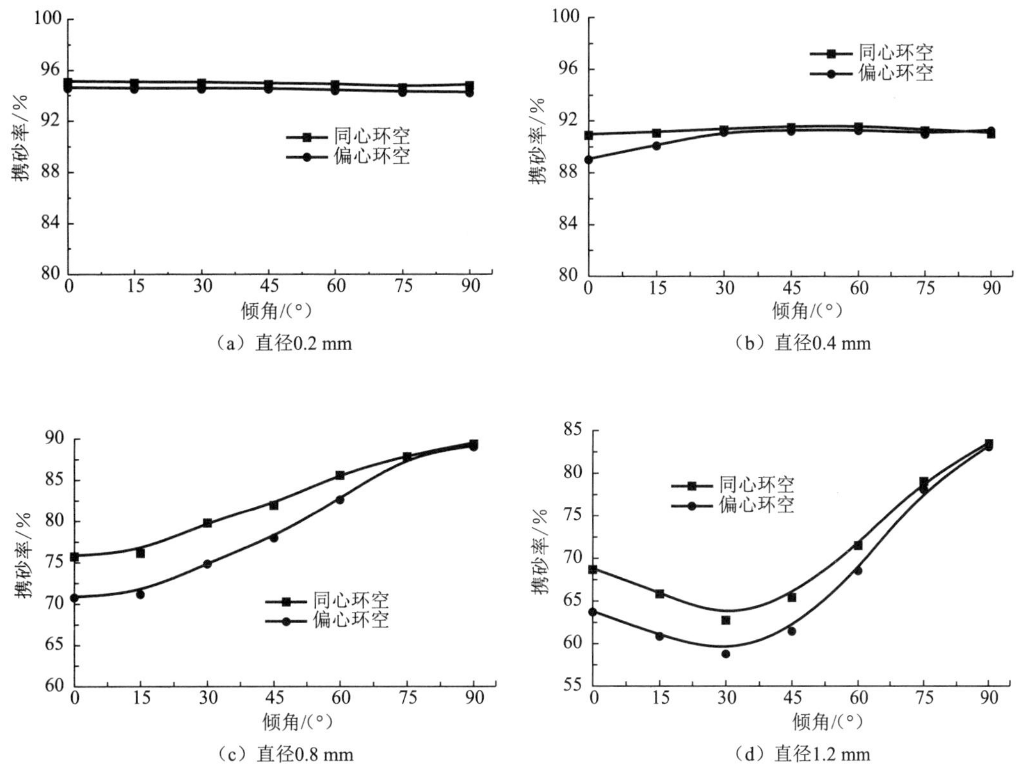

图 10-51 环空偏心对泡沫流体携砂能力的影响

5. 水平井泡沫流体冲砂洗井的携砂条件

实际油井出砂的粒径一般在 0.3～0.9 mm 的范围内，通过对泡沫流体携砂能力的数值模拟结果可以看出，粒径在该范围内的砂粒的携砂率在井底(水平井段)具有最小值，于是可以得到表 10-2 和图 10-52 所示的携砂条件。在水平井泡沫流体冲砂洗井作业中，井底的泡沫流速必须大于相应的最小流速，才能保证携砂率大于 90%。

表 10-2 砂粒的直径与泡沫流速的关系

砂粒直径/mm	井底泡沫最小流速/($m \cdot s^{-1}$)	携砂率/%
0.3	0.14	>90
0.4	0.31	>90
0.5	0.54	>90
0.6	0.98	>90
0.7	1.16	>90
0.8	1.25	>90
0.9	1.31	>90

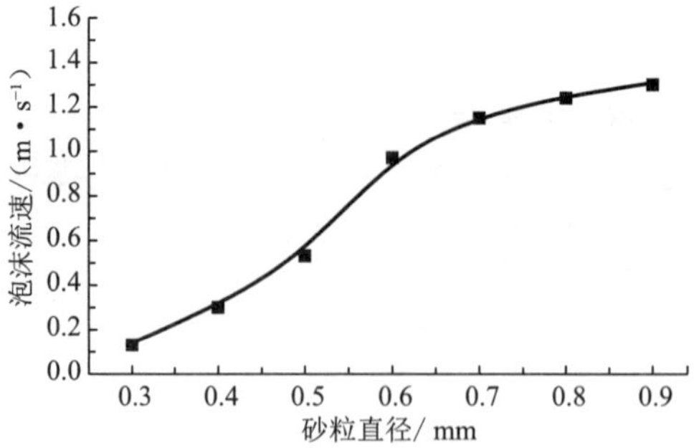

图 10-52　砂粒的直径与泡沫流速的关系

二、泡沫流体冲砂洗井的数学模型

具有可压缩性的泡沫流体在温度、压力条件改变时，泡沫质量、密度、黏度和流动速度都随之发生变化，因此，对泡沫流体冲砂洗井参数的计算过程实际上是对井筒内泡沫流体循环过程的模拟。在泡沫流体冲砂洗井作业中，需要确定的主要参数包括井口注入压力、井口回压、泡沫基液流量、气体流量、井口泡沫质量、井底泡沫质量等。根据泡沫流体冲砂洗井的数学模型，总结出了程序的计算步骤，并编制了相应的计算程序。

1. 泡沫流体冲砂洗井的数学模型

泡沫流体冲砂洗井的数学模型基于质量守恒方程与动量守恒方程，首先假设：

(1) 井眼可以是竖直井、斜井或水平井。

(2) 泡沫流体处于稳定的流动状态。

(3) 当 $55\%\leqslant\Gamma\leqslant98\%$（$\Gamma$ 表示泡沫质量）时，泡沫流体为幂律流体；当 $\Gamma<55\%$时，泡沫流体为牛顿流体；

(4) 泡沫流体的可压缩性完全取决于泡沫内气体的可压缩性；

(5) 井筒的温度按温度场数值计算。

根据以上假设，可以分别列出油管和环空内泡沫流体流动的数学模型和边界条件以及限制条件。

① 油管内。

a. 质量守恒方程。

$$\frac{\mathrm{d}(\rho_g Q_g+\rho_L Q_L)}{\mathrm{d}L}=0 \tag{10-83}$$

b. 动量守恒方程。

$$\frac{\mathrm{d}p}{\mathrm{d}L}=\left(\frac{\mathrm{d}p}{\mathrm{d}L}\right)_f+\left(\frac{\mathrm{d}p}{\mathrm{d}L}\right)_g+\left(\frac{\mathrm{d}p}{\mathrm{d}L}\right)_{ac} \tag{10-84}$$

c. 能量守恒方程。

$$\frac{\mathrm{d}T}{\mathrm{d}L}=\frac{2\pi R_{ti}h_1(T_1-T_2)}{W_1} \tag{10-85}$$

式中　ρ_g，ρ_L——泡沫中气体和液体的密度，kg/m^3；

Q_g，Q_L——泡沫中气体和液体的体积流量，m^3/s；

$\left(\frac{\mathrm{d}p}{\mathrm{d}L}\right)_f$—— 泡沫流体的摩阻压降，$\left(\frac{\mathrm{d}p}{\mathrm{d}L}\right)_f=\frac{2f_f\rho_f V_f^2}{D}$；

$\left(\frac{dp}{dL}\right)_g$—— 泡沫流体的重力压降，$\left(\frac{dp}{dL}\right)_f=-\rho_f g\sin\theta$；

$\left(\frac{dp}{dL}\right)_{ac}$—— 泡沫流体的加速压降，一般很小，可以忽略不计；

V_f——泡沫流体的流速，m/s；

θ——管路倾角，(°)。

② 环空内。

a. 质量守恒方程。

$$\frac{d(\rho_g Q_g+\rho_L Q_L+\rho_s Q_s)}{dL}=0 \tag{10-86}$$

b. 动量守恒方程。

$$\frac{dp}{dL}=\left(\frac{dp}{dL}\right)_f+\left(\frac{dp}{dL}\right)_g+\left(\frac{dp}{dL}\right)_{ac} \tag{10-87}$$

c. 能量守恒方程。

$$\frac{dT}{dL}=\frac{2\pi R_{ti}h_1(T_1-T_2)}{W_1}+\frac{2\pi}{W_2}\frac{\lambda_r R_{ti}h_2}{\lambda_r+R_{ci}h_2 f(t)}[T_2-(T_0+g_T z\sin\theta)] \tag{10-88}$$

式中 $\left(\frac{dp}{dL}\right)_f$—— 泡沫流体的摩阻压降，$\left(\frac{dp}{dL}\right)_f=\frac{2f_m\rho_m V_m^2}{D_2-D_1}$；

$\left(\frac{dp}{dL}\right)_g$—— 泡沫流体的重力压降，$\left(\frac{dp}{dL}\right)_g=\rho_m g\sin\theta$；

$\left(\frac{dp}{dL}\right)_{ac}$—— 泡沫流体的加速压降，一般很小，可以忽略不计；

V_m——泡沫流体和砂粒混合物的流速，m/s；

Q_s——砂粒的体积流量，m^3/s；

ρ_s——砂粒的密度，kg/m^3；

g_T——地温梯度，℃/m。

③ 辅助方程。

a. 泡沫流体的状态方程。

$$pV_f=a+bp \tag{10-89}$$

式(10-89)中系数的表达式见表10-3。

表10-3 方程的系数

方程的系数	油 管	环 空
a	$a=\frac{W_g zRT}{M}$	$a=\frac{W_g zRT}{M}$
b	$b=(1-W_g)v_L$	$b=W_L v_L+W_s v_s$

b. 油管和环空内的温度按地温梯度计算，倾角按井身结构参数计算。

$$T=T(L) \tag{10-90}$$

$$\theta=\theta(L) \tag{10-91}$$

④ 边界条件。

在泡沫流体冲砂洗井时，井口泡沫流体的流量保持为定值，环空回压保持为定值。

$$L=0\text{ 时},T_1=T_{10} \tag{10-92}$$

$$L=L_{\text{井底}}\text{ 时},T_1=T_2 \tag{10-93}$$

$$p_{\text{回压}}=\text{Const} \tag{10-94}$$

$$Q_{\text{g井口}}=\text{Const} \tag{10-95}$$

$$Q_{\text{L井口}}=\text{Const} \tag{10-96}$$

⑤ 限制条件。

为了避免泡沫流体变成自由水、形成柱塞或因过高的流速而引起太大的压降，计算中要使用以下限制条件，这些值是从研究及实际应用中得出的。

a. 环空井口最大泡沫质量为 0.96。

$$\Gamma_{\text{环空井口}}<0.96 \tag{10-97}$$

b. 井底最小泡沫质量为 0.55。

$$\Gamma_{\text{井底}}\geqslant 0.55 \tag{10-98}$$

⑥ 安全携砂条件。

为保证冲砂洗井的携砂率达到 90%，井底泡沫流体的流速应满足表 10-1 中的携砂条件。

2. 模型求解

对井筒内泡沫流体循环过程的模拟，与 Krug 等采用的方法类似，采用“恒定环空回压”的迭代方法来进行。

由于泡沫流体在很小的流动单元内的流动近似为等温流动，所以将井筒分成若干个很小的流动单元体，然后计算每个单元体上的泡沫流动特性和摩擦损失。尽管泡沫的流动状态是随着井深的变化而变化的，但是每个迭代单元体的长度相对井深总是很小的，每个单元体上的泡沫的流动状态可以近似认为是均一的，并假设每一个单元体的温度是不变的，其值用该深度下的地层温度来表示，地层温度用地面温度和地温梯度来计算。压力的变化则取决于泡沫的静水压力和泡沫流体及砂粒产生的摩擦损失。另外，还假设在每个单元体内泡沫是不可压缩的，这并不意味着泡沫流体是不可压缩的，而只是认为在非常小的单元体内是不可压缩的。

据此，可以利用单元体内任意一点的状态近似反映该单元体内的特性。每个流动单元体内的流动特性参数可以由上一个迭代单元体内的特性参数通过迭代关系确定，并作为下一个迭代单元体的初始参数，这样可以从一个单元体到另一个单元体逐步迭代。由于在泡沫入口处的注入压力、温度、流量以及泡沫的参数都无法知道，而在泡沫的出口处除环空回压、泡沫与砂粒的流量需要人为设定外，其余条件都是可以知道的，所以迭代计算方向是逆循环方向，即从泡沫出口一直迭代到井底，然后又从井底一直迭代到泡沫入口，迭代完毕后即可确定出给定参数下的井口注入压力、泡沫注入流量及井底压力等参数。

在过去的许多模拟程序中都假定每个迭代区间的泡沫参数为定值，这就造成与实际情况相比存在较大误差。本程序设计时考虑了每个迭代区间泡沫参数的变化，使得模拟结果更接近于真实情况，从而提高了模拟精度。

程序需要输入的参数主要包括油井的管柱数据、油井液面情况、地面温度与地温梯度等。计算后可以得到泡沫流体施工的密度、流量、压力等参数，可以直接用于现场施工。

3. 程序计算步骤

在井筒内泡沫流体循环过程的模拟计算中还要首先假设:泡沫处于稳定流动状态;泡沫的可压缩性完全取决于泡沫内气相的可压缩性;在每个单元体上,温度和压力随深度呈线性分布,即用单元体的平均参数来表示。具体计算步骤如下:

(1) 设定环空顶部最大泡沫质量 Γ_0,通常为 0.96。

(2) 选择冲砂管柱下放速度 V_d(m/s),通常根据实际情况选择。

(3) 选择环空回压 p_1(MPa)。第一次选择的回压应等于或稍大于大气压力,如果在某一环空回压条件下不能满足泡沫冲砂洗井要求,可适当增加环空回压后重新进行计算。

(4) 设定环空系统顶部温度 T_1(℃),通常取地面环境温度,如 15 ℃。

(5) 给定并计算下列参数。

① 给定井身结构参数,如水平井垂深、水平位移、造斜点深度、井眼轨迹长度 H_T(m);

② 给定套管内径 D_2(m)、油管外径 D_1(m)、油管内径 D(m);

③ 给定砂粒直径 D_s(mm)、砂粒密度 ρ_s(kg/m^3)、标准状态下(0 ℃,1 大气压)气体密度ρ_a(kg/m^3);

④ 给定地温梯度 T_g(℃/100 m);

⑤ 计算环空横截面积 A_{an}(m^2)、油管横截面积 A_{tu}(m^2)、套管横截面积 A_{Hu}(m^2)。

$$A_{an}=\frac{\pi}{4}(D_2^2-D_1^2)$$

$$A_{tu}=\frac{\pi}{4}D^2$$

$$A_{Hu}=\frac{\pi}{4}D_2^2$$

(6) 选择一个初始悬浮体(泡沫和砂粒混合物)流量 Q_{TST}(m^3/s)。它直接影响气体注入量、泡沫基液注入量、井口注入压力、井底压力和泡沫的携带能力。一般根据实际经验选择一个初始值,再根据计算结果进行适当的调整,并进行多次试算。

(7) 计算环空顶部气体流量 Q_{gta}(m^3/s)。

$$Q_{gta}=Q_{TST}\Gamma_0$$

(8) 计算下列参数。

① 砂粒质量流量 W_s(kg/s):

$$W_s=V_d A_H \rho_s$$

② 砂粒体积流量 Q_s(m^3/s):

$$Q_s=\frac{W_s}{\rho_s}$$

③ 泡沫基液流量 Q_L(m^3/s):

$$Q_L=Q_{TST}-Q_{gta}-Q_s$$

④ 根据环空回压和地面温度计算气体偏差系数 z;

⑤ 标准状态下气体流量 Q_{gs}(m^3/s):

$$Q_{gs}=\frac{10p_1 Q_{gta}}{z}$$

(9) 假定在整个迭代深度增量 ΔH(m)下的总压力降 Δp_E(MPa),一般用 0.001 MPa 作

为其初始值，该段倾角为 θ。

(10) 计算下列参数：

① 环空单元体内平均压力 p_{avg}(MPa)：

$$p_{avg} = p_1 + \Delta p_E/2$$

② 单元体底部的温度 T_2(℃)：

$$T_2 = T_1 + \frac{\Delta H T_g \sin\theta}{100}$$

③ 单元体内泡沫的平均温度 T_{avg}(℃)：

$$T_{avg} = (T_1 + T_2)/2$$

④ 计算平均压力、平均温度下的气体偏差系数 z；

⑤ 计算平均温度、平均压力下的气体流量 Q_{g2}(m^3/s)：

$$Q_{g2} = \frac{Q_{gs} z (T_{avg} + 273.15)}{10(T_1 + 273.15) p_{avg}}$$

⑥ 计算平均条件下的悬浮体流量 Q_T(m^3/s)：

$$Q_T = Q_{g2} + Q_L + Q_s$$

⑦ 计算平均条件下的泡沫质量 Γ 和液体滞留量 H_L：

$$\Gamma = Q_{g2}/Q_T$$

$$H_L = Q_L/Q_T$$

⑧ 计算平均条件下的气体密度 ρ_g、泡沫流体密度 ρ_F 以及悬浮体密度 ρ_m(kg/m^3)：

$$\rho_g = \frac{273.15 p_{avg} \rho_a}{0.1 z (T_{avg} + 273.15)}$$

$$\rho_F = \rho_g \Gamma + H_L$$

$$\rho_m = \rho_F + (1 - H_L - \Gamma)\rho_s$$

⑨ 计算单元体内泡沫流体平均流速 V_F(m/s)：

$$V_F = \frac{Q_{g2} + Q_L}{A_{an}}$$

(11) 计算单元体内泡沫有效黏度 μ_e、雷诺数 Re 和临界雷诺数 Re_c。

① 泡沫流体的幂律指数 n、广义稠度系数 K'_a($N \cdot s^n/m^2$) 和稠度系数 K($N \cdot s^n/m^2$)。

若 $0.96 < \Gamma \leqslant 0.98$，则 $n = 0.326$，$K'_a = 4.529$；

若 $0.92 < \Gamma \leqslant 0.96$，则 $n = 0.29$，$K'_a = 5.880$；

若 $0.75 < \Gamma \leqslant 0.92$，则 $n = 0.7734 - 0.643\Gamma$，$K'_a = 34.330\Gamma - 20.732$；

若 $0.65 \leqslant \Gamma \leqslant 0.75$，则 $n = 0.295$，$K'_a = 2.538 + 1.302\Gamma$。

$$K = K'_a \left(\frac{3n}{2n+1}\right)^n$$

② 环空单元体内的泡沫有效黏度 μ_e(Pa·s)。

$$\mu_e = K \left(\frac{2n+1}{3n}\right)^n \left(\frac{12 V_f}{D_2 - D_1}\right)^{n-1}$$

③ 泡沫雷诺数 Re 和临界雷诺数 Re_c。

$$Re = \frac{\rho_F V_f (D_2 - D_1)}{\mu_e}$$

$$Re_c = 3\ 470 - 1\ 370n$$

(12) 计算泡沫流体的摩擦系数 f_F。

若 $Re \leqslant Re_c$，则：

$$f_f = \frac{24}{Re}$$

若 $Re > Re_c$，则：

$$\sqrt{\frac{1}{f_f}} = \frac{4}{n^{0.75}}\lg\left[Re \cdot f_f^{(1-n/2)}\right] - \frac{0.40}{n^{1.2}}$$

(13) 计算砂粒摩擦系数 f_s。

如果砂粒是砂岩和石灰岩的混合物，则：

$$f_s = \frac{39.36}{Re^{0.990\ 7}}\left(\frac{D_s}{102V_f^2}\right)^{0.029\ 6}\left(\frac{\rho_s}{\rho_f}\right)^{0.140\ 3}\left(\frac{Q_s}{Q_T}\right)^{0.384\ 4}$$

如果砂粒是砂岩，则：

$$f_s = \frac{94.019}{Re^{0.972\ 1}}\left(\frac{D_s}{102V_f^2}\right)^{0.075\ 25}\left(\frac{\rho_s}{\rho_f}\right)^{0.132\ 77}\left(\frac{Q_s}{Q_T}\right)^{0.424}$$

如果砂粒是石灰岩，则：

$$f_s = \frac{1.279}{Re^{0.569\ 7}}\left(\frac{D_s}{102V_f^2}\right)^{0.313\ 326}\left(\frac{\rho_s}{\rho_f}\right)^{0.702\ 89}\left(\frac{Q_s}{Q_T}\right)^{0.206\ 57}$$

(14) 计算单元体的总压力降 Δp_m(MPa)。

$$\Delta p_m = \frac{2f_m\rho_f\Delta HV_f^2}{D_2 - D_1} + \frac{9.8\rho_m\Delta H\sin\theta}{1\ 000}$$

其中，悬浮体摩擦系数 $f_m = f_f + f_s$。

(15) 如果 $\left|\frac{\Delta p_m - \Delta p_E}{\Delta p_E}\right| > 0.005$，则令 $\Delta p_E = \Delta p_m$，并转第(9)步，重新进行单元体内的计算，否则进行下一步。

(16) 在迭代深度上增加一个深度增量，并为下一个单元体的迭代计算初始化参数。

$$H = H + \Delta H$$

$$p_1 = p_1 + \Delta p_m$$

$$T_1 = T_2$$

(17) 如果深度 H 小于最终井深 H_T，则转第(9)～(15)步进行下一个单元体的迭代计算，否则进行下列计算。

① 计算井底温度压力条件下的气体偏差系数 z；

② 计算井底泡沫中气体流量 Q_{gb}(m^3/s)、泡沫流动速度 V_{fb}(m/s)、泡沫质量 Γ_b。

(18) 如果 V_{Fb}不满足表 10-2 的携带条件，说明井底泡沫流速太低，不足以安全携带砂粒，可以适当增加悬浮流量后，转第(6)～(16)步重新进行环空迭代计算，否则进行下一步计算。

(19) 若井底泡沫质量 $\Gamma_b \geqslant 0.55$，则进行下一步的计算；否则，说明井底泡沫质量太低，携带能力不足，转第(31)步，适当增加环空回压后，重新进行环空迭代计算。

(20) 设定油管底部压力 p_1(MPa)和温度 T_1(℃)。

(21) 进行以下油管内流动的计算。

① 计算管内单元体平均压力 p_{avg}(MPa):

$$p_{avg}=p_1-\frac{\Delta p_E}{2}$$

② 计算管内单元体顶部温度 T_2(℃):

$$T_2=T_1-\frac{\Delta H T_g \sin\theta}{100}$$

③ 计算单元体内的平均温度 T_{avg}(℃)、气体偏差系数 z 以及气体的体积流量 Q_{g2}(m^3/s)、泡沫质量 Γ。

④ 管内单元体泡沫平均流速 V_f(m/s):

$$V_f=\frac{Q_{g2}+Q_L}{A_{tu}}$$

(22) 计算下列参数。

① 计算 n,K 值。

② 计算管内泡沫有效黏度 μ_e(Pa·s):

$$\mu_e=K\left(\frac{3n+1}{4n}\right)^n\left(\frac{8V_f}{D}\right)^{n-1}$$

(23) 计算泡沫流体的摩擦系数 f_f。

若 $Re\leqslant Re_c$,则:

$$f_f=\frac{16}{Re}$$

若 $Re>Re_c$,则:

$$\sqrt{\frac{1}{f_f}}=\frac{4}{n^{0.75}}\lg[Re\cdot f_f{}^{(1-n/2)}]-\frac{0.40}{n^{1.2}}$$

(24) 计算单元体的总压力降 Δp_m(MPa)。

$$\Delta p_m=\frac{2f_f\rho_f\Delta H V_f^2}{D}-\frac{9.8\rho_f\Delta H\sin\theta}{1\ 000}$$

(25) 如果 $\left|\frac{\Delta p_m-\Delta p_E}{\Delta p_E}\right|>0.005$,则令 $\Delta p_E=\Delta p_m$,并转第(20)步,重新进行管内单元体内的计算,否则进行下一步。

(26) 计算单元体顶部压力 p_1(MPa):

$$p_1=p_1+\Delta p_m$$

(27) 设定下一单元体的初始参数:

$$H=H_T-\Delta H$$

$$T_1=T_2$$

(28) 如果 $H\leqslant 0$,则进行下一步,否则重复第(21)~(27)步。

(29) 得到井口注入压力 p_1(MPa)、标准状态下的气体流量 Q_g(m^3/s)、泡沫液体流量 Q_L(m^3/s)。

(30) 输出计算结果,包括井口注入压力 p_1(MPa)、标准状态下的气体流量 Q_g(m^3/s)、

泡沫液体流量 Q_L（m^3/s）、井口泡沫质量 Γ_0、井底泡沫质量 Γ_b 等。这些参数是泡沫冲砂洗井作业中，能安全携砂需要的体积流量、环空回压、井口注入压力等控制参数和施工指导性参数。

（31）环空回压增加 0.1～0.2 MPa，重复第（6）～（30）步计算。环空回压增加 0.1～0.2 MPa只是一个经验数值，在实际应用中可根据实际情况选择更合适的数值。

4. 算例和结果分析

根据泡沫冲砂的计算程序流程图和计算步骤编制了计算程序。该程序可用于竖直井、斜井和水平井的泡沫冲砂井口参数设计，确定井口注入压力、环空回压、气体和液体的流量等关键参数，指导现场的冲砂作业。下面以一口水平井为例，给出相应的计算结果，并画出各参数之间相互影响的关系曲线。

（1）原始数据和计算结果。

利用编制的程序对一口水平井泡沫流体冲砂洗井的过程进行了模拟计算，井身结构参数和计算结果见表 10-4 和表 10-5。

表 10-4 油井原始数据

项 目	数 值	单 位	项 目	数 值	单 位
油井垂深	2 000	m	套管内径	0.128	m
造斜点深度	1 800	m	砂粒直径	0.55	mm
水平位移	400	m	砂粒密度	2 600	kg/m³
油管内径	0.076	m	环境温度	15	℃
油管外径	0.080	m	地温梯度	2.0	℃/(100 m)

表 10-5 程序计算结果

项 目	数 值	单 位
井口注入压力	4.978	MPa
井口环空回压	0.80	MPa
泡沫基液流量	0.103	m³/min
注入气体标态流量	15.999	m³/min
井口压力下的泡沫密度	333.54	kg/m³
井口压力下的泡沫质量	0.72	—
井口环空泡沫质量	0.96	—
井底泡沫质量	0.55	—

（2）结果分析。

根据程序的计算结果绘制了井筒内泡沫密度分布曲线、泡沫质量分布曲线、压力分布曲线、泡沫流速分布曲线，以及环空回压与注入压力、井底压力、注入气标准状态流量、泡沫基液流量之间的关系曲线，如图 10-53～图 10-60 所示。

从井筒内泡沫密度分布曲线(图 10-53)可以看出,在相同深度上油管内泡沫的密度总是大于环空内泡沫的密度,井底的密度最大,大约为 460 kg/m^3。整个井筒内泡沫的密度要远远小于水的密度,这充分体现了泡沫流体低密度的特点。

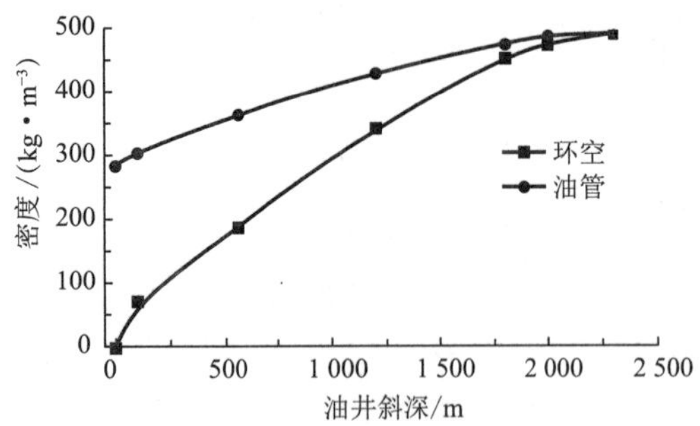

图 10-53 泡沫密度分布曲线

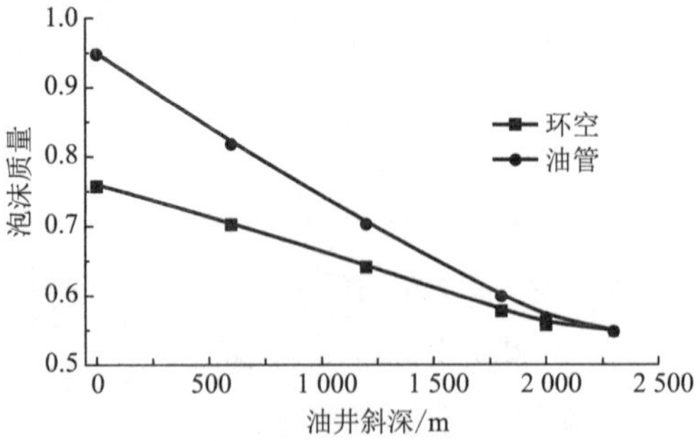

图 10-54 泡沫质量分布曲线

从井筒内泡沫质量分布曲线(图 10-54)可以看出,在相同深度上油管内泡沫质量总是小于环空内的泡沫质量。随着井深的增加,泡沫质量在减小,这是由于泡沫流体中气相具有可压缩性,井筒越深,压力越大,气相所占的比例越小。井底的泡沫质量最小,大约为 0.55。

从井筒内泡沫压力分布曲线(图 10-55)可以看出,在相同深度上油管内泡沫的压力总是大于环空内泡沫的压力,井底的压力最大,大约为 11 MPa,这远远小于相同高度水柱的压力,充分体现了泡沫流体冲砂洗井可以实现负压作业,减轻冲砂液向地层的漏失,起到保护产层不受污染的作用,对地层压力低的油井非常适合。

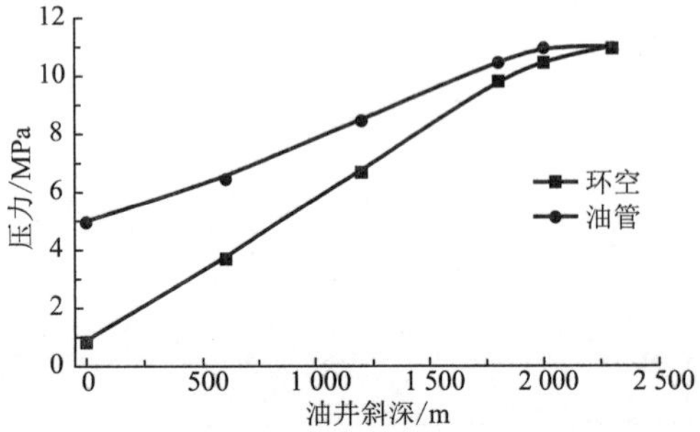

图 10-55 压力分布曲线

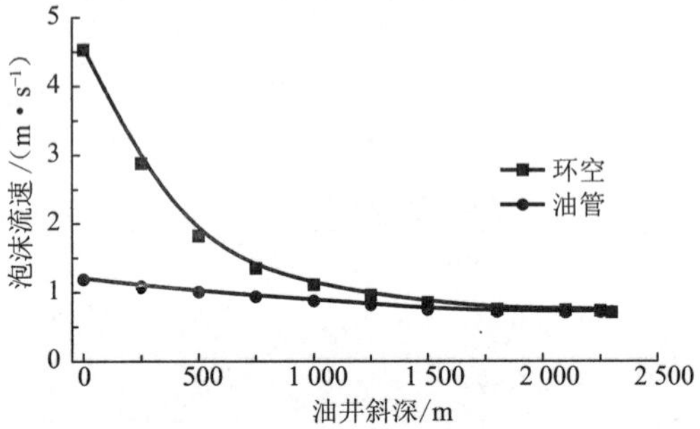

图 10-56 泡沫流速分布曲线

从井筒内泡沫流速分布曲线(图 10-56)可以看出,在相同深度上油管内泡沫流速总是小于环空内的泡沫流速,这是由于油管内的泡沫压力大于环空内的泡沫压力造成的。随着井深的增加,泡沫流速减小,这是由于泡沫流体中气相具有可压缩性,井筒越深,压力越大,体积流量越小,泡沫流速也就越小。井底的泡沫流速最小,为 0.74 m/s,符合表 10-2 中列出的井底安全携砂的条件。

从图 10-57~图 10-60 可以看出,随着环空回压的增大,井口注入压力成正比例增加,井底压力先减小后增大,当环空回压为 1.2 MPa 时,井底压力有最小值。随着环空回压的增大，井口注入气体标准状态的流量是增大的，但泡沫基液的流量是减小的。环空回压对其他各参数的影响较大，现场应用时应注意对环空回压的控制。

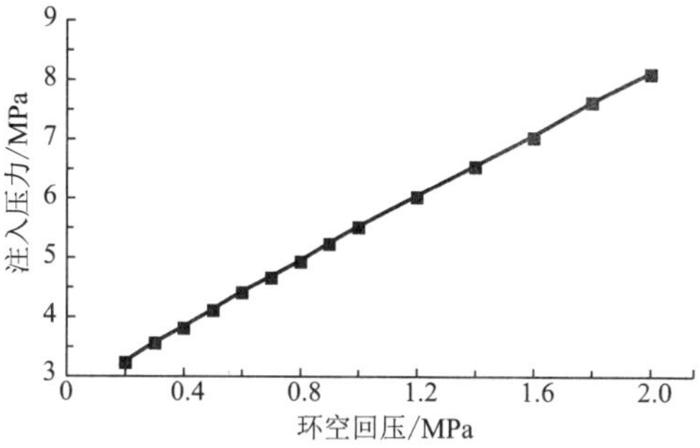

图 10-57 环空回压与注入压力的关系

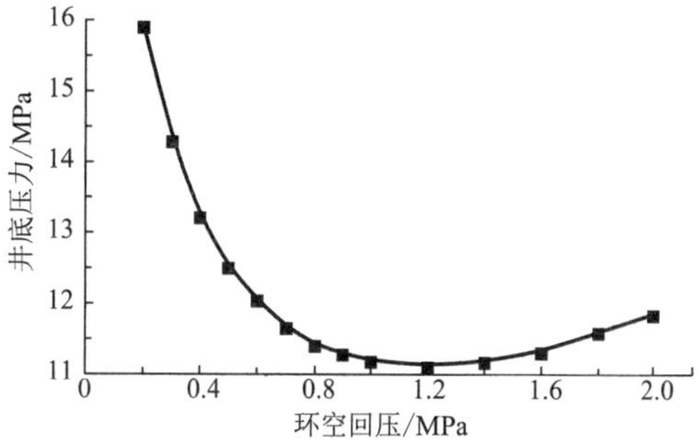

图 10-58 环空回压与井底压力的关系

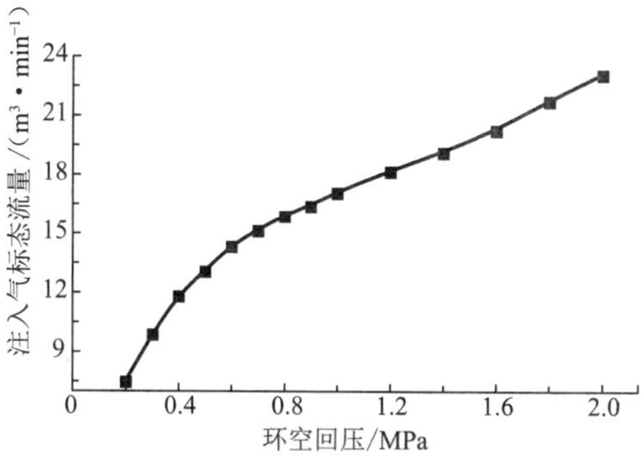

图 10-59 环空回压与注入气标态流量的关系

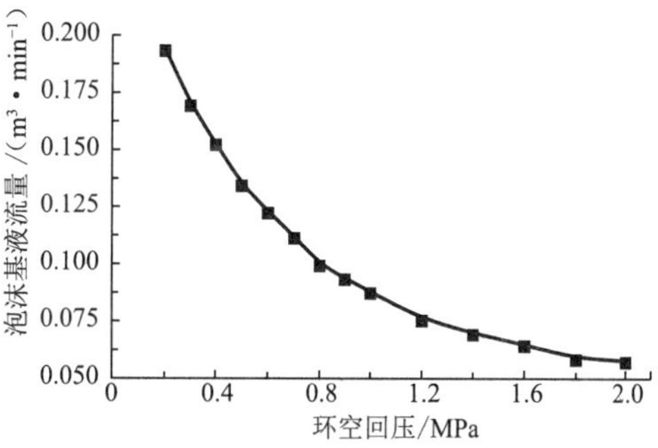

图 10-60 环空回压与泡沫基液流量之间的关系

三、泡沫流体冲砂洗井的现场应用

针对漏失井使用水基冲砂洗井液不返液或漏失量大的问题，不用添加任何化学堵漏剂，使用低密度泡沫流体冲砂洗井，可以减少漏失，降低污染，提高清洗效果。泡沫流体冲砂洗井主要利用泡沫流体的特性暂堵地层，防止了洗井液漏失，并利用高黏度泡沫流体的携带性能和洗油能力，大大提高了作业效果，并缩短了作业时间。低密度泡沫流体为水基泡沫，对地层污染小，开井生产时产能恢复期明显缩短。

1. 泡沫冲砂洗井相关设备及流程

泡沫流体冲砂洗井所用的设备与清水冲砂洗井基本相同，除水泥车和其他附属设备外，只是增加了空气压缩机和泡沫发生器。空气压缩机一般是车装的，流量在常压下应在 600 m^3/h以上，压力在 10 MPa 以上。泡沫发生器基本结构为两级进气、三级搅拌，高压的液体和气体在经过泡沫发生器后，能够产生均匀稳定的泡沫流体，泡沫流体密度可在 0.3～0.8 范围内调节，其性能能够完全满足现场冲砂洗井作业的要求。泡沫冲砂洗井工艺流程和相关设备连接情况如图 10-61 所示。

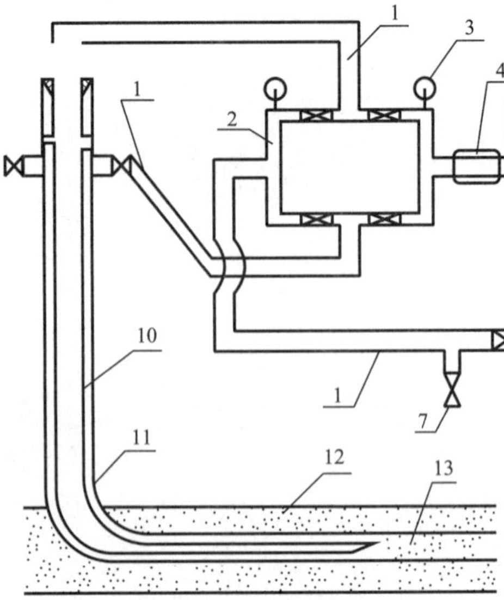

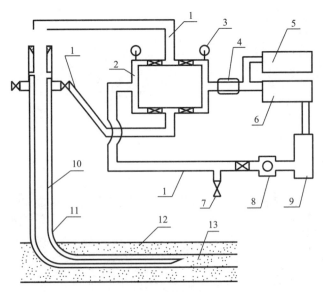

图 10-61 泡沫冲砂工艺流程图

1—水龙带；2—正反循环控制回路；3—压力表；4—泡沫发生器；5—压风机；6—水泥车；
7—干线出口；8—除砂器；9—水罐；10—油管；11—套管；12—地层；13—地层出砂

循环流程是先在水罐中配好一定浓度的发泡剂溶液，经水泥车的柱塞泵加压后用高压管线通向泡沫发生器，在泡沫发生器上接有从压风机来的压缩空气，空气在泡沫发生器的混合腔里混合到水中。混合腔后面是涡轮式叶片，高压混合液高速流过涡轮式叶片，产生强烈的涡流，流体经过多次分割和剪切，气体被破碎成直径微小的气泡。搅拌过程越长，切割次数越多，气泡直径越小，泡沫越均匀，泡沫流体越稳定。泡沫流体经高压管线被注入井中，可以是正循环，从油管注入，从环空返出；也可以是反循环，从环空注入，从油管返出。正反循环可以由正反循环控制回路调节。

冲砂洗井成功的关键是将井筒内原有的油和水顺利替出，建立起完全是泡沫流体的循环。建立循环后，控制泡沫流体的密度和流量，边循环边下放油管，冲洗砂柱。返出的流体要经旋流器除砂后进入水罐，进行再循环。如果泡沫太丰富，自然除气不及时，可适量使用消泡剂消泡。必要时还要进行除油处理。

在冲砂洗井过程中，尽量不要中断循环，一旦循环中断时间太长，泡沫流体在井筒中出现气液分离，就会降低泡沫流体的携砂能力和悬浮能力，砂粒会下沉，容易引起事故。泡沫流体使用后，经过除气除砂处理后对环境基本无污染。

2. 现场施工

(1) 施工准备。

① 准备两个 13 m^3 的泡沫流体冲砂洗井专用罐，此罐为普通冲砂罐与泡沫发生器、除砂器及正、反循环转换流程配套连接后改装而成。

② 准备三根高压水龙带，以连接进出口和干线。

③ 施工时准备水泥车、高压风机各一部，水罐车三部以提供足够的冲砂液，准备发泡剂 400 kg。

④ 详细查阅油井动、静液面情况和砂埋油层的有关数据及封隔层的能量情况。

⑤ 施工前流程需试压 10 MPa,10 min 无刺漏。

(2) 现场操作。

① 对于砂柱未全部埋住油层的漏失井,施工中正注入压力不应超过 5 MPa,超过时应停止正注入改反注入以建立正常循环,然后再采用正循环冲砂洗井。

② 对于砂柱全部埋住油层的循环不漏失井,在注入压力不超过 5 MPa 的情况下,加气量由小到大逐渐到达冲砂时的参数要求。

③ 注入参数由应用软件确定,运行软件并输入油井的基本参数就可以计算得到井口注入参数,包括水泥车排量、压风机排量、注入液的平均密度、注入压力和环空回压等。

④ 负压应控制在 0.2～0.5 MPa,由注入参数控制,注意观察出口压力。

(3) 注意事项。

① 发泡剂浓度按 0.2%～0.5%的比例逐渐加入。

② 施工中和冲砂完毕后不准猛放压,返出口要固定好。

③ 建立循环时应将井筒油水替入干线后再加单流阀循环冲砂。

④ 正常冲砂时控制出口液量约等于注入量,出口压力控制在 0.2～0.8 MPa。

⑤ 施工时井口 20 m 内不得有明火。

3. 应用实例

利用泡沫流体冲砂洗井软件的设计参数,在现场进行了竖直井、斜井和水平井冲砂洗井实验。典型井例分析如下。

(1) 永 37-16 井。

该井在泡沫流体冲砂施工前用清水冲砂,由于地层漏失严重,不能有效地建立压力平衡,未见地层有返液。

2005 年 8 月 16 日采用泡沫流体冲砂,充分利用泡沫流体黏度大、携砂能力强,遇水敏性地层不会产生黏土膨胀问题,同时具有良好的封堵能力等特性,首先在套管环空注入密度 0.47 g/cm^3 的泡沫液 20 m^3。然后用 0.7 g/cm^3 泡沫液 80 m^3 正循环下油管探冲砂。连续接 6 根单根,每根持续时间 20 min,在第三根开始明显见砂,在冲砂初期取样结果显示 180 g 水含 20 g 砂,充分显示了泡沫液较强的携砂能力。在冲洗干净后,停止注入泡沫液,用清水 15 m^3 循环洗井。采用泡沫流体冲砂,有效地建立了压力的平衡,同时减少了地层的污染,泡沫的高黏度和较强的携砂能力和对地层的暂堵作用使这次冲砂效果明显。

(2) 桩西采油厂桩 106-23-斜 24 井。

该井基本参数:人工井底 1 649.8 m,套管直径 139.7 mm,油层中深 1 583～1 596 m,静止压力 11.88 MPa,液面高度 1 031 m,砂面高度 1 425 m。该井在泡沫流体施工前,用清水 120 m^3 洗井,未见任何返液,为防止地层遭受更大污染,采用低密度泡沫液。

2005 年 3 月 29 日,采用用低密度泡沫流体 120 m^3,密度为 0.7 g/cm^3,反循环冲砂,共接 8 根单根,实现冲砂 80 m,共冲出砂 0.6 m^3。

(3) G102-5P69 井。

G102-5P69 井水平段长 1 080 m,由于地层漏失严重,不能有效地循环,先后有哈利伯顿、BJ 等国外公司进行冲砂作业均未取得成功,后采用泡沫流体冲砂,很快建立循环顺利完成施工。在冲砂初期取样结果显示 180 g 水含 40 g 砂,充分显示了泡沫液较强的携砂能力。该井生产曲线如图 10-62 所示。

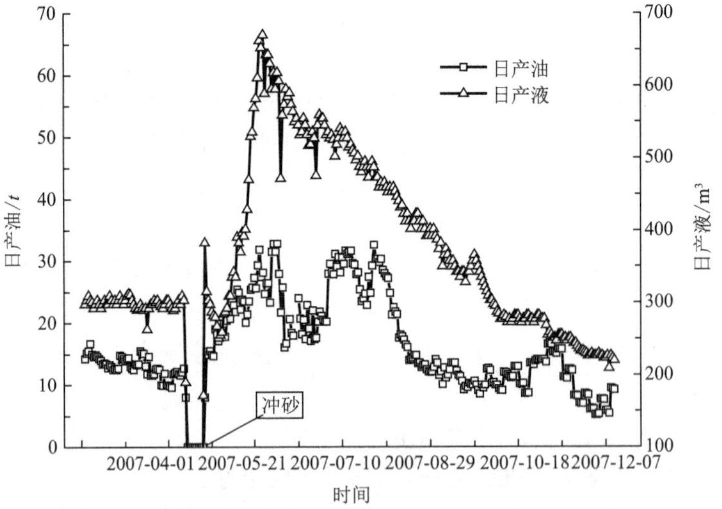

图 10-62　G102-5P69 井生产曲线

(4) G102-5CP15 井。

G102-5CP15 井水平位移 485.3 m，投产初期日产油 23.8 t，2007 年 5 月 24 日进行连续油管泡沫冲砂，冲砂后产液量和产油量都有了提高。该井生产曲线如图 10-63 所示。

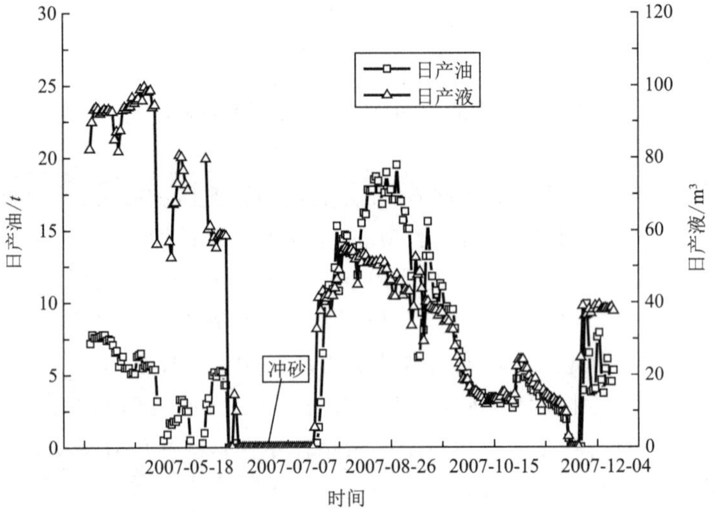

图 10-63　G102-5CP15 井生产曲线

(5) 草 128-平 3 井。

① 油井基本数据。

油井基本数据见表 10-6。

表 10-6　油井基本数据

项　目	数　据	单　位
完钻井深	1 811.0	m
套管壁厚	9.19	mm
人工井底	1 791.0	m

续表

项 目	数 据	单 位
水泥塞深度	1 791.0	m
补心高	5.25	m
套管深度	1 800.23	m
套管外径	177.8	mm
水泥返高	5.15	m
联 入	4.87	m

② 实施效果。

草 128-平 3 井为草 109 块一口水平井，开采层位 S231，水平井段 1 480.0～1 780.0 m，230 m/5 段，原油黏度 7 708 mPa·s。该井于 2006 年 3 月金属毡滤砂管防砂新投，于 2006 年 4 月转热采，因产液量较低，于 2006 年 11 月转周期注汽，发现地层出砂，于 1 490.38 m 处遇阻，洗井出口不返液，污水防膨液反冲砂至 1 634.07 m，出口仍不返液，起出冲砂管柱发现砂堵油管一根，改用泡沫流体冲砂，泡沫密度 0.7 g/cm^3，由 1 634.07 m 冲至丝堵 1 784.0 m，冲返砂约 1.5 m^3。冲至井底后，用污水将井筒中泡沫替出压井。措施后，该井注汽开抽 49 d 时，累产液 1 355.9 m^3，累产油 520.0 t，平均日产液 26.6 m^3，日产油 14.7 t，含水率 44.6%。草 128-平 3 井采油曲线如图 10-64 所示。

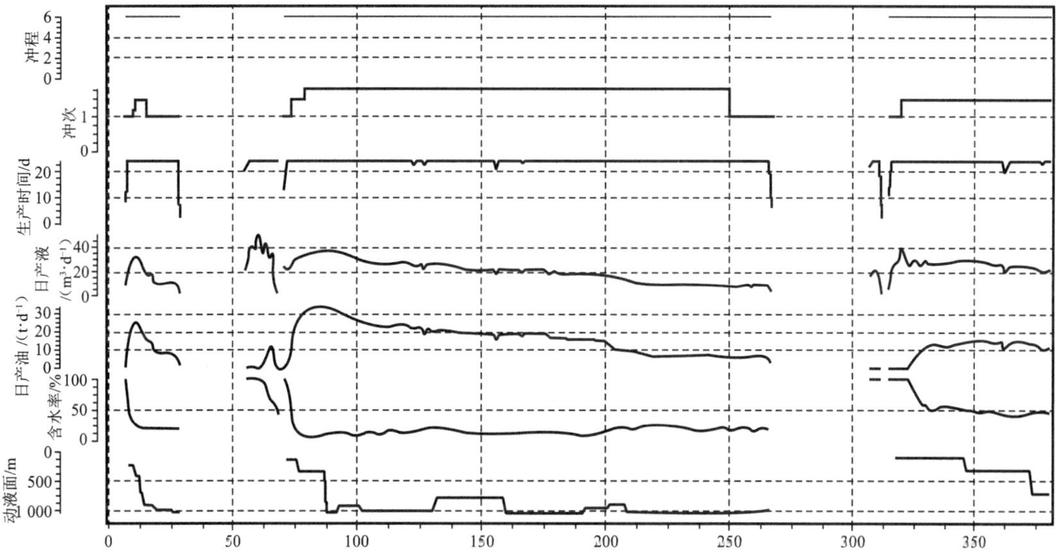

图 10-64 草 128-平 3 井采油曲线

通过现场油井的泡沫冲砂洗井可以看出，泡沫流体冲砂洗井软件的设计参数能够满足不同类型油井冲砂洗井的要求，冲砂实验都获得了成功。泡沫流体冲砂洗井有效防止了冲砂液漏失，能够顺利建立起油套循环，并且冲砂洗井后能够迅速恢复生产，产量还有一定的增加，延长了平均检泵周期。泡沫流体冲砂洗井技术是清除低压油井井底出砂的一项有效措施。

参考文献

[1] 李宾飞,李松岩,李兆敏,等.水平井泡沫流体冲砂技术研究及应用.石油钻采工艺,2010,32(3):99-102.

[2] 李松岩,李兆敏,孙茂盛,等.水平井泡沫流体冲砂洗井技术研究.天然气工业,2007,27(7):71-74.

第十一章

化学防砂工艺的发展前景与展望

油水井防砂工艺历经多年的发展，已经从最初的机械防砂一家独大逐步演变成当前化学、机械、复合防砂三足鼎立，多种防砂技术百花齐放的格局。对于疏松砂岩油藏出砂机理及防砂理论的认识逐渐从粗浅到深刻，防砂指导思想也从最初的“被动防御”转变为“携砂生产，防排结合”。

随着油田动用储层条件的恶化和开采难度的加大，传统的机械防砂逐渐力有不逮，尤其是在疏松砂岩油藏、细粉砂油藏等复杂开采条件下。化学防砂的出现有效弥补了机械防砂的缺陷，与机械防砂形成了良性竞争和优势互补关系，极大地推动了油田防砂思路的转变和防砂工艺技术的进步，为原油产量的持续稳定增长做出了重大贡献。经过半个多世纪的发展，防砂用化学品不断推陈出新，配套工艺措施不断完善成熟，化学防砂凭借其独特的作用和丰富的类型，发展势头愈发强劲，在油田中应用范围越来越广。

化学防砂的优势及其发展前景主要表现在以下四个方面：

(1) 井下不留工具。

化学防砂的一个优点就是多数情况下无须下入作业管具(因工艺而定)且井底不会留下任何机械工具，只需向井筒泵入化学剂即可，减小了施工难度，也降低了作业成本。后处理作业简单，无须套铣、打捞等工艺程序。在需要多层完井及后续调整时，化学防砂井的作业施工较为方便，防砂失效后也易于进行后续调整工作。

(2) 防砂后尽可能小地影响产能，或尽可能增加产能。

在各油田确保稳产上产的大背景下，企业对于防砂后产能变化高度关注，因而在采取防砂措施上往往表现得非常谨慎。

目前国内外油气井防砂主要采用管内绕丝筛管砾石充填，其次是预充填绕丝筛管、树脂胶结、涂层预包砂充填等工艺技术。对于疏松砂岩油气藏，目前主要是绕丝筛管砾石充填、双层预充填绕丝筛管防砂工艺。对于砂粒粒度中值相对较粗、分选性较好的地层，防砂效果比较理想；对于砂粒粒径较细的地层，采用过树脂砂浆人工井壁化学防砂工艺，取得过不同程度的防砂效果。然而传统的防砂技术，如目前常用的砾石充填防砂工艺，为了保证防砂效果通常与砾石充填筛管配合使用。即使压裂充填防砂工艺也需与砾石充填筛管配合使用，才能达到较好的防砂效果。这样就增加了流体流入井筒的附加阻力，影响了防砂后的油气井产能，降低了经济效益。此外，传统防砂技术对储层也有一定的损害。

目前随着油气田开采的不断进行，油气层的地质状况越来越恶劣，使得砂害日益加重，正因为如此，也迫使防砂方法有了迅速的发展。国内外各油气田依据本油气田的地质特征，提出并使用了各种新型的防砂工艺与技术，如整体烧结金属纤维筛管防砂技术、金属纤维防砂管防砂技术、酸化砾石充填复合防砂、压裂砾石充填复合防砂等。从以上可以看出，国外防砂正从传统的防砂技术向新型的复合防砂技术发展。这是因为单一的防砂技术并不能很好地适用于各种出砂地层，而复合防砂技术是集机械与化学防砂技术优点于一体，可以与端部脱砂压裂工艺结合使用，具有增产与防止地层出砂的双重效果，弥补了传统防砂技术的缺陷。这正展示了防砂技术的发展趋势——由传统的防止出砂和尽量减小对产能的影响转变为防砂与增加产能相结合。

防砂技术往往会增加流体向井筒的附加阻力，或多或少都会对产能有所影响。传统防砂技术大多以牺牲产能为代价，相对而言化学防砂对于产能的影响较小，渗透率恢复值高，生产效果好。而化学防砂常与端部脱砂压裂技术联合使用，对于产能反而有促进作用。

(3) 有效防砂。

目前大部分疏松砂岩油田进入高含水期，为保证油田稳产，提液强度进一步增大，加剧了地层砂骨架结构的破坏，防砂难度越来越大。尤其对于细粉砂及泥质含量高的油藏，传统机械防砂往往无能为力。同时，随着地层压力的降低、出砂和地层亏空程度加剧，套变井逐年增加，严重地制约了油田经济效益的提高。对于套变井使用绕丝筛管防砂技术存在后期处理困难，易造成转大修等问题，增加了作业成本。而使用化学防砂处理套变井就不存在上述问题，因而显得格外得心应手。

(4) 化学防砂与储层保护相结合。

从目前国际形势来看，油气储备资源越来越少，对于每口井的高效开采就显得尤为重要，因此油田对于保护油层及层内运移通道方面格外重视，清洁型化学用剂更加受到油田的青睐。化学防砂作为一种化学手段在保证自身不会对地层造成伤害的同时也可以起到减少砂砾运移、防止地层亏空的作用，从内外两个方面减少了地层伤害，有效保护了储层。反过来，加强油气层保护也可以有效防止油层骨架砂的破坏，降低油层出砂程度。因此，在进行防砂冲砂作业时，需要对防砂冲砂液进行配伍性实验，以确定是否会损害地层。

化学防砂区别于传统机械防砂的地方在于不再单纯地对地层出砂进行被动封堵，而是通过改善近井地带的地层胶结条件及提高颗粒间固结强度来避免地层出砂。化学防砂工艺从油层出砂的主要原因着手，达到了标本兼治的目的。可以说，化学防砂工艺的出现真正使防砂工作从被动变为主动，这对于防砂理论和工艺都是革命性的转变。

然而化学防砂一般只适用于单层短井段的防砂，防砂有效期较短，防砂成本相对较高，为了解决粉砂、细砂固结、固结时效短、固结物耐温性能差、对硅酸盐地层造成伤害、涂覆砂涂层低温固结等问题，研究高效廉价有效期长的新型化学防砂剂及配套工艺技术已成为开发疏松砂岩油藏的必然需要。

具体而言，化学防砂的主要研究方向和发展趋势体现在以下几方面：

(1) 研发能在低温到高温各类油藏条件下固化且拥有较高固结强度的抑砂胶结剂。胶结剂的固化时间和固化强度对温度极为敏感，因此需要针对不同温度的油藏，开发出满足蒸汽吞吐和蒸汽驱井、高含水井、定向井、水平井防砂需要的胶结剂。研制在油水介质中固化且固结强度高的树脂以满足高含水油井强采、强提液的需要。

(2) 完善并改进防砂用的各类助剂，以满足特殊地层的防砂要求。化学固砂剂通常以各种黏结力很强的树脂和凝胶为主剂，辅以偶联剂、稀释剂、催化剂、乳化剂等助剂。这些助剂加量很小，但对固砂质量有较大影响，改进助剂能在低成本条件下有效改善固砂效果。有机硅偶联剂对地层砂和树脂的亲和作用很强，能有效提高树脂的固结强度。引入合适的稀释剂能避免水对固砂强度的负面影响，稀释剂首先要将黏度很高的树脂稀释成可泵的、可把水驱走的、黏度适当的溶液；其次能与水反应，消耗水分，使聚合反应充分进行。采用合适的催化剂，一般为阳离子电荷密度很高的物质，对树脂的聚合反应有催化作用，还能有效吸附在负电性的砂砾表面以提高树脂的固砂强度和恢复固结层的渗透率。为了提高固砂质量指标，针对地层和树脂性质的不同，有时还需要加入乳化剂、分流剂、润湿反转剂等。

(3) 加强对降低防砂的成本、延长防砂有效期等方面的研究。化学防砂相对机械防砂的短板在于成本较高、有效期较短。机械防砂下一次管具即能使用 3～5 年，效果好的甚至可以达到 15 年，而化学防砂一般只能维持 1 年左右。然而随着国内油田开发逐步进入中后期，需要进行化学防砂的出砂油井不断增多，因此开展关于控制防砂成本、延长防砂有效期方面的研究刻不容缓。

(4) 优化组合现有胶结剂、助剂和化学固砂前后的地层化学处理剂。目前使用的化学胶结剂、辅助化学剂和配套的地层化学处理剂(化学防砂工艺实施前后的地层清洗液、地层解堵液、黏土稳定剂)是提高化学防砂效果的基础，这些化学助剂都有着独特的物理、化学性质，详细剖析这些化学助剂的组成、性质，优化化学防砂工艺配方、方案也是化学防砂研究的方向之一。

(5) 开发新的清洁型高效化学防砂剂。当前油田对于油层保护工作越来越重视，需要研发与地层配伍性好、对于地层无伤害的化学防砂剂，不断改进和发展化学防砂技术，使之满足新时期苛刻开发条件下的防砂要求。

(6) 开发适合复合防砂工艺的化学固砂剂。目前复合防砂中使用最多的是树脂涂覆砂＋机械防砂。为了将该工艺大范围推广应用，应在具体分析地层特性、油藏物性特点、井筒条件、生产条件、作业条件的基础上，研究机械防砂和其他化学防砂方法的有机组合，优化复合防砂配方及方案。

2013 年，我国石油和原油表观消费量分别达到 4.98×10^8 t 和 4.87×10^8 t，是世界第二大石油消费国。尽管自 2011 年以来，我国石油消费量增速逐渐放缓，但巨大的消费基数依然迫使我国加大对非常规油气藏的开发力度。石油开采难度的增大也对化学防砂技术提出了新的挑战，化学防砂技术依然有很大的发展空间。尤其对于高温、高压、高矿、低渗、出砂量大、敏感性强的地层，亟须研发适用于特殊地层防砂的专用化学剂，确保对这类难动用储层防砂能够持续有效。石油工作者们对于化学防砂理论和技术的不断创新，势必会使化学防砂工艺体系越来越完善，化学防砂的应用前景也将会越来越广阔。